神东和准格尔矿区岩层控制研究

[美]Syd S. Peng　李化敏　周　英等　编著

科学出版社
北　京

内 容 简 介

本书是国家自然科学基金煤炭联合基金重点项目"浅埋薄基岩大开采空间顶板动力灾害预测与控制（U1261207）"的前期研究成果。全书共分 6 章,系统搜集整理了前人在神东和准格尔矿区煤炭开采岩层控制方面的主要研究成果,内容包括主采煤层及其沉积特征、地质条件、煤岩物理力学性质、矿压显现特征、覆岩结构及采场顶板控制、相似模拟和数值模拟试验、开采沉陷规律,以及突水溃沙灾害及防治技术研究等,并对前人研究进行了综合评述。

本书可供从事煤矿开采的现场工程技术人员、科研人员、高等院校采矿工程专业师生参考。

图书在版编目(CIP)数据

神东和准格尔矿区岩层控制研究/(美)彭赐灯等编著. —北京:科学出版社,2015.9
ISBN 978-7-03-045693-9

Ⅰ.①神… Ⅱ.①彭… Ⅲ.①矿区-岩层控制-研究-鄂尔多斯市 Ⅳ.①TD325

中国版本图书馆 CIP 数据核字(2015)第 218472 号

责任编辑:李 雪 / 责任校对:桂伟利
责任印制:张 倩 / 封面设计:耕者设计工作室

科 学 出 版 社 出版
北京东黄城根北街 16 号
邮政编码:100717
http://www.sciencep.com

北京盛源印刷有限公司 印刷
科学出版社发行 各地新华书店经销
*
2015 年 9 月第 一 版 开本:787×1092 1/16
2015 年 9 月第一次印刷 印张:25 1/2 插页:4
字数:600 000
定价:138.00 元
(如有印装质量问题,我社负责调换)

《神东和准格尔矿区岩层控制研究》
编写人员名单

[美]Syd S. Peng　李化敏　周　英　陈江峰

袁瑞甫　　宋常胜　郭保华　杜　锋

蒋东杰　　冯军发　王开林　周海峰

前　言
Preface

研究背景

Background

　　我们这个团队从事"浅埋薄基岩大开采空间顶板动力灾害预测与控制"项目的研究工作。该项目是国家自然科学基金煤炭联合基金重点支持项目，项目编号 U1261207。团队成员有 Syd. S. Peng(带头人)、李化敏、周英、陈江峰、袁瑞甫、宋常胜、郭保华、杜锋、蒋东杰、冯军发、王开林、李立和周海峰。旨在研究大采高、浅埋深、厚风积沙层综采长壁工作面从地表到直接顶的整个上覆岩层的移动规律，支护阻力和上覆岩层运动的内在关系等。项目在神华集团神东矿区大柳塔、补连塔、布尔台和上湾等煤矿进行。

　　Our team is organized to work on the project entitled "浅埋薄基岩大开采空间顶板动力灾害预测与控制" sponsored by the Chinese Natural Science Foundation under grant No. U1261207 国家自然基金煤炭联合基金重点支持项目 U1261207. The team consists of Syd. S. Peng，Li Huamin，Zhou Ying，Chen Jiangfeng，Yuan Ruifu，Song Changsheng，Guo Baohua，Du Feng，Jiang Dongjie，Feng Junfa，Wang Kailin，Lili and ZhouHaiFeng. The project was designed to study the whole overburden movement from surface subsidence to immediate roof subsidence，shield resistance，and the interaction among strata in the overburden subjected to fully-mechanized longwall mining with large mining height in thin overburden and thick alluvium. The project sites are Daliuta mine，Bulianta mine，Buertai mine and Shangwan mines located in Shendong mining district operated by Shen Hua Coal group.

　　自 20 世纪 80 年代中期以来，鄂尔多斯矿区已经发展成为世界上最大的矿区之一，很多学者在此已做了大量的研究工作，尤其是在岩层监测与控制方面。因此，在我们着手进行鄂尔多斯煤田覆岩移动规律研究之前，我们首要的工作就是搜集整理前人在神东和准格尔矿区岩层控制方面已取得的主要成果。在此基础上，规划设计出我们的研究计划任务。

　　Since the mid 1980s the Ordos coal field has been developed into one of the largest coal fields in the world. Many researchers have performed researches in various aspect of coal mining in mines operated in it，especially ground control instrumentation. Therefore，the first step of the project is to review what has been done in ground control for the Shendong and Zhungeer coal fields. By understanding what have been done by the previous researchers，we can then designe our task plans for our project.

　　在调查鄂尔多斯矿区岩层控制研究现状的过程中，团队成员曾多次赴神东集团和伊泰集团考察，与矿山管理人员交流并收集了部分相关的、尚未发表的煤矿安全生产的内部研究报告。这些报告包括矿区的地质条件、岩层控制、相似和数值模拟、地表下沉和水文地质情况等。除此之外，我们还搜集整理了专业期刊上已发表的有关该矿区的文献资料。

　　To establish the state-of-the-art on ground control in the Ordos coal field, our team and/or members of our team have made a few trips to Shendong and Yitai Coal Groups near Ordos, Inner Mongolia to interview mine management and collect the unpublished internal research reports on subjects related safety coal production including geology, ground control, hydrology, physical and numerical modeling, and surface subsidence; In addition literature search on published theses/dissertations and papers in the professional journals was performed.

　　在研究过程中，我们将团队分为6个小组，分别研究鄂尔多斯矿区的矿山地质条件，煤和岩石的物理力学性质，矿山压力及顶板支护，矿山水文地质条件，相似及数值模拟和地表下沉。本书包含了每个小组前期的研究报告和研究总结与评述。

　　For the state-of-the-art review, the team was divided into 6 groups: geology, rock mechanics properties of coal/rocks, strata mechanics and shield support, groundwater hydrology in overburden, physical and numerical simulations, and surface subsidence. This book contains the final reports of each group, plus an executive summary and comments about the research performed.

Summary of the Research in this book
研究总结

　　全书总共六章。

　　This book consists of 6 chapters.

　　第1章，作者陈江峰，阐述鄂尔多斯煤田的自然地理和煤炭开发现状、煤田地质概况，包括含煤岩系的沉积特征、主采煤层的产状特征和沉积环境、煤矿水文条件及地质构造特征。

　　Chapter 1, authored by Chen Jiangfeng, describes the geography and development of the Ordos coal field; coal-bearing geology including the deposition features of coal measure rocks; major coal seams and their characteristics of occurrence and depositional environments, coal hydrology; and tectonic structures in coal seams.

　　第2章，2.1、2.3节作者郭保华，2.2节作者王开林、李立。列举前人相关研究过程中所使用的煤及顶底板岩层的物理力学性质参数。煤层、煤矿和矿区为基准，按照煤岩的实际层序（包括松散层、风积沙层-黄土、红土），制作表格列举已发表文献所使用的煤岩的主要物理力学性质，以便读者对比分析。表格列举煤岩的密度、泊松比、弹性模量、抗压强度、抗拉强度、抗剪强度等参数，同时还包括红土层和黄土层的物理力学性质。共包含5个煤层20个煤矿的51组煤岩物理力学性质数据资料。

　　Chapter 2, authored by Guo Bao Hua, Wang Kai Lin, and Lili, reviews the physical properties of coals, roof and floor strata used in various researches. All strata in the overburden including loose soils and yellow and red sands (alluvium) are tabulated following the stratigraphic sequence. Tables were also made to list side-by-side all the major physical properties, including density, young's Modulus, Poisson's ratio, uniaxial compressive strength, tensile strength and shear strength, used by various researchers by coal seams, coal mines, and mining district for ease of comparison. In particular, the physical properties of red and yellow soils are included. In total, there are 51 sets of physical properties in five coal seams and 20 coal mines.

　　第 3 章,第 3.1 节作者李化敏,第 3.2 节作者冯军发,第 3.3 节作者蒋东杰,第 3.4 节作者杜锋,首先介绍鄂尔多斯矿区的采煤方法及发展过程。总结陈述旺采、房柱式采煤法、普采和综采等不同采煤方法的矿山压力显现与控制情况,其中涉及 8 个矿井的 15 个综采工作面。采高划分为 4 个范围:小于 3.5m,3.5~5.0m,5.0~6.5m 和大于 6.5m,资料显示,支架平均工作阻力随采高增大而增加;初次来压步距 36~116m,大多在 50m 左右;周期来压步距 10~15m,大多在 15m 左右,并且都不受采高的影响。同时分析工作面长度、工作面推进速度、上覆岩层结构和采深对工作面矿山压力的影响。除此之外,还分析上覆岩层的移动规律,包括浅埋煤层和关键层的定义、关键层的分类和以砌体梁和短砌体梁模型为基础的岩层运移理论,根据对 4 个工作面的数据分析表明,随着工作面长度的增加,初次来压步距减小,支架工作阻力增大;随着工作面推进速度的增加,支架阻力略有减小,来压步距增大。最后,介绍确定支架阻力的方法和神东矿区顶板控制方法,插图举例说明了支架失稳的具体案例。

　　Chapter 3, authored by Li Huamin, Fengjun Fa, Jiang Dongjie, and Du Feng, starts with a description of the coal mining methods used and their development in the Ordos coal field, followed by the summary presentation of the mine pressure monitoring for Wongawili, room and pillar, single-prop and finally fully-mechanized longwall mining. The fully-mechanized longwall ground control instrumentation consisted of 15 panels in 8 mines in the following 4 mining height categories: <3.5m, 3.5~5m, 5~6.5m, >6.5m. The monitored results showed that the average shield load at weighting increased with mining height; the first and periodic weighting intervals were 36~116m and 10~15m being mostly around 50m and 15m, respectively, and independent of mining height. The effects of other factors such as panel width, face retreating speed, overburden structure and mining depth were discussed. In addition, the overburden movement characteristics, including the definition of shallow-buried coal seams and key strata, the classification of key strata, and movement theories developed such as "masonry beam" and "short-masonry beam" models were discussed. Data from four panels shows that as the panel width increases, the first weighting interval decreases, while the shield work load increases. Measured data from 4 panels also show that as the face advancing speed increases, the shield work load decreases slightly while the weighting interval increases. The various methods for determining the required shield capacity were presented and roof control methods employed at Shengdong coal field were discussed. Finally, case histories of shield failures were illustrated.

第4章,作者袁瑞甫,介绍相似模拟和数值模拟的实验情况。阐述相似模拟试验的理论、相似模拟试验的国家标准、应用较广的其他计算机模型和方法。回顾目前为止前人关于鄂尔多斯矿区的数值模拟研究成果。建立相似模拟和数值模拟模型的两个表格,列举了前人的研究模型参数,阐明前人研究中的相符和矛盾之处。

Chapter 4, authored by Yuan ruifu, covers the physical simulation and numerical modeling performed. This chapter begins with the introduction of the theories of physical simulation and the national protocol of the simulated materials and introduction of more popular computer modeling methods, followed by review of various simulation and numerical modeling researches performed so far in the Ordos coal field. Similar to Chapter 2 of physical properties, two major tables, one for physical simulation and the other for numerical modeling, were made to list side-by-side the major indices of each model in various researches to highlight the consistency or discrepancies used by various researchers.

第5章,第5.4、5.5、5.6、5.7节作者周海峰,其余作者宋常胜,综述单一煤层开采和多煤层开采的10个矿井17个长壁工作面地表下沉监测结果。分析确定下沉系数、水平位移参数、下沉移动角的正切、拐点的偏移距、主要地表沉陷影响半径、地表下沉启动距离等地表下沉参数,为应用概率积分法预测地表下沉提供必要的基础数据。与此同时,有些研究还描述地表裂缝的发展过程。

Chapter 5, authored by Song Changsheng, Zhou Haifeng, outlines the results of surface subsidence monitoring for 17 longwall panels in 10 coal mines due to mining in single seam or multiple seams. From those data, subsidence indices such as subsidence factor, horizontal displacement parameter, tangent of subsidence influence angle, offset of inflection points, radius of major subsidence influence, subsidence starting distance etc. were analyzed and presented. The ultimate goal of the study seemed to obtain those indices for use in the Probability Influence Function method of surface subsidence prediction. Several studies also include the description of surface cracks developments.

第6章,作者杜锋,介绍4个发生在神东矿区的突水和突水溃沙事故及其机理,在这些事故中,根据基岩和风积沙层厚度,对突水和突水溃沙的危险区域进行划分。5个矿井9个工作面覆岩上三带的测量结果显示,覆岩的破坏可以划分为三种类型:采深小于70m时,上覆岩层只出现垮落带和裂隙带;采深在70~200m时,可形成完整的上三带,其中垮落带和裂隙带分别为采高的6.63和12.02倍;采深大于200m时,根据覆岩的硬度不同,垮落带为采高的8~13.5倍;特别地,部分矿区裂隙带高度发育异常,达到采高的34.99~48.67倍(相对较软的覆岩,裂隙带高度较小)。根据《建筑物、水体、铁路及主要井巷煤柱留设与压煤开采规程》和《矿井水文地质工程地质勘探规范》的标准,测量所得的裂隙带高度介于坚硬顶板和中硬顶板之间。最后,列举了矿井突水和突水溃沙预测和防治的案例。

Chapter 6, authored by Du Feng, describes 4 case histories of flooding of water and water-sand mixture hazards in the Shendong mining district and their mechanisms. From these case histories, the intensity of water and water-sand mixture mine flooding hazards can be classified into several categories in terms of the thickness of bedrock and alluvium. The three zones in the overburden were measured in 9 panels in 5 mines. The measured data show that damage to the overburden can be classified into three categories; when mining depth is larger than 70m but less than 200m, three zones form in which the caving and fractured zones are 6.63 and 12.02 times of mining height; when mining depth is less than 70m, only caving and fractured zones occur; and When mining depth is larger than 200m, depending on the stiffness of the overburden strata, the caving zone height ranges from 8 to 13.5 times of mining height, while the fractures zone height is 34.99-48.67 times of mining height based on operating experiences(softer overburden induced smaller height). The measured fractured zone heights lies between those predicted for hard and medium-hard roofs by《建筑物、水体、铁路及主要井巷煤柱留设与压煤开采规程》和《矿井水文地质工程地质勘探规范》. Finally the forecasting and mitigation measures of case histories for mine flooding of the water and water-sand mixtures were illustrated.

前人研究评述
Comments on Previous Research

在鄂尔多斯煤田开发早期,矿井主要灾害是上覆岩层整体切落、突水或突水溃沙。整体切落导致工作面来压剧烈、支架压死或折损,突水或突水溃沙导致巷道或工作面被淹没,这些灾害性事故甚至在同一矿井曾多次出现。这个时期,鄂尔多斯矿区因浅埋、薄基岩和厚风积沙层特点而常发生动压灾害。在开采早期,浅埋煤层指埋深小于100～150m,随着开采深度的增加,又将埋深小于250m的煤层定义为近浅埋煤层。近年来,鄂尔多斯矿区工作面埋深已达到400m,鄂尔多斯矿区煤层开采已不具备浅埋深的典型特征。随着开采技术和装备水平的提高,部分工作面长度和采高由早期的120m和2～3m分别增加至350m和7m,工作面长度和采高的增加、推进速度的加快,造成覆岩破坏更加剧烈。随着开采强度的不断加大,煤层埋深已不能作为衡量动压灾害的单一因素,也必须考虑采高、工作面长度等因素的影响。

In the early stage of mining in the Ordos coal field, major hazards such as whole overburden collapse causing all or partial face collapse, and water or water-sand flooding to the face or gateroads resulting in abandonment of gateroads or panels or even the whole mine occurred several times. During this period, the coal seams were shallow-buried with thin bedrock and thick alluvium. Consequently, the Ordos coal field has been characterized by being shallow-buried prone to cause dynamic hazards. Shallow-buried in the early stage of mining was defined as less than 100~150m deep. Later as the coal field develops, coal seam got deeper, a new category of near-shallow seams was defined for those less than 250m deep. Therefore the prevailing perception about the Ordos coal field is that it is shallow buried prone to severe dynamic hazards. In recent years, as the mining technique advances and equipment reliability improves, coal seam in a panel may range up to 400m deep and panel width and mining height goes up to 350m and 7m, respectively, as compared to 120m and 2-3m, respectively, in the early stage of mining. It follows that shallow buried coal seams is not the typical seam in the Ordos coal field any more. However, as panel width, mining height and panel retreating speed increase, overburden movement will also increase in severity. Consequently as the effects of mining operations increases, the designation of a coal reserve as shallow-buried or near shallow-buried that are prone to cause major dynamic hazards cannot merely depend on seam depth as the single criterion, rather, other important factors such as mining height and panel width must be considered simultaneously.

神东煤田形成于河流相沉积环境,准格尔煤田形成于海河交替相沉积环境。前人针对这种环境下煤岩的沉积特征和煤层沉积后续发生的构造运动与煤层开采之间的关系研究较少。美国煤层开采的研究证明,沉积环境不仅影响了顶板岩石的性质,而且影响了岩层的层序,这些都与顶板稳定性有着密切联系。

The Shendong coal field was said to have formed under the fluvial environment, while the Zhungeer coal field was the results of deposits of alternate fluvial and marine environments. However, how did the depositional features of rocks and coals under these environments and post-deposition tectonic structures affect coal mining was a completely untouched subject. Studies in the U. S. coal fields had demonstrated that depositional environments not only affect the characteristics of roof strata, but also their sequence, both of which in turn affect roof stability.

岩石的力学性质是岩层控制研究的基础,因此,为了更好地研究岩层控制理论,首先应该确定研究中所涉及的煤和主要岩层的物理力学性质。然而,在所搜集的31篇已发表的文献资料中,仅有3篇说明其所用的岩石力学参数是由室内实验获得,且其中1篇仅涉及了煤、直接顶和直接底岩层。其余的文献资料有的未提及数据来源,有的是引用其他文献资料,导致同一岩石的力学性质差异较大,部分数据差异过大。例如,在搜集的资料中,泥岩的抗压强度最大46MPa,最小9MPa,平均值为27MPa,若选择46MPa或者9MPa参数作为泥岩顶板支护设计依据,则支护设计结果就会偏大或者偏小。同样的,泥岩的抗拉强度从0.59MPa到4.10MPa不等,几乎相差7倍。可以看出,将平均值用于支护设计,将导致设计支护强度偏大或偏小,不能反映实际所需的支护强度。因此,准确获取工程地点的岩石力学性质十分必要。从表2-43和表2-44可以看出,即使针对同一岩性的岩层或者同一个煤层,不同作者使用的岩石物理力学性质参数(主要是弹性模量、抗拉强度、抗压强度等)也有所不同,榆神府矿区煤岩的物理力学参数比东胜矿区大。本书搜集的数据表明,鄂尔多斯煤田的物理力学性质需要更加系统地研究。此外,在复杂应力环境下采空区上覆岩层主要以拉伸破坏为主,实际应用中使用直接抗拉强度,还是使用巴西抗拉强度?

Rock mechanics properties are the fundamental materials for all ground control projects. Consequently it is the first step in any ground control project to determine the rock mechanic properties of major rocks/coal for the project site. However, our literature review found that among the 31 projects reviewed, only 3 projects stated that the rock mechanic properties used in the projects were determined in the laboratory, although laboratory properties tests in one of them involved only the coal and immediate roof and floor rocks. All other projects either did not mention how did they get the rock properties used in their projects or merely stated that they were borrowed from other sources that were not specified. As a result, many types of rock mechanics properties vary greatly from project to project. Some of them are so large that they approach ridiculous. For example the UCS of claystone varies from the lowest of 9MPa to the highest of 46MPa with an average of 27 MPa. Under this condition an entry roof support system based on claystone roof with UCS of 9 MPa will surely be far overdesigned or underdesigned for use in claystone roof of 9 and 46 MPa, respectively. Similarly, the tensile strength of claystone ranges from 0.59 to 4.1 MPa, an almost 7 folds' difference. Since the average value is commonly used, the structure so designed will be overdesigned for some claystone and underdesigned for others. Therefore it is necessary to obtain the rock mechanics properties of the rock/coal at the project site of interest. Tables 2-43 and 2-44 also show that different authors used different rock mechanics properties (notably UCS, Young's moduli, tensile strength, etc,) for the same rock types and coal seams。It appears that the physical properties of coal and rocks for Yulin coal field vary much larger than those in the Dongsheng coal field. All available rock/coal physical properties have been collected in this books. Their wide spread numbers suggest that a systemic study to establish the representative physical properties for the Ordos coal field is needed. Another important point is that since the overburden strata in the gob break mainly in tensile mode under complex stress condition, should the direct tensile strength be used or the indirect (Brazilian) tensile strength be used?

在国内已发表的关于岩层控制的文章中,普遍的问题是作者很少详细地介绍获得研究结果的方法。这样读者就很难判定结果的准确性。这是在编辑本书时最令人苦恼的事。例如,在相似模拟试验中,我们无法确定研究者在建立相似模型的过程中是否一步步遵循了岩层的模拟标准。如果这些步骤没有被遵循,或者作者使用了新的方法,应该清晰地阐述原因。在数值模拟试验中,很少有文章详细地介绍模型,如模型尺寸、网格尺寸、边界条件、岩层的物理力学性质或层理面力学参数等。最重要的是如何证明模型是正确的,有的作者甚至没有提及建立模型所使用的软件。在模拟上覆岩层时，关键层应该被重点介绍，有的研究者还把在各关键层或煤和关键层之间的其他较薄或较软岩层组合在一起，成为一个组合层，该组合岩层的刚度有时比关键层还要大。因此，关于软弱岩层组合的相似或者数值模拟研究方法应该被进一步深入研究。在相似模拟试验中，常见的问题有，研究者往往使用几层相互堆积的薄岩层去模拟一个厚岩层，尽管这几层薄岩层很明显不具备一个厚岩层的性质。此外，模拟层理面几乎都是用内聚力为零的云母片，零抗拉强度导致在试验过程中，岩层会沿着层理面分裂。在数值模拟模型中层理面很少被模拟。通过分析第四章相似模拟试验图片，发现采空区上覆岩层裂隙发育过程中，顶板初始裂隙以张拉裂隙为主，工作面覆岩垮落的破碎岩块在底板重新堆积，在此过程中，初始裂隙可能发生剪切破坏，因此，抗拉强度才是研究中应该考虑的岩石的主要参数，而不是大家普遍认为的抗压强度。

Nearly all Chinese papers in ground control have a common feature in that they simply do not bother to devote time to explain in detail the research methods employed to obtain the results, making it difficult to judge the validity of the results. This is the most frustrating experience in the state-of-the-art review of past works in this research. In the physical simulation for example did the physical model constructed follow the published standards of step-by-step procedures of simulation of rock strata in constructing the model? If the recommended procedures are not followed or new method are used, the reasons should be clearly stated. In the numerical modeling very few papers explained the model in any detail, i. e. , model dimension, mesh size, boundary conditions, rock mechanic properties of individual strata and, if any, bedding planes, and above all, how did the model was calibrated or validated. Many researches did not even mention what software was used to perform the modeling. In simulation of the overburden strata, the key stratum is emphasized, while all other thinner and softer strata between the key strata or between coal and key strata are combined as a single stratum that under certain combination of stiffness and thickness could be stiffer than the key strata. Therefore, the methodology of combining the weak strata for physical and numerical simulation must be further studied. In the physical simulation, a very thick massive strata is simulated by several thin layers laying on top of each other which obviously does not behave like a massive layer. Furthermore, the bedding planes are simulated by the mica flakes with almost zero cohesion, i. e. zero tensile strength causing the strata always separate from the bedding planes during the experiments. On the other hand, bedding plane are seldom simulated in the numerical modeling. By analyzing the progressive development of the fracture patterns of the overburden strata in the gobs for the physical simulation presented in this book, it is obvious that primary fracture of the roof strata are tensile. After the broken strata pile up on the mine floor, they adjust and settle on top of one other. During this period compaction process, shear failures along the primary fractures may occur. Therefore, tensile strength of the rock strata is the key factor, not the commonly believed UCS (uniaxial compressive strength).

梁式理论被广泛应用于研究上覆岩层的移动,但在应用中有很多参数如水平力、顶板岩层的碎胀系数、梁两端回转角以及内摩擦角难以获得;梁的长度应该按照初次来压步距还是周期来压步距计算,二者也都存在很大的取值范围。由于测量所得的初次来压步距比周期来压步距大很多,应用梁式理论进行支架工作阻力计算时,梁的长度必须采用初次来压步距。而所统计的初次来压步距范围是 31～116m,其中大部分数据为 50m,如果按照 50m 作为梁的长度去计算支护阻力,支护失败的概率会有多大? 根据概率积分理论,使用平均值意味着有 50% 的概率是错误的。

In overburden movement, the beam-type theories dominate in the literature. In their application, there are many uncertainty: most parameter including the horizontal force, bulking factor of roof strata, beam fracture angles at both ends, and their angle of friction are hard to get or measured. Shall the beam length be the first weighting interval or the periodic interval, both of which cover a wide range of values. Since the measured first weighting interval is far larger than those of the periodic weighting, the beam length in all the "beam-type" theories for determining the required shield load capacity must be the first weighting interval. Again since the measured first weighting interval ranged from 31m to 116m with mostly at 50m, if 50m is selected as the beam length, what would be the probability of failures? The common practice of using the average value mean 50% will fail, according to the theory of probability.

由于使用梁式理论决定支架载荷涉及很多难以测量的参数。而从某些工作面搜集到的数据得出的公式又具有特定的适用范围。对公式的应用而言,如果这些主要参数值不明确,那么利用此公式计算的支架载荷就会与实际不符。这就涉及一个问题:即在不同工作面或矿井中,我们应该怎么确定这些参数值?

Since all beam-type theories for shield capacity determination involve many parameters that are almost impossible to measure, the formula developed from data obtained for certain panels is site-specific. If the values of those major parameters are not specified for use with the formula, anyone used the same formula may produce different results of shield capacity required. On the hand, how does one determine those parameter values for use in other panels or mines?

总的来说,鄂尔多斯矿区所测量的裂隙带高度比在美国或者北美所得的经验数据要小很多,很可能是因为上覆岩层中存在大量的泥岩介质导致的。

In general, the measured fractured zone heights in the Ordos coal field are much smaller than those experienced in the US or North America, possibly because there are abundant clayey material in the overburden.

无论是观测站布置还是参数分析,对地表下沉的研究都旨在获得工作面走向和倾向方向上的地表下沉曲线,以确定地表下沉量大小和影响范围,以便获取使用概率积分法对地表下沉进行预测所需要的参数。地表下沉研究应该将工作面推进速度和时间效应等参数结合起来,同时监测地表裂缝在工作面不同位置的发展过程和速度。此外,为了确定矿井设计和工作面回采时缓解土壤、岩石和管道与输电塔之类的地面建筑物等结构破坏的有效措施,需首先确定其结构的破坏标准。

The surface subsidence studies, both in monument layout and analyses of indices, were mainly designed to obtain the surface subsidence profiles along both the panel face and length directions such that the magnitude and zone of influence of subsidence can be defined. The method of subsidence data analysis were designed to obtain the indices for surface subsidence prediction using the Influence Function Method. Surface subsidence study should be combined with underground mining parameters, mainly the speed of mining (or longwall face advance) and the stop-and-go (or time effect) of longwall face advance condition. The development process of surface cracks with respect to longwall face location and advancing speed should also be monitored. In addition, the damage criterion for soils and rocks and various surface structures such as power transmission towers and pipelines should be determined first so that proper structural damage mitigation measures such as mine layout and mining methods can be determined.

冲积层内含水层的补给水源来自于包括融雪在内的大气降水,探明含水层中的水处于孤立状态还是区域性流动状态对于研究地下水含水层非常重要。无论是哪种情况,由于该地区的长壁工作面采高较大,导裂带发育高度增大,容易引发突水溃沙灾害,必须建立三相模型(水、沙及其在岩体中的流动方程),以便进行动力灾害的分析与防治。

Since the alluvium has been determined to be the aquifers and its source of recharge derived from rain water including snow melt, it is important to investigate the groundwater in the aquifers to determine if they are isolated water bodies or flow as parts of the regional groundwater flow systems. In any event, the three-phase (water, sand, flow in rock strata) models must be developed as parts of the dynamic hazard analysis due to large mining height longwall mining in this region.

Acknowledgement
致谢

国家自然科学基金煤炭联合基金重点支持项目 U1261207 "浅埋薄基岩大开采空间顶板动力灾害预测与控制"在立项过程中,课题组成员翟桂武教授级高工和翟德元教授参加了项目研究方案的制订等工作,提出了很多创造性的意见建议,同时为课题前期研究和调研等做出了重要贡献。

During the process of proposal preparation and evaluation for the successful proposal entitled "浅埋薄基岩大开采空间顶板动力灾害预测与控制" that was awarded as a United Coal Key Project under grant No. U1261207 by the National Natural Science Foundation, members of the team Professors Zhai Guiwu and Zhai Deyuan participated in the development of research methods，made a lot of creative ideas and suggestions，as well as preliminary studies and research，and other important contribution.

　　在收集资料过程中，神东煤炭集团副总经理总工程师杨俊哲、神华煤炭集团技术研究院常务副院长贺安民、技术研究院科研主管宋桂军等给予了大力的支持和帮助，在此表示衷心地感谢。

　　We greatly appreciate the support and assistance of the following persons in our data collection：Yang Junzhe，Deputy General Manager and Chief Engineer，shendong Coal Group；He Anmin，Executive Deputy Director，Technology Research Institute，Shenhua Coal Group；and Song Guijun，director of Research and Development，Technology Research Institute，Shenhua Coal Group.

Syd S. Peng　李化敏　周　英

Syd S. Peng，Li Huamin，Zhou Ying

2015 年 8 月

目　　录

彩图

第1章 研究区地质概况

1.1 自然地理和煤炭开发现状

1.1.1 自然地理

1. 地形地貌

研究区位于鄂尔多斯盆地东北部,包括神东煤田(神府煤田和东胜煤田的合称)和准格尔煤田两部分,具体如图 1-1 所示。

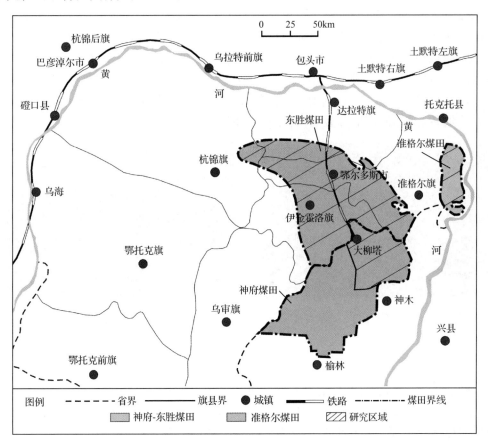

图 1-1 研究区位置(文后附彩图)

神东煤田位于鄂尔多斯高原东南、毛乌素沙漠东南缘与陕北黄土高原北侧接壤地带的侏罗纪煤田,面积 12860km²。主要地貌单元有沙丘、沙地和风沙河谷,区内大部属风沙堆积地貌,地表植被稀少,侵蚀强烈,冲沟发育,水土流失严重,局部地区基岩裸露,是典型的丘陵沟壑区(图1-2)。全区地势总体呈现西北高东南低的趋势,最高点位于东胜西北的呼斯希勒,海拔1549m,最低位于大柳塔镇东南乌兰木伦河谷底,海拔1221m,大部分海拔在1300m左右。神东煤田按照沉积基底和含煤地层沉积上的差异可以细分为神府煤田和东胜煤田两部分,其中神府煤田位于陕西省最北端神木、府谷两县境内,地理坐标为:东经110°05′~110°50′,北纬38°52′~39°27′,东以煤层露头为界,北达陕蒙边界与内蒙古东胜煤田毗邻,南为煤层露头并沿窟野河南下至麻家塔沟,并以控制钻孔连线与榆神矿区接壤。东西宽50km,南北长20~60km,面积约2400km²,煤层稳定,埋藏浅,易开采。东胜煤田在内蒙古自治区鄂尔多斯境内,面积为12860km²,有10个可采煤层,厚度为2~7m,倾角为1°~8°,埋藏较浅。

准格尔煤田位于内蒙古自治区鄂尔多斯市(即原伊克昭盟准格尔旗)东部,地处黄河西岸,为一近南北向的石炭二叠纪煤田,面积为1723km²。黄河自北而南沿煤田东缘奔腾而下,隔河与清水河煤产地(实际是本煤田浅部东延部分)相望,西部与神东侏罗纪煤田相邻,两煤田成煤时代不同。准格尔煤田地理上也属鄂尔多斯黄土高原的一部分,全区地形西北高东南低,最高处位于煤田北部孔兑沟上游分水岭,海拔1365.5m,最低处在煤田南端马栅镇的毫米疙瘩一带,海拔870m,一般标高为1100~1300m。整个煤田被广厚的黄土层覆盖,部分被风积沙覆盖。由于风蚀、水流向源侵蚀形成黄土高原的复杂地形地貌(图1-3)。自北而南呈近东西向的主要沟谷有:大路沟、孔兑沟、小鱼沟、窑沟、龙王沟、黑岱沟、哈尔乌素沟、罐子沟,以及煤田西缘呈北南方向的十里长川沟等。

图1-2　神东煤田上湾矿地貌特征　　　　　图1-3　准格尔煤田黄玉川矿地貌特征

2. 主要河流

研究区河流均属黄河水系,区内自西北向东南流经神东煤田的主要河流为乌兰木伦河,分为东西两个分支,在布尔台东侧谷底合二为一,并最终汇入黄河。乌兰木伦河东侧近南北向的季节性溪流有道柳川和暖水川,合并后与乌兰木伦河汇集也最终进入黄河(图1-4)。区内河流基本属于季节性河流,每年7~9月为洪峰期,流量较大,其他时间流量很小。河流以大气降水补给为主,沙区潜水补给为辅,潜水补给量一般占总流量的30%左右。

准格尔煤田东部主要是黄河南北贯穿,区内沟谷纵横交错,多呈放射状分布,向源侵蚀为主,横断面多呈"V"字形,深沟之中多有泉水涌出,形成溪流。区内较大的季节性沟谷溪流有流经准格尔旗的正川和东侧的十里长川,两者汇聚后进入皇甫川而后汇入黄河(图 1-4)。这些沟谷溪流雨季山洪暴发,流量大而历时短。地表植被稀少,地面坡度较大,易于地表水的径流和排泄,不利于地表水的下渗。降水多集中在 7～9 月,占全年降水量的 70％,形成集中补给、集中排泄,大部分以地表径流注入黄河。

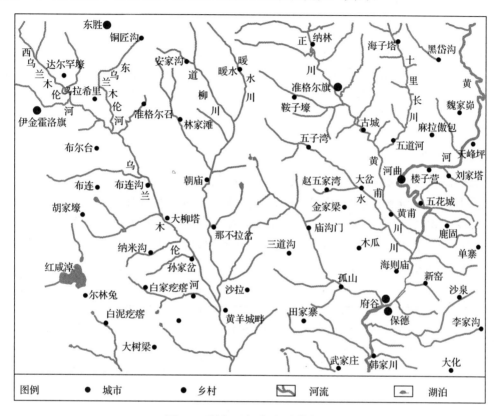

图 1-4　研究区水系(文后附彩图)

1.1.2　煤炭开发现状

神东煤田是国家"七五"至"十二五"规划重点建设项目。神华集团神东煤炭有限责任公司经国务院批准,负责建设经营神府和东胜矿区大型骨干矿井及配套项目。神东已成为我国具有国际先进水平的西部现代化能源基地。

根据 2011 年资料,神东煤田生产矿井多达 243 个,勘查区 72 处。神东煤田年产量超过 2000 万 t 的大型矿井有大柳塔、补连塔、布尔台煤矿,年产量超过 1000 万 t 的矿井有榆家梁、保德、锦界、哈拉沟、上湾、神东露天、石圪台、寸草塔、寸草塔二矿、乌兰木伦、柳塔、神山露天和万利一矿等。目前,神东已建成安全高效矿井 17 个,年产能 2 亿多吨。2002～2011 年,神东原煤产量累计 12.8 亿 t。准格尔煤田生产矿井有 42 个,处于不同勘查阶段的区域有 26 处。准格尔煤田目前开发的大型露天矿有黑岱沟露天矿和哈尔乌素露天矿,年产均超过 2000 万 t。

1.2　地　质　概　况

1.2.1　区域地质概况

鄂尔多斯盆地东起吕梁山,西抵桌子山、贺兰山、六盘山,北起阴山南麓,南达秦岭北坡,是一个周缘被造山带或构造活动带围限的世界级能源盆地。在行政区划上,鄂尔多斯盆地包括宁夏回族自治区东部、甘肃省陇东地区、内蒙古自治区鄂尔多斯市(原伊克昭盟)和巴彦淖尔盟南部以及阿拉善盟东部、陕西省关中和陕北地区、山西省的河东地区,面积约 250000km²。下面以区域地层和区域构造进行分述。

1. 区域地层

总括盆地的地层发育特点与华北地台一致,基底为前震旦亚界的一套老变质岩系,其上为上元古界和下古生界寒武系和下、中奥陶统,为一套碳酸盐岩系。中石炭世起开始接受沉积,发育了石炭统、二叠纪海陆交替相含煤地层和厚度很大的中生代地层(三叠系、侏罗系和白垩系)。最上部为新生代地层,覆于老的地层之上。各时代地层及主要特点见表 1-1。

表 1-1　鄂尔多斯盆地地层划分

地层					厚度/m	构造运动	主要岩性
界	系	统	组	符号			
新生界	第四系			Q	10~200	喜马拉雅运动晚期燕山运动	黄土、亚黏土夹黄褐色、浅棕色砂质黏土及砾石层
	新近系			N	0~10		红色黏土、砂砾石层,富含钙质结核
中生界	白垩系	下统	洛河组	K₁l	0~770	燕山运动	粉红色块状砂岩,局部夹粉砂岩及泥质条带
			宜君组	K₁y			
	侏罗系	中统	安定组	J₂a	10~620	印支运动	顶部为泥灰岩,中部为紫红色泥岩,底部为灰黄色细砂岩
			直罗组	J₂z			灰绿色、紫红色泥岩与浅灰色砂岩互层
		下统	延安组	J₁y			深灰色、灰黑色泥岩与灰色砂岩互层,夹多层煤,底为厚层状砂砾岩,含油气系
			富县组	J₁f			厚层块状砂砾岩夹杂色泥岩

地层					厚度/m	构造运动	主要岩性
界	系	统	组	符号			
中生界	三叠系	上统	延长组	T_3y	1000～1100	海西期（无明显的构造运动）	上部为泥岩夹粉细砂岩、炭质页岩及煤层，中部以厚层块状砂岩为主夹砂质泥岩、碳质泥岩，下部为长石砂岩夹紫色泥岩
		中统	纸坊组	T_2z	330～420		上部灰绿色、棕紫色泥岩夹砂岩，下部为灰绿色砂砾岩
		下统	和尚沟组	T_1h	100～120		棕红色、紫红色泥岩夹同色砂岩及砂砾岩
			刘家沟组	T_1l	260～280		灰色、灰白色块状砂岩夹同色泥岩及砂砾岩
古生界	二叠系	上统	孙家沟组	P_3s	250～280	加里东运动	下部紫红色砂岩与泥岩互层，上部为棕红色含钙质结核
		中统	上石盒子组	P_2sh	140～160		红色泥岩及砂质泥岩互层，夹薄层砂岩及粉砂岩，上部夹有1～3层硅质岩
			石盒子组 下石盒子组 下5	P_2x_5	20～35		上部为桃花泥岩，下部为浅肉红色、浅灰色含泥细砂岩及泥质砂岩
			下6	P_2x_6	20～35		褐色、灰绿色泥岩和砂质泥岩，浅灰色泥质砂岩，细砂岩
			下7	P_2x_7	20～35		浅肉红色、褐灰色、浅灰色泥质砂岩和粉砂岩及中砂岩
			下8	P_2x_8	20～35		浅灰色、灰白色含砾粗砂岩，中粗粒砂岩及灰绿色岩屑石英砂岩（底部为骆驼脖子砂岩）
			下9	P_2x_9	20～40		
		下统	山西组 山1	P_1s_1	40～55		灰色-灰黑色岩屑砂岩、岩屑石英砂岩及含泥砂岩夹黑色泥岩（底部为铁磨沟砂岩）
			山2	P_1s_2	40～55		灰色和灰白色含砾中粗粒岩屑砂岩、石英砂岩夹薄粉砂岩、黑色泥岩及煤层（底部为北岔沟砂岩）
			太原组 太1	P_1t_1	10～20		东大窑灰岩，6号煤层，斜道灰岩（有时相变为七里沟砂岩）
			太2	P_1t_2	15～25		7号煤层，毛儿沟灰岩、庙沟灰岩

续表

地层					厚度/m	构造运动	主要岩性
界	系	统	组	符号			
古生界	石炭系	上统	本溪组 本1	C_2b_1	20～40	加里东运动	9 号煤层,晋祠砂岩(有时相变为吴家峪灰岩)
			本溪组 本2	C_2b_2	10～25		铁铝土质岩和砂泥岩,局部夹生物灰岩(畔沟灰岩)
	奥陶系	下统	马家沟组 马六	O_1m_6	0～9		灰色、深灰色灰岩和黑色泥岩
			马五1 马五1¹	$O_1m_{5-1}^1$	0～12		灰色、灰褐色细粉晶云岩,深灰色泥质云岩夹黑色泥岩;黑褐色云岩、深灰色含泥白云岩
			马五1²	$O_1m_{5-1}^2$	0～8		
			马五1³	$O_1m_{5-1}^3$	0～5		灰褐色、褐色细粉晶白云岩
			马五1⁴	$O_1m_{5-1}^4$	0～6		灰色和深灰色白云岩、泥质白云岩或灰质白云岩夹黑色泥岩,底部为凝灰岩
			马五2 马五2¹	$O_1m_{5-2}^1$	0～4		深灰色和灰黑色含泥白云岩、灰质白云岩及黑色泥岩
			马五2²	$O_1m_{5-2}^2$	0～6		深灰色细粉晶白云岩,灰黑色含泥白云岩、灰质白云岩及黑色泥岩
			马五3¹⁻³	O_1m_{5-3}	25～30		灰色和深灰色角砾状白云岩、泥质白云岩及白云质泥岩,中间夹薄灰岩层
			马五4 马五4¹	$O_1m_{5-4}^1$	10～15		灰色粉晶白云岩(上部),灰黑色泥质白云岩与深灰色白云质泥岩、泥质白云岩或灰白色硬石膏岩互层,底部为凝灰岩
			马五4²⁻³	$O_1m_{5-4}^{2-3}$	25～35		灰色含泥白云岩,膏质白云岩与泥晶白云岩及泥质泥岩互层
			马五5	O_1m_{5-5}	22～27		灰黑色泥晶灰岩夹黑色泥岩
			马五6	O_1m_{5-5}			灰色、灰黑色白云岩和泥质白云岩
	寒武系	上统		$\in_3$	30～70		灰色厚层、块状、竹叶状白云岩及细晶白云岩和含泥质白云岩互层
		中统	张夏组	$\in_2z$	30～120		深灰色残余鲕粒灰岩夹泥灰岩及生物灰岩
			徐庄组	$\in_2x$	30～70		暗紫红色灰质泥岩夹颗粒灰岩
			毛庄组	$\in_2m$	30～60		暗紫红色砂质页岩夹泥灰岩、砂岩
中元古界	长城系			Pt_2c	30～1000	蓟县运动	肉红色石英岩状砂岩
古元古界—太古宇				$Pt—Ar$		中条运动	变质岩系

2．区域构造

鄂尔多斯盆地位于华北克拉通的西部，是华北（或中朝）板块的一部分。在中国大陆地壳演化中，侏罗纪与三叠纪之交的印支运动是构造格局和构造体制发生重大变化的转折期。印支运动以前，以古大陆边缘的裂移、旋转，并汇聚于以西伯利亚地台为核心的古亚洲大陆为特征；印支运动后，进入典型的板块体制或板内构造体制阶段，以中国大陆板块与库拉-太平洋板块、印度板块、西伯利亚板块间的相互作用为特征。

根据鄂尔多斯盆地内部结构特征可划分出六个次一级的构造单元。

（1）伊克昭盟（简称伊盟）隆起：基底隆起高，沉积盖层薄，晚古生代以来基本以陆地出现并与庆阳、吕梁和阿拉善古陆一同影响该盆地的发展与演化。

（2）渭北挠褶带（隆起）：该区构造并非以隆起为主，而是以挠曲状由南向北倾伏的褶皱依次向盆内跌落减弱为特点。

（3）西缘冲断带：六盘山以东、天环拗陷以西的狭长地区，其加里东期褶皱微弱，而以燕山期强烈由西向东的冲掩为特点。

（4）晋西扰褶带：东隔离石断裂与吕梁断隆相接，在地质历史上一直处于相对隆起状态，沉积盖层较薄。

（5）天环拗陷（向斜）：西邻冲断带，因而也可理解为由于西缘逆冲推覆东迁隆升相伴而生的拗陷，主要为下白垩统沉积前渊。

（6）陕北斜坡：又可再分为中央古隆起和陕北古拗陷两个构造单元。其中中央古隆起北起乌申旗南抵正宁、西达环县、东至靖边富县一线，系为贺兰山拗拉谷东裂谷肩隆起演化而来的盆地中央古生代潜伏隆起，其对古生代水下沉积和沉积相起到较大的控制作用；陕北古拗陷位于中央古隆起以东相伴而生，是中央古隆起和吕梁古隆起共同影响的结果，其于寒武纪开始形成，全盛于早奥陶世，消亡于晚古生代。该斜坡盆地沉积整体反映了鄂尔多斯盆地形成、发展演化及消亡的过程。

其中东胜煤田、准格尔煤田位于伊克昭盟隆起中东部，神府煤田位于伊盟隆起南缘和陕北斜坡东北缘（图 1-5）。

1.2.2　煤田地质概况

研究区内目前涉及两大煤田，即以侏罗纪陆相地层沉积为主的神东煤田和以石炭二叠纪海陆交互相沉积为主的准格尔煤田（图 1-6）。

神东煤田是神府煤田和东胜煤田的合称，二者整体上是一个连续的煤田，由于盆地基底隆起造成的沉积差异，可分为南北两部分，均属侏罗纪含煤地层，预测储量 6690 亿 t，探明储量 2300 亿 t。为世界少见的优质动力煤，尤以煤田南部为最佳，其硫分小于 0.5%，灰分小于 8%，发热量达 30MJ/kg。东胜煤田在内蒙古自治区鄂尔多斯境内，面积为 12860km^2，有 10 个可采煤层，厚度为 2～7m，倾角为 1°～8°，埋藏较浅。东胜煤田南部与神府煤田相连，神府煤田分布在陕西省榆林地区的神木、府谷、榆林、横山和靖边 5 个县，面积约 10000km^2，有 5～6 个可采煤层，总厚度为 14.1～21.5m，倾角不到 1°，埋藏很浅。

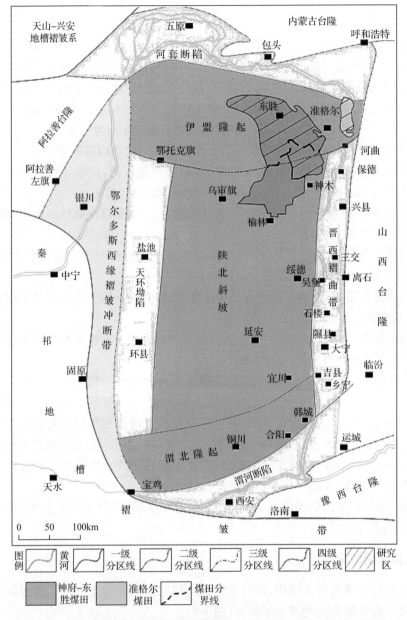

图 1-5　鄂尔多斯盆地构造区划(鲁静等,2012,略作修改)(文后附彩图)

准格尔煤田位于内蒙古自治区鄂尔多斯市(原称伊克昭盟准格尔旗)东部,地处黄河西岸,为一近南北向的石炭二叠纪煤田。煤田南北长 73km,东西宽 23.6km,煤田面积达 1 723km²,累计探明储量 267.6 亿 t。上石炭统太原组含 5 层煤,以 6 号、9 号两层煤最佳,厚度大,较稳定。特别是 6 号煤层在黑岱沟区发育最好,平均厚度可达 22.76m。下二叠统山西组含 5 层煤,其中 3 号、5 号煤层为局部可采的不稳定煤层。全煤田煤层平均总厚为 32.08m。煤种为长焰煤,属中灰、高挥发分、特低硫、高发热量的动力用煤。

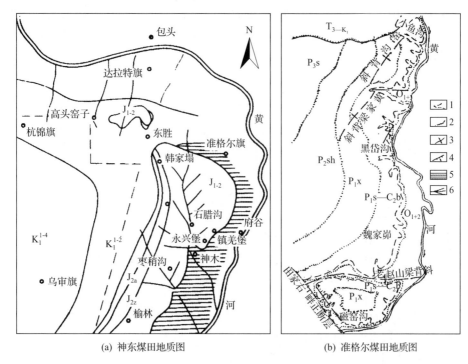

图 1-6　神东煤田和准格尔煤田地质图（刘绍龙，1995 略有修改；吴子武，1981）

1. 6 号煤层露头线；2. 地层界线；3. 背斜轴；4. 正断层；5. 剥蚀区；6. 河流；J_{1-2} 下-中侏罗统；$J_{2}z$ 直罗组；$J_{2}a$ 安定组；J_{3}—K_{1}. 侏罗-白垩系；$P_{3}s$. 孙家沟组；$P_{2}sh$. 上石盒子组；$P_{1}x$. 下石盒子组；$P_{1}s$—$C_{2}b$ 山西组-本溪组；O_{1+2} 下中奥陶统

1. 神东煤田地层

神东煤田地层区划属于华北地层区、鄂尔多斯地层分区。区内沉积的地层从老至新有三叠系延长组（$T_{3}y$），中下侏罗统延安组（$J_{1-2}y$），中侏罗统直罗组（$J_{2}z$）、安定组（$J_{2}a$），上侏罗统—下白垩统志丹群（J_{3}—$K_{1}zh$），新近系上新统红土层（N_{2}），第四系上更新统马兰组（$Q_{3}m$）黄土层，第四系全新统（Q_{4}）冲洪积、风积、残坡积物。详见图 1-7 神东煤田综合柱状图。

2. 神东煤田构造

神东煤田地质构造属于单斜构造，总体走向 NW330°—SE150°，倾向 SW240°，这决定了煤层的发育情况及变化趋势。鄂尔多斯台向斜的构造轮廓为一极平缓开阔的不对称向斜，构造形态基本表现为一单斜构造，其倾向基本为西—南西。岩层倾角一般在 3°左右。地层连续，褶皱和断层不发育，属构造简单型区域。

3. 准格尔煤田地层

准格尔煤田地层沉积序列与华北石炭二叠纪各煤田基本相似，地层区划属于华北地层区、鄂尔多斯地层分区、准格尔地层小区。煤田内地层自下而上是：下奥陶统亮甲山组（$O_{1}l$）、中奥陶统马家沟组（$O_{2}m$）、上石炭统本溪组（$C_{2}b$）、下二叠统太原组（$P_{1}t$）、下二叠统山西组(P_1s)、中二叠统下石盒子组(P_1x)、中二叠统上石盒子组(P_2sh)、上二叠统孙家沟组(P_3s)、侏罗系—白垩系志丹群(J_3—K_1zh)、新近系红土层(N),详见准格尔煤田综合柱状图(图 1-8)。

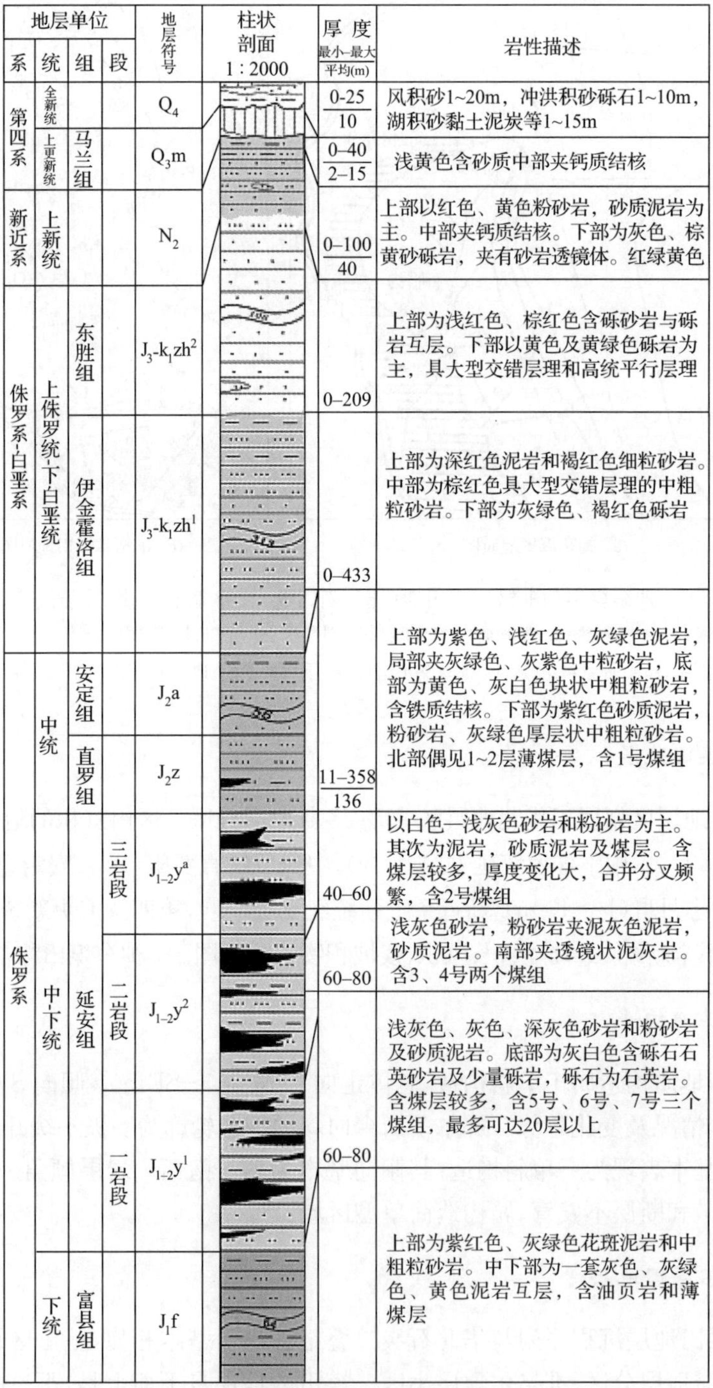

地层单位				地层符号	柱状剖面 1:2000	厚度 最小—最大 平均(m)	岩性描述
系	统	组	段				
第四系	全新统			Q_4		$\frac{0-25}{10}$	风积砂1~20m,冲洪积砂砾石1~10m,湖积砂黏土泥炭等1~15m
	上更新统	马兰组		Q_3m		$\frac{0-40}{2-15}$	浅黄色含砂质中部夹钙质结核
新近系	上新统			N_2		$\frac{0-100}{40}$	上部以红色、黄色粉砂岩、砂质泥岩为主。中部夹钙质结核。下部为灰色、棕黄砂砾岩,夹有砂岩透镜体。红绿黄色
侏罗系-白垩系	上侏罗统下白垩统	东胜组		J_3-k_1zh^2		0~209	上部为浅红色、棕红色含砾砂岩与砾岩互层。下部以黄色及黄绿色砾岩为主,具大型交错层理和高统平行层理
		伊金霍洛组		J_3-k_1zh^1		0~433	上部为深红色泥岩和褐红色细粒砂岩。中部为棕红色具大型交错层理的中粗粒砂岩。下部为灰绿色、褐红色砾岩
侏罗系	中统	安定组		J_2a		$\frac{11-358}{136}$	上部为紫色、浅红色、灰绿色泥岩,局部夹灰绿色、灰紫色中粒砂岩,底部为黄色、灰白色块状中粗粒砂岩,含铁质结核。下部为紫红色砂质泥岩、粉砂岩、灰绿色厚层状中粗粒砂岩。北部偶见1~2层薄煤层,含1号煤组
		直罗组		J_2z			
	中下统	延安组	三岩段	$J_{1-2}y^a$		40~60	以白色—浅灰色砂岩和粉砂岩为主。其次为泥岩,砂质泥岩及煤层。含煤层较多,厚度变化大,合并分叉频繁,含2号煤组
			二岩段	$J_{1-2}y^2$		60~80	浅灰色砂岩,粉砂岩夹泥灰色泥岩,砂质泥岩。南部夹透镜状泥灰岩。含3、4号两个煤组
			一岩段	$J_{1-2}y^1$		60~80	浅灰色、灰色、深灰色砂岩和粉砂岩及砂质泥岩。底部为灰白色含砾石石英砂岩及少量砾岩,砾石为石英岩。含煤层较多,含5号、6号、7号三个煤组,最多可达20层以上
	下统	富县组		J_1f			上部为紫红色、灰绿色花斑泥岩和中粗粒砂岩。中下部为一套灰色、灰绿色、黄色泥岩互层,含油页岩和薄煤层

图 1-7　神东煤田综合柱状图

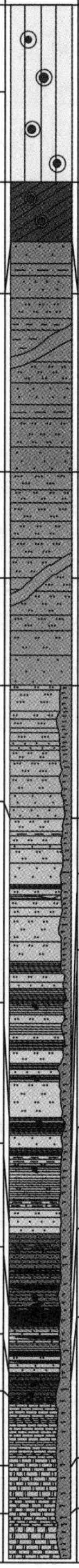

界	系	统	组	累积厚度/m	岩性柱状	分层厚度/m	岩性描述
新生界	第四系 Q	全新统 Qh；更新统 Qp	马兰组 Q_2m	125		0~100	风化成中细粒砂及近代冲洪积褐色黏砂土、细砂及砂砾石。 黄土层：土黄色、淡黄色，含钙质结核，柱状节理发育。 底部由钙质结核、石灰岩、砂岩组成的砾石层与其他地层呈不整合接触
新生界	新近系 N	上新统 N_2		176		51	黏土：红及棕红色，含钙质结核及砂质，最大结核的直径为1m，底部厚2~3m胶结疏松的砾岩层砾石成分为石英岩、燧石、砂岩、花岗片麻岩、姜结石，泥砂质胶结。与下伏地层呈不整合接触
中生界	白垩系 K	下白垩统 K_1	志丹群 K_1zh	568.1		>380	灰白色厚层粗粒砂岩，含砾，胶结疏松，夹灰绿色、紫灰色泥岩。 淡红色砾岩，夹砂岩透镜体或薄层，砾岩成分以花岗片麻岩为主，石英岩、泥岩、酸性及中性火山岩次之
中生界	三叠系	下三叠统	和尚沟组 T_1h	>733.1		>165	棕红色、砖红色中细粒砂岩及粉砂岩，夹棕红色砂质泥岩，区内出露不全
Mz	T	T_1	刘家沟组 TL	>1118.1		257~385	浅灰色、微带红色、浅灰绿色细砂为主，夹棕红色粉砂质泥岩及灰黄色砂砾岩，含砾中、粗粒砂岩，交错层理发育，厚度变化较大，与下伏地层呈整合接触
古生界	二叠系	上二叠统	孙家沟组 P_3s	>1288.1		>170	下部为黄绿色，灰绿及褐黄色砾质砂岩及中粒砂岩及棕红色砂质泥岩，夹紫红色泥岩，灰白色中粒砂岩，泥岩中夹淡棕红色不规则或泥质灰岩薄层，砂层中含有紫红色、灰绿色泥质团块，底部一厚度灰白色含砾粗砂岩与下伏地层分界
古生界	二叠系	中二叠统 P_2	上石盒子组 P_2s	>1578.10		>290	暗紫色、褐紫色砂质泥岩和泥岩为主，间夹灰绿色、浅白色中粗粒砂岩，含砾石，铁质结核
古生界	二叠系	中二叠统 P_2	上石盒子组 P_2s			119	黄褐色、黄绿色及紫色砂质泥岩黏土岩和灰白色、黄绿色砂岩组成，局部下部夹煤线，含植物化石
古生界	二叠系	中二叠统 P_2	下石盒子组 P_1s	>1697.10		38~95	灰白色砂岩和灰色、灰黑色泥岩及砂质泥岩、煤组成，南部夹1~2层(厚1~2m)石灰岩。旋回清楚，煤层发育，为本煤田主要含煤地层。全组含煤五层，其中6号煤全区可采，较稳定，煤厚15~40m，一般在20m左右，以黑岱沟区最厚，向南变薄，9号煤厚0~10m，以窑沟区最厚，向南变薄，至榆树湾带偶尔尖灭。8号煤局部可采，6号煤顶板含植物化石
古生界	二叠系 P	下二叠统 P_1	山西组 P_1s	>1792.10		12~95	灰白色中粗粒砂岩，灰黑色砂质泥岩，泥岩，黏土岩及煤组成。含石英小砾岩及菱铁矿结核，本组含煤五层，其中3号、5号局部可采，结构复杂，煤层由北向南逐渐增厚，含丰富的植物化石
古生界	石炭系	下二叠统 P_1	太原组 C_3t	>1887.1		6.6~35	灰白色、灰色、灰黑色的砂岩、泥岩、灰岩及铝土岩组成。 底部为鸡窝状山西式铁矿。铝土岩品位较低，相变为铝土质泥岩，富含黄铁矿结核，为硫黄厂主要原料，含有动植物化石
古生界	石炭系 C	上石炭统 C_2	本溪组 C_2b	>1922.57			
古生界	奥陶系	下奥陶统		2019.57		8~97	浅灰黄色、棕灰色薄层泥质灰岩，厚层状石灰岩，间夹薄层结晶灰岩，局部为豹皮状灰岩。下部为黄绿色薄层泥质灰岩，厚层灰岩，石英砂岩互层
古生界	奥陶系	下奥陶统		>2085.57		54~66	浅灰色、灰黄色中厚层白云岩及泥质白云岩，致密性脆，风化后呈黄褐色
Pz	O	O_1		>2148.57		53~63	灰白色、黄褐色中厚层结晶白云岩，白云岩及白云质灰岩。与下伏地层呈整合接触

图 1-8 准格尔煤田地层综合柱状图

4. 准格尔煤田构造

准格尔煤田位于内蒙古高原西部,在大地构造单元上,属新华夏系第三沉降带准格尔沉降区凹陷北部,东邻差岗隆起,西邻巴西格那隆起带,早白垩世含煤组沉积在前寒武纪古老花岗片麻岩,花岗岩和晚古生代石炭-二叠纪沉积岩组成的一个构造盆地内,盆地走向呈北北东—南南西向延伸。由于煤田形成后,受地壳运动影响较小,所以构造比较简单,呈缓波状起伏。

1.3　主采煤层及其沉积特征

1.3.1　主采煤层特征

鄂尔多斯盆地自下而上有石炭-二叠纪、三叠纪和侏罗纪三套含煤岩系。其中,石炭-二叠纪含煤岩系形成于华北晚古生代聚煤盆地。三叠纪含煤岩系形成于华北三叠纪大型内陆地陷盆地,侏罗纪含煤岩系形成于鄂尔多斯侏罗纪聚煤盆地。三期盆地的大地构造背景不同,充填过程中所形成的含煤岩系和煤层的特点各异(王双明和张玉平,1999)。

石炭-二叠纪含煤岩系中以太原组和山西组为主要含煤层段,煤系和煤层在全盆地均匀分布,但埋深2000m以上者仅限于盆地周缘。太原组一般含煤2～9层,可采及局部可采煤层有11号、10号和6号,最大累计厚度为20～30m。

11号煤层位于太原组下段,分布在东经109°以东,且向东有增厚的趋势,煤厚大于5m;西部煤层分布零星。富煤区位于神木、府谷一带,厚度在10m以上。煤层自北向南,自西向东分岔、变薄。

10号煤层位于太原组中下段,主要分布于东经109°以西,煤层在盆地内呈"∪"字形,东部分布于乌审旗、铜川一带,厚度3.5～5m,西部分布于乌海、炭山一带,厚约3m,与11号煤层分布相比明显向西迁移。

6号煤层位于太原组上段,主要分布于鄂托克旗—府谷以北,在银川以东和榆林以北有小片发育,陕西府谷地区北部至准格尔旗一带,5号、6号煤合并形成巨厚煤层,厚度为10m左右。

山西组一般含煤2～3层,可采及局部可采煤层为3号、5号煤层,累计厚度和最大单层厚度均低于太原组,主要可采煤层位于中下部。

5号煤层位于山西组下段,在盆地中分布范围最为广泛的除东经107°～109°的北纬38°以南地区外,全区均有分布。5号煤向北到准格尔煤田与6号煤合并,形成巨厚煤层。5号煤层是渭北地区分布最稳定和分布最为广泛的可采煤层,一般在3.5m以上,局部厚度可达到7.5m。

3号煤层位于太原组中段,平面上位于东经107°～109°带状区两侧,西部由西向东,东部由东向西变薄,厚煤区位于盆地东南角。3号煤层在盆地西部一般厚2～3m,最厚可达10m,煤层稳定。

三叠纪含煤岩系以瓦窑堡组为含煤层段,含煤范围仅限于黄陵、富县、延安、子长、子洲一带。其中只有子长一带达可采厚度,共含煤 7～15 层。可采者一层,厚 1～2m,位于瓦窑堡组上部。

侏罗纪含煤岩系主要以延安组为含煤层段。延安组在全盆地均有分布,除西部局部地区埋深大于 2000m 外,其余埋深均小于 2000m。煤层除在盆地中部延安、延川、延长一带不发育外,其他地区均有分布。该组共含煤 10～31 层,自下而上分为 5 个煤组,主要可采煤层有 5 号、4 号、3 号、2 号、1 号煤层,累计可采厚度一般为 15～20m。煤层在平面上的分布具有明显的规律性,盆地南部主要可采煤层位于延安组第一段,单层最大厚度可达40～60m。盆地中部仅有煤线发育。盆地北部主要可采煤层位于延安组上部,最大单层厚度可达 10m 以上。

5 号煤层位于延安组下段,自下而上分为 5-3 号、5-2 号、5-1 号煤层。其中 5-2 号、5-1 号煤层是分叉合并煤层,横向连续性好,层位稳定;5-3 号煤层属局部范围发育、厚度变化大的不稳定煤层。5 号煤层厚度大于 3.5m 的富煤区主要分布在盆地的东北部、南缘和西缘地区。

4 号煤层位于延安组中下段,自下而上发育有 4-4 号、4-3 号、4-2 号煤层,其中 4-4 号煤层在盆地内部不甚发育,4-3 号煤层是局部发育,厚度变化较大;4-2 号煤层分布面积较广,盆地富煤区在北部,神木-东胜富煤区煤层厚度大于 5m,其余地区煤层厚度均小于 5m。

3 号煤层位于延安组中段,自下向上发育有 3-3 号、3-2 号、3-1 号煤层。3-3 号煤层在北纬 37°构造带西端宁夏区较为发育,其他地方不发育;3-2 号煤层在盆地西缘和北缘地区较为发育,厚度和范围较大,但是连续性和稳定性较差;3-1 号煤层在全区大面积发育,厚度稳定,结构简单。3-1 号煤层主要分布于神木-榆林-吴旗东以西,富煤区的规模和厚度比 4-2 号煤层大,煤层厚度为 3.5m 左右。

2 号煤层位于延安组上段,自下而上发育有 2-4 号、2-3 号、2-2 号煤层。2-4 号煤层主要发育在盆地边缘地带,尤其是盆地西北边缘;2-3 号煤层厚度变化大,连续性不好,仅在乌审旗、盐池、鸳鸯湖一带分布;2-2 号煤层全区发育稳定,尤其是东北部形成大面积的富煤区,在榆林-东胜地区煤层单层厚度超过 10m,超过 5m 的煤层分布面积很广,其展布方向以北东方向为主。

1 号煤层位于延安组上段,是神东矿区煤层厚度最大的煤层,总厚度最大超过 10m,煤层一般分 2～3 个分层。在乌兰木伦河西部为南厚北薄,大致以补连塔井田北边界为界,以南地区为厚煤区,煤层厚度大于 5m,在武家塔井田和活鸡兔井田煤层最厚达 9～10m。乌兰木伦河以东地区为北厚南薄,大致以柳根沟为界,以北煤厚大于 5m,以南除大柳塔井田西部大于 5m 外,一般都在 1～3m,至南部大海则井田则无 1 号煤层。自下而上发育 1-2 号、1-1 号煤层,1-2 号煤层在乌兰木伦河以南沉积丰厚,向东北煤层急剧分岔为1-2 号、1-2 号上煤层并尖灭,1-1 号煤层自北西向南东呈带状展布,分布范围较小,煤层厚度为 0～3.65m,平均为 1.32m。

1.3.2　沉积相特征

1. 神东煤田

鄂尔多斯盆地侏罗纪是主要的聚煤期,煤层主要聚集在延安组,富县组有少量煤线产出。煤炭的聚集要求有相当严格的物质基础、气候条件和地质背景。

晚三叠世后期,晚印支运动使盆地抬升露出水面。由于风化侵蚀及季节性洪水的冲刷,延长组顶部受到强烈侵蚀切割,形成高地、残丘、谷地、平原等沟谷纵横的丘陵地貌。在此背景下开始了下侏罗统的沉积。

从侏罗纪早期充填性河流相开始到延安组煤系结束是鄂尔多斯内陆拗陷盆地的第二个沉积阶段,盆地中部为汇水区,沉积中心与沉降中心基本一致。早侏罗世早期,沿沟谷发育了古甘陕水系,沉积了厚 $20\sim260m$ 呈树枝状展布的近 $30000km^2$ 的河道砂体,此时气候一度干旱,出现了红层(梁积伟,2004)。随着侏罗系早期沉积物的充填,鄂尔多斯盆地渐趋平原化,气候转向温暖潮湿,植被茂密,湖塘、沼泽星罗棋布,形成广泛分布的延安组河流与沼泽相的含煤地层,而在盆地东部,西起华池,东至延安,北抵志丹,南达富县这些范围内出现浅水湖泊环境(梁积伟,2007)。

中侏罗世盆地抬升,延安组地层接受剥蚀,之后河流沉积体系再次发育,形成了直罗组以砂砾岩为主的干旱河流沉积,最终以干旱咸化湖泊的棕红色泥岩、杂色泥灰岩结束,是盆地演化的第三个沉积阶段。此阶段沉降中心和沉积中心不一致,沉积中心仍位于盆地中心偏南,并向西部迁移,而沉降中心则在石沟驿一带继承发育。

鄂尔多斯盆地侏罗纪时是一个大型拗陷,接受四周古山系剥蚀区的物质,底部发育了残积、坡积和洪积相。延安组时期,盆地沉积稳定,沉积范围扩大,发育了湖泊沼泽相含煤细碎屑岩沉积,有机质丰富。在植物群中,苏铁植物较少,而以真蕨、松柏类及银杏类为主体,其中以凤尾银杏和锥叶蕨最具特征。晚侏罗世时,鄂尔多斯盆地四周山岭逐渐升起,沉积盆地大大缩小。由于气候由湿润向干旱转变,沉积物中不含煤,植物化石减少,并夹有红色泥岩,有些地方完全变为红色碎屑岩。

2. 准格尔煤田

本区至寒武纪末期未发生过大的地壳运动。早、中奥陶世,地壳整体下降,海水入侵,沉积了浅海相的石灰岩及白云质灰岩,到中奥陶世末,由于加里东运动的影响,地壳上升,形成大陆,而后长期遭受剥蚀夷平,致使晚奥陶世、志留纪、泥盆纪、早石炭世的沉积缺失,直至晚石炭世早期,地壳才有缓慢的升降运动。造成了海水时进时退的现象,形成了晚石炭世早期海陆交互相的沉积。晚石炭世早期煤田以潟湖沉积环境为主,其间发育水体相对较浅的潮坪-潟湖沉积。在煤田北部龙王沟一带发育障壁岛-潟湖-潮坪沉积。在煤田南端磁窑沟区发育碳酸盐台地-潟湖-潮坪沉积,由于古地势为北西高南东低,台地相灰岩向北尖灭于潟湖相泥岩中、向南灰岩增厚且层数增多、风暴沉积普遍发育(魏红红,2002)。上石炭统本溪组沉积厚度为20m左右,下段以铁铝质泥岩为主,向北相变为铁质砂岩;上段由细粒砂岩、泥岩及灰岩等组成,灰岩向北变薄、向南增厚且层数增多。

　　到了晚石炭世后期海水逐渐退出,形成了三角洲、潟湖海湾、沼泽相与泥炭沼泽相的沉积。由于沉积速度与地壳下降速度达到了相对的平衡,加之气候湿润,有利于成煤植物生长等因素,从而沉积了具有巨大经济价值的太原组含煤地层。下面分岩段介绍太原组含煤地层的沉积环境。

　　下岩段沉积环境:根据煤田下岩段主砂带展布方向、含砂率等值线的延伸方向再结合古流向进行分析,古河流是由北向南进入煤田,在煤田北部分叉形成三角洲平原分流河道指状砂体。分流河道从断面上来看规模比较大,贯穿整个煤田,且下切作用强,致使三角洲前缘不发育,分流河道与下部潟湖沉积接触。泛滥盆地在垂向上位于分流河道之上,在横向上分布于分流河道两侧。由于泛滥盆地沉积持续时间长,在温暖潮湿的古气候条件下,易大面积沼泽化,从而在泛滥盆地之上、分流河道两侧,形成了太原组 7 号、8 号、9 号、10 号煤层,其中 9 号煤层具有较高的工业价值。在 9 号煤层形成之后,海水再次侵入煤田,沉积了一套含有海相动物化石潟湖台地沉积岩,泥岩中夹有灰岩(魏红红,2002)。

　　上岩段沉积环境:根据煤田上岩段主砂带展布方向、含砂率等值线的延伸方向结合古流向进行分析,古河流是由北向南进入煤田,进入煤田后分叉形成两个比较大的三角洲平原分流河道指状砂体。分流河道位于煤田北部窑沟、龙王沟一带以及黑岱沟与房塔沟之间,在沉积过程中,分流河道侧向迁徙或改道频繁,致使 6 号煤层在煤田南、北方向上多次分叉,砂体呈透镜状夹于煤层中,局部对煤层有冲刷。泛滥盆地位于分流河道两侧,分流间湾位于分流河道之间。

　　至下二叠世河流十分发育,因河道的不断侧迁和持续的充填沉积,砂岩大面积形成。仅在河漫滩、牛轭湖出现过短暂的成煤环境,故山西组含煤性较差。之后,海水退出,气候变得炎热干燥,形成了一套紫红色、棕红色的陆相碎屑岩沉积。侏罗纪的气候虽然又复转为湿润,植物复生,但从海西运动晚期,煤田一直处于上升遭受剥蚀,未能接受侏罗纪的沉积,直到下白垩世,由于燕山运动的影响,使本区地层发生了平缓的波状褶皱和断裂,同时在煤田北部的洼地中接受了一套内陆开阔盆地河湖红色粗碎屑岩沉积,从北向南超覆于各时代地层之上。局部伴有基性玄武岩的喷发。燕山运动晚期,地壳再度上升,形成今日地貌的雏形。

1.3.3　煤层顶板岩相类型及其特征

1. 神东煤田

　　神东煤田主要煤层均赋存于延安组,共含有 5 个煤组,主要是 1 号～5 号煤层。煤田内河流沼泽相煤层顶板多为粉、细砂岩,湖沼相煤层顶板多为泥质岩,三角洲平原沼泽相煤层顶板则泥、砂参半,泥质岩略占优势(刘绍龙,1995)。

　　1-2 号煤层厚 3.0～6.9m,平均为 5.3m,煤层结构较简单,部分煤层分布有 200～500mm 的砂质泥岩夹矸(部分地段为菱铁质),煤层为近水平煤层,倾角一般在 3°之内。局部地区分岔为 1-2 号上、1-2 号煤层,分岔间距为 0.82～32.97m,平均为 17.85m。煤层直接顶为泥岩、粉砂岩,泥质胶结,下部含泥量较大。老顶以粉砂岩为主,部分地段为中砂岩,煤层顶板较软弱,老顶运动的剧烈程度取决于顶板岩性的刚度和断裂程度。煤层直接底多为泥岩、砂质泥岩;老底为粉砂岩、中砂岩。直接底遇水后易泥化,强度大幅度降低。

2-2 号煤层厚度为 3.9～4.5m,平均厚度为 4.3m,煤层结构较简单,部分煤层分布有 33～240mm 的砂质泥岩夹矸(部分地段为菱铁质),煤层为近水平煤层,倾角一般在 5° 之内。局部地区分岔为 2-2 号上、2-2 号煤层,分岔间距为 0.82～25.14m,平均为 8.94m。煤层直接顶为粉砂岩、细砂岩,部分地段有伪顶存在,岩性以泥岩和砂质泥岩为主,老顶以中砂岩为主,部分地段为粗砂岩,煤层顶板中等稳定。煤层直接底多为泥岩、砂质泥岩;老底为粉砂岩、细砂岩。直接底遇水后易泥化,强度大幅度降低。区内无断距明显的断层,断裂构造以一组走向近东西向的裂隙为主,泥岩顶板地段中发育不规则裂隙(滑面)。褶皱以宽缓的波状起伏为主,局部有小型褶曲。煤层及顶板裂隙中含裂隙水,掘进时个别地段会有淋滴水现象。

3-1 号上煤层距 2-2 号中煤层 12.75～49.32m。煤层厚度为 0～5.85m,平均为 2.93m,层位稳定。煤层结构较简单,一般含 1～2 层夹层。顶板以中粒砂岩、砂质泥岩为主,底板岩性以砂质泥岩为主,局部为泥岩、粉砂岩。

3-2 号上煤层距 3-1 号煤层 1.40～33.48m。煤层厚度为 0～5.55m,平均为 0.78m,不稳定。煤层结构简单,不含夹矸,或偶含 1～2 层泥岩夹矸。顶底板岩性为砂质泥岩、粉砂岩。

4-1 号上煤层距 3-2 号煤层 5.05～54.91m。煤层厚度为 0.17～4.40m,平均为 1.85m。该煤层层位较稳定,部分地区与 5-1 号煤层大面积合并。煤层结构简单,偶含 1 层泥岩夹矸,厚度变化较有规律,可采面积较小。煤层顶板以砂质泥岩为主,局部为粉砂岩、细砂岩;底板岩性多为砂质泥岩、粉砂岩。

5-1 号上煤层距 4-1 号煤层 0.80～46.15m。煤层厚度为 0.90～7.9m,平均为 4.62m。煤层层位稳定,结构简单,一般不含夹矸或偶含 1 层夹矸。顶板以砂质泥岩为主;底板主要为砂质泥岩、粉砂岩,局部为泥岩、粉砂岩。

5-2 号上煤层距 5-1 号煤层 5.77～33.83m,平均为 13.53m。煤层自然厚度为 0～2.85m,平均为 1.26m,厚度变化具有规律性,层位稳定。煤层结构简单,一般不含夹矸或偶含 1～2 层泥岩夹矸。顶板为中细粒砂岩、粉砂岩、砂质泥岩;底板主要为砂质泥岩、粉砂岩。

2. 准格尔煤田

准格尔煤田主要煤层均赋存于太原组和山西组,共含有 10 层煤,其中 4 号、5 号、6 号上、6 号、9 号煤层是主采煤层。

4 号煤层:位于山西组中部,为区内主要可采煤层,煤厚 1.60～5.85m,平均为 3.35m,含夹矸 1～5 层,一般为 2 层,全区可采。煤层直接顶为泥岩、黏土岩、砂质泥岩,老顶以中粒砂岩为主,部分地段夹粗砂岩。直接顶较薄且非常软弱,老顶为中厚坚硬砂岩层,煤层顶板中等稳定。

5 号煤层:位于山西组中部,煤厚 0～4.50m,平均为 1.65m,含夹矸 1～5 层,一般为 2 层,与 4 号煤层间距为 1.10～11.45m,平均为 5.79m,大部分可采。煤层由中部向两边呈逐渐变薄趋势,以致不可采,西南部最厚,煤厚变化较大,连续性较差,煤层稳定类型确定为不稳定煤层。煤层顶板为薄-中层的泥岩、黏土岩,部分地段为粉砂岩,顶板薄而且软弱,稳定性较差。

　　6 号上煤层:位于太原组上部,为区内主要可采煤层,煤厚 2.45～20.25m,平均为 12.37m,含夹矸 1～12 层,一般为 3～6 层,与 5 号煤层间距为 35.01～70.81m,平均为 58.28m,全区可采,煤层向西、向南有逐渐变厚的趋势,煤层稳定类型确定为较稳定煤层。煤层直接顶为泥岩、黏土岩、砂质泥岩,厚度薄而软弱;老顶是厚层的粗粒砂岩,并且局部含有砾石,非常坚硬,煤层顶板稳定。

　　6 号煤层:位于太原组中部,为区内主要可采煤层,煤厚 2.27～9.31m,平均为 5.77m,含夹矸 1～9 层,一般为 1～3 层,与 6 号上煤层间距为 0.40～24.02m,平均为 8.47m,全区可采。煤层在西部较薄,东部较厚,南北部厚,中间薄,煤层稳定类型确定为较稳定煤层。煤层直接顶为薄层泥岩、粉砂岩,十分软弱;老顶大部分地区为中层的粗粒砂岩、中粒砂岩,但部分地区为中层的粉砂岩,砂质泥岩、泥岩等,煤层顶板较稳定。

　　9 号煤层:位于太原组下部,煤厚 0～7.35m,平均为 3.15m,含夹矸 1～6 层,一般为 2～3 层,与 8 号煤层间距为 1.55～14.10m,平均为 5.59m,除西部一条带及东南一小角不可采外,其余大部可采,煤层在西部、南部较厚,东部较薄,厚度变化较小,为较稳定煤层。煤层顶板为薄层的细粒砂岩、泥岩互层,稳定性较差。

1.4　煤田水文地质特征

1.4.1　神东煤田

　　神东煤田位于中国西北部干旱的沙漠地区,地下水资源匮乏。受水文气象和地质因素影响,东部地形破碎,但基岩裂隙发育,有利于地下水储存;西部的风积沙区,表层风积沙不含水,但透水性强,对地下水的补给非常有利(缪协兴等,2010)。根据地质勘探资料,本煤田水文地质条件属于简单类型。

　　侏罗纪煤田范围内对煤矿安全生产有影响的含水层包括第四系松散层孔隙潜水含水层、碎屑岩类孔隙裂隙含水层、烧变岩孔隙裂隙含水层。

1. 第四系松散层孔隙潜水

　　第四系松散层孔隙潜水含水层分布于东胜矿区整个区域,厚度在 10m 以下。岩性以细砂及砂砾石为主,孔隙度大,易于接受补给,其富水性严格受地形地貌及含水层厚度的制约,水位埋深 1.0～9.5m。第四系松散层孔隙潜水含水层从上至下,按含水性大致分为以下四类:

　　(1) 全新统冲积砂砾石孔隙潜水含水层。

　　该含水层分布在乌兰木伦河、束会川河槽内,厚度为 5～10m,砂砾石磨圆度中等,分选性差,水位埋深 0～1.5m,钻孔涌水量为 0.102～0.483L/s,渗透系数为 3.433m/d,为低矿化度的 HCO_3-Ca 型水。

　　(2) 全新统冲洪积沙孔隙潜水含水层。

　　该含水层分布在乌兰木伦河、束会川两侧,岩性为中细砂,水位埋深在 2m 左右,泉水

流量为 $1\sim13$L/s,为低矿化度的 HCO_3-Ca 型水。

（3）更新统上阶萨拉乌苏组湖积物粉、细砂孔隙潜水含水层。

该含水层主要为萨拉乌苏组粉、细砂。萨拉乌苏组形成于更新世,是一套河湖相沉积物,松散、未固结。岩性以细砂、中砂为主,上部为黄褐色粉细砂夹淤泥质透镜体,下部为中粗砂,底部局部地段砾石含量较多,为砂砾石层。具水平层理和斜交层理,疏松、分选性好。在古沟槽及低洼中心沉积最厚,向两侧逐渐变薄,有些至分水岭处尖灭。厚度一般为 $10\sim30$m,含水层水位埋藏较浅,为 $3\sim9$m,渗透系数一般为 $0.88\sim17.5$m/d,单井涌水量多为 1000m^3/d,见表 1-2。

表 1-2　萨拉乌苏组含水层抽水试验成果表

所在井田	钻孔编号	水位埋深/m	含水层厚度/m	水位降深/m	涌水量/(L/s)	单位涌水量/[L/(s·m)]	渗透系数/(m/d)
瓷窑湾	Z37	22.94	35.99	8.34	445.82	0.7337	2.038
	13	24.23	14.14	5.53	58.75	0.1619	1.046
	D26	23.80	15.82	0.78	70.85	1.0500	5.100
	K87	16.96	20.04	7.48	157.94	0.3195	1.743
	D16	2.09	11.71	3.61	190.08	0.6000	7.840
石圪台	D21	—	50.20	15.30	1054.08	1.4400	10.960
	考4	4.75	1.48	0.60		0.0098	0.795
	D21	0.60	50.20	—		1.4400	10.960
大柳塔	S38	11.80	12.88			0.6900	4.720
后石圪台	ZK217	12.04	7.72			0.7400	7.795
金鸡滩	J14	2.06	31.85			0.7780	2.729
	D2	0.90	15.50			1.1175	8.340

资料来源:王双明等,2010

萨拉乌苏组含水层主要接受大气降水补给,在地形、地貌条件控制下,地下水天然流场由地势高处向沟谷径流,流向与地形坡向一致并具有多样性,而深部则受区域地貌控制,以下降泉的形式排泄至沟谷,有的自萨拉乌苏组中流出,有的从烧变岩中流出,两者水力联系密切。主要分布于母河沟、柳根沟、哈拉沟、公捏尔盖沟等泉域,其他沟谷也有分布,大部分被风积沙所覆盖。本层属冲积、湖积成因,故往往呈条带状或片状分布,富水性强。

（4）更新统下阶三门组潜水。

更新统下阶三门组潜水仅在矿区局部地段分布,岩性为砂砾卵石、砾石,成分复杂,有石英岩、变质岩、火成岩等。粒径为 $1\sim25$cm,一般为 $4\sim6$cm,分选性差,次棱角状至次圆状。砾间充填以大量粗砂。单位涌水量为 $0.1614\sim2.043$L/(s·m),渗透系数为 $0.013\sim26.57$m/d,富水性中等到强。水质为 HCO_3-Ca 型,矿化度为 $0.13\sim0.29$g/L。

2. 中生界碎屑岩类裂隙潜水和承压水

含煤地层碎屑岩类沉积岩层往往是隔水层、含水层、煤层互层,隔水层岩性为泥岩、砂质泥岩泥质粉砂岩。含水层为砂岩。含水岩组按水力性质可分为承压水、潜水。

（1）上侏罗统下白垩统志丹群洛河组孔隙、裂隙含水岩组。

该含水岩组分布于矿区西北隅，一般厚 $50 \sim 74m$，含水层为棕红色、橘红色块状中粗砂岩，胶结程度较差，孔隙发育，以大气降水或上覆上更新统湖积层潜水下渗补给，水质一般较好，多为 $HCO_3-Ca \cdot Na$ 型或 $HCO_3-Ca \cdot Mg$ 型水，矿化度多小于 $0.5g/L$，单井涌水量为 $0.253 \sim 8.270L/s$。

（2）侏罗系中统直罗组孔隙、裂隙含水岩组。

该含水岩组分布于矿区西部，厚 $70 \sim 134m$，含水层为灰白色中粗粒砂岩，受风化作用影响，近地表裂隙较发育，一般厚 $30 \sim 40m$，钻孔涌水量为 $0.293 \sim 0.606L/s$，富水性弱，水质为 HCO_3-Ca 型或 $HCO_3-Ca \cdot Mg$ 型水，矿化度为 $0.21 \sim 0.37g/L$。

（3）侏罗纪中下统延安组孔隙、裂隙含水岩组。

孔隙、裂隙潜水区：主要分布在乌兰木伦河与束会川分水岭以东，靠近束会川一带，新庙-纳林塔地区沿束会川两岸露头较多，零星露头可一直延续到 17 纵线孔一带，含孔隙潜水，水位埋深不稳定，一般水位为 $3 \sim 5m$，涌水量小于 $0.5L/s$，水化学类型为 HCO_3-Ca，含水层一般为粗砂岩、细砂岩、粉砂岩。

裂隙、孔隙承压水区：分布在 17 纵线孔以西，含水岩性为胶结不好的细砂岩、粗砂岩，累计平均厚度为 $114.39m$，靠近乌兰木伦河两岸为自流区，自流量为 $0.054 \sim 3.24L/s$。

（4）三叠系永坪组裂隙含水岩组。

岩性为灰绿色中粗粒砂岩，巨厚层状，岩石完整，裂隙不发育。据 S33 号水文孔资料，含水层厚 $39.05m$，抽水降深 $2.64m$，涌水量为 $0.0234L/s$，单位涌水量为 $0.0089L/(s \cdot m)$。渗透系数为 $0.012m/d$，富水性极弱，水质为 $Cl-Ca$ 型水，矿化度为 $41.47g/L$。

3. 烧变岩含水层

烧变岩是煤在自燃过程中，上覆岩层受到不同程度的烧变作用而垮落、变形的红色及灰白色岩体。岩石的烧变和破坏程度取决于顶板岩层距自燃煤层的远近及煤层的厚度。

本区烧变岩含水带的富水性受单斜构造和底板起伏褶皱构造控制，具明显分区性，各分区范围大小和富水性不同，地下水储存量有别。当熄火边界位于岩层倾伏一侧时，则形成烧变岩单斜储水构造区，反之则成为泄水构造；若烧变岩区底板存在低洼盆形构造，则构成烧变岩盆形构造含水区。往往这两种状况同时存在，如原活鸡兔井 205 工作面就是这种情况。

烧变岩裂隙水，实际属于含煤地层孔隙、裂隙水。烧变岩裂隙、孔洞发育，裂隙宽 $3 \sim 50mm$，裂隙率为 $7\% \sim 31\%$，裂隙、孔洞之间彼此连通性好，成为地下水运动储存的良好场所。研究区内沟谷呈条带状分布，如母河沟、双沟、哈拉沟等。以束会川两岸最多，有的被第四系掩埋，有的直接出露，宽度为 $50 \sim 100m$，厚度为 $20 \sim 50m$，富水性强，局部地区甚至形成地下河。据钻孔抽水资料，涌水量为 $2.79 \sim 16.56L/s$，一般厚度为 $4.22 \sim 11.48m$，渗透系数为 $8.5521m/d$，富水性中等。其与含煤地层上覆的萨拉乌苏组含水层水力联系密切，补给来源主要接受萨拉乌苏组含水层的补给。

4. 砂砾含水层的特点及对矿井安全生产的影响

神东煤田地表虽沟壑纵横,部分煤层裸露,但绝大部分被风积沙、半固定沙、固定沙和黄土层覆盖,属掩盖式煤田。当上覆松散沙层、砂砾层与煤层、煤层顶板基岩裂隙、风化裂隙、烧变岩裂隙之间有水力联系时这些松散层可能对煤矿安全生产带来不利影响,所以有必要对上覆松散层的水文地质条件进行重点研究。根据松散层结构、岩性及颗粒度大小,可分为砂砾层潜水含水层,粗砂潜水含水层,细、粉砂潜水含水层。

1) 细、粉砂潜水含水层

岩石经风化并以风为主要动力,使其直接堆积覆盖在煤层基岩表面,经大气降水长期补给,又没有排泄途径,形成含水层。此种沙层结构简单,主要由颗粒很小的细砂、粉砂组成。乌兰木伦、石圪台、前石畔井田上覆松散层大部分属此种类型。其他矿井分区域也有不同的分布。主要特点是孔隙率、渗透系数小,含水层厚度往往很大,但富水性较低,不易形成富水区或强富水区。像人们通常所说的"海绵体"一样,在无外力作用下,一般很难释放。

当煤层上覆基岩厚度大,超过导水裂隙带高度时,此类含水层对煤矿安全构不成大的威胁。但当基岩厚度小,特别是基岩厚度小于冒落带高度或更小时,在工作面开采过程中,顶板垮落所形成的裂隙带迅速与含水层沟通,打破了含水层原有的平衡,使风积沙层在水动力作用下很快沿裂隙涌入采空区或工作面,发生"溃水溃沙",可能造成机毁人亡等安全事故。

细、粉砂层潜水的主要特点是由于孔隙率小、渗透系数小,很难用超前疏放、抽排方法将其泄出,给矿井防水防沙带来一定难度。当其与古河床、古冲沟、低凹基岩表面、强风化岩等几种不利的储水构造因素相结合时,对煤矿安全生产的影响会更大。前石畔井田瓷窑湾煤矿溃水溃沙淹没主要巷道就是典型的实例。

2) 粗砂潜水含水层

孔隙率和渗透系数比细、粉砂层大,有时与细粉砂层、砂砾层或其他含(隔)水层在垂向上呈互层状、透镜状分布,在平面上呈不规则状、条带状分布,也可直接覆盖在基岩面上或烧变岩之上。当其直接覆盖在基岩面之上且下伏无较强风化层和烧变岩裂隙等有利含水条件时,就形成粗砂潜水含水层。粗砂潜水含水层可形成弱-中等富水区,如与强风化层、薄基岩、古冲沟、基岩面低凹地带等不利条件相结合,将对煤矿安全生产带来大的影响,但若其覆盖于烧变岩之上,就成为透水不含水或弱含水层。此类含水层因其孔隙率、渗透系数相对较大,可以超前采取钻孔疏放水进行疏放。

3) 砂砾层含水层

由粗砂、河卵石、砾石等大颗粒物质组成,孔隙率高,渗透系数大,如其直接覆盖在基岩表面或其上覆松散层有透水性质,即形成矿区常见的砂砾层潜水含水层,当其与强风化带裂隙、古冲沟、古河床、基岩面低凹处、薄基岩等不利条件相结合时,则会对井下安全带来严重威胁,是防范和采取措施的重点。因其孔隙率、渗透系数较大,地下水可流动性较高,故采取提前疏放、疏排是行之有效的方法。

1.4.2 准格尔煤田

准格尔煤田含煤地层属于二叠系太原组及山西组。基岩含水层中发育程度不同的裂隙,由于黏土岩、砂泥岩、泥岩等隔水层的存在,且隔水性尚好,故局部有泉水出露。但因补给来源贫乏,泉水流量一般很小。煤系基底奥陶系灰岩、白云岩岩溶发育很不均匀。侏罗系—白垩系志丹群(J_3—$K_1 zh$)砂砾岩层含水较丰富,承压水头高,流量较大。

由于冲沟发育,特别是基岩冲沟较深,易于地下水排泄,使煤田东部地下水位埋深多在 100m 以下,属于地下水排泄区。西北部、西部大路沟和十里长川是地下水补给-径流区。除上述两沟常年或大或小有表流外,其他沟均属季节性流水。大部分煤层赋存在地下水位以上。黄河虽流经煤田东部,但从资料分析,不易补给地下水,又无大的断裂与其沟通,故煤田水文地质条件简单。

1. 地层岩性及含(隔)水性

1) 松散层水文地质

第四系风积沙(Q_4^{eol}):广泛分布于煤田北部孔兑沟、大路沟一带及西北部大、小乌兰不浪一带,煤田南部分布面积较广。一般呈沙梁、沙垄及新月形沙丘出现。此层透水而不含水。

第四系冲洪积层(Q_4^{al+pl}):主要分布于黄河岸边喇嘛湾及南部马栅一带。厚 5～20m。为粉-细中砂及亚黏土,部分夹薄层砂砾层及粗砂。煤田内各大沟谷也有分布,但面积小,厚 0.5～3.0m。岩性为砂、砂砾、淤泥等。含水较丰富。经前房子及龙王沟薛家湾一带所布群孔抽水试验,地下水埋深为 0.80～0.72m,地下水位标高为 986.16～1122.92m,单位涌水量为 0.286～0.116L/(s·m)。

第四系黄土层($Q_3^{al}m$):为轻亚黏土。广泛分布于全区,厚度较大,一般为 0～120m。含钙质结核,垂直节理十分发育,局部与基岩接触处(特别与新近系红色黏土层接触处)有泉水出露,其流量多在 0.001～1.00L/s,受季节性影响显著。

新近系红土层(N_2):主要为黏土及亚黏土,全区断续分布,厚度一般为 0～90m。与下伏基岩呈不整合接触,为不透水层。该层底部常夹有钙质结核层,局部见有泉水出露,流量甚微,一般为 0.001～0.05L/s。

2) 基岩层水文地质

侏罗系—白垩系志丹群(J_3—$K_1 zh$):分布于煤田西北部。厚度在 50m 以上,在乌兰不浪厚度大于 400m。岩性为紫红色砾岩、灰白色砂岩及棕红色砂岩、泥岩、黏土岩等。孔隙极为发育。由于受补给条件和蓄水构造的影响,在前房子一带揭露此层 300m 厚进行抽水试验,其地下水埋深在 100m 以下,单位涌水量少于 0.001L/(s·m)。而大、小乌兰不浪一带,含水丰富,并有较高的承压水头,地表出露泉水较多,一般泉水流量为 0.016～2.00L/s,最大流量为 29.7L/s。据钻孔揭露地下水位高出地表最大为 55m。

三叠系和尚沟组和刘家沟组(T_1):分布于煤田西南角马栅一带,厚度小于 400m。岩性由浅灰色、微红色、棕红色、砖红色中粒砂岩及细粒砂岩和粗粒砂岩组成。地表见有少数泉水出露,但流量甚微,一般均小于 0.01L/s。

二叠系孙家沟组($P_3 s$):分布于煤田西部。厚度大于 170m。岩性为砖红色、黄绿色粗砂岩,含砾粗砂岩,砂质泥岩、泥岩,并夹有薄层黏土岩,胶结疏松,孔隙发育。地表泉水流量为 0.1～0.7L/s,最大流量为 1.00L/s,水质为 HCO_3-Cl-Ca-K-Na 型水。

　　二叠系上石盒子组（P_2s）：分布于煤田西部。厚度大于 290m。岩性为灰绿色、浅白色砂岩，暗紫色砂质泥岩、泥岩、黏土岩，孔隙、裂隙发育。地表见有较多的泉水出露，其流量一般为 0.1～1.00L/s，最大流量为 3.5L/s，水质为 HCO_3-Ca-Mg 型水。矿化度为 0.143g/L。

　　二叠系下石盒子组（P_1x）：出露于煤田中部。厚度为 40～120m。岩性主要为灰白色及灰黄色中-粗砂岩，黄绿色泥岩、砂质泥岩、黏土岩，孔隙、裂隙发育。常见有较多的下降泉在底部出露，泉水流量一般为 0.1～0.5L/s，最大流量为 1.18L/s。在长滩乡以南树坪一带，因受褶曲构造影响，钻孔揭露地下水位高出地表 2.62m，涌水量为 0.794L/s，单位涌水量为 0.303L/(s·m)。水质为 HCO_3-Ca-Mg 型水，矿化度为 0.2g/L。

　　二叠系山西组（P_1s）：出露于煤田东部和中部。厚度为 21～95m。岩性为灰白色和灰-深灰色砂岩、含砾粗砂岩、砂质泥岩、黏土岩，含 1～5 号煤层。在含砾粗砂岩中见有少量泉水出露，其流量多为 0.01～0.4L/s，最大流量为 1.51L/s。

　　二叠系太原组（P_1t）：出露煤田东部和中部。厚度为 12～115m。岩性为灰白色、灰黄色、深灰色、灰黑色砂质岩及砂泥岩和黏土岩，含 6～10 号煤层，是本煤田主要含煤地层。地表见有微量裂隙泉出露，其流量为 0.01～0.4L/s，最大流量为 0.6L/s。

　　石炭系本溪组（C_2b）：出露于煤田东部，平行不整合于奥陶系侵蚀面上。厚度为 5.27～42.00m。岩性主要为灰色和深灰色石英砂岩、砂质泥岩、泥岩、黏土岩。中部夹两层灰色泥灰岩，底部为厚层铝质黏土岩。局部因受地表水补给，见有微量裂隙泉出露，流量为 0.01～0.05L/s。

　　奥陶系马家沟组亮甲山组（O_{1+2}）：出露于煤田东部边缘，黄河岸边，南部榆树湾一带。岩性为灰色、灰白色、深灰色石灰岩和白云岩及竹叶状白云岩。由于岩溶裂隙发育程度极不均一，因而导致含水性因地而异，如在黑岱沟沟口一带，灰岩厚度为 0～100m，岩溶裂隙不甚发育，且位于地下水位之上，故含水极微弱。而在榆树湾一带，灰岩厚度达 300m 左右。据了解，含水丰富，为岩溶裂隙含水层。

　　寒武系崮山组长山组凤山组（$\mathbb{C}_3$）：分布于煤田东部黄河以东地区。厚度约 234m。岩性由灰白色、浅灰色、灰紫色、深灰色薄层—厚层白云质灰岩和竹叶状灰岩及鲕状灰岩组成。在老牛湾一带，地表见有较多的泉水出露，总流量可达 908.54L/s。

　　3）岩浆岩

　　本区出露的岩浆岩为玄武岩，主要分布于喇嘛湾及煤田北部之东沟。灰褐色、灰绿色。厚度为 4～20m。哈尔乌素沟也局部赋存。在东沟见有裂隙泉水出露，其流量为 0.017L/s，其他处未见泉水出露。

　　2. 含（隔）水层水文地质规律

　　1）寒武-奥陶系含（隔）水层水文地质规律

　　如上所述，寒武-奥陶系岩溶裂隙发育程度不均一，控制着富水性的差异。巨厚的灰岩地层是一个复杂的多层含水结构体，单位涌水量为 0～19.6392L/(s·m)，显示了极大的不均一性。其中含若干隔水层或相对隔水层。由上至下可分为三个含水组，即马家沟含水组、Ⅰ含水组（O_1l、O_1y、$\mathbb{C}_3f$）、Ⅱ含水组（$\mathbb{C}_3g$、$\mathbb{C}_2z$）。Ⅰ与Ⅱ之间的隔水层为长山

组(ϵ_2z)。153 孔抽水(1981 年),水柱高度仅 0.40m,水量极小,无法抽水,水柱埋深
331.96m,水位标高为 864.81m。93、105 两个水文孔(1982 年),孔底标高分别为
938.47m、896.50m,均无水位。上述三孔终孔层位均在马家沟组与亮甲山组。据煤炭部
地质局水文公司水文二队在区内外找水钻孔所获资料:马家沟含水组单位涌水量为
0.024~19.6392L/(s·m),水位标高 867.8~868.4m,I 含水组单位涌水量为 0.0036~
6.243L/(s·m),水位标高 869.1~941.4m。水质多数为 HCO_3-Ca-Mg、SO_4-Ca-Mg 型
水,低矿化度。

　　2)其他含(隔)水层水文地质规律

　　地下水流向一般由东北向西南,其原因一是受水文地质单元的控制,二是受黄河含沙
量较高,靠近黄河岸边岩溶裂隙均被泥沙充填,地表径流不易补给影响。总体上准格尔煤
田由北向南富水性逐渐增大(黑岱沟至榆树湾),且南部多有涌水现象。黄河是煤田东缘
最大的地表水体,与煤田岩溶地下水有一定的水力联系。

1.5　煤田构造特征

1.5.1　神东煤田

　　神东煤田地跨伊盟隆起和陕北斜坡两个构造单元,内无大型断层,未见侵入岩,也不
存在火山岩夹层,无陷落柱构造,生产矿井开采中见到的多是规模较小的中型正断层、小
型正断层和伸展性层滑断层,逆断层不发育。另外,在脆性断层上盘常见小型牵引褶皱和
与煤岩体流变作用伴生的揉皱。东胜煤田含煤地层为一套河流-湖泊复合沉积体系,因此
发育大量冲刷体,给矿井掘进开采带来一定影响。

1. 褶皱

　　东胜煤田位于华北板块西部鄂尔多斯台拗伊盟隆起带中东部,总体构造形态为一复
式向斜(图 1-9)。该复式向斜由一系列走向北北西,倾向北东东或南西西,倾角 42°~70°
的不对称次级短轴背、向斜组成。短轴背、向斜的包络面产状十分平缓,北东东翼倾角为
1°~4°,南西西翼倾角为 8°~14°。包络面内部延安组走向为 310°~350°,倾向北东东或南
南西,倾角为 3°~11°,翼间角为 115°~140°,构造形态为平缓-开阔褶皱。次级褶皱波长为
100~160m,长轴一般为 4~5km,长、短轴之比为 2:1~3:1,波幅 10~15m,为短轴褶皱。

　　神府煤田位于华北地台鄂尔多斯台向斜东翼—陕北斜坡上,其中神木北部矿区属于
本次主要研究区域,其中大型次级褶皱共有 5 条,均为宽缓褶皱,轴向在北西西—北西,
平面上呈平行式分布,该区内大型次级褶皱由北向南依次分布(孙学阳和杨忠,2008)。
①前石畔、大柳塔井田一带向斜,轴线北西向,北翼较南翼陡。②敏盖兔、活鸡兔井田一
带背斜,为一短轴背斜,轴线北西西向,西段较东段窄,两端已下伏进入周围地层。
③扎子沟、孙家岔一带向斜,轴线北西向,其中段地势略高于东西两段,西段南北两翼都
十分陡峭。④柠条塔井田一带背斜,其中段地势略低于东西两段,轴线北西西向,中段
北翼处突然变陡。⑤麻家塔井田以南次级向斜,该向斜轴线北西向,如图 1-10 所示。

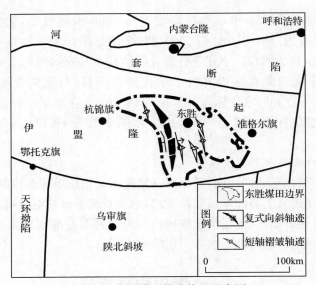

图 1-9　东胜煤田构造位置示意图

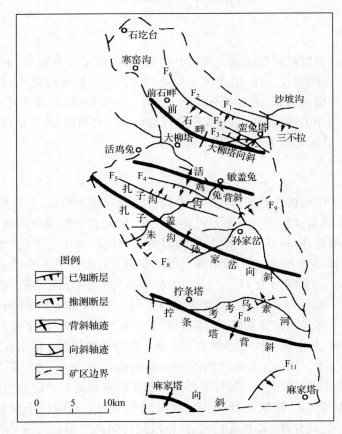

图 1-10　神府煤田神木北部矿区构造纲要图(孙学阳和杨忠，2008)

在已开采矿井中很容易看到煤系连续波状起伏而表现出来的次级背向斜构造,还可以清楚地发现紧邻断层下降盘的不对称向斜。按照褶皱成因可以分为两种类型:其一是岩层在侧向挤压作用下,以层面为弯曲面形成的次级背向斜构造,即纵弯褶皱作用形成的褶皱。其二是地壳伸展变形过程中由断裂活动派生的牵引褶皱,即伸展作用下岩层彼此滑动产生被动弯曲形成的褶皱。区内褶皱构造规模较小,对煤层厚度影响不大,对煤矿开采几乎没有影响。

1) 次级褶皱构造的主要特征

(1) 这些次级褶皱是东胜复式向斜东翼的重要构造组成,形态为平缓歪斜褶皱。褶皱两翼倾角为 $4°\sim6°$,最大为 $11°$,翼间角为 $154°\sim168°$。褶皱形态不对称,一般北东翼长而平缓,南西翼短而陡峭。

(2) 煤系呈波状弯曲,波峰和波谷宽缓,波长为 $100\sim160m$,波幅小于 $10m$。

(3) 单个褶皱规模大小相近,长轴为 $1\sim2km$,短轴为 $128\sim236m$,为短轴褶皱。

(4) 褶皱轴迹大致平行,枢纽略有起伏,在平面上波状摆动,总体轴向为 $330°$。轴面倾向为 $60°\sim80°$,倾角为 $78°\sim85°$。

(5) 褶皱构造不影响煤层的连续性和煤层厚度的大幅度变化,在各煤层中具有继承性,只是其形态、规模不等,平面位置有所迁移而已。

(6) 尽管这些褶皱在部分地段被后期断层活动破坏和改造,但褶皱形态依然保留。

2) 牵引褶皱特征

(1) 与地层密切伴生,主要位于断层下降盘,紧邻断层面,在一些落差较大的张剪性断层下降盘和逆断层两盘亦可见及。

(2) 褶皱开阔,形态不对称。褶皱两翼夹角为 $100°\sim120°$,靠近断层面一翼陡而短,远离断层面的另一翼缓而长,轴面倾角为 $68°\sim83°$,为倾竖褶皱。

(3) 褶皱轴面与断层面以小角度斜交,且两者具有明显的协调性。牵引褶皱弧形弯曲的突出方向,以及轴面与断层面锐夹角指示了所在盘的运动方向。

(4) 这类褶皱属断层两盘错动过程中对岩层之间相互拖曳作用(牵引作用)的产物。

2. 断层

研究区域大中型断层主要出现在神木北部矿区。东胜煤田勘探以及生产当中揭露的断层均为中小型断层,落差均在 12m 以下,未见大型断层,其中逆断层极少,仅在布尔台井田发现一条,落差为 0.54m,其余均为正断层。神府煤田神木北部矿区大中型断层 11 条,其中查明的有 7 条,与区域褶皱构造基本一致,走向北西—南东向,均为张性高角度正断层,倾角为 $55°\sim80°$,延伸长度小于 16km,断层落差为 $10\sim80m$(表 1-3)。

表 1-3　断层特征及控制程度一览表

断层名称	断层位置	产状			断层落差/m	长度/km
		走向/(°)	倾向/(°)	倾角/(°)		
蛮兔塔正断层(F$_1$)	蛮兔塔曹家梁南	296~310	210	75	0~75	约 4.7
三不拉沟北侧正断层(F$_2$)	三不拉沟杨家豪	293	203	70~80	0~30	>11
三不拉沟南侧正断层(F$_3$)	三不拉沟地白家渠北	290	20	75	0~40	约 7

断层名称	断层位置	产状			断层落差/m	长度/km
		走向/(°)	倾向/(°)	倾角/(°)		
吴道沟正断层(F_4)	朱盖塔井田的吴道沟	290	200	70	20～50	约 10
扎子沟正断层(F_5)	盖塔井田的扎子沟	290	20	65～85	14～44	8.5
前石畔断层(F_6)	J54 号东前石畔	280～310	207	75	0～20	约 6.8
李家村正断层(F_7)	蛮兔塔李家村	292～298	205	75	0～14	约 8.6

1）蛮兔塔正断层（F_1）

该断层在沙坡沟南出露,走向290°～310°,倾向210°,倾角约75°,落差0～75m。此点断层上盘为延安组第三段的下部地层;下盘为延安组第二段底部厚层状中粒长石石英砂岩。断层破碎带宽1～5m,断层破碎带可见到由石英砂岩角砾经后期钙质固结形成的断层角砾岩。主断面两侧伴有较多的张性小断层。

2）三不拉沟北侧正断层（F_2）

该断层位于大柳塔井田东部的三不拉沟北侧。露头多处可见延安组第四段与第五段地层接触,断层破碎带宽3～5m,充填有粉砂岩、泥岩角砾及断层泥,部分点断层面可见垂直向下的擦痕和一组斜交的裂隙,断层长约6.5km,走向北西-南东,断面向南西倾斜,倾角约80°,落差0～30m,推测向北西断距增大,向南东消失,沿断层带有泉水分布。

3）三不拉沟南侧正断层（F_3）

该断层位于三不拉沟南侧。谷家坡村露头见延安组第三段地层明显错断,有断层劈理和牵引褶曲。断层长约2km,走向北西—南东,断面倾向北东,倾角约75°,断层落差10～25m,与北侧断层构成地堑。断层破碎带宽1～10m,常由密集的小断层组成。与北侧断层构成地堑。

4）吴道沟正断层（F_4）

该断层位于矿区中部朱盖塔井田的吴道沟处,断层走向约290°,倾向约200°,倾角约70°,断层长约10km,断层落差20～50m。为一南降北升的正断层。露头见断层破碎带宽约5m,有牵引褶曲和断层劈理,见上盘直罗组与下盘煤系第五段地层相接触。南东向延伸入乌兰木伦河,北西向延伸入活鸡兔井田。断层带附近有明显的地层牵引现象,使靠近断层的地层倾角明显增大。

5）扎子沟正断层（F_5）

该断层位于矿区中部朱盖塔井田的扎子沟处。在扎子沟多处断层露头可见直罗组地层与延安组第五段地层接触,并有牵引褶曲,断层带宽3～25m,断层长约8.5km,走向北西-南东,平面上略呈"S"形展布,断面向北东倾斜,倾角为65°～85°,断层落差为14～44m,与吴道沟正断层构成地堑。该断层沿活鸡兔井田西南角边界处通过,对井田影响甚微。

6）前石畔断层（F_6）

该断层发育自J54号孔东南180m始,沿北西向延伸至陈家坡进入前石畔井田。倾向207°左右,倾角75°左右,断层落差最大20m且位于4～6线附近,向北西、南东逐渐变小至尖灭。与F_1、F_7呈雁行排列。

7）李家村正断层（F_7）

该断层发育自活朱太沟南侧蛮兔塔附近，沿北西向延伸至李家村一带。延伸长度约8.6km。倾向205°左右，倾角75°左右，与 F_1、F_6 断层呈雁行排列。断层在沙坡沟南出露，走向N70°W，倾向200°，倾角约72°，落差75m左右。此点断层上盘为延安组第三段的下部地层；下盘为延安组第二段底部厚层状中粒长石石英砂岩。断层破碎带宽1～5m，主断面两侧伴有较多的张性小断层。

8）小断层发育情况

研究区也发育一些落差小于5m的断层，对煤矿开采生产有时也会产生较重要的影响。这些断层（点）特点归纳如下：①断距较小，小于1m者占70%，1～5m者占21%，大于5m者仅占9%。②均为高角度正断层，断层倾角小于80°，大多数走向为285°～345°，平面上呈地堑或阶梯状排列。③断层两盘基本都有牵引现象，而下盘较上盘明显。断层破碎带宽最大达15m，有断层角砾，断层泥及方解石脉。④断距虽小延伸长度却较大。⑤煤层基本为煤层顶底板全断，其中发现有7个断点顶断而底不断。断距小于3m的断层在上下煤层中不具有连续性，这种小断层实际为含煤地层内部的小型层滑构造。⑥从巷道揭露的位置看，断层分布不均匀，具有区段性。其次，断层分布于小型波状起伏的峰部或峰谷转折部位。在巨厚砂体之下断层较少，在粗细碎屑过渡地带或砂体之间断层较多。

根据统计，区内断层的发育程度或空间展布方向均显示出一定的规律性。为了直观地表征矿区断层的方向性，我们按断层走向进行分组统计，在此基础上绘制了断层走向玫瑰花图（图1-11）。从图中可以看出，区内断层走向大部分为北西向，与大断层方向一致，其他方向的断层少见。

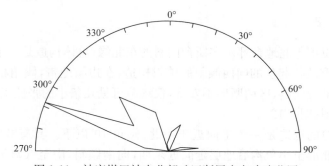

图 1-11　神府煤田神木北部矿区断层走向玫瑰花图

3. 构造发育样式

延安组构造样式属于盖层滑脱型。根据构造变形期次、应变方式和变形机制的差异，将区内构造样式进一步分为挤压构造样式和伸展构造样式，二者分属于不同的构造变形机制。

1）挤压构造样式

挤压构造样式是指在区域挤压构造应力作用下，延安组形成的连续弯曲的次级短轴背斜、向斜构造。这类褶皱形态为平缓歪斜褶皱，波峰和波谷宽缓，两翼平缓且发育程度不同,往往表现为一翼长而另一翼短。长轴为 1~2km,短轴为 128~236m,属不对称短轴褶皱。背向斜规模大小相近,主导变形机制是侧向挤压的弯滑褶皱作用。由于矿井煤岩层韧性变形强度较低,与挤压构造相伴生的次级构造不甚发育。

　　2)伸展构造样式

　　区内伸展构造样式典型的构造组合是滑脱型伸展断层及其伴生的牵引褶皱,它们反映了局部引张应力场作用下地壳伸展变形的构造响应。伸展断层组合主要有四种形式:小型地堑、小型地垒、台阶式断层、阶梯状断层。其中小型地堑往往造成煤层在巷道内突然上坡和突然下坡;小型地垒是矿井内层滑构造的主要存在形式,尤其是 3-1 煤层中比较多见。阶梯状断层则在矿井主采煤层及其周围岩层中比较发育,往往造成煤层节节被错断,巷道突然连续上山和下坡。煤层中发育的阶梯状构造既对煤炭开采带来一系列困难,又对瓦斯异常有重要的控制作用。

　　4. 冲蚀构造

　　神东含煤地层为早中侏罗世延安组,是一套河流-湖泊复合沉积体系。煤层顶板发育较多河流冲刷体,河流冲刷剥蚀对煤层开采造成一定的影响。冲刷体与煤层顶板接触不平整,有时出现漏矸现象。个别冲刷体切入深度较大,冲刷煤层,构成煤层的直接顶板。局部地段煤层受到古河流冲刷,使煤层变薄,称为"压梁"。例如,在大柳塔矿 1203 工作面,生产中发现 150m×540m 的冲蚀带。"压梁"现象中煤层变薄带,一部分是泥炭沼泽期后或成煤期后的河流冲刷作用形成,另一部分是由于局部应力集中(如负载)使煤层发生流变,引起煤层厚度的变化。小构造的发育对于工作面的布置及采掘不利,它们是沉积作用与构造应力等因素综合作用的产物。

1.5.2　准格尔煤田

　　准格尔煤田位于华北地台鄂尔多斯台向斜的东北缘,总体构造是一个走向近于南北,倾角 15°以下,具有波状起伏的向西倾斜的单斜构造,在边缘地带,倾角稍大,有轴向与边缘方向一致的短轴背向斜,区内断层不发育,仅稀疏可见几条小的张性正断层。详见准格尔煤田构造纲要图(图 1-12)。

　　准格尔煤田总的构造是一个走向近于南北,倾角 10°以下。具有波状起伏的向西倾斜的单斜构造。北部至小鱼沟后地层走向近东西,向南倾斜,南至煤窑沟一带,地层走向转向北西,向北东倾斜,构造轮廓形如耳状。

　　煤田总的构造轮廓为东部隆起、西部拗陷,走向近南北,向西倾斜的单斜构造。北端地层走向转为北西,倾向南西,南端地层走向转为南西-东西,倾向北西或北。倾角一般小于 10°,构造形态简单。煤田构造主要产生于地壳升降运动,构造形式以褶曲和正断层为主。盆地边缘,倾角稍大,有轴向与边缘方向一致的短背向斜。盆地内部倾角平缓,一般在 10°以下,有与地层走向垂直的次一级褶皱,它们一般幅度较小,延伸不大,造成了煤层底板等高线的相对起伏。中东部发育有轴向呈北北东的短轴背向斜,如窑沟背斜、东沟向斜、西黄家梁背斜、焦家圪卜向斜、贾巴壕背斜。南部有走向近东西的老赵山梁背斜、双枣子向斜,轴向呈北西西的田家石畔背斜、沙沟背斜、沙沟向斜,走向近南北的罐子沟向斜。

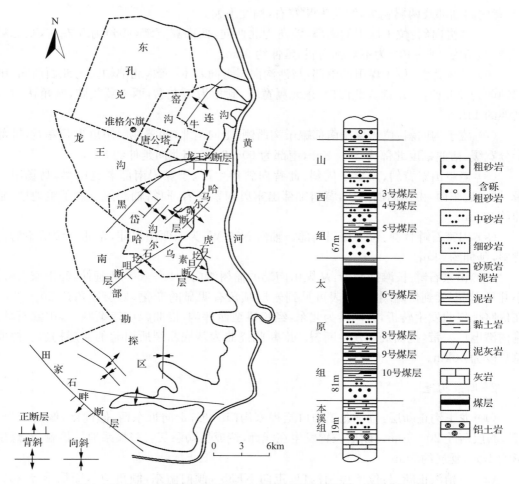

图 1-12　准格尔煤田构造纲要与含煤地层岩性柱状图(王文峰等,2011)

区内断裂不发育,仅稀疏可见几条小的张性断层,有龙王沟正断层、哈马尔岽正断层、F_2 断层、石圪咀正断层、虎石圪旦正断层。现将其中主要构造由北到南简述如下。

1.褶皱构造

(1)窑沟背斜:位于煤田北部,轴向 NE23°,北起小鱼沟,经窑沟向南西向延伸至唐公塔井田北部消失,轴长约 10km,该背斜西翼倾角 6°～8°,东翼 3°～5°,中部隆起幅度较大,两端宽缓。

(2)东沟向斜:位于煤田的东北部,轴向 N30°E,延伸 4km。

(3)西黄家梁背斜:位于煤田中部,北起田家石畔经西黄家梁至刘家疙旦,轴向N30°—50°E,向南西倾伏,北西翼陡且窄,倾角一般为 25°,局部达 35°,南东翼宽缓,倾角在 10°以内,为西陡东缓的不对称背斜。轴部隆起幅度为 100～150m,延伸约 12km。背斜在张家疙旦一带煤层抬起接近地表。

(4)焦家圪卜向斜、贾巴壕背斜:位于煤田中东部,为北东向的褶皱,构造线基本平行,背向斜轴部及两翼宽缓,倾角为5°左右,幅度不大。

(5)沙沟向斜:位于煤田的南部,轴向为北西向,西南翼宽缓,倾角为5°左右,东北翼较陡,倾角为30°～40°,为不对称向斜,延伸约9km。

(6)沙沟背斜:位于煤田的南部,与沙沟向斜走向基本一致,北部轴向为北西西向,中部轴向为北北西向,南部为北西向,东北翼宽缓,倾角为5°左右,西南翼较陡,倾角达40°,延伸约14km。

(7)罐子沟向斜:位于煤田南部罐子沟西侧,走向南北,两翼地层倾角为5°左右,轴部十分宽缓,褶曲幅度北部为30～40m,南部为60～80m,南北向延伸约8km。

(8)老赵山梁背斜、双枣子向斜:此背向斜伴生,位于煤田南部老赵山梁、马场咀一带,轴向近东西,由东向西倾伏,背斜轴部出露奥陶系灰岩,向斜轴部为石盒子组地层,延伸约20km。

(9)田家石畔背斜:位于煤田南部。轴向N50°W,为一西南翼陡,东北翼缓的不对称背斜,延伸约8km。

(10)田家石畔-长滩挠断带:从煤田南端的榆树湾向N40°—60°W延伸,经田家石畔、小井子、贺家梁到伏路塔,从地表可见到岩层倾角有明显的变化,岩层倾角达20°～30°。在伏路塔挠曲发生转折,方向转为北东,经长滩至西坪沟,挠曲幅度逐渐减小,田家石畔、榆树湾电厂一带,挠曲局部发生断裂。推断此挠曲为基底断裂所引起的盖层构造。挠曲总长度为40km。

2. 断裂构造

(1)龙王沟正断层:位于龙王沟口至程家沟门一带,走向近东西,倾向南,倾角75°～85°,断层落差20～40m。断层位置发生在浅部,造成奥陶系灰岩与煤系地层接触,对煤层影响不大,延展约5km。

(2)焦稍沟正断层:位于焦稍沟口,走向NE35°,倾向南东,倾角70°,断层落差20～80m,断层位置发生在奥陶系灰岩之中,至煤层浅部已近乎消失,对煤层影响不大,延展约3km。

(3)石圪咀正断层:位于黑岱沟两侧,断层走向NE45°,倾向南东,倾角60°～70°,断层落差15～50m,断层位置发生在煤层浅部至中部,对煤层开采有一定影响,延伸约10km。

(4)柱状陷落断层:仅限局部在煤田北部的窑沟区,面积一般不大,已控制的帐房焉、吴家沟等陷落柱,陷落深10～60m。

参 考 文 献

梁积伟. 2004. 鄂尔多斯盆地东北部山西组高分辨层序地层及沉积微相特征研究. 西安:西北大学硕士学位论文.

梁积伟. 2007. 鄂尔多斯盆地侏罗系沉积体系和层序地层学研究. 西安:西北大学博士学位论文.

刘绍龙. 1995. 神府东胜煤田富集规律及有关问题的探讨. 石油地球物理勘探,30(增刊2):155-164.

鲁静,邵龙义,孙斌等. 2012. 鄂尔多斯盆地东缘石炭-二叠纪煤系层序-古地理与聚煤作用. 煤炭学报,37(5):747-754.

缪协兴,王长申,白海波. 2010. 神东矿区煤矿水害类型及水文地质特征分析. 采矿与安全工程学报,27(3):285-291.

孙学阳,杨忠. 2008. 陕北神木北部矿区构造发育规律. 黑龙江科技学院学报,18(2):87-91.

王双明,黄庆享,范立民,等. 2010. 生态脆弱区煤炭开发与生态水位保护. 北京:科学出版社.

王双明,张玉平. 1999. 鄂尔多斯侏罗纪盆地形成演化和聚煤规律. 地学前缘,6(S1):147-155.

王文峰,秦勇,刘新花,等. 2011. 内蒙古准格尔煤田煤中镓的分布赋存与富集成因. 中国科学,地球科学. 41(2): 181-196.

魏红红. 2002. 鄂尔多斯地区石炭-二叠系沉积体系及层序地层学研究. 西安:西北大学博士学位论文.

吴子武. 1981. 内蒙准格尔煤田地质特征. 煤田地质与勘探,5:16-18.

第2章 神东矿区覆岩物理力学性质

2.1 矿区表土层的物理力学性质

2.1.1 神东矿区

神府东胜矿区(以下简称神东矿区)地处陕北黄土高原和毛乌素沙漠东南边缘接壤地带(图2-1)。包括大柳塔煤矿、补连塔煤矿、榆家梁煤矿、保德煤矿、上湾煤矿、哈拉沟煤矿、石圪台煤矿、乌兰木伦煤矿、锦界煤矿、布尔台煤矿、寸草塔煤矿、寸草塔二矿、柳塔矿、万利一矿、神山露天煤矿、黄玉川煤矿。

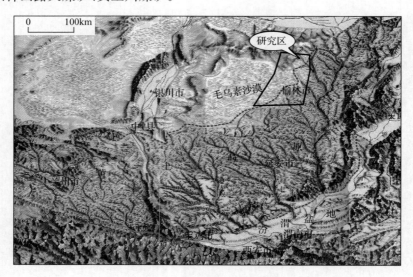

图2-1 神东矿区区域地质环境背景图(文后附彩图)

矿区内表土地层描述如下(表2-1)。

表2-1 神东矿区表土层岩性及分布特征

地层				岩性	厚度/m	分布
界	系	统	组			
新生界	第四系	全新统	Q_4^{eol}, Q_4^{al}	以现代风积沙为主,在河谷及冲沟还有冲积层	0~60	基本全区分布,主要在考考乌苏沟以南。风积沙分布于塬峁上,冲积沙及砂砾层分布于河床沟谷中
		上更新统	马兰组 $Q_3 m$	灰黄色、灰褐色亚砂土,均质、疏松、大孔隙度,含钙质结核,具柱状节理	0~45	主要分布在神北活鸡兔、朱盖塔塬上。榆神矿区零星分布,东部有出露

续表

地层				岩性	厚度/m	分布
界	系	统	组			
新生界	第四系	上更新统	萨拉乌苏组 Q_3s	上部为灰黄色、褐灰色粉细砂及亚砂土，具层状构造。夹白垩土及泥炭薄层，下部为浅灰色、黑褐色亚砂土夹砂质亚黏土。底部有砾石，含螺化石	0~160	榆神矿区西北部广泛分布，主要分布在石圪台一带，柠条塔以南，零星出露
		中更新统	离石组 Q_2l	浅棕黄、褐黄色亚黏土及亚砂土，具柱状节理，夹薄层褐色古土壤层及钙质结核层，底部具有砾石层	0~165	基本全区分布，广布塬峁丘陵上。主要分布在神木以北的河谷及分水岭，榆神矿区东部及南部有出露
		下更新统	三门组 Q_1s	上部褐红色亚黏土均质、致密，夹钙质结核层，下部浅肉红色、灰褐色砂砾岩，半胶结，砾石成分以砂岩及泥岩块为主，含少量石英岩及燧石	0~50	大柳塔井田内分布
	新近系	上新统	保德组 N_2b	棕红色黏土及亚黏土，夹钙质结核层，底部局部有浅红色、灰黄色半胶结砂砾岩层。含三趾马化石及其他动物骨骼化石。俗称"三趾马红土"	0~175	基本全区分布，主要在神木县大柳塔、庙沟、朱盖塔、柠条塔以南，出露于河谷上游、分水岭、沟沿及小保当一带

（1）风积沙（Q_4^{eol}）和冲积层（Q_4^{al}）。岩性主要为浅黄色和褐黄色细砂、粉砂，以浅黄色粉细砂为主，质地均一，分选性中等，磨圆度较差，与下伏地层呈不整合接触。覆盖于其他地层之上，分布广泛，是地表沙漠的组成物质，厚 0~60m，平均为 10m。

（2）马兰组（Q_4m）。灰黄、灰褐色亚沙土，均质、疏松、大孔隙度，含钙质结核，具柱状节理，厚 0~45m。主要分布在神北活鸡兔、朱盖塔塬上。榆神矿区零星分布，东部有出露。

（3）萨拉乌苏组（Q_3s）。岩性主要由灰黄色、灰褐色、灰黑色粉砂及细砂和中砂组成，以中细砂为主，夹亚砂土、亚黏土及泥炭层，节理孔隙相对发育。砂粒占 45.7%，粉砂占 39.5%，黏土占 14.8%，不均匀系数为 2.0，曲率系数为 1.5，为良好级配的轻-重亚黏土。

分布广泛，其厚度受控于基岩顶面古地形，为一套河湖相沉积物，一般在古沟槽及低洼中心沉积最厚，厚 0~160m，平均为 50m，与下伏地层呈不整合接触。在河谷及分水岭均有出露，分布不连续。榆树湾煤矿范围厚度范围为 0~109.49m，一般厚 25m。如前石畔井田内的瓷窑湾煤矿，在约 4km² 的范围内，萨拉乌苏组厚度由 0m 增到 61m，而有些至分水岭处尖灭。

（4）离石组（Q_2l）。岩性为灰黄色、棕黄色、浅棕黄、褐色亚黏土及亚砂土，夹多层薄层古土壤层及钙质和结核层，底部有砾石层，具柱状节理。分布不连续，主要分布于区内局部地区，呈片状，厚度变化较大，厚 0~165m，平均为 20~30m。分选性差，为良好级配土的轻-重亚黏土。

（5）三门组（Q_1s）。上部褐红色亚黏土均质、致密，夹钙质结核层，下部浅肉红色、灰褐色砂砾岩，半胶结，砾石成分以砂岩及泥岩块为主，含少量石英岩及燧石，厚度为 0~50m，于大柳塔井田内有分布。

（6）保德组（N₂）。岩性为浅红色和棕红色黏土、亚黏土及粉质黏土，层面具铁质浸染及白色钙质网纹，夹数层钙质结核。局部地段底部为 10～30cm 厚砾石层，砾石成分多为石英砂岩、砾岩等，钙质胶结，坚硬致密。矿物成分主要以绿泥石为主，少量高岭石、伊利石和微量蒙脱石，粗矿物有方解石、石英和长石；结构致密，中硬状。红土的液、塑限均比离石黄土大，属中液限黏质土，液性指数较小，处于硬塑状态，具有较高的强度，压缩性较低。颗粒中砂粒占 10％，粉砂占 55％，黏粒占 35％，为粉质黏土。一般结构致密，中硬状。

在区内主要呈条带状及片状分布，与下伏地层呈不整合接触。厚度受古侵蚀基准面控制，分布不连续，一般厚度为 30m，根据厚度变化趋势及地震勘探资料解释，榆树湾井田西部最厚达 80m 以上。多零星出露于沟谷上游两壁及沟脑，出露于各大沟系分水岭地带，如榆树湾煤矿东南及分水岭一带，分水岭地带土层相对较厚，从两侧至河谷逐渐变薄。沿榆树湾煤矿 2-2 煤火烧边界以西，除袁家沟泉域、彩兔沟泉域、青草界泉域局部地区土层厚度小于 20m 外，其他地区均大于 20m，东南部最厚处达百米以上。东部榆树湾井田最厚达 170 多米。

离石黄土黏粒含量为 14.8％，中密密实，属于弱隔水-较强隔水层。红土的黏粒含量高达 35％，为较强-强隔水层。离石黄土和三趾马红土共同组成黏土层。

表 2-2 和表 2-3 中为矿区表土层物理力学性质的原始资料，由于物理力学参数较多，将其分为两部分，分别在表 2-2 和表 2-3 中显示。表 2-2 和表 2-3 中仅有三个文献（李文平等，2000；王旭锋，2009；都平平，2012）资料为试验结果，其他数据为相似模拟或数值模拟中所采用的数据，其获得过程未交代。为了获得数据的直观印象，给出各参数大小，如图 2-2 所示。各参数定义简单介绍如下。

（1）含水量：土实际含水多少的指标，岩石孔隙中所含的水重量（G_w）与干燥岩土重量（G_s）的比值，以百分数表示。

（2）密度：土单位体积的质量，单位为 g/cm³。

（3）干密度：土的孔隙中完全没有水时的密度，即固体颗粒的质量与土的总体积之比值，单位为 g/cm³。

（4）比重：土粒比重是指土粒在 105～110℃ 温度下烘至恒重时的质量与同体积 4℃ 时纯水的质量之比，简称比重，无单位。

（5）孔隙比：土中孔隙体积与土粒体积之比，用小数表示。

（6）孔隙度：孔隙占土总体积的比例，以百分数表示。

（7）饱和度：土中水的体积与孔隙体积之比，以百分数表示。

（8）压缩系数：e-p 曲线上任意一点的切线斜率，表示相应压力 p 作用下土的压缩性，称为土的压缩系数，单位为 MPa⁻¹。

（9）压缩模量：在完全侧限的条件下，土的竖向应力变化量与其相应的竖向应变变化量之比，称为土的压缩模量，单位为 MPa。

（10）液限：土从流动状态转变为可塑状态（或由可塑状态到流动状态）的界限含水量，以百分数表示。

表 2-2　表土层物理力学性质资料(1)

序号	参考文献	位置	岩性	含水量/%	密度/(g/cm³)	干密度/(g/cm³)	比重	孔隙比	孔隙度/%	饱和度/%	压缩系数/MPa⁻¹	压缩模量/MPa	液限/%	塑限/%	塑性指数/%	液性指数
1	安泰龙,2010	神东补连塔矿 31401	风积沙		1											
2	杜福荣,2002	神东乌兰木伦煤矿 2207	风积沙													
3	封金权,2008	东胜矿区	风积沙		1.81											
4	高登攀,2009	神东乌兰木伦煤矿 61203	风积沙		1.6											
5	刘玉德,2008	相似模拟	风积沙		1.6											
6	王旭锋,2009	伊泰宝山煤矿	风积沙		1.81											
7	蔚保宁,2009	神东榆树湾煤矿 20102	风积沙		1.6											
8	宣以琼,2008	榆阳煤矿	风积沙				2.3									
9	张沛,2012	神府 1203	风积沙		2.25											
10	张沛,2012	神府 1204	风积沙		2.25											
11	张小明和侯忠杰,2012	相似模拟	风积沙		1											
12	都平平,2012	神府矿区	红土													
13	都平平,2012	神府矿区	红土													
14	都平平,2012	神府矿区	红土													
15	范钢伟,2011	神东上湾 51201	红土													
16	范钢伟,2011	伊泰纳林庙煤矿	红土		1.81											

续表

序号	参考文献	位置	岩性	含水量/%	密度/(g/cm³)	干密度/(g/cm³)	比重	孔隙比	孔隙度/%	饱和度/%	压缩系数/MPa⁻¹	压缩模量/MPa	液限/%	塑限/%	塑性指数/%	液性指数
17	范钢伟,2011	flac模拟	红土													
18	高杨,2010	神东矿区	红土		1.58											
19	高杨,2010	神东矿区	红土		1.8											
20	侯鹏,2013	神山露天煤矿	红土		1.96											
21	师本强,2012	神府矿区	红土													
22	师本强,2012	神府矿区	红土													
23	师本强,2012	神府南梁煤矿	红土		1.8											
24	师本强,2012	相似模拟	红土		1.85											
25	蔚保宁,2009	神东榆树湾煤矿 20104	红土		1.9											
26	杨永良等,2010	伊泰纳林庙二矿 62101	红土		1.81											
27	张文忠等,2013	榆神矿区	红土		1.85											
28	张小明和侯忠杰,2012	相似模拟	红土		1.51											
29	张镇,2007	神木苏家壕矿	红土		1.8											
30	张镇,2007	神木苏家壕矿	红土		1.8											
31	李文平等,2000	神府矿区	红土	17.4	1.84		2.71	0.72	41		0.06	15.5	33.2	21.1	7.7	0
32	李文平等,2000	神府矿区	红土	18.7	1.87		2.72	0.72	42		0.11	28.3	36.2	26.7	12.1	0.09
33	王旭锋,2009	伊泰宝山矿	红土	12.6	2.7				32.9		0.13	4.2			19	0.135
34	王旭锋,2009	伊泰宝山矿	红土	25.9	2.726				43.2		0.44	11.2			25.3	0.6
35	王旭锋,2009	伊泰宝山矿	红土	19.8	2.715				38.6		0.28	8.3			22.6	0.38

续表

序号	参考文献	位置	岩性	含水量/%	密度/(g/cm³)	干密度/(g/cm³)	比重	孔隙比	孔隙度/%	饱和度/%	压缩系数/MPa⁻¹	压缩模量/MPa	液限/%	塑限/%	塑性指数/%	液性指数
36	王旭锋,2009	伊泰纳林庙二号井	红土		1.81											
37	都平平,2012	神府矿区	黄土	14.7	1.88	1.64	2.7	0.647	39.3	61	0.12		27.4	17.8	9.6	0
38	都平平,2012	神府矿区	黄土	15.1	1.94	1.69	2.7	0.602	37.6	68	0.09		27.2	17.8	9.5	0
39	都平平,2012	神府矿区	黄土	13.8	2	1.76	2.7	0.536	34.9	69	0.09	21.94	25.3	17.2	8.1	0
40	都平平,2012	神府矿区	黄土	13.8	2.06	1.81	2.7	0.492	33	76	0.17		24.7	17	7.7	0
41	都平平,2012	神府矿区	黄土	9.2	2.1	1.92	2.69	0.399	28.5	62	0.11		21.9	16.2	5.7	0
42	都平平,2012	神府矿区	黄土	14.5	1.94	1.69	2.69	0.588	37	66	0.17	10.59	21.7	16.1	5.6	0
43	都平平,2012	神府矿区	黄土	12.4	1.76	1.57	2.7	0.724	42	46	0.1	19.16	24.5	16.9	7.6	0
44	都平平,2012	神府矿区	黄土	20.9	1.85	1.53	2.71	0.771	43.5	73	0.08	25.3	29.4	18.4	11	0.23
45	都平平,2012	神府矿区	黄土	14.8	1.85	1.61	2.71	0.682	40.5	59	0.06	33.64	30.5	18.7	11.8	0
46	都平平,2012	神府矿区	黄土	26.5	1.8	1.42	2.73	0.919	47.9	79	0.09	23.99	37.1	20.7	16.4	0.35
47	都平平,2012	神府矿区	黄土	19.3	2	1.68	2.72	0.622	38.3	84	0.1	20.28	33.3	19.6	13.7	0
48	都平平,2012	神府矿区	黄土	21.7	2	1.64	2.71	0.649	39.4	91	0.28	7.5	30	18.6	11.4	0.27
49	都平平,2012	神府矿区	黄土	22.1	1.97	1.61	2.72	0.686	40.7	88	0.11	24.09	32.6	19.4	13.2	0.2
50	都平平,2012	神府矿区	黄土	21.5	2	1.65	2.72	0.652	39.5	90	0.07	41.3	35.5	20.2	15.3	0.08
51	都平平,2012	神府矿区	黄土	18.7			2.72						34	19.8	14.2	0
52	都平平,2012	神府矿区	黄土	20.5			2.71						30.7	18.8	11.9	0.14
53	都平平,2012	神府矿区	黄土	21.7	1.94	1.59	2.72	0.706	41.4	84	0.3		33	19.5	13.5	0.16
54	都平平,2012	神府矿区	黄土	22.6	1.89	1.54	2.72	0.764	43.3	80	0.4		35.2	20.2	15.1	0.16
55	都平平,2012	神府矿区	黄土	19.5	1.95	1.63	2.71	0.661	39.8	80	0.11	18.46	31.3	19	12.3	0.04
56	都平平,2012	神府矿区	黄土	22.6	1.96	1.6	2.72	0.701	41.2	88	0.12	15.46	34.7	20	14.7	0.18

续表

序号	参考文献	位置	岩性	含水量/%	密度/(g/cm³)	干密度/(g/cm³)	比重	孔隙比	孔隙度/%	饱和度/%	压缩系数/MPa⁻¹	压缩模量/MPa	液限/%	塑限/%	塑性指数	液性指数
57	都平平,2012	神木红柳林和张家峁煤矿	黄土													
58	都平平,2012	神木红柳林和张家峁煤矿	黄土													
59	都平平,2012	神木红柳林和张家峁煤矿	黄土													
60	都平平,2012	神木红柳林和张家峁煤矿	黄土													
61	李文平等,2000	神府矿区	黄土	11.9	1.63		2.69	0.62	38.3		0.08	7	25.9	16.9	7.9	
62	李文平等,2000	神府矿区	黄土	17.3	1.86		2.71	0.88	46.9		0.25	22.1	31.8	18.7	13.1	
63	任艳芳,2008	伊泰纳林庙二号井	黄土		1.25											
64	师本强,2012	神府矿区	黄土													
65	师本强,2012	神府矿区	黄土													
66	师本强,2012	神府南梁煤矿	黄土		1.8											
67	蔚保宁,2009	神东榆树湾煤矿 20103	黄土		1.7											
68	张沛,2012	神府 1205	黄土		1.6											
69	王旭锋,2009	伊泰宝山煤矿	黄土	17.7	2.683				34.8		0.22	6.3			8.9	0.198
70	王旭锋,2009	伊泰宝山煤矿	黄土	21.1	2.708				41.4		0.26	9.6			9.4	0.68
71	王旭锋,2009	伊泰宝山煤矿	黄土	19	2.692				38		0.23	7.5			9.2	0.568
72	王旭锋,2009	伊泰宝山煤矿	黄土	18.1	2.702				32.6		0.16	8.6			11.5	0.21
73	王旭锋,2009	伊泰宝山煤矿	黄土	23.8	2.72				43.5		0.28	10.3			15.8	0.58

续表

序号	参考文献	位置	岩性	含水量/%	密度/(g/cm³)	干密度/(g/cm³)	比重	孔隙比	孔隙度/%	饱和度/%	压缩系数/MPa⁻¹	压缩模量/MPa	液限/%	塑限/%	塑性指数/%	液性指数
74	王旭锋,2009	伊泰宝山煤矿	黄土	21.9	2.716				39.6		0.23	9.5			13.6	0.39
75	王旭锋,2009	伊泰宝山煤矿	角砾	16.5	2.684				37.6		0.4	4			8	
76	王旭锋,2009	伊泰宝山煤矿	角砾	12.9	2.64				28.5		0.18	6.4				
77	王旭锋,2009	伊泰宝山煤矿	砂砾	16	2.661				30.1		0.22	8				
78	王旭锋,2009	伊泰宝山煤矿	砂砾	14.5	2.651				29.3		0.2	7.2				
79	王旭锋,2009	伊泰宝山煤矿	细砂	16.3												
80	王旭锋,2009	伊泰宝山煤矿	细砂	20.3												
81	王旭锋,2009	伊泰宝山煤矿	细砂	18.3	2.68				36.2		0.1	15.7				
82	王旭锋,2009	伊泰宝山煤矿	中砂	9.9	2.666				37.5		0.13	12.3				
83	王旭锋,2009	伊泰宝山煤矿	粗砂	20	2.642				34.4		0.2	7.6				

表 2-3　表土层物理力学性质资料(2)

序号	参考文献	位置	岩性	含水比	液隙比/%	渗透系数/(m/d)	饱和度/%	湿陷系数	自由膨胀率/%	弹性模量/GPa	泊松比	黏聚力/MPa	内摩擦角/(°)	抗压强度/MPa	抗拉强度/MPa
1	安泰龙,2010	神东朴连塔矿 31401	风积沙			1				0.008	0.35			0.01	
2	杜福荣,2002	神东乌兰木伦煤矿 2207	风积沙												0.03
3	封金权,2008	东胜矿区	风积沙												
4	高登彦,2009	神东乌兰木伦煤矿 61203	风积沙												
5	刘玉德,2008	相似模拟	风积沙												

续表

序号	参考文献	位置	岩性	含水比	液隙比/%	渗透系数/(m/d)	饱和度/%	湿陷系数	自由膨胀率/%	弹性模量/GPa	泊松比	黏聚力/MPa	内摩擦角/(°)	抗压强度/MPa	抗拉强度/MPa
6	王旭锋,2009	伊泰宝山煤矿	风积沙									0.018	20		
7	蔚保宁,2009	神东榆树湾矿20102	风积沙												
8	宣以琼,2008	榆阳煤矿	风积沙							0.3		0.5	20	3.2	0.4
9	张沛,2012	神府1203	风积沙								0.4	15	8	5	
10	张沛,2012	神府1204	风积沙								0.4	20	13	13	
11	张小明和侯忠杰,2012	相似模拟	风积沙							0.2	0.35				
12	都平平,2012	神府矿区	红土			0.0064									
13	都平平,2012	神府矿区	红土			0.0134									
14	都平平,2012	神府矿区	红土			0.087									
15	范钢伟,2011	神东上湾51201	红土							5	0.35	0.5	33		
16	范钢伟,2011	伊泰纳林庙矿	红土									0.033	13		
17	范钢伟,2011	flac模拟	红土							1	0.35				
18	高扬,2010	神东矿区	红土							12	0.3			11.6	
19	高扬,2010	神东矿区	红土							20	0.3			15.3	
20	侯鹏,2013	神山露天煤矿	红土							0.14	0.42	0.05	20		0.003
21	师本强,2012	神府矿区	红土			0.002									
22	师本强,2012	神府矿区	红土			0.941				0.7					
23	师本强,2012	神府南梁煤矿	红土												
24	师本强,2012	相似模拟	红土								0.4	0.1	30	6	0.2
25	蔚保宁,2009	神东榆树湾矿20104	红土											6	0.2

续表

序号	参考文献	位置	岩性	含水比	液隙比/%	渗透系数/(m/d)	饱和度/%	湿陷系数	自由膨胀率/%	弹性模量/GPa	泊松比	黏聚力/MPa	内摩擦角/(°)	抗压强度/MPa	抗拉强度/MPa
26	杨永良等,2010	伊泰纳林庙二矿 62101	红土												
27	张文忠等,2013	神府矿区	红土								0.4	0.1	30	6	0.2
28	张小明和侯忠杰,2012	相似模拟	红土							0.7	0.3				0.2
29	张镇,2007	神木苏家壕矿	红土								0.4	1.5	8	5	
30	张镇,2007	神木苏家壕矿	红土								0.4	2	13	13	
31	李文平等,2000	神府矿区	红土			0.00596	65		2.65			0.076	28.2	0.182	
32	李文平等,2000	神府矿区	红土			0.6	70		26			0.096	32.9	0.212	
33	王旭锋,2009	伊泰宝山煤矿	红土									0.033	12.85		
34	王旭锋,2009	伊泰宝山煤矿	红土									0.107	41.35		
35	王旭锋,2009	伊泰宝山煤矿	红土									0.085	23.25		
36	王旭锋,2009	伊泰纳林庙二号井	红土									0.033	13		
37	都平平,2012	神府矿区	黄土	0.54	42.35			0.001							
38	都平平,2012	神府矿区	黄土	0.56	45.18			0.001							
39	都平平,2012	神府矿区	黄土	0.55	47.2										
40	都平平,2012	神府矿区	黄土	0.56	50.2			0							
41	都平平,2012	神府矿区	黄土	0.42	54.89			0.002							
42	都平平,2012	神府矿区	黄土	0.67	36.9			0.003							
43	都平平,2012	神府矿区	黄土	0.51	33.84			0.006							
44	都平平,2012	神府矿区	黄土	0.71	38.13			0							
45	都平平,2012	神府矿区	黄土	0.49	44.72										

续表

序号	参考文献	位置	岩性	含水比	液膜比/%	渗透系数/(m/d)	饱和度/%	湿陷系数	自由膨胀率/%	弹性模量/GPa	泊松比	黏聚力/MPa	内摩擦角/(°)	抗压强度/MPa	抗拉强度/MPa
46	都平平,2012	神府矿区	黄土	0.71	40.37										
47	都平平,2012	神府矿区	黄土	0.58	53.54										
48	都平平,2012	神府矿区	黄土	0.72	46.22										
49	都平平,2012	神府矿区	黄土	0.68	47.52										
50	都平平,2012	神府矿区	黄土	0.61	54.45										
51	都平平,2012	神府矿区	黄土	0.55											
52	都平平,2012	神府矿区	黄土	0.67											
53	都平平,2012	神府矿区	黄土	0.66	46.74										
54	都平平,2012	神府矿区	黄土	0.64	46.07			0.001							
55	都平平,2012	神府矿区	黄土	0.62	47.35			0.002							
56	都平平,2012	神府矿区	黄土	0.65	49.5			0							
57	都平平,2012	神木红柳林和张家峁煤矿	黄土			0.00643									
58	都平平,2012	神木红柳林和张家峁煤矿	黄土			0.01369									
59	都平平,2012	神木红柳林和张家峁煤矿	黄土			0.14532									
60	都平平,2012	神木红柳林和张家峁煤矿	黄土			0.1313									
61	李文平等,2000	神府矿区	黄土			0.0976	41.1	0				0.038	27.9	0.119	
62	李文平等,2000	神府矿区	黄土			1.5	65.6	0.0055				0.101	33.8	0.159	
63	任艳芳,2008	伊泰纳林庙二号井	黄土											5	

续表

序号	参考文献	位置	岩性	含水比	液隙比/%	渗透系数/(m/d)	饱和度/%	湿陷系数	自由膨胀率/%	弹性模量/GPa	泊松比	黏聚力/MPa	内摩擦角/(°)	抗压强度/MPa	抗拉强度/MPa
64	师本强,2012	神府矿区	黄土			0.032									
65	师本强,2012	神府矿区	黄土			2.092									
66	师本强,2018	神府南梁煤矿	黄土							0.02					
67	蔚保宁,2009	神东榆树湾煤矿 20103	黄土											0.6	0.03
68	张沛,2012	神府 1205	黄土												
69	王旭锋,2009	伊泰宝山煤矿	黄土					0.001				0.026	12.40		
70	王旭锋,2009	伊泰宝山煤矿	黄土					0.002				0.099	13.97		
71	王旭锋,2009	伊泰宝山煤矿	黄土					0.0018				0.063	13.30		
72	王旭锋,2009	伊泰宝山煤矿	黄土					0.001				0.059	10.97		
73	王旭锋,2009	伊泰宝山煤矿	黄土					0.0023				0.093	21.20		
74	王旭锋,2009	伊泰宝山煤矿	黄土					0.0018				0.076	16.43		
75	王旭锋,2009	伊泰宝山煤矿	角砾												
76	王旭锋,2009	伊泰宝山煤矿	角砾												
77	王旭锋,2009	伊泰宝山煤矿	砂砾												
78	王旭锋,2009	伊泰宝山煤矿	砂砾												
79	王旭锋,2009	伊泰宝山煤矿	细砂												
80	王旭锋,2009	伊泰宝山煤矿	细砂												
81	王旭锋,2009	伊泰宝山煤矿	细砂					0.001				0.018	20.28		
82	王旭锋,2009	伊泰宝山煤矿	中砂					0.001							
83	王旭锋,2009	伊泰宝山煤矿	粗砂												

（11）塑限：土由可塑状态过渡到半固体状态时的界限含水率，以百分数表示。

（12）塑性指数：液限与塑限的差值，以百分数表示。

（13）液性指数：黏性土的天然含水量和塑限的差值与塑性指数之比，无单位，以小数表示。

（14）含水比：土的天然含水量与液限的比值，以小数表示。

（15）液隙比：液限与孔隙比的比值，以百分数表示。

（16）渗透系数：又称水力传导系数，为单位水力梯度下的单位流量，表示流体通过孔隙骨架的难易程度，单位为 m/d。

（17）湿陷系数：土样在一定压力下的湿陷量与其原始高度之百分比，以百分数表示。

（18）自由膨胀率：是人工制备的烘干、碾细的土试样，在水中膨胀增加的体积与原始体积之比，以百分数表示。

（19）无侧限抗压强度：试样在无侧向压力条件下，抵抗轴向压力的极限强度，单位为 MPa。

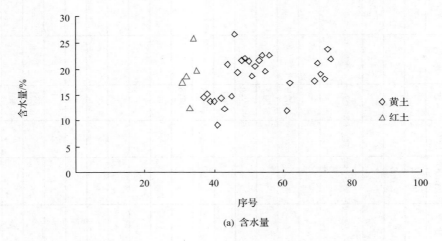

(a) 含水量

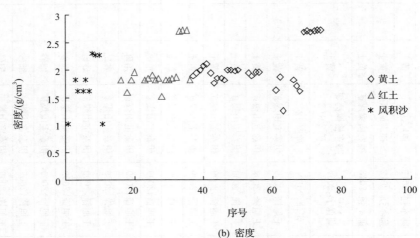

(b) 密度

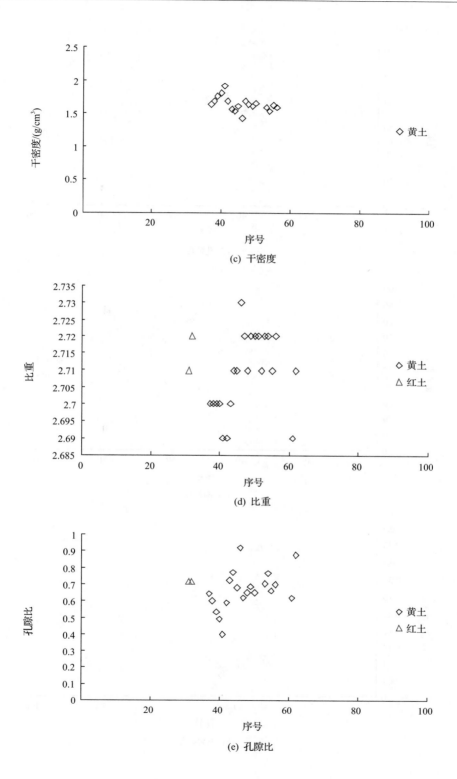

(c) 干密度

(d) 比重

(e) 孔隙比

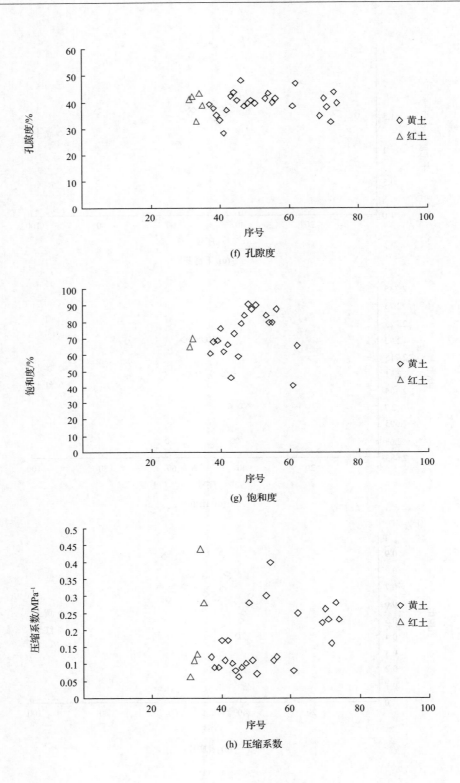

(f) 孔隙度

(g) 饱和度

(h) 压缩系数

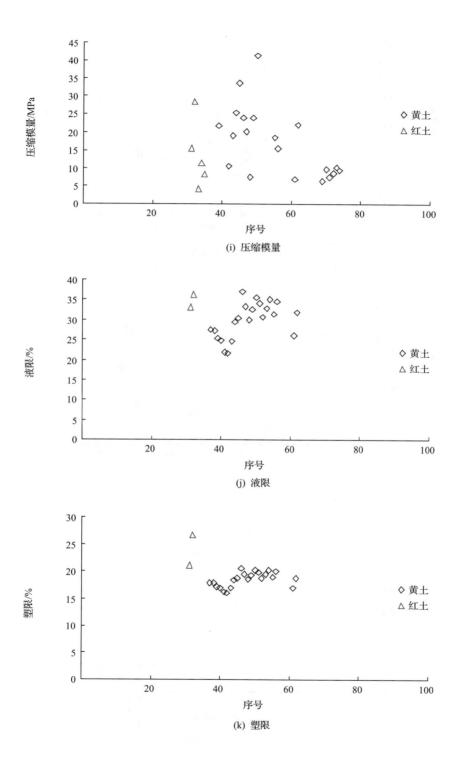

(i) 压缩模量

(j) 液限

(k) 塑限

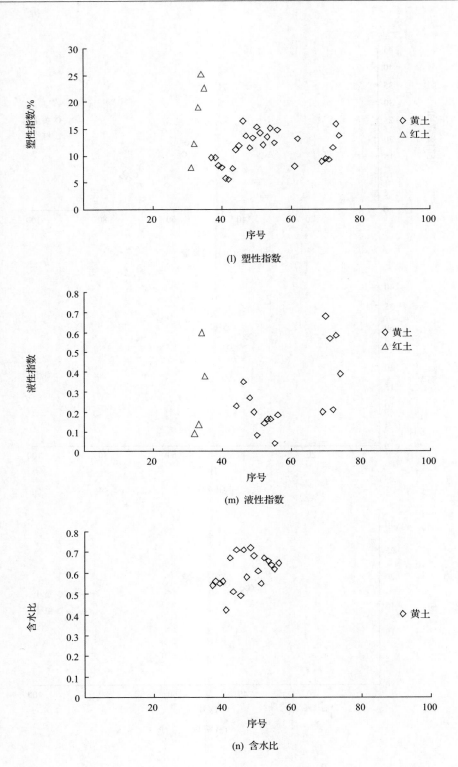

(l) 塑性指数

(m) 液性指数

(n) 含水比

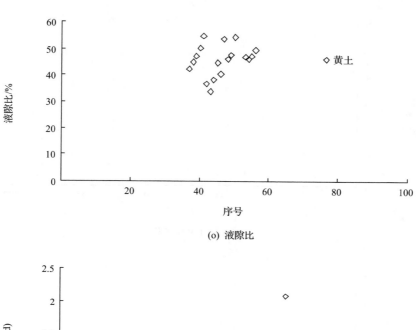

(o) 液隙比

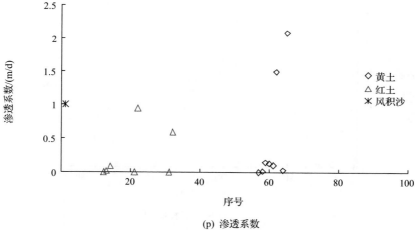

(p) 渗透系数

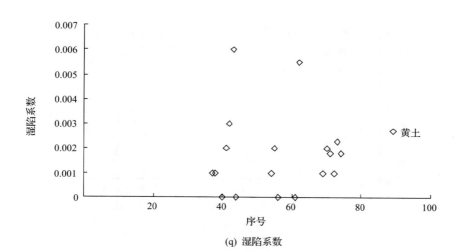

(q) 湿陷系数

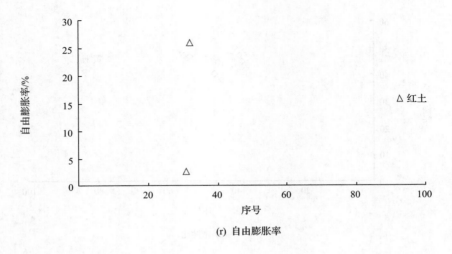

(r) 自由膨胀率

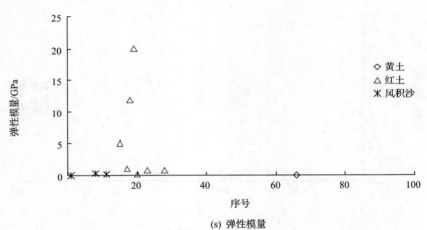

(s) 弹性模量

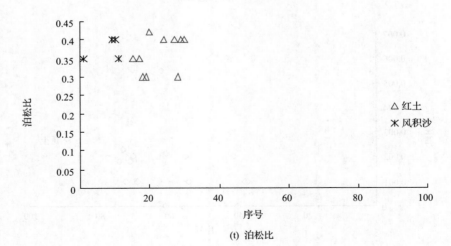

(t) 泊松比

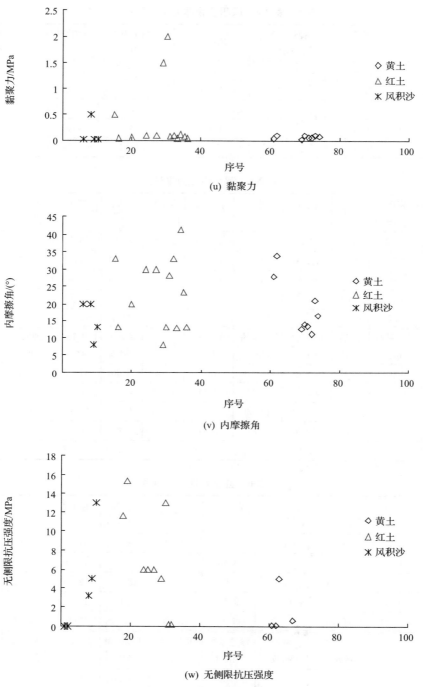

(u) 黏聚力

(v) 内摩擦角

(w) 无侧限抗压强度

图 2-2　表土层物理力学参数

　　表土层物理力学特征见表 2-4～表 2-6。表中主要给出了风积沙、黄土、红土主要物理力学参数的最大值、最小值、平均值和均方差，并将均方差与平均值的比值作为离散度列于表中。

表 2-4　风积沙物理力学性质

参数	密度 /(g/cm³)	弹性模量 /GPa	泊松比	黏聚力 /MPa	内摩擦角 /(°)	无侧限抗压强度/MPa
最大值	2.30	0.30	0.40	0.50	20.00	13.00
最小值	1.00	0.01	0.35	0.02	8.00	0.01
平均值	1.72	0.17	0.38	0.14	15.25	4.25
均方差	0.47	0.15	0.03	0.24	5.85	5.34
离散度/%	27.34	87.64	7.70	174.45	38.38	125.68

表 2-5　黄土物理力学性质

参数	密度 /(g/cm³)	比重	含水量 /%	孔隙度 /%	饱和度 /%	自由膨胀率/%	液限 /%	塑限 /%	塑性指数/%	液性指数
最大值	2.73	2.72	25.90	43.20	70.00	26.00	36.20	26.70	25.30	0.60
最小值	1.51	2.71	12.60	32.90	65.00	2.65	33.20	21.10	7.70	0.09
平均值	1.95	2.72	18.88	39.54	67.50	14.33	34.70	23.90	17.34	0.30
均方差	0.37	0.01	4.79	4.08	3.54	16.51	2.12	3.96	7.32	0.24
离散度/%	18.72	0.26	25.37	10.32	5.24	115.26	6.11	16.57	42.20	78.49

参数	渗透系数 /(m/d)	湿陷系数	压缩系数 /MPa^{-1}	压缩模量 /MPa	弹性模量 /GPa	泊松比	黏聚力 /MPa	内摩擦角 /(°)	无侧限抗压强度/MPa	抗拉强度 /MPa
最大值	0.01	0.94	0.44	28.30	20.00	0.42	2.00	41.35	15.30	0.20
最小值	0.00	0.00	0.06	4.20	0.14	0.30	0.03	8.00	0.18	0.00
平均值	0.00	0.24	0.20	13.50	5.65	0.36	0.36	22.97	7.03	0.16
均方差	0.00	0.38	0.16	9.24	7.61	0.05	0.64	10.40	5.31	0.09
离散度/%	97.57	160.21	76.15	68.48	134.76	13.33	175.37	45.27	75.51	54.86

表 2-6　红土物理力学性质

参数	密度 /(g/cm³)	干密度 /(g/cm³)	比重	含水量 /%	含水比	含水量 /%	饱和度 /%	液隙比 /%	液限/%
最大值	2.72	1.92	2.73	0.92	0.72	26.50	91.00	54.89	37.10
最小值	1.25	1.42	2.69	0.40	0.42	9.20	41.10	33.84	21.70
平均值	2.03	1.64	2.71	0.67	0.61	18.45	72.54	45.84	29.90
均方差	0.38	0.11	0.01	0.12	0.08	4.16	14.13	5.86	4.50
离散度/%	18.61	6.76	0.42	17.95	13.53	22.55	19.49	12.77	15.04

参数	塑限/%	塑性指数/%	液性指数	渗透系数 /(m/d)	压缩系数 /MPa^{-1}	压缩模量 /MPa	黏聚力 /MPa	内摩擦角/(°)	无侧限抗压强度/MPa
最大值	20.70	16.40	0.68	2.09	0.40	41.30	0.10	33.80	5.00
最小值	16.10	5.60	0.04	0.01	0.06	6.30	0.03	10.97	0.12
平均值	18.52	11.35	0.28	0.50	0.16	17.13	0.07	18.75	1.47
均方差	1.36	3.06	0.19	0.82	0.09	9.65	0.03	8.24	2.36
离散度/%	7.37	27.00	67.57	162.39	54.42	56.31	40.38	43.94	160.85

表 2-4～表 2-6 中风积沙物理力学性质中,黏聚力和弹性模量离散度都很大,分别达到 174.45% 和 125.68%。风积沙含黏土较少时,上述力学参数难以测定,因此离散度较大。同时也说明,在使用风积沙力学参数进行相似模拟或数值模拟时,应当先对研究区域取样并进行力学参数测试。黄土物理力学性质中,离散度最大的是黏聚力、渗透系数、弹性模量、自由膨胀率和湿陷系数,其值分别达到 175.37%、160.21%、134.76%、115.26% 和 97.57%。这种现象与黄土类型多样性有关,既有马兰组(Q_3m)、萨拉乌苏组(Q_3s),又有离石组(Q_2l);既有湿陷性黄土,又有非湿陷性黄土;既有新黄土,又有老黄土。红土物理力学性质中,离散度最大的是无侧限单轴抗压强度和渗透系数,其值分别达到 160.85% 和 162.39%。这种现象与红土类型多样性有关,既有三门组(Q_1s),又有保德组(N_2)。因此,建议在使用黄土和红土相关参数时进行取样测试。

在采矿工程相关研究中主要关注的物理力学性质包括密度、弹性模量、泊松比、内摩擦角、黏聚力、无侧限抗压强度等,其平均值分别列于表 2-7。

表 2-7　主要参数平均值

参数	密度/(g/cm³)	弹性模量/GPa	泊松比	黏聚力/MPa	内摩擦角/(°)	无侧限抗压强度/MPa
风积沙	1.72	0.17	0.38	0.14	15.25	4.25
红土	1.95	5.65	0.36	0.36	22.97	7.03
黄土	2.03	0.02		0.07	18.75	1.47

2.1.2　准格尔矿区

根据地质构造、煤层赋存条件、地形条件,特别是地表冲沟等因素,准格尔煤田井田划分如图 1-12 所示(杨兆清,1985)。

(1)根据煤田的赋存条件和生产能力的要求以垂深 30m,即主要煤层 6 号层+850 底板等高线为界,划分深部区和浅部区。浅部区地质储量为 229 亿 t,大部分适合露天开采。

(2)浅部区以黑岱沟为界划分为南北两个矿区。北部矿区即窑沟矿区,地质储量为 106 亿 t。南部矿区即魏家峁矿区,地质储量为 106 亿 t。

(3)北部矿区以龙王沟为中心,向南北两翼开发黑岱沟露天矿和窑沟露天矿。窑沟以北为小井区。

(4)南部矿区以乌兰哈达向斜和老赵山梁背斜为界,划为哈尔乌素露天矿、魏家峁露天矿和磁窑沟露天矿。

准格尔矿区属于黄土高原北部边缘地区,位于黄河岸边,地面标高在海拔 1000m 以上。矿区内原始地貌形态以黄土峁、梁、斜坡为主。西北侧的点岱沟为该场区附近的最低侵蚀基准面。矿区第四纪地层主要为风积与水积的 Q_4、Q_3、Q_2 的黄土状粉土、黄土状粉质黏土,上覆在二叠系上石盒子组(P_2s)强风化泥岩、砂岩等煤系地层之上。其上的黄土状土除 Q_4(厚度为 0～4m)具有湿陷性外,其余(厚度为 8～50m)均不具湿陷性。

该地区土层主要由砂粒与粉土颗粒组成。颗粒分析结果为:砂粒(>0.05mm)约占 38.7%,粉粒(0.05～0.005mm)约占 50.6%,黏粒(<0.005mm)约占 10.7%。颗粒分析结果表明,该区土层黏粒成分很低,粉土颗粒达 50% 以上,说明该土层抗冲刷能力很低。

在天然状态下,该区各土层物理力学性质指标一般为:含水率 $w=10.3\%～16.6\%$;

重度 $\gamma = 16.4 \sim 18.2\mathrm{kN/m^3}$；干重度 $\gamma_d = 14.4 \sim 15.6\mathrm{kN/m^3}$；孔隙比 $e = 0.80 \sim 0.91$；液性指数 $I_p = 8.3 \sim 11.3$；压缩系数 $\alpha_{1-2} = 0.09 \sim 0.21\mathrm{MPa^{-1}}$；压缩模量 $E_{sl-2} = 16.6 \sim 22.4\mathrm{MPa}$；黏聚力 $C = 19.3 \sim 33.9\mathrm{kPa}$；内摩擦角 $\varphi = 10° \sim 25°$（韩洪德，1995）。

土层的水理特性如下：①场区内主要蓄水层为第四纪黄土状粉土，土层的孔隙率为 $31\% \sim 50\%$，容水性较弱，为半透水—弱透水性土层。②由于土层为黄土状土，具有针状的竖直孔隙，因此垂直方向与水平方向的渗透性不一致。通过在现场进行试坑渗水试验与探井抽水试验，分别取得了垂直与水平方向的渗透系数为：$K_{直} = 2.3\mathrm{m/d}(2.66 \times 10^{-3}\mathrm{cm/s})$，$K_{平} = 0.29\mathrm{m/d}(3.36 \times 10^{-4}\mathrm{cm/s})$。③本区地层除表层 Q_4 层具湿陷性外，其余各地层均为非湿陷性黄土状土，但遇水饱和后其抗剪强度均有所降低。经对比试验，其结果为：黏聚力 C 值降低 $15.6\% \sim 50\%$，内摩擦角 φ 值降低 $12.3\% \sim 18.5\%$。

2.2　煤层顶底板岩石的物理力学性质及评价

2.2.1　矿区岩层岩性及特征

矿区地表广泛地覆盖着第四系黄土和风积沙，中生界在各大河谷中出露。据勘探揭露的岩层从老到新基本上为三叠系、侏罗系、白垩系，见表 2-8（师本强，2012）。

表 2-8　神东矿区岩性及特征一览表

地层			岩性特征	厚度/m	分布范围
系	统	组			
白垩系	下统	洛河组 K_1l	紫红色、棕红色巨厚层状，中粗粒长石砾岩，胶结疏松，巨型板斜层理甚发育，底部有几米至几十米厚砾岩层，成分为石英岩、硅质岩、硅灰岩及片岩等	237~350	神木的红碱地，榆林的小壕兔以西等地
侏罗系	中统	安定组 J_2a	上部紫红色、暗紫色泥岩，紫杂色砂质泥岩为主，与粉砂岩及细砂岩互层，含叶肢介、介形虫及鱼化石，下部以紫红色中至粗粒长石砂岩为主，夹砂质泥岩	55~144	神木窝兔采区，榆林的刀兔
		直罗组 J_2z	上旋回：其上部以紫杂色、灰绿色泥岩和砂泥岩为主，夹灰绿色细中粒砂岩与粉砂岩，泥岩互层。下旋回：上部为灰绿色、蓝灰色粉砂岩与细砂岩互层，下部为灰白色中、粗粒长石砂岩，夹灰绿色砂质泥岩，底部时有砂砾岩	70~134	神北矿区、榆神矿区广泛分布
		延安组 J_2y	浅灰色、深灰色砂岩及泥岩，夹泥灰岩及菱铁矿透镜体。植物化石是膜叶锥叶蕨、锹叶似刺葵组合，大量侧生木贼、新芦木、支脉蓢格子蓢。动物化石有费尔干蚌、图吐砚、延安蚌及鱼化石，是主要的含煤地层，为浅水湖泊及三角州沉积，含可采煤层 13 层，一般为 3~6 层，可采总厚最大为 27m，单层最大厚度为 12m，一般为中厚煤层	150~280	府谷、神木、榆林广大地区

续表

地层			岩性特征	厚度/m	分布范围
系	统	组			
侏罗系	下统	富县组 J3f	上部以紫红色、灰紫色、灰绿色泥岩和砂质泥岩为主,与灰黄色、灰白色中厚层状长石石英砂岩不等互层,夹黑色泥岩、油页岩、石英砂岩及煤线,含肢叶介、昆虫及植物化石。下部以灰白色、浅灰色、黄色巨厚层状,中至粗粒石英砂岩为主,夹黑色泥岩、紫杂色泥岩及油页岩,底部为细—巨砾岩	0~142	广泛分布于矿区东部
三叠系	上统	永坪组 T2y	以灰白色、灰绿色巨厚层状,细中粒长石石英砂岩为主,夹灰黑色、蓝灰色泥岩及砂质泥岩,含薄煤线	88~200	窟野河、秃尾河

　　侏罗系中统延安组为本矿区的含煤地层,总厚度为 250~310m,含煤层数多达 18 层,一般为 5~10 层,可采煤层为 13 层,一般为 3~6 层,煤层可采厚度总计 27m,最大单层厚度为 12.8m,煤系地层在神府矿区出露较多,并且在神府矿区埋藏较浅,首采煤层 2-2 号的覆岩厚度都小于 100m。

　　按覆岩的组成成分即按主采煤层(矿区的大部分主采煤层为 2-2 号煤层,部分为 1-2 号煤层)上覆岩层的组成成分来划分,神府矿区工作面围岩大致被划分为两大类六大岩层组,分别属于六个岩体结构类型,见表 2-9(师本强,2012)。六大岩层组特征为:松散岩层组在本矿区广泛分布,厚度一般为 100m,岩性为松散沙、黄土及红土,上部沙层是本矿区的主要含水层。风化岩层组就是基岩顶部的风化岩,一般厚度为 20m 左右,最厚 58.87m,岩性为砂岩及泥岩,岩体的颜色为黄褐色、灰绿色。岩体破碎,含水性强。这里煤岩层组主要指的是 2-2 号煤层。泥岩、粉砂岩及其互层岩组是本矿区煤系的最重要组成部分,构成了煤层的直接顶底板,水稳定性较差,岩石质量中等,岩体中等完整。砂岩岩层组的岩性以中粒砂岩、细粒砂岩和厚层粉砂岩为主,局部为粗砂岩,组合成了煤层老顶,岩体中等完整,是本矿区内稳定性较好的岩组。直罗砂岩层组在本矿区分布很广,一般厚度为 80m,以中粗粒砂岩为主,夹粉细砂岩薄层,块状结构,岩体较完整。

表 2-9　神东矿区覆岩岩体结构类型

工程地质	岩层组	分布	岩体结构
土质岩类	松散岩层组	全区分布	散体结构
	风化岩层组	基岩顶部	碎裂结构
软弱岩类	煤岩层组	全区分布	层状结构
	泥岩、粉砂岩	煤直接顶、底	
软弱岩类	砂岩岩层组 直罗砂岩层组	煤层老顶上 全区分布	块状结构

2.2.2　煤层顶底板物理力学性质

　　埋深浅、薄基岩、上覆厚松散层是神东矿区煤层的典型赋存特征。中心矿区现在主采煤层埋深均在 300m 以内,松散层为 0～30m,基岩厚度为 10～180m,其中直接顶厚度为 0～10m。

　　矿区煤层顶底板岩性多为细砂岩、粉砂岩、砂质泥岩,少量有泥岩及中粗粒砂岩,地质构造简单,岩层裂隙不发育,矿区内绝大多数岩石抗压强度在自然状态下为 30～70MPa,饱和状态下为 10～40MPa,属于半坚硬岩石类型。根据岩石物理力学性质、地层裂隙发育状况及地下水条件来评价,矿区煤层直接顶稳固性大多属于二类一型——中等冒落顶板,而在某些泥岩发育地区及埋藏浅、受地表水及风化作用影响大的地段,岩石强度降低,裂隙也发育,则会有一类——易冒落顶板。但矿区煤层埋藏浅,以薄基岩厚松散层为主要地质特征,具有松散层内含水局部较厚的水文地质特征,极易发生涌水溃沙事故,顶板管理困难。

　　矿区煤层老顶一般为Ⅱ级(来压明显),在直接顶厚度较小的区域及老顶触煤区为Ⅲ级(来压强烈)。例如,保德矿井田各煤层直接顶以泥岩、砂质泥岩为主,基本顶多为粗、中、细粒砂岩;目前开采的 8 号煤层平均抗压强度为 7.0MPa,普氏系数 f 平均为 0.72,8 号煤层直接顶属Ⅰ类不稳定顶板。直接底板平均抗压强度为 16.60MPa,属较软底板,稳定性较差。

　　矿区煤层底板多为砂质泥岩或粉砂岩,属Ⅳ类(中等坚硬)底板,少数地段为泥岩,遇水有泥化现象。总体上矿区煤层底板较为稳定,不存在底鼓现象。神东矿区煤层顶底板情况见表 2-10(王国旺,2011)。

表 2-10　　神东矿区煤层顶底板情况表

顶底板	岩石名称及特征	厚度/m
老顶	粉、细、中粒砂岩	5.23～22.35
直接顶	粉、细、粗粒砂岩,部分地段为泥岩及砂质泥岩	0～12.4
伪顶	泥岩、碳质泥岩	0～0.1
煤层		
直接底	以砂质泥岩为主,部分地段为泥岩	0～2.9
老底	粉砂岩	6～13.35

　　表 2-11～表 2-43 中统计数据为矿区顶底板岩石物理力学性质的原始文献资料,仅有表 2-13、表 2-29 和表 2-40 资料为试验结果,其他数据为相似模拟或数值模拟中所采用的数据,其获得过程未交代。各参数定义简单介绍如下。

　　1) 单轴抗压强度

　　岩石单轴抗压强度是试件在无侧限条件下受轴向力作用破坏时单位面积所承受的荷载。各类岩石的单轴极限抗压强度一般为 30～70MPa,只有少数在 20MPa 以下,属于低—中等强度岩石类型;饱和状态下为 10～40MPa,属于软—较软岩石类型。从不同岩性的抗压强度值来看,细粒砂岩、钙质中粒砂岩和粉砂质泥岩的抗压强度普遍较高,一般为 70～85MPa,个别最高可达 120MPa;而中粒砂岩的抗压强度值最低,多在 35MPa 以下。分析其原因,主要是由于细粒砂岩、钙质中粒砂岩和粉砂质泥岩含钙质较高,所以较致密坚硬,力学强度较大,而中粗粒砂岩多以泥质胶结为主,结构较疏松,特别是在含水较高的情况下,力学强度会降低。

2) 干容重

干容重(γ_c)是指岩石空隙中的液体全部被蒸发,试件中仅有固体和气体的状态下单位体积的质量。表达式为

$$\gamma_c = \frac{G_1}{V} \tag{2-1}$$

本区各类岩石的干容重一般为 20.8~26.8kN/m³,其中钙质中粒砂岩的干容重最大,一般为 24.9~26.8kN/m³;中粒砂岩的干容重最小为 20.8kN/m³。

统计结果显示,随着容重的增大,岩石的单轴抗压强度也越大,这反映神东矿区的岩石容重越大,其力学性质也越好;反之,则越差。

3) 含水率

岩石的含水率是指岩石空隙中水量的多少,一般是用烘干法测量。神东矿区各类岩石的含水率为 0.07%~10.8%。其中钙质中粒砂岩的含水率最小仅为 0.07%,平均为 0.197%,对应的单轴抗压强度为 97.88MPa;碳质泥岩的含水率最大达到 10.8%,对应的单轴抗压强度仅为 6.24MPa,这是由于组成碳质泥岩的矿物成分中往往含有较多的黏土矿物,而这些黏土矿物遇水软化的特性导致岩石的强度降低,说明本矿区岩石具有弱黏结的特点。

4) 孔隙率

岩石的孔隙率是岩石的总孔隙体积与岩石总体积之比。神东矿区各类岩石的孔隙率为 0.9%~18.3%。统计结果显示,岩石的孔隙率越大,其力学强度越弱。

5) 软化系数

软化系数是耐水性性质的一个表示参数,表达式为

$$K = f/F \tag{2-2}$$

式中,K 为材料的软化系数;f 为材料在水饱和状态下的无侧限抗压强度,MPa;F 为材料在干燥状态下的无侧限抗压强度,MPa。本区各类岩石的软化系数大部分在 0.30~0.73,低于 0.75,表明本区岩石属于易软化岩石,遇水后其力学强度会明显减低,直到崩解。

6) 抗拉强度(巴西劈裂)

单向拉伸条件下,岩块能承受的最大拉应力,简称抗拉强度。因单向拉伸试验比较难做,一般通过巴西劈裂试验来代替。各类岩石的抗拉强度一般为 1~8.9MPa。从不同岩性的抗拉强度值来看,钙质中粒砂岩的抗拉强度最高,平均为 7.3MPa;而中粒砂岩的抗拉强度值最低,多在 1MPa 左右。

7) 内黏聚力

内聚力又叫黏聚力,是在同种物质内部相邻各部分之间的相互吸引力,这种相互吸引力是同种物质分子之间存在分子力的表现。各类岩石的黏聚力一般为 0.6~13.23MPa。从不同岩性的黏聚力值来看,钙质中粒砂岩的黏聚力最大,平均为 11.05MPa;而粉砂岩

的黏聚力最小,平均为 0.7MPa。

8) 弹性模量、泊松比

岩石的弹性模量是指岩石在弹性变形阶段其应力与应变变化值之比。泊松比是材料在单向受拉或受压时,横向正应变与轴向正应变绝对值的比值,是一个无量纲量。各类岩石的弹性模量一般为 4.5～59.3GPa。从不同岩性的弹性模量值来看,钙质中粒砂岩的弹性模量值最大,平均为 28.2GPa;而砂质泥岩的弹性模量最小,平均为 5.8GPa;神东矿区岩石的泊松比一般为 0.09～0.38。

表 2-11(高杨,2010)中岩性参数未说明岩样采集地点和获得过程,从表中数据来看,同一岩石(如泥岩)共有 7 层,每一层泥岩的抗压强度、弹性模量、泊松比均分别为 20.7MPa、20GPa、0.30,由于不同埋深的岩层沉积环境不同,实际的结果可能不是这样。经对比,表 2-11 中岩性参数与博士论文(伊茂森,2008)中数据完全一致,均未告知岩样采集地点和获得过程。

表 2-11　神东矿区煤系地层岩性参数

岩性	深度/m	厚度/m	容量/(kN/m³)	抗压强度/MPa	弹性模量/GPa	泊松比
风积沙	18.50	18.50	15.8	11.6	12	0.30
黏土	78.64	60.14	18.0	15.3	20	0.30
粗砂岩	83.32	4.68	24.3	36.6	35	0.28
细粒砂岩	90.59	7.27	25.0	44.6	32	0.28
中粒砂岩	96.08	5.49	23.9	45.3	33	0.25
泥岩	96.28	0.20	21.1	20.7	20	0.30
1-2 煤	97.31	1.03	14.8	10.5	15	0.35
泥岩	99.42	2.11	21.1	20.7	20	0.30
粉砂岩	101.77	2.35	24.6	40.6	35	0.25
煤夹泥岩	102.64	0.87	20.4	19.6	18	0.28
泥岩	106.54	3.90	21.1	20.7	20	0.30
粉砂岩	106.94	0.40	24.6	40.6	35	0.25
泥岩	108.93	1.99	21.1	20.7	20	0.30
细粒砂岩	126.48	17.55	25.0	44.6	32	0.27
粉砂岩	126.88	0.40	24.6	36.9	35	0.25
泥岩	128.78	1.90	21.6	20.7	20	0.30
2-2 煤	133.48	4.70	14.5	10.5	15	0.35
泥岩、粉砂岩互层	137.05	3.5	22.8	22.3	22	0.30
泥岩	139.28	2.23	21.3	20.7	20	0.30
砂质泥岩	142.23	2.95	22.4	22.8	23	0.28
泥岩	145.30	3.07	20.4	20.7	20	0.30
细粒砂岩	154.40	9.10	23.4	44.6	40	0.25
中粒砂岩	161.59	7.19	22.6	45.3	40	0.25

表 2-12 中岩性参数获得过程未交代,煤层上覆基岩分为风化岩层、砂岩岩层和泥岩、粉砂岩及其互层,岩性分别为粗、细粉砂岩,细、中砂岩,细粉砂岩。各类岩石的单轴极限抗压强度均小于 40MPa,属于低强度岩石类型。表 2-13 中数据与博士论文(张杰,2007)中数据一致。

表 2-12　神府矿区煤层上覆岩层岩石物理力学性质表

岩性	抗压强度/MPa	弹性模量/(10^4MPa)	内聚力/MPa	内摩擦角/(°)	泊松比
粗粉砂岩	26.5	0.471	3.1	34	0.19
细粉砂岩	33.9	0.912	8.5	30	0.16
粗粉砂岩	26.5	0.415	3.1	34	0.21
中砂岩	32.4	1.528	5.4	33	0.23
细砂岩	37.9	0.415	8.5	30	0.16
中砂岩	32.4	0.415	5.4	33	0.23
细粉砂岩	37.9	0.415	8.5	38	0.19
1-1 煤	33.8	0.2229	5.1	33	0.20

资料来源:师本强,2012

表 2-13 中岩性参数通过试验获得。为了分析矿区煤层、顶底板及冲沟坡体岩石力学性质,分别在伊泰矿区不同矿井采用地面钻孔和井下取样相结合的办法采取有代表性的岩层试块,编号蜡封后,装箱并保持适当的湿度。岩样运至实验室后,在试件加工机上钻取直径 Φ50mm 的岩心,加工成长度 100mm 的岩石试件,使试件的高径比符合 2:1 的标准。抗拉试件加工成厚径比为 1:2 的规格,即厚度为 25mm,直径为 50mm,用巴西劈裂方法进行测试(表 2-13)。

表 2-13　伊泰集团不同矿井岩石力学测试结果

项目		岩性			
		中砂岩	细砂岩	粉砂岩类	砂质泥岩类
真密度/(kg/m³)		2704~2762	2642~2758	2676~2706	2599~2755
视密度/(kg/m³)		2067~2456	2131~2415	2151~2578	2296~2420
孔隙率/%		9.84~23.56	8.59~23.39	4.73~17.80	8.64~16.26
含水率/%		0.98~1.77	0.81~8.17	1.18~3.17	1.56~2.56
吸水率/%		2.64~7.63	4.20~6.05	0.57~7.34	4.09~6.63
天然容重/(kN/m³)		2098~2511	2276~2437	2184~2643	2306~2451
抗压强度/MPa	吸水状态	11.02~16.28	9.85	12.88	3.41~25.72
	自然状态	8.89~26.76	8.46~20.50	4.73~50.64	7.11~32.07
普氏系数		0.91~2.73	0.86~2.09	0.48~5.16	1.75~3.27
软化系数		0.61~0.71	0.62	0.85	0.20~0.80
抗拉强度/MPa		0.62~1.35	0.83~1.66	0.62~3.38	0.66~1.92

续表

项目			岩性			
			中砂岩	细砂岩	粉砂岩类	砂质泥岩类
抗剪强度 /MPa	45°	正应力	11.03~18.10	9.90~13.58	12.16~16.97	11.31~14.71
		反应力	11.03~18.10	9.90~13.58	12.16~16.97	11.31~14.71
	55°	正应力	6.42~9.18	5.28~8.72	7.34~8.26	5.51~9.41
		反应力	9.17~13.11	7.54~12.45	10.49~11.80	7.86~13.43
	65°	正应力	1.69~2.03	2.20~3.80	3.04~3.38	1.35~4.40
		反应力	3.62~4.35	4.71~8.16	6.53~7.25	2.90~9.43
内摩擦角/(°)			30°49′~40°09′	29°01′~33°28′	29°02′~36°22′	27°00′~41°54′
内聚力/MPa			3.6~3.7	3.6~6.7	4.6~5.8	2.5~7.7
弹性模量/GPa			5.47~8.53	4.40~14.0	3.53~46.0	2.27~15.1
泊松比			0.11~0.26	0.16~0.35	0.20~0.34	0.11~0.33

资料来源：王旭锋，2009

通过分析可得到以下几个方面的认识。

（1）按岩石单轴极限抗压强度分级：小于 30 MPa 为软弱的，30~60MPa 为半坚硬的，大于 60MPa 为坚硬的。本区基岩为层状碎屑岩，岩性为不同粒度的砂岩、砂质泥岩、泥岩及煤层等。从测试结果总体来看，细粒岩石比粗粒岩石抗压强度、抗剪强度大，各类岩石抗压强度小于 30MPa 的占 88.9%；30~60MPa 的占 11.1%。岩石抗压强度以软弱-半坚硬为主。

（2）岩石质量 RQD 值：根据钻孔 RQD 值统计结果，除浅部粉砂岩及泥岩类岩石质量 RQD 为 50%~76%，岩石质量为中等，岩体中等完整；其他层段岩石的 RQD 值多在 80% 左右，岩石质量较好；岩体较为完整。

（3）煤层顶底板强度及稳定性：由于矿区内成煤时期不同，煤层在含煤地层岩性变化较大的区域内无单一稳定的顶板，岩石工程地质特征随地段不同相应有所变化，但在含煤地层相对稳定的区域内，顶底板岩层较为稳定，岩性大致相同，煤层顶底板强度相对较大，属半坚硬岩类，稳定性较好。

神东矿区煤层上覆基岩主要由砂岩和泥岩组成，岩体结构主要为层状结构，岩体中等完整；以中硬砂岩占优势，平均饱和抗压强度为 30.35MPa（表 2-14）。

表 2-14　神东矿区覆岩岩石物理力学强度统计

岩性	抗拉强度/MPa	饱和抗压强度/MPa	软化系数
泥岩	0.97~3.30/1.90	16.70~39.90/31.43	0~0.65/0.25
砂质泥岩	0.54~6.00/2.45	14.9~38.8/29.57	0.23~0.52/0.43
粉砂岩	0.13~12.54/3.79	13.3~50.4/29.60	0.22~0.99/0.53
中砂岩	1.08~5.43/2.40	14.60~48.1/28.89	0.36~0.72/0.58
细砂岩	0.73~9.31/3.11	18.80~44.80/31.33	0.32~0.94/0.53

资料来源：刘玉德，2008

表 2-15 中数据与博士论文(师本强,2012)中数据一致,师本强博士论文中数据引自
夏斐(1999)论文。

表 2-15　神东矿区风化岩与原岩抗压强度的关系

岩石名称	风化岩抗压强度/MPa	原岩抗压强度/MPa	损失率/%
泥岩	31.5	43.22	27.12
砂岩泥岩	29.73	61.89	48.04
粉泥岩	37.2	66.61	55.85
细粒砂岩	28.39	63.87	44.45
中粒砂岩	26.15	48.00	54.47

资料来源:刘玉德,2008

伊泰集团不同矿井煤层顶底板岩石一般由泥岩、砂泥岩、粉细砂岩、中粗砂岩及粗砂
岩等组成,各类岩石的单轴极限抗压强度一般为 30～50MPa。从不同岩性的抗压强度值
来看,泥岩、砂泥岩的抗压强度普遍较高为 46MPa,而中细、粉细砂岩的抗压强度值最低,
多在 30MPa 左右。分析其原因,主要是由于泥岩和砂泥岩含钙质较高,所以较致密坚硬,
力学强度较大,而中粉细砂岩多以泥岩胶结为主,结构较疏松,特别是在含水较高的情况
下,力学强度会降低。本区各类岩石的软化系数大部分为 0.4～0.70,低于 0.75,表明本
区岩石属于易软化岩石,遇水后其力学强度会明显减低,直到崩解(表 2-16)。

表 2-16　伊泰集团不同矿井围岩力学参数

岩层名称	密度/(kg/m)	抗压强度/MPa	抗拉强度/MPa	内聚力/MPa	内摩擦角/(°)	泊松比
表土松散层	1800	5～13	—	1.5～2.0	3～13	0.4
细砂岩	2400	31	1.7	7.2	37	0.2
粉砂岩	2400	29	1.	6.1	41	0.15
中砂岩	2500	30	1.9	7	32	0.12
泥岩	2400	46	4.1	10	35	0.12
砂砾层	2200	32	0.8	3.1	31	0.20
砂质泥岩	2400	46	3.56	8.2	36	0.18
煤层	1370	19	0.91	1.2	39	0.20

资料来源:封金权,2008

表 2-17 中数据与硕士论文(杨晓科,2008)、博士论文(张杰,2007)数据一致。泥岩、
粉砂岩及其互层是煤层顶板主要组成成分。砂岩岩组是煤层老顶的组成成分,以中粒砂
岩为主,少部分为粗砂岩,泥质胶结为主,钙质为辅,抗压强度大于 40MPa。

表 2-17　神府矿区煤层上覆岩层岩石物理力学性质表

岩性	抗压强度/MPa	抗拉强度/MPa	内聚力/MPa	内摩擦角/(°)	弹性模量/(10⁴MPa)	泊松比
泥岩	43.60	2.90	14.94	35.1	0.7489	0.18
粉砂岩	71.50	6.36	11.62	34.6	1.5093	0.15
细砂岩	69.30	5.04	11.27	36.8	1.7072	0.18

续表

岩性	抗压强度/MPa	抗拉强度/MPa	内聚力/MPa	内摩擦角/(°)	弹性模量/(10⁴MPa)	泊松比
中砂岩	69.50	46.70	7.04	41.10	1.7769	0.15
长石砂岩	64.10	4.96	41.90	1.8767	0.20	0.14
中粒长石砂岩	52.20	4.89	6.11	44.00	1.6257	0.25
煤	22.40	0.72	2.61	42.0	0.2196	0.27

资料来源：师本强,2012

　　大柳塔矿 1203 工作面开采 1-2 号煤层,地质构造简单。煤层平均倾角为 3°,平均厚度为 6m,埋藏深度 50～65m。覆岩上部为 15～30m 风积沙松散层,其下约为 3m 风化基岩。顶板基岩厚度为 15～40m,在开切眼附近基岩较薄,沿推进方向逐渐变厚。1-2 号煤层上覆基岩层由 9 层岩层分层组成,除上部风化基岩外,各个分层均具有较高的强度(表 2-18～表 2-20)。

表 2-18　大柳塔矿 1203 工作面覆岩参数

序号	岩性	厚度/m	容重/(kN/m³)	弹性模量/MPa	抗拉强度/MPa
1	风积沙	27.0	16		
2	风化砂岩	3.5	23		
3	粉砂岩(局部风化)	2.0	24	18000	
4	砂岩	2.4	25	43400	3.03
5	砂岩互层	3.9	25	30700	3.03
6	砂质泥岩	2.9	24	18000	1.53
7	粉砂岩	2.0	24	40000	3.83
8	粉砂岩	2.2	24	40000	3.83
9	碳质泥岩	2.0	24	18000	1.53
10	砂质泥岩	2.6	24	18000	1.53

资料来源：侯忠杰和吕军,2000

表 2-19　大柳塔矿 1203 工作面覆岩参数

层序	柱状	厚度/m	容重/(kN/m³)	抗压强度/MPa	岩性
1		27.0	17.0		风积沙、砂岩
2		3.0	23.3		风化砂岩
3		2.0	23.3	21.4	粉砂岩, 局部风化
4		2.4	25.2	38.5	砂岩
5		3.9	25.2	36.8	中粒砂岩, 交错层理
6		2.9	24.1	38.5	砂质泥岩
7		2.0	23.8	48.3	粉砂岩
8		2.2	23.8	46.7	粉砂岩
9		2.0	24.3	38.3	碳质泥岩
10		2.6	24.3	38.5	砂质泥岩或粉砂岩
11		6.3	13.0	14.8	1-2 煤层
12		4.0	24.3	37.5	粉、细砂岩

资料来源：李凤仪，2007

表 2-20　大柳塔矿 1203 工作面覆岩有关参数

序号	岩性	厚度/m	体积质量 /(kN/m³)	抗压强度 /MPa	抗拉强度 /MPa	内聚力 /MPa	弹性模量 /GPa
8	风积沙	27.0	16				
7	风化砂岩	3.5	23				
6	粉砂岩(局部风化	2.0	23	21.4		3.8	18.0
5	砂岩	2.4	25	38.5	3.03	7.6	43.4
4	砂岩互层	3.9	25	36.8	3.03	4.1	30.7
3	砂质泥岩	2.9	24	38.5	1.53	3.8	18.0
2	粉砂岩	2.0	24	48.3	3.83	4.1	40.0
1	粉砂岩	2.2	24	46.7	3.83	4.1	40.0

资料来源：侯忠杰和张杰,2004

大柳塔矿 C202 普采工作面开采 2-2 煤层,煤层厚度为 3.5～4.1m,平均为 3.8m,倾角小于 3°,埋藏深度平均为 65m。基岩层为 33.3m,由 9 个岩层分层或复合层、互层组成,其中煤层直接(伪)顶及上部第三层为泥岩、煤线等组成的复合层,第四层为较松散块状粉砂岩(表 2-21)。

表 2-21　大柳塔矿 C202 工作面覆岩参数

层序	柱状	厚度/m	容重/(kN/m³)	抗压强度/MPa	岩性
1		25.0	17		风积沙、砾石, 风化层
2		7.4	14		1-2煤层火烧区
3		1.1	24	17.5	泥岩、碳质泥岩、煤线
4		14.8	24.3	27.5	较松散快状粉砂岩
5		0.1	14	14.8	煤线
6		4.2	23.9	36.9	粉-中粒砂岩
7		4.5	24.3	41.3	砂质泥岩
8		2.4	23.9	36.9	粉砂岩
9		0.3	24.5	41.3	砂质泥岩
10		1.5	23.9	36.9	细砂岩
11		4.4	24.5	32.2	砂质泥岩、泥岩、煤线
12		4.0	13.0	13.4	2-2煤层
13		1.8	24.1	37.5	砂质泥岩

资料来源：李凤仪，2007

大柳塔矿 20604 工作面地质构造简单,开采 2-2 煤层,煤层近水平,平均倾角为 1.5°,平均厚度为 4.28m,煤层埋藏深度为 80~120m,一般为 95m 左右。覆岩上部为 23~55m 松散层,其中自上而下,风积沙层厚度为 3~10m,为潜水含水层;黏土及中、细沙层厚度一般为 17m,为隔水层;粗沙及砾石层厚度一般为 14m,也是良好的含水层。基岩层上部为约 5m 中粗粒石英砂岩风化基岩。煤层顶板基岩厚度为 35~50m,中上部岩性为粉砂岩并含 1-2 煤线,中下部为粉砂岩、砂质泥岩及中砂岩,下部为 5m 左右粉砂岩及砂质泥岩。直接顶为泥岩、砂质泥岩。老顶主要为砂岩,岩性完整(表 2-22)。

表 2-22　大柳塔矿 20604 工作面煤系地层柱状图

层序	柱状	厚度/m	容量/(kN/m³)	抗压强度/MPa	岩性	
1		6.5	16.5		松散层	风积沙、含水层
2		17.0	17.5	9.0		黏土层,隔水层
3		14.0	17.5	9.4		粗砂砾石,含水层
4		5.0	23.2	22.1	基岩层	砂岩风化层
5		30~45	24.4	38.5		粉砂岩层含 1-2 煤线
6		5.0	24.4	34.5		粉砂岩、砂质泥岩
7		4.3	13.0	13.4		2-2 煤层
8		2.2	25.0	36.7		砂质泥岩

资料来源:李凤仪,2007

表 2-23 和表 2-24 中数据用来做物理相似模拟试验,未介绍其获得过程,经对比,与博士论文(刘玉德,2008)中数据完全一致。榆树湾煤矿 20102 工作面煤层上覆岩层多由粉砂岩、泥岩、泥质粉砂岩及薄煤等组成,岩石含有较高的黏土矿物和有机质,以及发育较多的水平层理、节理裂隙和滑面等结构为特征,RQD 平均为 65%,说明岩石质量中等(Ⅲ),岩体中等完整。表 2-25 中岩性参数为相似模拟中所采用的数据。

表 2-26 中岩性参数为相似模拟中所采用的数据,其获得过程未交代,从表中数据来看,不同埋深的同类型岩石的抗压强度(干燥、饱和)、抗拉强度、天然容重均相同,而不同埋深的同类岩石由于其成岩历史与沉积环境的不同,其测试结果可能不是这样的。此表数据与张沛(2012)论文以及曹明(2010)硕士论文所引用的数据一致。

榆树湾煤矿 2-2 煤层顶板岩组抗压强度平均值为 72.18~92.97MPa,属坚硬岩石。表 2-25 中数据与侯忠杰(2007)所引用数据相同。

综上对比表 2-25~表 2-27 三个表中数据可知,同类岩石的力学参数相同,可以推断三个表中的数据互为引用,非通过试验获得的数据。

表 2-28 中数据来自实测以及参考邻近井田的围岩性质确定,为数值模拟所用。

根据榆家梁煤矿现场采取的煤岩样,按国家相关标准进行了物理力学性质试验,从测试数据来看,测试结果较粗略,测试数据见表 2-29。

乌兰木伦煤矿 61203 综采工作面上覆岩层是由厚基岩及其上的薄松散层组成,岩层主要由中粒砂岩、砂质泥岩、砂岩和泥质粉砂岩组成。覆岩岩层特性见表 2-30。

表 2-23　大柳塔矿大柳塔井 12305 工作面煤层及顶底板岩层的各项力学指标(1)

项目 岩性	天然容重/(g/cm³)	干容重/(g/cm³)	比重	含水率/%	孔隙率/%	抗压强度/MPa			
						风干状态	干燥状态	饮水状态	软化状态
中粒砂岩	2.111~2.374 / 2.269(5)	2.101~2.333 / 2.245(5)	2.506~2.826 / 2.579(5)	0.49~1.78 / 1.008(5)	9.73~16.2 / 12.988(5)		23.91~34.1 / 28.89(4)	18.4(1)	0.54(1)
钙质中粒砂岩	2.499~2.683 / 2.582(3)	2.493~2.681 / 2.557(3)	2.707~2.777 / 2.740(3)	0.07~0.29 / 0.197(3)	2.1~10.2 / 5.933(3)		62.7~97.88 / 85.72(3)		
细粒砂岩	2.288~2.513 / 2.378(8)	2.213~2.508 / 2.342(8)	2.592~2.730 / 2.882(8)	0.45~2.50 / 1.553(8)	0.9~15.38 / 11.72(7)		23.47~92.5 / 49.85(10)	48.83(3)	0.647(1)
钙质细粒砂岩	2.48(1)	2.445(1)	2.878(1)	0.65(1)	8.7(1)		48.1(1)		
粉砂岩	2.391~2.495 / 2.462(6)	2.351~2.452 / 2.398(6)	2.613~2.75 / 2.679(6)	0.58~1.80 / 1.285(6)	9.7~11.84 / 10.58(5)	38.57(1)	37.18~89.87 / 57.15(2)	11.89~39.44 / 25.885(2)	0.32~0.44 / 0.38(2)
(粉)砂质泥岩	2.42~2.65 / 2.496(8)	2.39~2.60 / 2.492(8)	2.543~2.712 / 2.644(8)	0.36~2.03 / 1.201(8)	4.2~8.74 / 6.55(8)	32.55(1)	56.35~83.70 / 70.26(6)	2.316~34.4 / 28.31(3)	0.35~0.411 / 0.37(4)
(碳质)泥岩	2.349~2.47 / 2.391(3)	2.310~2.45 / 2.357(3)	2.544~2.70 / 2.609(3)	0.91~10.8 / 1.49(3)	9.1~10.8 / 9.687(3)		6.24~50.28 / 28.26(2)		
2 煤	1.23~1.410 / 1.306(7)	1.209~1.373 / 1.240(7)	1.33~1.615 / 1.477(7)	2.73~6.29 / 4.226(7)	8.41~27.1 / 14.78(7)		8.07~23.47 / 14.494(10)		
泥岩	2.33~2.521 / 2.402(5)	2.314~2.485 / 2.379(4)	2.534~2.707 / 2.608(4)	1.37~2.78 / 1.984(5)	2.7~12.2 / 9.07(5)		48.92(1)		
薄煤	1.308~1.517 / 1.411(2)	1.255~1.437 / 1.346(2)	1.557~1.581 / 1.589(2)	4.02~5.60 / 4.81(2)	7.7~20.8 / 14.15(2)		3.89~5.74 / 4.865(2)		
砂质泥岩	2.388~2.475 / 2.427(7)	2.36~2.434 / 2.392(7)	2.598~2.81 / 2.673(7)	0.66~2.28 / 1.553(7)	6.7~16.10 / 10.19(7)	18.24(1)	26.59~87.38 / 53.69(6)	17.1~18.0 / 17.55(2)	0.266~0.291 / 0.2785(2)
粉砂岩	2.37~2.482 / 2.41(7)	2.34~2.445 / 2.378(7)	2.54~2.73 / 2.668(7)	0.98~1.87 / 1.553(7)	7.06~13.33 / 10.89(7)		28.72~92.37 / 54.68(6)	20.97(1)	0.73(1)
细粒砂岩	2.233~2.612 / 2.412(4)	2.190~2.604 / 2.378(4)	2.565~2.693 / 2.649(4)	0.31~2.06 / 1.44(4)	3.3~18.3 / 10.175(4)	38.04(1)	49.0~121.3 / 71.135(4)	18.0~28.85 / 24.293(4)	0.148~0.544 / 0.3975(5)
中粒砂岩	2.112(1)	2.080(1)	2.506(1)	1.53(1)	17.0(1)		28.5(1)		

资料来源：李凤仪,2007

表 2-24　大柳塔矿大柳塔井 12305 工作面煤层及顶底板岩层的各项力学指标(2)

项目 岩性	抗拉强度/MPa	抗剪强度		相关系数	变形参数			
		内聚力/MPa	内摩擦角/(°)		弹性模量/(10⁴MPa)	泊松比	平行层理	垂直层理
中粒砂岩	0.92~2.42 / 1.417(3)	2.64~9.59 / 4.652(5)	29.4~42.39 / 40.905(5)	0.952~1.000 / 0.973(5)	0.591~0.670 / 0.626(5)	0.18~0.38 / 0.28(5)	3.82(1)	7.40(1)
钙质中粒砂岩	8.51~8.18 / 7.315(2)	8.55~13.23 / 11.05(3)	27.1~45.6 / 37.4(3)	0.937~1.000 / 0.979(3)	0.458~3.232 / 2.820(3)	0.12~0.20 / 0.17(3)		
细粒砂岩	1.87~8.90 / 3.692(9)	1.78~7.01 / 4.07(8)	34.3~41.97 / 39.8(6)	0.937~0.998 / 0.98(5)	0.458~3.232 / 1.100(6)	0.19~0.29 / 0.17(3)	4.02~4.89 / 4.455(2)	8.38~8.47 / 8.425(2)
钙质细粒砂岩	4.75(1)	6.6(1)	32.9(1)	0.933(1)	1.25(1)	0.18(1)		
粉砂岩	3.47~6.65 / 4.66(3)	0.60~0.88 / 0.7075(4)	29.6~42.2 / 36.0(3)	0.947~1.000 / 0.968(3)	0.582~0.99 / 0.786(2)	0.17~0.19 / 0.18(2)		
(粉)砂质泥岩	0.98~3.96 / 2.533(3)	4.58~8.03 / 8.305(2)	23.4~40.4 / 38.42(5)	0.897~0.97 / 0.9514(5)	0.587~1.75 / 1.05(5)	0.09~0.41 / 0.196(5)	3.54~6.94 / 4.899(3)	
(碳)质泥岩	4.75(1)	5.49~6.70 / 8.093(2)	35.61~41.29 / 38.45(2)	0.95(1)				
2煤	0.50~0.88 / 0.7075(4)	1.84~3.02 / 2.8375(4)	317~452 / 399(4)	0.973~0.995 / 0.985(4)	0.108~0.172 / 0.1518(4)	0.21~0.50 / 0.3325(4)	1.035(1)	5.218(1)
泥岩	4.58~8.03 / 5.305(3)	2.90(1)	41.2(1)	0.999(1)	1.154(1)	0.18(1)		
砂质泥岩	108~397 / 3.034(5)	3.24~7.60 / 5.854(5)	27.3~42.88 / 37.212(5)	0.98~0.999 / 0.989(4)	0.448~0.85 / 0.582(3)	0.15~0.21 / 0.18(3)	3.431(1)	
粉砂岩	2.05~8.84 / 3.573(4)	4.32~12.38 / 8.882(5)	3.63~41.0 / 38.49(5)	0.939~1.000 / 0.988(5)	0.831~1.32 / 0.977(4)	0.18~0.13 / 0.23(4)	3.725~7.97 / 5.348(3)	
细粒砂岩	1.98~3.71 / 3.0567(3)	4.47~6.97 / 5.773(4)	35.7~42.3 / 38.875(4)	0.957~1.000 / 0.9865(4)	1.021~5.93 / 2.483(4)	0.18~0.38 / 0.205(4)		
中粒砂岩	1.11(1)	3.45(1)	42.2(1)	0.960(1)				

资料来源:李凤仪,2007

表 2-25　榆树湾煤矿 20102 工作面覆岩参数

项目 岩性	抗压强度/MPa		黏聚力 C/MPa	内摩擦角 φ/(°)	弹性模量/(GPa)	泊松比
	干燥	饱和				
泥质粉砂岩	98.85	47.15	4.4	42.75	9.56	0.21
泥岩	152.4	39.9	3.9	42.0	8.5	0.22
粉砂岩	65.5	40.1	5.15	40.25	3.8	0.20
细砂岩	87.55	46.3	4.88	41.67	6	0.19
中粒砂岩	54.4	34.5	4.8	41.0	4	0.19
中粗粒砂岩	74.6	37.0	6.0	43.0	5	0.20
2-2 煤层	24.5	16.15	2.4	39.0	1	0.28

资料来源：张小明，2007

表 2-26　榆树湾煤矿 20102 工作面岩石物理力学性质统计表

层号	岩性	厚度/m	抗压强度/MPa		抗拉强度/MPa	天然容重/(MN/m³)
			干燥	饱和		
1	黄土	25	0.6	0.14(湿)	0.03	0.017
2	红土	102	6.0	2.0(湿)	0.2	0.019
3	中粒砂岩	12.4	54.4	34.5	3.7	0.025
4	粉砂岩	12.0	65.5	40.1	3.0	0.025
5	中粒砂岩	1.5	54.4	34.5	3.7	0.025
6	细粒砂岩	2.2	87.5	46.2	2.9	0.025
7	中粒砂岩	8.5	54.4	34.5	3.7	0.025
8	粉砂岩	1.2	65.5	40.1	3.0	0.026
9	细砂岩	3.4	86.7	42.1	2.3	0.024
10	粉砂岩	3.8	54.5	40.1	3.0	0.026
11	中粒砂岩	6.3	54.4	34.5	3.7	0.025
12	泥岩	1.0	152.4	39.9	2.0	0.025
13	细砂岩	1.2	86.7	42.1	2.3	0.024
14	粉砂岩	3.7	65.5	40.1	3.0	0.026
15	细粒砂岩	4.6	87.6	46.2	2.9	0.025
16	岩	1.0	152.4	39.9	2.0	0.025
17	粉砂岩	1.6	65.5	40.1	3.0	0.026
18	煤线	0.2	17.3	11.7	1.0	0.013
19	粉砂岩	5.1	65.5	40.1	3.0	0.026
20	中粒砂岩	11.1	54.4	34.5	3.7	0.025
21	细粒砂岩	2.6	87.6	46.2	2.9	0.025
22	中粒砂岩	21.9	54.4	34.5	3.7	0.025
23	细粒砂岩	2.9	87.6	46.2	2.9	0.025

层号	岩性	厚度/m	抗压强度/MPa		抗拉强度/MPa	天然容重/(MN/m³)
			干燥	饱和		
24	粉砂岩	9.2	65.5	40.1	3.0	0.026
25	泥岩	0.2	152.4	39.9	2.0	0.025
26	2-2 煤层	11.9	17.3	11.7	1.0	0.013

资料来源：高杨，2010

表 2-27　榆树湾煤矿 2-2 煤层上覆岩层主要岩性参数

组分类	岩性	容重/(kN/m³)	抗拉强度/MPa	抗压强度/MPa		抗剪强度		弹性模量/(10⁴MPa)	泊松比
				干燥	饱和	C/MPa	φ/(°)		
泥岩、粉砂岩及互层岩组	泥质粉砂岩	22.5	2.15	98.85	47.15	4.4	42.75	0.956	0.21
	泥岩	25.4	2.0	152.4	39.9	3.9	42.0	0.2	
	粉砂岩	25.1	2.2	65.5	40.1	5.15	40.25	0.83	0.20
岩组平均值		24.3	2.15	92.97	37.3	4.74	41.3	0.33	0.168
砂岩岩组	细砂岩	25	2.9	87.55	46.3	4.88	41.67	0.6	0.19
	中粒砂岩	24.6	3.7	54.4	34.5	4.8	41.0	0.4	0.19
	中粗粒砂岩	25.1	4.0	74.6	37.0	6.0	43.0	0.4	
岩组平均值		24.4	3.54	72.18	39.24	5.2	41.9	0.5	0.19
2-2 煤岩组		13.5	1.2	24.5	16.15	2.4	39.0	0.1	0.28

资料来源：杨晓科，2008

表 2-28　榆家梁煤矿 44305 工作面覆岩参数

序号	岩性	密度/(kg/m)	弹性模量/GPa	泊松比	内聚力/MPa	内摩擦角/(°)	抗拉强度/MPa
1	黄土	1600	1.76	0.30	7.25	19.7	1.17
2	细砂岩	2241	2.13	0.35	11.96	21.5	2.21
3	砂质泥岩	2101	2.52	0.31	35.3	21.5	1.94
4	粉砂岩	2436	10.03	0.31	11.96	21.5	2.65
5	中粒砂岩	2201	2.30	0.30	35.3	38.4	2.36
6	粉砂岩	2436	10.03	0.31	11.96	21.5	2.65
7	泥岩	1800	1.17	0.23	35.3	43.3	0.68
8	4-2 煤层	1340	1.76	0.18	7.25	19.7	1.17
9	泥岩	1800	1.17	0.23	35.3	43.3	0.68
10	粉砂岩	2436	10.03	0.31	11.96	21.5	2.65
11	泥岩	1800	1.17	0.23	35.3	43.3	0.68
12	4-3 煤层	1340	1.76	0.18	7.25	19.7	1.17
13	泥岩	1800	1.17	0.23	35.3	43.3	0.68
14	粉砂岩	2436	10.03	0.31	11.96	21.5	2.65

资料来源：张学亮，2010

表 2-29　榆家梁煤矿 4-3 煤层及围岩力学性质测试结果

样别	项目	单轴抗压强度/MPa	抗压强度/MPa	弹性模量/GPa	泊松比	内聚力/MPa	内摩擦角/(°)	强度公式
煤层	1	35.92	1.22	1.67	0.16	7.25	19.7	$\tau=7.25+\sigma\cdot\tan19.7°$
	2	43.21	1.18	1.78	0.20			
	3	34.31	1.10	1.83	0.19			
	平均值	37.81	1.17	1.76	0.18			
顶板	1	54.48	2.85	10.74	0.34	11.96	21.5	$\tau=11.96\sigma\cdot\tan21.5$
	2	36.67	2.34	10.13	0.31			
	3	35.10	2.75	9.23	0.29			
	平均值	42.08	2.65	10.03	0.31			
底板	1	83.29	4.76	8.85	0.22	—	—	—
	2	77.13	5.18	7.84	0.23			
	3	71.84	4.89	7.31	0.25			
	平均值	77.42	4.94	8	0.23			

资料来源：张学亮，2010

表 2-30　乌兰木伦煤矿覆岩岩层特性

岩性	厚度/m	容重/(t/m³)	抗压强度/MPa	弹性模量/MPa
风积沙层	3.6			
中粒砂岩	16.5	1.90	21.26	8.95×10^3
泥质粉砂岩	16.0	2.48	43.03	10.43×10^3
中粒砂岩	43.2	1.90	21.26	8.95×10^3
砂质泥岩	2.6	2.44	28.44	7.3×10^3

资料来源：高登彦，2009

表 2-31　乌兰木伦煤矿覆岩组成及关键层位置判别结果

层号	岩性	厚度/m	距煤层的距离/m	抗拉强度/MPa	弹性模量/MPa	天然容重/(kg/m³)	备注
5	风积沙层	3.6	81.9	0	0	1.6×10^3	
4	中粒砂岩	16.5	78.3	1.3	8.95×10^3	1.90×10^3	
3	泥质粉砂岩	16.0	61.8	1.8	10.43×10^3	2.48×10^3	
2	中粒砂岩	43.2	45.8	1.3	8.95×10^3	1.90×10^3	主关键层
1	砂质泥岩	2.6	2.6	1.53	7.3×10^3	2.44×10^3	亚关键层
0	1-2 煤层	5.5					

资料来源：高登彦，2009

表 2-32　活鸡兔首采面煤层顶板岩石及 2-2 煤层物理性质表

岩性	初密度 /(kg/m³)	单向抗压强度 /MPa	单向抗拉强度 /MPa	抗剪强度 /MPa	弹性模量 /(10⁴MPa)	泊松比
粉砂岩	2430	52.05	4.76	11.26	1.402	0.15
细砂岩	2510	61.68	6.87	14.65	1.52	0.21
泥岩	2470	49.33	2.32	0.4925	0.20	
煤	1320	18.77			0.3819	0.40

资料来源：王国立,2002

　　杭来湾煤矿可采煤层共 6 层,分别为 3 号、3-1 号、4-1 号、5 号、7 号、8 号煤层,其中主要可采煤层为 3 号煤层,平均厚度为 8.36m,其资源量占矿井资源量的 81.5%。

　　直接顶厚度为 0.9～14.23m;岩性为泥质粉砂岩和粉砂岩,粉砂岩强度较大,泥质粉砂岩强度次之;岩层特征为水平层理与微波状层理。

　　基本顶厚度为 14.5～49.86m;岩性以中细粒砂岩为主,粗砂岩次之,岩石较为坚硬,裂隙不发育,强度较大;岩层特征为水平层理与微波状层理。

　　底板厚度为 0.22～10.25m;岩性以砂岩为主,泥岩次之,砂岩强度较大,泥岩强度次之;岩层特征为水平层理,多为块状结构(表 2-33)。

表 2-33　杭来湾煤矿 30101 工作面覆岩特性

序号	岩性	岩层厚度/m	抗压强度/MPa	抗拉强度/MPa	弹性模量/GPa	天然容重/(kN/m³)
26	砂土	62				16
25	黄土	12	0.6	0.03	0.3	16
24	中粒砂岩	2	42	2.7	3	21
23	细砂岩	12	55	2	4	24
22	泥岩	14	20	2.6	3.1	25
21	中粒砂岩	6	42	2.7	3	21
20	粉砂岩	6	50	2.4	2.7	23
19	细砂岩	4	55	2	4	24
18	泥岩	12	20	2.6	3.1	25
17	粉砂岩	6	50	2.4	2.7	23
16	中粒砂岩	6	42	2.7	3	21
15	粉砂岩	6	50	2.4	2.7	23
14	细砂岩	7	55	2	4	24
13	粉砂岩	6	50	2.4	2.7	23
12	细砂岩	24	87.6	4.9	6	24
11	粉砂岩	6	65.5	5.3	3.8	23
10	泥岩	8	20	2.6	3.1	20
9	细砂岩	6	87.6	4.9	6	25
8	中粒砂岩	5	54.4	3.7	4	25
7	泥岩	9	20	2.6	3.1	20

序号	岩性	岩层厚度/m	抗压强度/MPa	抗拉强度/MPa	弹性模量/GPa	天然容重/(kN/m³)
6	粉砂岩	5	65.5	5.3	3.8	26
5	中粒砂岩	8	54.4	3.7	4	25
4	粉砂岩	12	65.5	5.3	3.8	26
3	细砂岩	6	87.6	4.9	6	25
2	粉砂岩	5	65.5	5.3	3.8	26
1	煤层	5	19	1.0	1.0	13

资料来源：郝雷,2013

海湾煤矿 3 号井是陕北侏罗纪煤田神东矿区海湾井田的一部分，位于海湾井田的东北部。本区含煤地层为侏罗纪延安组，煤矿平面范围内可采煤层为：2-2 号上、2-2 号、3-1 号、4-2 号上、4-2 号、4-3 号、5-2 号煤层，共 7 层。表 2-34 中数据与张沛(2012)论文中数据相同。

表 2-34　海湾煤矿 2-2 号上煤层的地层特征

层号	岩性	厚度/m	抗压强度/MPa		抗拉强度/MPa	天然容重/(MN/m³)	关键层位置
			干燥	饱和			
1	黄土	68.4				0.016	
2	粉砂岩	6.4	40.5	25.7	3.0	0.025	
3	中粒砂岩	8	43.7	28.6	3.7	0.025	
4	泥岩	6	50.3	15.6	2.0	0.025	
5	中粒砂岩	8	54.4	34.5	3.7	0.025	
6	粉砂岩	10	65.5	40.1	3.0	0.026	主关键层
7	细粒砂岩	6	87.6	46.2	2.9	0.025	亚关键层
8	粉砂岩	2	65.5	40.1	3.0	0.026	
9	2-2 号上煤层	3.3	17.3	11.7	1.0	0.013	

资料来源：曹明,2010

表 2-35 中岩性参数为相似模拟中所采用的数据，其获得过程未交代。

表 2-35　伊泰集团纳林庙煤矿 2 号井煤岩物理力学参数

序号	岩性	厚度/m	密度/(kg/m³)	弹性模量/GPa	内聚力/MPa	内摩擦角/(°)	泊松比	抗拉强度/MPa
1	土层	10	1810		0.033	13		
2	泥岩	3.5	2500	15	1.5	30	0.3	13
3	细粒砂岩	8	2600	35	2.2	33	0.2	25
4	砂岩泥岩、泥岩互层	11	2510	16	1.8	32	0.25	14

序号	岩性	厚度/m	密度/(kg/m³)	弹性模量/GPa	内聚力/MPa	内摩擦角/(°)	泊松比	抗拉强度/MPa
5	砂质泥岩、细粒砂岩互层	12	2545	23	2.1	34	0.22	19
6	砂质泥岩	9	2510	16	1.6	32	0.25	15
7	细粒砂岩	20	2600	38	2.6	35	0.2	35
8	砂质泥岩	2.5	2510	16	1.6	32	0.25	15
9	细粒砂岩	8	2600	38	2.6	35	0.2	35
10	砂质泥岩	0.5	2510	16	1.6	32	0.25	15
11	煤层	6.5	1370	12	1.34	30	0.23	14
12	粉砂岩	4	2580	42	2.6	36	0.22	36

资料来源:王旭锋,2009

注:主采煤层 6-2 号

表 2-36 中岩性参数为相似模拟中所采用的数据,其获得过程未交代。模拟试验以内蒙古伊泰集团宝山煤矿首采面地质条件为基础。

表 2-36　伊泰集团宝山煤矿首采面覆岩物理力学参数

序号	岩性	厚度/m	密度/(kg/m³)	弹性模量/GPa	内聚力/MPa	内摩擦角/(°)	泊松比	抗拉强度/MPa
1	砂土层	1~45	1810		0.018	20		
2	砂质泥岩、细粒砂岩互层	10	2545	23	2.1	3.4	0.22	19
3	砂质泥岩	15	2510	16	1.6	32	0.25	15
4	细粒砂岩	16	2600	38	2.5	35	0.2	34
5	砂质泥岩	4	2510	16	1.6	32	0.25	15
6	煤层	4	1370	9	2.3	34	0.23	14
7	细粒砂岩	10	2580	36	2.5	36	0.22	34

资料来源:王旭锋,2009

南梁煤矿首个综采工作面(20115 工作面)位于南梁井田西部,工作面开采 2-2 号煤层,采高 2.0m。表 2-37 中数据与吴文湘(2006)硕士论文中数据一致,并与表 2-38 中的部分参数相同。

表 2-37　南梁煤矿 2-2 号煤层覆岩岩层力学物理特征

序次	岩性	厚度/m	容重/(MN/m³)	抗拉强度/MPa	弹性模量/MPa
8	土层	16	0.018		7.0×10^2
7	细砂岩	2.3	0.0236	2.09	2.5×10^4
6	粗砂岩	11.7	0.2552	2.18	3.0×10^4

续表

序次	岩性	厚度/m	容重/(MN/m³)	抗拉强度/MPa	弹性模量/MPa
5	粉砂质泥岩	2.2	0.0252	2.18	3.0×10^4
4	粉砂岩	3.8	0.0244	2.12	3.0×10^4
3	细砂岩	2.3	0.0236	2.09	2.5×10^4
2	粗细砂岩	9.5	0.0252	2.18	3.0×10^4
1	粉砂质泥岩	1.2	0.024	1.90	2.2×10^4
0	2-2 煤层				

资料来源：李军，2010

表 2-38　南梁矿首采面 2-2 号煤层围岩物理力学参数

岩性	容重/(MN/m³)	抗压强度/MPa	抗拉强度/MPa	弹性模量/MPa	内聚力/MPa	内摩擦角/(°)	泊松比
粉砂岩	0.0244	23.8	2.12	3.0×10^4	4.5	33	0.32
中砂岩	0.0522	27.2	2.18	3.0×10^4	6.23	35	0.4
细砂岩	0.0236	29.6	2.09	2.5×10^4	6.28	38.16	0.18
砂质泥岩	0.0240	25.2	1.90	2.2×10^4		0.4	
风化岩层	0.0233	14.5	1.35	1.5×10^4			
红土	0.0180			7×10^2			

资料来源：侯忠杰，2007

荣达煤矿位于内蒙古自治区鄂尔多斯市准格尔旗境内，开采 6 号煤层。煤层倾角 1°～3°；煤层厚度在 4.4～7.3m 之间，平均厚度为 6.2m。表 2-39 为荣达煤矿首采工作面数值模拟采用的岩性参数。

表 2-39　荣达煤矿首采工作面岩性参数

	岩石名称	容重/(kg/m³)	弹性模量/MPa	泊松比	内聚力/MPa	内摩擦角/(°)	抗拉强度/MPa
顶板	粉砂岩	2470	19.5×10^3	0.2	2.55	36	1.84
	泥岩	2431	8.9×10^3	0.26	1.25	29	0.605
	砂质泥岩	2530	5.4×10^3	0.147	2.36	34	0.75
	中粒砂岩	2457	13.5×10^3	0.123	2.16	38	1.13
	细砂岩	2843	33.4×10^3	0.235	3.25	37	1.29
煤	6 号煤层	1250	8.3×10^3	0.32	1.35	24	0.45
底板	泥岩	2473	17.7×10^3	0.204	1.25	32	0.60
	粉砂岩	2460	19.5×10^3	0.2	3.55	38	1.84
	细粒砂岩	2560	25×10^3	0.159	2.51	42	1.9
	砂质泥岩	2510	10.85×10^3	0.147	2.45	31	1.14

资料来源：任艳芳，2008

表 2-40 为补塔煤矿 31401 工作面钻孔内粗砂岩、中砂岩、细砂岩、粉砂岩的物理力学测试值,由表可知,此地各类砂岩的力学强度较小。

表 2-40　补连塔煤矿 1-2 号煤层四盘区 31401 工作面 S18 孔岩心参数测试结果

试验编号	深度/m	岩性	块体密度/(g/cm³)	抗压强度/MPa	弹性模量/GPa	泊松比	抗拉强度/MPa	抗剪强度	
								内摩擦角/(°)	内聚力/MPa
1	92.68~98.98	中砂岩	2.36	9.53	16.1	0.32	—		
2	92.68~98.98	中砂岩	2.35	9.56	16.0	0.32	0.238	45.0	0.91
3	92.68~98.98	中砂岩	2.34	4.39	—	—	—		
4	125.09~129.96	细砂岩	2.35	9.07	15.8	0.37	—		
5	125.09~129.96	细砂岩	2.24	6.06	15.7	0.35	—	43.2	0.84
6	125.09~129.96	细砂岩	2.29	7.17	15.6	0.35	—		
7	166.87~213.88	粉砂岩	2.23	11.44	15.7	0.30	0.730	47.3	2.15
8	166.87~213.88	粉砂岩	2.24	9.36	16.1	0.30	0.591		
9	213.88~220.00	粗砂岩	2.48	20.11	15.1	0.29	0.869	51.3	4.78
10	213.88~220.00	粗砂岩	2.47	18.71	15.7	0.29	1.158	52.6	6.12

资料来源:中国矿业大学,2007

张家峁煤矿 15201 试采工作面属于 5-2 号煤层一盘区的第一个工作面,平均埋深约 120m,基岩厚度为 70m 左右,松散层为 50m 左右,15201 试采工作面位于侏罗系中统 (J_2) 延安组第一段 $(J_2 y^1)$,顶板大部为泥岩,细粒砂岩、粉砂岩不规则分布,平均抗压强度为 23.10MPa,属不稳定-较稳定型;底板以粉砂岩为主,岩体完整,平均抗压强度为 26.37MPa,属不稳定型-较稳定型(表 2-41)。

表 2-41　张家峁煤矿 15201 试采工作面顶板岩层岩石力学参数

岩层	岩性	层厚/m	容重/(kN/m³)	弹性模量/GPa	抗压强度/MPa
1	黄土	8.00			
2	红土	42.40			
3	泥岩	7.80	24.4	2.46	17.8
4	粉砂岩	4.09	24.2	1.18	18.3
5	中粒砂岩	3.21	24.3	2.94	19.9
6	4-3 号煤层	0.50	12.8	4.26	18.8
7	细粒砂岩	10.62	24.2	4.8	33.5
8	粉砂岩	10.62	24.2	4.8	33.5
9	4-4 号煤层	0.65	13.0	1.27	21.2
10	泥岩	5.95	25.2	19.53	47.8
11	粉砂岩	12.39	24.9	7.76	45.8
12	细粒砂岩	4.36	26.0	18.42	43.8
13	粉砂岩	12.39	24.6	9.76	43.8

续表

岩层	岩性	层厚/m	容重/(kN/m³)	弹性模量/GPa	抗压强度/MPa
14	细粒砂岩	1.19	24.4	18.16	51.7
15	粉砂岩	1.91	25.1	6.05	55.8
16	细粒砂岩	1.67	24.6	14.31	48.5
17	泥岩	1.78	24.7	7.81	52.9
18	细粒砂岩	2.60	24.6	9.41	32.3
19	泥岩	2.80	24.8	9.29	35.3
20	5-2 号煤层	6.10	13.2	4.62	28.8

资料来源:马龙涛,2013

2.2.3　神东矿区覆岩概况评价——以岩性分类

对所搜集的文献中覆岩物理力学性质数据进行评价。

(1)已有文献中的岩性参数大多数为引用的,这些数据多用来进行数值模拟和相似模拟试验。

(2)由于岩石是一种非均质性材料,其强度往往具有较大的离散性,因此在进行数值模拟或相似模拟试验时,同类岩石的参数取值完全相同的做法值得商榷。

(3)已有文献的岩性参数很少是通过实验获取的,其真实性不能保证,建议在采矿工程研究中,对于具体的矿井,进行相应的实验,要对数据的获取方法进行必要的说明。

按神东矿区岩石性质分类,统计矿区覆岩物理力学性质见表 2-42。

2.2.4　神东矿区覆岩概况评价——以矿区和岩层位置分类

在所搜集的资料中,仅有表 2-13、表 2-29 和表 2-30 资料为试验结果,其他数据为相似模拟或数值模拟中所采用的数据,其获得过程未交代。

从所搜集的资料中,根据地理位置相近的原则,分为神府矿区和东胜矿区。

以搜集的文献资料中最下层煤层为基准,将资料中数据放入同一表格中,将最下层煤层放入同一表格中同一行,以便读者对比煤层及覆岩性质,表格中红色字体代表煤层性质,表中岩层位置按照煤层综合柱状图位置进行排序,以东胜矿区覆岩情况表中举例说明如下:岩性栏第二列意思为:引用数据资料来自伊泰集团宝山煤矿首采面(王旭锋,2009),煤层底板为细粒砂岩,第一层顶板为砂质泥岩,第二层顶板为细粒砂岩,第三层顶板为砂质泥岩,第四层顶板为砂质泥岩、细粒砂岩互层。密度栏第二列意思为:引用数据来自伊泰集团宝山煤矿首采面(王旭锋,2009),煤层密度用红色字体表示,为 1370kg/m³,煤层底板密度为 2580kg/m³,第一层顶板密度为 2510kg/m³,第二层顶板密度为 2600kg/m³,第三层顶板密度为 2510kg/m³,以此类推。容重栏第三列意思为:引用数据来自荣达煤矿首采工作面(任艳芳,2008),煤层容重(红色字体表示)为 1250kN/m³,第一层顶板容重为 2843kN/m³,第二层顶板容重为 2457kN/m³,以此类推,煤层第一层底板容重为 2473kN/m³,第二层底板容重为 2460kN/m³,以此类推。两个矿区的覆岩情况见表 2-43 和表 2-44。

表 2-42　神东矿区煤田覆岩物理力学参数统计表

岩组分类	岩性	天然容重/(kN/m³)	干容重/(kN/m³)	密度/(g/cm³)	孔隙率/%	含水率/%	抗压强度/MPa	抗拉强度/MPa	饱和抗压强度/MPa	软化系数	抗剪断强度 内聚力/MPa	抗剪断强度 内摩擦角/(°)	弹性模量/(10⁴MPa)	泊松比
泥岩、粉砂岩及互层岩组	泥岩	18.8~25.1/23.2(4)	18.4~24.7/22.9(4)	1.95~2.6/2.42(4)	4.89~6.25/5.56(4)	0.54~2.15/1.64(4)	2.41~66.2/43.60(4)	0.97~6.00/2.90(4)	0~37.7/13.2(4)	0~0.65/0.22(4)	14.94(1)	35.4(1)	0.403~1.9047/0.7489(4)	0.12~0.24/0.18(4)
	粉砂岩	23.6~25.9/24.5(27)	23.3~25.7/24.3(2)	2.42~2.71/2.57(27)	0.39~11.04/5.31(27)	0.18~2.26/1.04(27)	32.8~109.8/71.5(27)	2.47~12.54/6.36(27)	0~67.20/39.9(25)	0~0.99/0.56(25)	1.89~26.71/11.26(26)	26.6~58.6/34.6(25)	0.8893~3.295/1.5093(26)	0.10~0.20/0.15(26)
	岩组平均值	24.3	24.1	2.55	5.34	1.12	67.90	5.91	36.20	0.50	11.74	34.60	1.4079	0.15
砂岩岩组	细粒砂岩	22.5~25.4/21.4(14)	22.4~25.0/23.9(14)	2.50~2.66/2.56(14)	1.97~15.94/6.77(14)	0.18~2.03/0.88(14)	33.90~94.20/69.30(14)	1.93~9.31/5.04(14)	22.90~63.60/39.80(14)	0.32~0.94/0.59(14)	5.55~20.84/11.27(14)	23.3~44.1/35.8(14)	0.88~3.976/1.7072(14)	0.04~0.28/0.18(14)
	中粒砂岩	24.4~25.2/24.8(2)	24.2~25.0/24.6(2)	2.54~2.63/2.59(2)	4.94~4.95/4.95(2)	0.72~0.94/0.83(2)	52.4~86.50/69.50(2)	3.81~4.73/4.27(2)	37.70~55.60/46.70(2)	0.64~0.72/0.68(2)	6.90~7.17/7.04(2)	40.4~42.4/41.10(2)	1.6638~1.89/1.769(2)	0.14~0.16/0.152(2)
	细粒长石砂岩	23.7~25.8/24.5(4)	23.0~25.4/24.2(4)	2.52~2.70/2.64(4)	3.97~14.18/8.44(4)	0.29~3.08/1.21(4)	42.2~96.90/64.10(4)	2.31~7.19/4.96(4)	31.9~37.0/33.7(4)	0.43~0.75/0.55(4)	5.5~10.58/7.90(4)	40.8~43.2/41.90(4)	0.8408~5.691/1.87674(4)	0.13~0.25/0.204(4)
	中粒长石砂岩	23.1~23.4/23.3(2)	23.0~23.3/23.2(2)	2.54~2.70/2.67(2)	9.4~13.7/11.6(2)	0.35~0.36/0.36(2)	48.1~56.2/52.20(2)	4.35~5.43/4.89(2)	32.70(1)	0.68(1)	5.87~6.36/6.11(2)	42.40~45.5/44.00(2)	1.2083~2.043/1.6257(2)	0.19~0.31/0.25(2)
	岩组平均值	24.1	24.0	2.59	7.35	0.89	66.80	4.94	39.0	0.60	9.92	38.10	1.7369	0.19
煤岩组	煤	12.6~14.1/13.2(4)	11.9~13.5/12.6(4)	1.41~1.49/1.45(4)	9.73~19.05/13.15(4)	3.92~6.01/4.70(4)	18.90~28.20/22.40(4)	0.03~1.17/0.72(4)	1.30~18.90/13.4(4)	0.07~0.94/0.53(3)	1.90~3.70/2.61(4)	38.0~45.4/42.0(4)	0.144~0.286/0.2196(3)	0.27/0.27(3)

注:分子为一般值,分母为均值,括号内为统计频数

表 2-43　东胜矿区覆岩情况表

岩性					厚度/m				密度/(kg/m³)			
伊泰集团纳林庙煤矿二号井首采面(王旭锋,2009)	伊泰集团乌兰木伦煤矿(高登彦,2009)	朴连塔煤矿1-2四盘区煤层(中国矿业大学,2007)	荣达煤矿首采工作面(任艳芳,2008)	伊泰集团不同矿井围岩力学参数(封金权,2008)	伊泰集团纳林庙煤矿二号井(王旭锋,2009)	伊泰集团宝山煤矿首采面(王旭锋,2009)	乌兰木伦煤矿(高登彦,2009)	乌兰木伦煤矿(高登彦,2009)	伊泰集团纳林庙煤矿二号井首采面(王旭锋,2009)	伊泰集团宝山煤矿二号井首采面(王旭锋,2009)	朴连塔煤矿1-2四盘区煤层(中国矿业大学,2007)	伊泰集团不同矿井围岩力学参数(封金权,2008)
土层	风积沙层	中砂岩			10				1810		2360	
泥岩	中粒砂岩	中砂岩			3.5				2500		2350	
细粒砂岩	泥质粉砂岩	细砂岩			8				2600		2340	
砂质泥岩、泥岩互层	中粒砂岩	细砂岩		表土松散层	11				2510		2350	1800
砂质泥岩	砂质泥岩	粉砂岩	粉砂岩		12							
细粒泥岩互层	1-2煤层	泥岩	泥岩	细砂岩	9	1~45	3.6	3.6	2545	1810	2240	2400
砂质泥岩		砂质泥岩	砂质泥岩	砂砾层	20	10	16.5	16.5	2510	2545	2290	2400
细粒砂岩、砂层		中粒砂岩	中粒砂岩	砂质泥岩	2.5	15	16	16.0	2600	2510	2230	2500
砂质泥岩		粗粒砂岩	细粒砂岩		8	16	43.2	43.2	2510	2600	2240	2400
细粒砂岩		粗粒砂岩	6号煤层		0.5	4	2.6	2.6		2510	2480	2200
砂质泥岩		煤层	泥岩		6.5	4		5.5		1370	2470	2400
煤层		细砂岩	粉砂岩	煤层	4	10			1370	2580		1370
粉砂岩			细砂岩						2580			
			砂质泥岩									

续表

容重/(kN/m³)		弹性模量/GPa						内聚力/MPa				
乌兰木伦煤矿（高登彦，2009）	荣达煤矿首采工作面（任艳芳，2008）	伊泰集团纳林庙煤矿二号井（王旭锋，2009）	伊泰集团宝山煤矿首采工作面（王旭锋，2009）	乌兰木伦煤矿（高登彦，2009）	乌兰木伦煤矿（高登彦，2009）	补连塔煤矿1-2煤四盘区煤层（中国矿业大学，2007）	荣达煤矿首采工作面（任艳芳，2008）	伊泰集团纳林庙煤矿二号井（王旭锋，2009）	伊泰集团宝山煤矿首采工作面（王旭锋，2009）	补连塔煤矿四盘区1-2煤层（中国矿业大学，2007）	荣达煤矿首采工作面（任艳芳，2008）	伊泰集团不同矿井围岩力学参数（封金权，2008）
						16.1		0.033	0.018			
	2470	15				16	19.5	1.5		0.91	2.55	1.5~2.0
	2431	35				—	8.9	2.2			1.25	7.2
	2530	16				15.8	5.4	1.8		0.84	2.36	6.1
	2457	23	23			15.7	13.5	2.1	2.1		2.16	7
1600	2843	16	16		0	15.6	33.4	1.6	1.6	2.15	3.25	10
1900	1250	38	38	8.95	8.95	15.7	8.3	2.6	2.5		1.35	3.1
2480	2473	16	16	10.43	10.43	16.1	17.7	1.6	1.6	4.78	1.25	8.2
1900	2460	38	9	8.95	8.95	15.1	19.5	2.6		6.12	3.55	1.2
2440	2560	16	36	7.3	7.3	15.7	25	1.6	2.3		2.51	
	2510	12					10.85	1.34	2.5		2.45	
		42						2.6				

续表

| 内摩擦角/(°) | | | | | 泊松比 | | | | | 抗压强度/MPa | | | | |
伊泰集团纳林庙煤矿二号井（王旭锋，2009）	伊泰集团宝山煤矿首采面（王旭锋，2009）	补连塔煤矿四盘区1-2煤层（中国矿业大学，2007）	荣达煤矿首采工作面（任艳芳，2008）	伊泰集团不同矿井围岩力学参数（封金权，2008）	伊泰集团纳林庙煤矿二号井（王旭锋，2009）	伊泰集团宝山煤矿首采面（王旭锋，2009）	补连塔煤矿1-2煤四盘区煤层（中国矿业大学，2007）	荣达煤矿首采工作面（任艳芳，2008）	伊泰集团不同矿井围岩力学参数（封金权，2008）	伊泰集团纳林庙煤矿二号井（王旭锋，2009）	伊泰集团宝山煤矿首采面（王旭锋，2009）	乌兰木伦煤矿（高登彦，2009）	补连塔煤矿1-2盘区四盘区煤层（中国矿业大学，2007）	伊泰集团不同矿井围岩力学参数（封金权，2008）
13														
30		45			0.3		0.32		0.4				9.53	5~13
33					0.2		0.32		0.2	13			9.56	31
32	20		36	8~13	0.25	0.3	—	0.2	0.15	25	19		4.39	29
34	34	43.2	29	37	0.22	0.22	0.37	0.26	0.12	14	15		9.07	30
32	32		34	41	0.25	0.25	0.35	0.147	0.12	19	34	21.26	6.06	46
35	35	47.3	38	32	0.2	0.2	0.35	0.123	0.2	35	15	43.03	7.17	32
32	32	51.3	37	35	0.25	0.25	0.3	0.235	0.18	15	14	21.26	11.44	46
35.00	34	52.6	24	31	0.2	0.2	0.3	0.32	0.2	35	34	28.44	9.36	19
32	36		32	36	0.25	0.23	0.29	0.204		15			20.11	
30			38	39	0.23	0.22	0.29	0.2		14			18.71	
36			42		0.22			0.159		36				
			31					0.147						

续表

乌兰木伦煤矿(高登彦,2009)	补连塔煤矿四盘区1-2煤层(中国矿业大学,2007)	荣达煤矿首采工作面(任艳芳,2008)	伊泰集团不同矿井围岩力学参数(封金权,2008)
			抗拉强度/MPa
	0.238		
	—		
	—		
0	—		1.7
1.3	—	1.84	1
1.8	0.73	0.605	1.9
1.3	0.591	0.75	4.1
1.53	0.869	1.13	0.8
	1.158	1.29	3.56
	1.53	0.45	0.91
		0.6	
		1.84	
		1.9	
		1.14	

表 2-44　榆神府矿区覆岩情况表

岩性	榆树湾煤矿20102工作面（高扬，2010）	榆树湾煤矿20102工作面（张小明，2007）	榆树湾煤矿2-2煤层覆岩层工作面（杨晓科，2008）	榆树湾煤矿2-2煤层覆岩层（侯忠杰，2007）	杭来湾煤矿30101区煤层覆岩工作面（郝雷，2013）	大柳塔矿1203工作面覆岩（侯忠杰，2000）	大柳塔矿1203工作面覆岩参数（李凤仪，2007）	大柳塔矿C202工作面覆岩参数（李凤仪，2007）	大柳塔矿20604工作面（李凤仪，2007）	大柳塔矿12305工作面（李凤仪，2007）	大柳塔矿12304工作面（何兴巧，2008）	活鸡兔首采面12煤层（王国立，2002）	海湾井田2-2上煤层采工作面（曹明，2010）	榆家梁矿44305工作面（张学亮，2010）	张家峁煤矿15201试采工作面（马龙涛，2013）	南梁煤矿2-2煤层（李军，2010）	神府矿区海湾井田2-2上煤层（张浦，2012）
	黄土				砂土	风积沙	风积沙,砂岩	风积沙,砾石、风化层	风积沙,砾石、风化层	风积沙,砂层、风化层	风积沙、冲积沙			黄土	黄土		
	红土				黄土	风化砂岩	风化砂岩	1-2煤层 火烧区	1-2煤层		砾石层				红土		
	中粒砂岩				中粒砂岩			泥岩碳质泥岩、煤线	泥岩碳质泥岩、煤线		亚黏土			细砂岩	泥岩		
	粉砂岩				细砂岩						砂土层			砂质泥岩	粉砂岩		
	中粒砂岩				泥岩						砂黏土				中粒砂岩		
	细粒砂岩				中粒砂岩						粉砂岩、中粒砂岩				4-3煤层		
	中粒砂岩				粉砂岩										细粒砂岩		
	粉砂岩				细砂岩										粉砂岩		
	细砂岩				泥岩										4-4煤层		
	粉砂岩				粉砂岩										泥岩		
	细粒砂岩				中粒砂岩										粉砂岩		
	泥岩				粉砂岩												
	粉砂岩				细砂岩												

续表

岩性	榆树湾煤矿20102工作面（高,2010）	榆树湾煤矿20102覆岩工作面（杨晓科,2008）	榆树湾煤矿2-2煤覆岩层煤层（侯忠杰,2007）	杭来湾煤矿30101工作面（郝雷,2013）	榆神矿区30101煤层覆岩工作面（师本强,2012）	大柳塔矿1203工作面（侯忠杰和昌军,2000）	大柳塔矿1203工作面覆岩参数（李凤仪,2007）	大柳塔矿C202工作面参覆岩数昌（李凤仪,2007）	大柳塔矿20604工作面（李凤仪,2007）	大柳塔矿12305工作面（李凤仪,2007）	大柳塔矿12304工作面（何兴巧,2008）	活鸡兔首采面煤层（王国立,2002）	海湾井田2-2上煤层工作面（曹明,2010）	榆家梁煤矿44305工作面（张学亮,2010）	张家峁煤矿15201试采工作面（马龙涛,2013）	南梁煤矿2-2煤层（李军,2010）	神府矿区海湾井田2-2上煤层（张沛,2012）
	煤线		细粒砂岩	细粒砂岩	细粒砂岩	粉砂岩（局部风化）	粉砂岩,局部风化	较松散块状粉砂岩	砂质泥岩		砂质泥岩		黄土	粉砂岩	细粒砂岩	土层	黄土
	粉砂岩	泥质粉砂岩	泥质	中粒砂岩	泥岩	砂岩	砂岩	煤线	煤线	中粒中粒砂岩	1-2煤层		粉砂岩	中粒砂岩	粉砂岩	细砂岩	粉砂岩
	中粒砂岩	泥岩	泥岩	泥岩	粉砂岩	砂岩互层	中粒砂岩,交错层理	粉-中粒砂岩	风积沙,含水层	钙质砂岩	砂质泥岩		中粒砂岩	粉砂岩	细粒砂岩	粗砂岩	中粒砂岩
	细粒砂岩	泥岩	粉砂岩	粉砂岩	细粒砂岩	砂质泥岩	砂质泥岩	细粒砂岩	黏土层,隔水层	细粒砂岩	粉砂岩		泥岩	泥岩	粉砂岩	粉砂质泥岩	泥岩
	中粒砂岩	粉砂岩	粉砂岩	中粒砂岩	中砂岩	粉砂岩	粉砂岩	粉砂岩	粗砂岩碎石,含水层	钙质细粒砂岩	细粒砂岩	粉砂岩	中粒砂岩	4-2煤层	细粒砂岩	粉砂岩	中粒砂岩
	细粒砂岩	细粒砂岩	细粒砂岩	粉砂岩	长石砂岩	粉砂岩	粉砂岩	砂质泥岩	含水层	粉砂岩	中粒砂岩	细砂岩	粉砂岩	泥岩	粉砂岩	细砂岩	粉砂岩
	粉砂岩	中粒砂岩	中粒砂岩	细粒砂岩	中粒长石砂岩	碳质泥岩	碳质泥岩	细砂岩	砂岩风化层	砂质（粉）泥岩	粉砂岩	粉砂岩	细粒砂岩	粉砂岩	细粒砂岩	粗砂岩	细粒砂岩
	泥岩	中粗粒砂岩	中粗粒砂岩	粉砂岩	煤层	砂质泥岩	砂质泥岩或粉砂岩	粉砂岩岩或砂质泥岩	粉砂岩岩含1~2煤线	2号煤层	碳质泥岩	泥岩	细粒砂岩	泥岩	泥岩	粉砂质泥岩	粉砂岩
	2-2煤层	2-2煤层	2-2煤层	煤层		砂质泥岩	1-2煤层	1~2煤线	（碳质）泥岩,砂质泥岩	薄煤	2-2煤层	煤层	2-2上煤层	4-3煤层	5-2煤层	2-2上煤层	2-2上煤层
							粉砂岩,细砂岩		2-2煤层	砂质泥岩				泥岩			
										粉砂岩				粉砂岩			
										细粒砂岩							
										中粒砂岩							

续表

厚度/m 榆树湾煤矿20102工作面(高杨,2010)	杭来湾煤矿30101工作面(郝雷,2013)	大柳塔矿1203工作面(侯忠杰和昌军,2000)	大柳塔矿1203工作面覆岩参数(李凤仪,2007)	大柳塔矿C202工作面覆岩参数(李凤仪,2007)	大柳塔矿20604工作面(李凤仪,2007)	大柳塔矿12304工作面(何兴巧,2008)	海湾井田2-2上煤层(曹明,2010)	张家峁煤矿15201试采工作面(马龙涛,2013)	南梁煤矿2-2煤层(李军,2010)	神府矿区海湾井田2-2上煤层(张浦,2012)	容重/(kN/m³) 榆树湾煤矿20102工作面(高杨,2010)	榆树湾煤矿2-2煤层覆岩(杨院科,2008)	杭来湾煤矿30101工作面(郝雷,2013)	大柳塔矿1203工作面(侯忠杰和昌军,2000)	大柳塔矿12305工作面(李凤仪,2007)	大柳塔矿12304工作面(何兴巧,2008)	海湾井田2-2上煤层(曹明,2010)
单位												g/m³	g/m³		g/cm³	原文无单位	
25	62										17		16				
102	12	27.0	27.0								19		16	16			
12.4	2	3.5	3.0	25.0							25		21	23			
12	12	2.0	2.0	7.4							25		24	24			
1.5	14	2.4	2.4	1.1							25		25	25			
2.2	6	3.9	3.9	14.8							25		21	25			
8.5	6	2.9	2.9	0.1				8.00			26		23	24			
1.2	4	2.0	2.0	4.2				42.40			24		24	24			
3.4	12			4.5				7.80			26		25				
3.8	6			2.4				4.09			25		23				
6.3	6							3.21			25		21				
1	6					25		0.50			24		23			1.6	
1.2	7					5		4.60			26		24			2.4	
3.7	6					10		10.62			25		23			1.9	
4.6	24					10		0.65			25		24			1.8	
1	6					4		5.95			26		23			2.2	
1.6	8					5		2.78			13		20			2.18	16
0.2	6				6.5	2	68.4	4.36	16	68.4	26	2.25	25			2.44	25
5.1	5				17.0	1	6.4	12.39	2.3	6.4	25	2.54	25		2.269	1.35	25
11.1	9				14.0	1	8	1.19	11.7	8	25	2.51	20		2.582	2.46	25
2.6	5					6	6	1.91	2.2	6	25	2.43	26		2.378	2.45	25
21.9	8					4	8	1.67	3.8	8	25	2.5	25		2.48	2.41	25

续表

容重/(kN/m³)

榆树湾煤矿 20102 工作面（高扬，2010）	榆树湾煤矿 2-2 煤层覆岩（杨晓科，2008）	杭来湾煤矿 30101 工作面（郝雷，2013）	大柳塔矿 1203 工作面（侯忠杰和吕军，2000）	大柳塔矿 大柳塔 12305 工作面（仪，2007）	大柳塔矿 12304 工作面（何兴巧，2008）	海湾井田 2-2 上煤层（曹明，2010）
25	2.46	26	24	2.462	2.33	26
26	2.51	25	24	2.496	2.45	25
25	2.44	26	24	2.39	2.41	26
13	1.35	13		1.306	1.35	13
				2.402	2.45	
				1.411		
				2.427		
				2.41		
				2.412		
				2.112		

厚度/m

榆树湾煤矿 20102 工作面（高扬，2010）	杭来湾煤矿 30101 工作面（郝雷，2013）	大柳塔矿 1203 工作面（侯忠杰和吕军，2000）	大柳塔矿 1203 C202 工作面覆岩参数（李凤仪，2007）	大柳塔矿 1203 工作面覆岩参数（李凤仪，2007）	大柳塔矿 20604 工作面覆岩参数（李凤仪，2007）	大柳塔矿 12304 工作面（何兴巧，2008）	海湾井田 2-2 上煤层（曹明，2010）	张家峁煤矿 15201 试采工作面（马龙涛，2013）	南梁煤矿 2-2 煤层（李军，2010）	神府矿区 海湾井田 2-2 上煤层（张沛，2012）
2.9	12	2.2	2.2	0.3	5.0	3	10	1.78	2.3	10
9.2	6	2.0	2.0	1.5	30~45	2	6	2.60	9.5	6
0.2	5	2.6	2.6	4.4	5.0	1	2	2.80	1.2	2
11.9	5		6.3	4.0	4.3	4.5	3.3	6.10	2	3.3
			4.0	1.8	2.2	4				

弹性模量/GPa

容重/(kN/m³)

张家峁煤矿 15201 试采工作面（马龙涛，2013）	榆树湾煤矿 20102 工作面（张小明，2007）	榆树湾煤矿 2-2 煤层覆岩（侯忠杰，2007）	神府矿区 海湾井田 2-2 上煤层覆岩（师本强，2012）	杭来湾煤矿 30101 工作面（郝雷，2013）	大柳塔矿 12305 工作面（侯忠杰，2007）	大柳塔矿 1203 工作面（侯忠杰和吕军，2000）	南梁煤矿 2-2 煤层（李军，2010）	榆家梁煤矿 15201 试采工作面（张马龙涛 2013）	活鸡兔首采面煤层 44305 工作面（王国立，2002）	大柳塔矿 12304 工作面（何兴巧，2008）
			0.3							
			3							
			4							
			3.1							
			3							
			2.7							

续表

容重/(kN/m³)			弹性模量/GPa											
张家峁煤矿15201试采工作面（马龙涛，2013）	神府矿区南梁煤矿2-2煤层（李军，2010）	海湾井田2-2上煤层（张沛，2012）	榆树湾煤矿20102煤层工作面（张小明，2007）	榆树湾煤矿2-2煤层覆岩（杨晓科，2008）	榆树湾煤矿2-2煤层（侯忠杰，2007）	杭来湾煤矿30101工作面（郝雷，2013）	神府矿区覆岩煤层（师本强，2012）	大柳塔矿1203工作面（侯忠杰，和呈军，2000）	大柳塔矿12305工作面（李凤仪，2007）	大柳塔井矿12304工作面（李兴巧，2008）	活鸡兔首采煤层（王国立，2002）	榆家梁煤矿44305工作面（张学宪，2010）	张家峁煤矿15201试采工作面（马龙涛，2013）	南梁煤矿2-2煤层（李军，2010）
24.4						4							2.46	
24.2						3.1							1.18	
24.3						2.7							2.94	
12.8						3							4.264	
25.6						4				1.94			6.54	
24.2						2.7				4.15			4.8	
13.0						6				2.26		1.76	1.27	
25.2						3.8				5.01		2.13	19.53	
24.9			9.56	9.56	9.56	3.1		18		5.11		2.52	7.76	
26.0	18	16	8.5	2	4	6	7.489	43.4	6.26	4.15		10.03	18.42	0.7
24.6	23.6	25	3.8	3.8	3.8	4	15.093	30.7	28.2	2.3		2.3	9.76	25
24.4	25.2	25	6	6	6	3.1	17.072	18	11	10.3		10.03	18.16	30.4
25.1	24	25	4	4	8	3.8	17.769	40	12.5	13.2		1.17	6.05	22
24.6	24.4	25	5	4	8	4	16.257	40	7.8	13.2	14.02	1.76	14.13	30
24.7	23.6	26	1	1	1	3.8	2.196	18	10.5	11.4	15.2	1.17	7.81	25
24.6	25.2	25				6		18	1.51	13.2	4.925	10.03	9.41	30
24.8	24	26				3.8			11.54	10.3	3.819	1.17	9.29	22
13.2		13				1.0				1.5		1.76	4.62	
									5.82			1.17		
									9.77			10.03		
									24.88	13.2		10.03		

续表

内聚力/MPa			内摩擦角/(°)			泊松比							
神府矿区煤层覆岩(师本强, 2012)	大柳塔矿大柳塔井12305工作面(季凤仪, 2007)	榆家梁煤矿44305工作面(张学亮, 2010)	神府矿区煤层覆岩(师本强, 2012)	大柳塔矿大柳塔井12305工作面(季凤仪, 2007)	榆家梁煤矿44305工作面(张学亮, 2010)	榆树湾煤矿20102工作面(张小明, 2007)	榆树湾煤矿2-2煤层覆岩(杨晓科, 2008)	榆树湾煤矿2-2煤层(侯忠杰, 2007)	神府矿区煤层覆岩(师本强, 2012)	大柳塔矿大柳塔井12305工作面(季凤仪, 2007)	大柳塔矿12304工作面(何兴巧, 2008)	活鸡兔首采煤层(王国立, 2002)	榆家梁煤矿44305工作面(张学亮, 2010)
											0.16		
											0.18		
14.94	4.652	7.25		40.9	19.7						0.11		0.30
11.62	11.05	11.96	35.1	37.4	21.5	0.21	0.21	0.21	0.18	0.28	0.18		0.35
11.27	4.07	35.3	34.6	39.8	21.5	022	0.30	0.30	0.15	0.17	0.15		0.31
11.27	6.6	11.96	35.8	32.9	21.5	020	0.20	0.20	0.18	0.17	0.18		0.3!
7.04	0.7075	35.3	41.10	36	38.4	0.19	0.19	0.19	0.15	0.18	0.16	0.15	0.30
41.90	8.305	11.96	1.8767	38.42	21.5	0.19	0.19	0.19	0.14	0.18	0.17	0.21	0.31
6.11	8.093	35.3	44.00	38.45	43.3	0.20	0.28	0.19	0.25	0.196	0.19	0.20	0.23
2.61	2.8375	7.25	42.0	39.9	19.7	0.28		0.28	0.27	0.3325	0.2	0.40	0.18
	2.9	35.3		41.2	43.3					0.18	0.22		0.23
		11.96			21.5						0.19		0.31
	5.85	35.3		37.212	43.3					0.18	0.17		0.23
	8.882	7.25		38.49	19.7					0.23	0.33		0.18
	5.773	35.3		38.875	43.3					0.205	0.19		0.23
	3.45	11.96		42.2	21.5								0.31

续表

抗压强度/MPa

榆树湾煤矿 20102 工作面（高扬，2010）	榆树湾煤矿 20102 工作面（张小明，2007）	榆树湾煤矿 2-2 煤覆岩层（杨晓科，2008）	榆树湾矿 2-2 煤层（侯忠杰，2007）	杭来湾煤矿 30101 工作面（郝雷，2013）	神府矿区煤层覆岩（师本强，2012）	大柳塔矿 1203 工作面覆岩参数（李凤仪，2007）	大柳塔矿 C202 工作面覆岩参数（李凤仪，2007）	大柳塔矿 20604 工作面（李凤仪，2007）	大柳塔矿 大柳塔井 12305 工作面（李凤仪，2007）	大柳塔矿 12304 工作面（何兴巧，2008）	活鸡兔井采面煤层（王国立，2002）	张家峁煤矿 15201 试采工作面（马龙涛，2013）	神府矿区海湾矿井田 2-2 煤层上煤层（张沛，2012）
0.6				0.6									
6				42									
54.4				55									
65.5				20									
54.4				42									
87.5				50									
54.4				55									
65.5				20									
86.7				50								17.8	
65.5				42								18.3	
54.4				50								19.9	
152.4				55								18.8	
86.7				50						19.01		44.2	
65.5				87.6						16.51		33.5	
87.6				65.5						10.11		21.5	
152.4				20						17.21		47.8	
65.5				87.6			17.5			24.45		45.8	
17.3				54.4		21.4	27.5			16.61		45.8	
65.5				20		38.5	14.8		28.89	14.83		43.8	40.5
54.4	98.85	98.85		65.5	43.60	36.8	36.9		85.72	28.87		51.7	43.7
87.6	152.4	152.4		54.4	71.50	38.5	41.3	9.0	49.85	39.04		55.8	50.3
54.4	65.5	65.5		65.5	69.30	48.3	36.9	9.4	48.1	35.46		48.5	54.4
87.6	87.55	87.55			69.50	46.7	41.3	22.1	57.15	31.01	52.05	52.9	65.5

续表

抗压强度/MPa

榆树湾煤矿20102工作面覆岩层（高扬，2010）	榆树湾煤矿2-2煤层覆岩（杨晓科，2008）	榆树湾煤矿30101工作面（郝雷，2013）	神府矿区煤层覆岩（师本强，2012）	大柳塔矿1203工作面覆岩参数（李凤仪，2007）	大柳塔矿C202工作面覆岩参数（李凤仪，2007）	大柳塔矿20604工作面（李凤仪，2007）	大柳塔矿12305工作面风仪（李凤仪，2007）	大柳塔矿12304工作面（何兴巧，2008）	活鸡兔首采面（王国立，2002）	张家峁煤矿15201试采工作面（马龙涛，2013）	神府矿区海湾井田2-2煤层上煤层（张沛，2012）
65.5	54.4	87.6	64.10	38.3	36.9	38.5	70.26	39.04	61.68	32.3	87.6
152.4	74.6	65.5	52.20	38.5	32.2	34.5	28.26	24.78	49.33	35.3	65.5
17.3	24.5	19	22.40	14.8	13.4	13.4	14.49	14.49	18.77	28.8	17.3
				37.5	37.5	36.7	48.92	33.82			
							4.865				
							53.69				
							54.68				
							71.135				
							28.5				

抗拉强度/MPa

榆树湾煤矿20102工作面覆岩层（高扬，2010）	神府矿区煤层覆岩（师本强，2012）	大柳塔矿1203工作面覆岩（侯忠杰和吕军，2000）	大柳塔矿12305工作面风仪（李凤仪，2007）	大柳塔矿12304工作面（何兴巧，2008）	活鸡兔首采面（王国立，2002）	神府矿区海湾井田2-2上煤层（曹明，2010）	榆家梁煤矿44305工作面（张学亮，2010）	南梁煤矿2-2煤层（李军，2010）	神府矿区海湾井田2-2上煤层（张沛，2012）
0.03									
0.2	0.03								
3.7	2.7								
3	2								
3.7	2.6								
2.9	2.7								
3.7	2.4								
3	2								

抗剪强度/MPa

榆树湾煤矿2-2煤层覆岩层（杨晓科，2008）	榆树湾煤矿20102工作面（张小明，2007）	大柳塔矿12305工作面（侯杰，2007）	大柳塔矿12305工作首采面（仪，2007）	活鸡兔首采面王煤层国立（，2002）

续表

抗拉强度/MPa											抗剪强度/MPa					
榆树湾煤矿20102工作面（高扬，2010）	榆树湾2-2煤矿覆岩层（杨晓科，2008）	柠条塔矿30101工作面（郝雷，2013）	神府区煤矿覆岩层面（师本强，2012）	大柳塔矿1203工作面（师杰和昌忠军，2000）	大柳塔矿12305工作面（侯凤仪，2007）	大柳塔井12304工作面（何兴巧，2008）	活鸡兔首采面煤层（王国立，2002）	海湾井田2-2上煤层（曹明，2010）	榆家梁煤矿44305工作面（张学亮，2010）	南梁煤矿2-2煤层（李军，2010）	神府矿区井田海湾2-2上煤层（张沛，2012）	榆树湾煤矿20102工作面（张小明，2007）	榆树湾煤矿2-2煤层覆岩（杨晓科，2008）	榆树湾矿2-2煤层（侯忠杰，2007）	大柳塔矿12305工作面（李凤仪，2007）	活鸡兔首采面煤层王国立（2002）
2.3		2														
3	2.15	2.4														
3.7	2	2.7														
2	2.2	2.4				1.6										
2.3	2.9	2				1.9										
3	3.7	2.4				1.2										
2.9	4	4.9				1.9										
2	1.2	5.3				0.98										
3		2.6				1.94										
1		4.9				0.223										
3		3.7			1.417	1.94		3.0	1.17	2.09	3.0				3.82	
3.7		2.6	2.90	3.03	7.315	3.36		3.7	2.21	2.18	3.7	4.4	4.4	4.4		
2.9		5.3	6.36	3.03	3.692	3.66		2.0	1.94	1.90	2.0	3.9	3.9	3.9	4.455	
3.7		3.7	5.04	1.53	4.66	2.72	4.76	3.7	2.65	2.12	3.7	5.15	5.15	5.15		
2.9		5.3	46.70	3.83	2.533	3.36	6.87	3.0	2.36	2.09	3.0	4.88	4.88	4.88		
3		4.9	4.96	3.83	4.75	2.53	2.32	2.9	2.65	2.18	2.9	4.8	4.8	4.8	4.899	
2		5.3	4.89	1.53	0.707	0.223		3.0	0.68	1.90	3.0	6.0	6.0	6.0		
1		1.0	0.72	1.53	5.305	3.36		1.0	1.17		1.0	2.4	2.4	2.4	1.035	
					3.034				0.68							
					3.573				2.65						3.431	11.26
					3.056				0.68						5.348	14.65
					1.11				1.17							
									0.68							
									2.65							

　　根据表中数据,对东胜矿区和神府矿区的煤层及煤层以上四层顶板的性质作大致分析,以下数据单位以表中为准。

1. 东胜矿区

　　煤层厚度为 4~6m;密度都为 1370kg/m³;弹性模量为 8.3~12GPa;内聚力为 1.2~2.3MPa;内摩擦角为 24°~39°;泊松比为 0.2~0.32;抗压强度有三个数据,分别为 14MPa、14MPa、19MPa;抗拉强度有两个数据,分别为 0.45MPa、0.91MPa。

　　直接顶主要为砂质泥岩,很薄,为 0.5~2.6m;密度为 2400~2510kg/m³;泊松比为 0.18~0.29;内摩擦角为 32°~52°;弹性模量相差很大,为 7.3~33.4GPa;内聚力为1.6~8.2MPa;抗压强度为 15~46MPa;抗拉强度为 1.29~3.56MPa。

　　第二层顶板以砂岩为主,有细粒砂岩、中粒砂岩和粗砂岩,厚度很厚,为 8~43.2m;密度为 2200~2600kg/m³;弹性模量为 8~38GPa;内聚力为 2.16~4.78MPa;内摩擦角除一个为 51.3°,其余为 31°~38°;泊松比为 0.123~0.29;抗压强度为 20.11~35MPa;抗拉强度为 0.8~1.3MPa。

　　第三层顶板,岩性为泥岩、砂岩,以及二者混合岩质,厚度为 2~16m;密度为 2240~2510kg/m³;弹性模量为 5~16GPa;内聚力除一个为 10MPa,其余为 1.6~2.36MPa;内摩擦角为 32°~35°;泊松比为 0.12~0.3;抗压强度为 9~46MPa;抗拉强度为 0.59~4.1MPa。

　　第四层以砂岩为主,厚度都很厚,为 10~20m;密度为 2230~2600kg/m³;弹性模量为 8.9~38GPa;内聚力除一个为 7MPa,其余为 1.25~2.6MPa;内摩擦角为 29°~47.3°;泊松比为 0.12~0.3;抗压强度为 11.44~35MPa;抗拉强度为 0.605~1.9MPa。

2. 神府矿区

　　煤层名称以 2-2 煤层居多,出现十次;厚度为 2~11m 不等,容重除了大柳塔矿大柳塔井 12305 工作面(李凤仪,2007)原文单位为 g/cm³,取值为 1.306,榆树湾煤矿 2-2 煤层覆岩(杨晓科,2008),原文单位为 g/m³,取值为 1.35,大柳塔矿 12304 工作面(何兴巧,2008)原文中无单位,取值为 1.35,其余都在 13kN/m³ 左右(以下四层顶板的容重不再考虑此三文献中的数据)。

　　弹性模量为 1~4.62GPa;内聚力为 2.6~7.25MPa;内摩擦角为 19.7°~42°;泊松比为 0.18~0.4;抗压强度为 13.4~28.8MPa;抗拉强度为 0.223~1.2MPa;抗剪强度为 1.035~2.4MPa。

　　第一层顶板,主要为泥岩和砂岩及其混合岩性。厚度为 0.2~5m;容重为 24~26kN/m³;弹性模量为 1.17~22MPa;内聚力为 6.11~35.3MPa;内摩擦角为 38.45°~44°;泊松比为 0.17~0.23;抗压强度不考虑榆树湾煤矿 20102 工作面(高杨,2010)中泥岩为 152.4MPa,其余 24.78~74.6MPa;抗拉强度为 0.68~5.3MPa;抗剪强度为 6MPa,出现频数 3 次。

第二层顶板以砂岩为主,除去 3 个泥岩与 1 个砂岩层含煤,其余 14 个全部为砂岩岩性。厚度除大柳塔 20604 工作面(李凤仪,2007)为 30~45m,为特殊地质条件,其余均为 1.5~9.5m;容重为 24~26kN/m³;弹性模量除一个最大值 30GPa,其余为 2~18GPa;内聚力为 8.305~41.9MPa;泊松比 0.14~0.31;抗压强度为 32.3~87.6MPa;抗拉强度为 1.53~6.87MPa;抗剪强度除一个为 14.65MPa,其余三个均为 4.8MPa。

第三层顶板,以砂岩岩性为主,出现 15 次砂岩,2 次泥岩,1 次砂质泥岩。厚度除了两个为 10m,一个为 12m,其余均为 0.3~5m;容重为 23.6~26kN/m³;弹性模量除一个为 40GPa,一个为 25GPa,其余为 3.8~17.769GPa;泊松比为 0.15~0.23;抗压强度为 22.1~87.5MPa;抗拉强度除了一个为 46.70MPa,其余为 2.09~5.3Mpa;抗剪强度一个为 11.26MPa,三个为 4.88MPa。

第四层顶板除去一层煤,其余全部为砂岩。厚度除一个为 21.9m,一个为 14m,其余为 1.67~8m;容重为 24~25kN/m³;弹性模量除一个为 30GPa,一个为 40GPa,其余为 1.76~17.072GPa;泊松比为 0.18~0.2;抗压强度除一个为 9.4MPa,其余为 35.46~69.3MPa;抗拉强度为 2.12~5.04MPa;抗剪强度同为 5.15MPa,出现频数 3 次。

2.3　主要可采煤层的物理力学性质

矿区煤层物理力学性质的原始资料见表 2-45,煤体主要物理力学参数如图 2-3 所示,井田可采煤层物理力学特征见表 2-46~表 2-51。表 2-46~表 2-51 中主要给出了 1 号煤层~6 号煤层主要力学参数最大值、最小值、平均值和均方差。其中 5 号煤层仅有张家峁煤矿 15201 工作面研究数据,因此,仅给出一组数据。所有煤层参数的最大值、最小值、平均值和均方差列于表 2-52。

离散度为均方差与平均值的比值,表 2-52 中密度的离散度最小,最大仅为 6.20%,而弹性模量离散度最大达 79.92%,泊松比离散度最大达 19.88%,内聚力离散度最大达 67.08%,内摩擦角离散度最大达 18.68%,单轴抗压强度离散度最大达 35.16%,单轴抗拉强度离散度最大达 68.83%。从资料的来源看,真正取样做试验得到相关参数的仅有中能榆阳煤矿(宣以琼,2008),给出了 3 号煤层顶板泥岩和砂岩试验曲线。其他均为相似模拟或数值模拟中使用的参数,未交代参数取值的来源。因此,在使用煤体相关力学参数时,应进行取样测试。

表2-45　煤层物理力学性质资料

序号	参考文献	研究方法	名称	煤号	厚度/m	密度/(g/cm³)	弹性模量/GPa	泊松比	内聚力/GPa	内摩擦角/(°)	单轴抗压强度/MPa	抗拉强度/MPa
1	师本强,2012	相似模拟	神府矿区	1-1			0.22	0.2	5.1	33	33.2	
2	黄森林,2007	数值模拟	神东大柳塔1203	1-2	6.3	1.3	13.5	0.25	1.2	38	14.8	
3	李青海,2009	相似模拟	乌兰石圪台	1-2	0.4	1.31	3.5	0.32	1.25	32	17.5	0.7
4	李青海,2009	相似模拟	乌兰石圪台	1-2	2.3	1.31	0.22	0.27	2.61	42	22.4	0.76
5	李青海,2009	相似模拟	乌兰石圪台	1-2	2.25	1.29	13.5	0.3	1.2	38		0.72
6	范钢伟,2011	相似模拟	神东上湾51201	1-2	5.8		13	0.26	1	36	14	
7	范钢伟,2011	相似模拟	神东补连塔煤矿32201	1-2	3	1.3	3	0.2	1.2	28		2
8	鞠金峰和许家林,2013	相似模拟	乌兰石圪台	1-2	2	1.4	15	0.35				
9	安泰龙,2010	RFPA	神东补连塔矿	1-2	6	1.4	12	0.39			10	
10	佘永明和任永强,2013	Flac3D	神东柳塔矿	1-2							20	
11	高登彦,2009	RFPA	神东乌兰木伦煤矿	1-2	5.5		0.83	0.36	1.91	40		0.72
12	杜福荣,2002	UDEC	神东乌兰木伦煤矿2208	1-2	2.2	1.41	3.5	0.32	1.25	32	28.2	
13	李青海,2009	Flac3D	乌兰石圪台	1-2	2.3	1.31					18.5	
14	李青海,2009	相似模拟	乌兰石圪台	1-2	4.3	1.31	5.3	0.28	0.61	24	17.5	0.76
15	李青海,2009	相似模拟	乌兰石圪台	1-2上	0.4	1.31	1.4				8.3	0.7
16	李青海,2009	相似模拟	乌兰石圪台	2-1		1.4		0.3	5.4	28	13.1	0.8
17	息金波和江小军,2010	Flac3D	神东寸草塔	2-1中	1.07	1.36					17.3	
18	蔚保宁,2009	相似模拟	神东榆树湾煤矿20102	2-2	11.9	1.3						1
19	蔚保宁,2009	相似模拟	神府海湾3号井	2-2		1.3					13	0.95
20	张小明和侯忠杰,2012	相似模拟	神东榆树湾煤矿	2-2	2	1.34	7.41	0.18			20.4	

续表

序号	参考文献	名称	研究方法	煤号	厚度/m	密度/(g/cm³)	弹性模量/GPa	泊松比	内聚力/GPa	内摩擦角/(°)	单轴抗压强度/MPa	抗拉强度/MPa
21	师本强,2012	神东榆树湾煤矿	相似模拟	2-2			0.1	0.28	2.4	39	24.5	
22	师本强,2012	神东榆树湾煤矿	相似模拟	2-2	11.89	1.32					17.3	
23	师本强,2012	神东榆树湾煤矿 20105	相似模拟	2-2	2	1.4	7.41		3.4		20.4	1.1
24	范钢伟,2011	神东补连塔煤矿 32202	相似模拟	2-2	6	1.3	13.5	0.25	1.2	38	15	
25	高杨,2010	神东榆树湾煤矿 20102	相似模拟	2-2	4.7	1.45	15	0.35			10.5	
26	李青海,2009	乌兰石圪台	相似模拟	2-2		1.4	6.7	0.28	0.64	24	9.2	1.2
27	张镇,2007	神东苏家壕煤矿	UDEC	2-2		1.37		0.2	1.2	38	19	0.95
28	息金波和江小军,2010	神东寸草塔	Flac3D	2-2 上	1.27	1.36	1.4	0.3	5.4	28	13.1	
29	蔚保宁,2009	神府海湾 4 号井	相似模拟	3	3.6	1.42	0.4	0.35	0.8	20	27	
30	宣以琼,2008	榆阳煤矿	试验	3	3.6	1.42	0.4	0.35	0.8	20	27	
31	王方田等,2012	乌兰石圪台	Flac3D	3-1-1	0.5	1.4	6.8	0.25	1.3	25	14.7	1.1
32	王方田等,2012	乌兰石圪台	Flac3D	3-1-2	1.7	1.4	7.5	0.28	1.5	25	15.9	1.2
33	杨友伟,2010	神东布尔台煤矿	Flac3D	3-1	3	1.38	5.3	0.32	1.25	35		0.15
34	石建军和丛利,2011	神华锦界煤矿	Flac3D	4-2	3.6	1.45	2.3	0.29	2.2	30	27	3.12
35	马龙涛,2013	神木张家峁煤矿 15201	相似模拟	4-3	0.5	1.28	4.26				18.8	
36	石建军和丛利,2011	神华锦界煤矿	Flac3D	4-3	1.7	1.45	2.3	0.29	2.2	30		3.12
37	王锐军,2013	神木张家峁煤矿 15201	相似模拟	4-4	0.65	1.32	8.14	0.29	4	31		2
38	马龙涛,2013	神木张家峁煤矿 15201	相似模拟	4-4	0.65	1.3	1.27				21.5	
39	侯鹏,2013	神东神山露天煤矿	数值模拟	4	10	1.8	0.99	0.38	0.5	26		0.15
40	马龙涛,2013	神木张家峁煤矿 15201	相似模拟	5-2	6.1	1.32	4.62		4.21	26.1	28.8	0.55

续表

序号	参考文献	研究方法	名称	煤号	厚度 /m	密度 /(g/cm³)	弹性模量 /GPa	泊松比	内聚力 /GPa	内摩擦角 /(°)	单轴抗压强度/MPa	抗拉强度 /MPa
41	封金权,2008	相似模拟	伊泰纳林庙二号井 6-2101	6-2	6	1.37	9	0.2	1.2	39	19	0.91
42	荆鸿飞,2014	UDEC	伊泰宏景塔一矿 6-2113	6-2	5	1.45	0.9				8.2	0.97
43	杨永良等,2010	相似模拟	伊泰纳林庙二矿 6-2	6-2	6	1.37	9	0.23	2.3	34	14	
44	王旭锋,2009	相似模拟	伊泰纳林庙二号井 6-2	6-2	6.5	1.37	12	0.23	1.34	30	14	
45	任艳芳,2008	相似模拟	伊泰纳林庙二号井 621-14	6	6	1.4					32	
46	王旭锋,2009	相似模拟	伊泰宝山煤矿	6	4	1.37	9	0.23	2.3	34	14	
47	王旭锋,2009	相似模拟	伊泰宝山煤矿	6		1.2					20.5	
48	王旭锋,2009	相似模拟	伊泰宝山煤矿	6		1.37	2.4		2.8	36.14	10	
49	王旭锋,2009	相似模拟	伊泰宝山煤矿	6		1.37	2.4		2.8	36.14	18.4	
50	范钢伟,2011	相似模拟	伊泰纳林庙煤矿二号井	6	6.5	1.37	12	0.23	1.34	30	14	
51	封金权,2008	相似模拟	东胜矿区 6-2101 工作面	6	6	1.37	9				14	

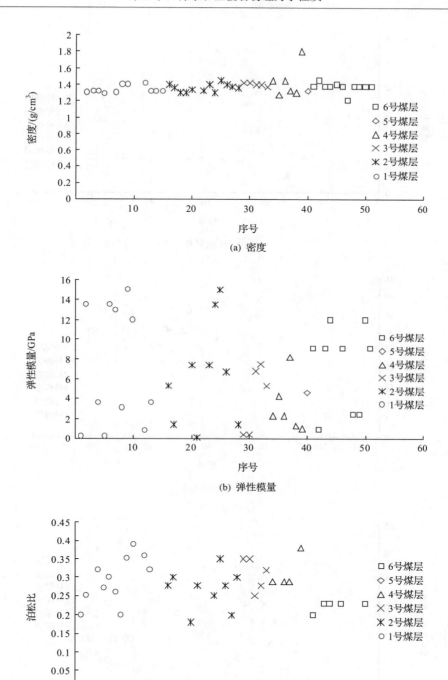

(a) 密度

(b) 弹性模量

(c) 泊松比

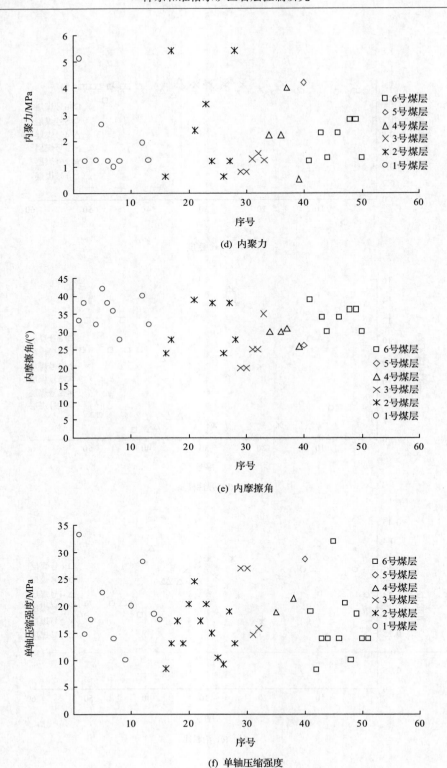

(d) 内聚力

(e) 内摩擦角

(f) 单轴压缩强度

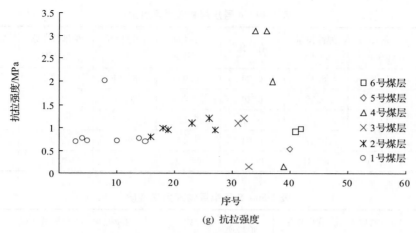

(g) 抗拉强度

图 2-3　煤体主要参数

表 2-46　1 号煤层物理力学性质

特征值	密度 /(g/cm³)	弹性模量 /GPa	泊松比	内聚力 /GPa	内摩擦角 /(°)	单轴抗压强度/MPa	抗拉强度 /MPa
最大值	1.41	15.00	0.39	5.10	42.00	33.20	2.00
最小值	1.29	0.22	0.20	1.00	28.00	10.00	0.70
平均值	1.33	7.12	0.29	1.86	35.44	19.61	0.91
均方差	0.05	6.16	0.06	1.32	4.50	6.86	0.48
离散度	3.49	86.62	21.45	70.83	12.70	34.98	53.04

表 2-47　2 号煤层物理力学性质

特征值	密度 /(g/cm³)	弹性模量 /GPa	泊松比	内聚力 /GPa	内摩擦角 /(°)	单轴抗压强度/MPa	抗拉强度 /MPa
最大值	1.45	15.00	0.35	5.40	39.00	24.50	1.20
最小值	1.30	0.10	0.18	0.64	24.00	9.20	0.95
平均值	1.35	7.36	0.26	2.37	33.40	16.34	1.04
均方差	0.05	5.55	0.06	1.79	6.91	4.66	0.11
离散度	3.80	75.39	22.26	75.31	20.70	28.52	10.42

表 2-48　3 号煤层物理力学性质

特征值	密度 /(g/cm³)	弹性模量 /GPa	泊松比	内聚力 /GPa	内摩擦角 /(°)	单轴抗压强度/MPa	抗拉强度 /MPa
最大值	1.42	7.50	0.35	1.50	35.00	27.00	1.20
最小值	1.38	0.40	0.25	0.80	20.00	14.70	0.15
平均值	1.40	4.08	0.31	1.13	25.00	21.15	0.82
均方差	0.02	3.45	0.04	0.32	6.12	6.77	0.58
离散度	1.19	84.61	14.24	27.91	24.49	32.02	70.96

表 2-49　4 号煤层物理力学性质

特征值	密度 /(g/cm³)	弹性模量 /GPa	泊松比	内聚力 /GPa	内摩擦角 /(°)	单轴抗压强度/MPa	抗拉强度 /MPa
最大值	1.80	8.14	0.38	4.00	31.00	21.50	3.12
最小值	1.28	0.99	0.29	0.50	26.00	18.80	0.15
平均值	1.43	3.21	0.31	2.23	29.25	20.15	2.10
均方差	0.19	2.67	0.04	1.43	2.22	1.91	1.40
离散度	13.57	83.31	14.40	64.23	7.58	9.47	66.82

表 2-50　5 号煤层物理力学性质

煤样地点	密度 /(g/cm³)	弹性模量 /GPa	泊松比	内聚力 /GPa	内摩擦角 /(°)	单轴抗压强度/MPa	抗拉强度 /MPa
张家峁煤矿 15201 工作面	1.32	4.62		4.21	26.10	28.80	0.55

表 2-51　6 号煤层物理力学性质

特征值	密度 /(g/cm³)	弹性模量 /GPa	泊松比	内聚力 /GPa	内摩擦角 /(°)	单轴抗压强度 /MPa	抗拉强度 /MPa
最大值	1.45	12.00	0.23	2.80	39.00	32.00	0.97
最小值	1.20	0.90	0.20	1.20	30.00	8.20	0.91
平均值	1.36	7.30	0.22	2.01	34.18	16.19	0.94
均方差	0.06	4.25	0.01	0.70	3.31	6.38	0.04
离散度	4.39	58.26	5.99	34.98	9.70	39.42	4.51

表 2-52　1～6 号煤层物理力学性质

特征值	密度 /(g/cm³)	弹性模量 /GPa	泊松比	内聚力 /GPa	内摩擦角 /(°)	单轴抗压强度 /MPa	抗拉强度 /MPa
最大值	1.80	15.00	0.39	5.40	42.00	33.20	3.12
最小值	1.20	0.10	0.18	0.50	20.00	8.20	0.15
平均值	1.37	6.01	0.28	2.05	31.68	17.78	1.11
均方差	0.08	4.80	0.06	1.38	5.92	6.25	0.77
离散度	6.20	79.92	19.88	67.08	18.68	35.16	68.83

参 考 文 献

安泰龙. 2010. 浅埋煤层导水裂隙带发育规律的数值模拟研究. 矿业研究与开发, 30(1): 33-36, 49.
曹明. 2010. 近浅埋煤层长壁工作面顶板来压机理研究. 西安: 西安科技大学硕士学位论文.
都平平. 2012. 生态脆弱区煤炭开采地质环境效应与评价技术研究. 徐州: 中国矿业大学博士学位论文.
杜福荣. 2002. 浅埋煤层的覆岩破坏及地表移动规律的研究. 阜新: 辽宁工程技术大学硕士学位论文.

范钢伟. 2011. 浅埋煤层开采与脆弱生态保护相互响应机理与工程实践. 徐州:中国矿业大学博士学位论文.

封金权. 2008. 不等厚土层薄基岩浅埋煤层覆岩移动规律及支护阻力确定. 徐州:中国矿业大学硕士学位论文.

高登彦. 2009. 厚基岩浅埋煤层大采高长工作面矿压规律研究. 西安:西安科技大学硕士学位论文.

高杨. 2010. 浅埋煤层关键层破断运动对覆岩移动的影响分析. 西安:西安科技大学硕士学位论文.

韩洪德. 1995. 准格尔矿区黄土滑坡的分析与防治. 岩土工程论文集. 宜昌:岩土工程第三届第一次会议. 113-119.

郝雷. 2013. 杭来湾煤矿 30101 综采工作面矿压规律研究. 西安:西安科技大学硕士学位论文.

何兴巧. 2008. 浅埋煤层开采对潜水的损害与控制方法研究. 西安:西安科技大学硕士学位论文.

侯鹏. 2013. 井工开采扰动对露天矿边坡稳定性影响研究. 露天采矿技术,(12):36-40.

侯忠杰. 2007. 陕北沙土基型覆盖层保水开采合理采高的确定. 辽宁工程技术大学学报,26(2):161-164.

侯忠杰,吕军. 2000. 浅埋煤层中的关键层组探讨. 西安科技学院学报,20(1):5-8.

侯忠杰,吴文湘,肖民. 2007. 厚土层薄基岩浅埋煤层"支架-围岩"关系实验研究. 湖南科技大学学报(自然科学版):
　　22(1):9-12.

侯忠杰,张杰. 2004. 厚松散层浅埋煤层覆岩破断判据及跨距计算. 辽宁工程技术大学学报(自然科学版),23(5):
　　577-580.

黄森林. 2007. 浅埋煤层覆岩结构稳定性数值模拟研究. 煤田地质与勘探,35(3):25-28.

荆鸿飞. 2014. 综采工作面过顺槽空巷煤柱回收技术. 山西焦煤科技,(5):4-8.

鞠金峰,许家林. 2013. 浅埋近距离煤层出煤柱开采压架机理及防治研究. 采矿与安全工程学报,30(3):323-330.

李凤仪. 2007. 浅埋煤层长壁开采矿压特点及其安全开界限研究. 阜新:辽宁工程技术大学博士学位论文.

李军. 2010. 南梁煤矿综采工作面矿压规律研究. 西安:西安科技大学硕士学位论文.

李青海. 2009. 石圪台煤矿浅埋较薄煤层开采覆岩运动规律研究. 青岛:山东科技大学硕士学位论文.

李文平,叶贵钧,张莱,等. 2000. 陕北榆神府矿区保水采煤工程地质条件研究. 煤炭学报,25(5):449-454.

刘玉德. 2008. 沙基型浅埋煤层保水开采技术及其适用条件分类. 徐州:中国矿业大学博士学位论文.

吕军,侯忠杰. 2000. 影响浅埋煤层矿压显现的因素. 矿山压力与顶板管理,(2):40-43.

马龙涛. 2013. 近浅埋煤层大采高工作面等效直接顶破断机理与支架载荷研究. 西安:西安科技大学硕士学位论文.

任艳芳. 2008. 浅埋煤层长壁开采覆岩结构特征研究. 北京:煤炭科学研究总院硕士学位论文.

佘永明,任永强. 2013. 柳塔矿不稳定厚硬煤层综放面矿压显现规律研究. 中国煤炭,39(3):37-40.

师本强. 2012. 陕北浅埋煤层矿区保水开采影响因素研究. 西安:西安科技大学博士学位论文.

石建军,丛利. 2011. 榆家梁矿 4-3 煤层巷道布置与工作面合理长度研究. 华北科技学院学报,8(1):20-23.

王方田,屠世浩,李召鑫,等. 2012. 浅埋煤层房式开采遗留煤柱突变失稳机理研究. 采矿与安全工程学报,29(6):
　　770-775.

王国立. 2002. 活鸡兔首采工作面矿压及其上覆岩层移动研究. 阜新:辽宁工程技术大学硕士学位论文.

王国旺. 2011. 大柳塔煤矿浅埋近距离煤层群下行开采下工作面矿压规律. 西安:西安科技大学硕士学位论文.

王锐军. 2013. 浅埋煤层大采高综采工作面覆岩结构与来压机理研究. 西安:西安科技大学硕士学位论文.

王旭锋. 2009. 冲沟发育矿区浅埋煤层采动坡体活动机理及其控制研究. 徐州:中国矿业大学博士学位论文.

蔚保宁. 2009. 浅埋煤层粘土隔水层的采动隔水性研究. 西安:西安科技大学硕士学位论文.

吴文湘. 2006. 厚土层浅埋煤层综采覆岩破坏规律与支架阻力研究. 西安:西安科技大学硕士学位论文.

息金波,江小军. 2010. 寸草塔煤矿 2＃ 煤层反程序开采研究. 内蒙古煤炭经济,(1):60-63.

宣以琼. 2008. 薄基岩浅埋煤层覆岩破坏移动演化规律研究. 岩土力学,29(2):512-516.

杨晓科. 2008. 榆神矿区榆树湾煤矿覆岩破坏规律与支护阻力研究. 西安:西安科技大学硕士学位论文.

杨永良,李增华,陈奇伟,等. 2010. 利用顶板冒落规律研究采空区自燃三带分布. 采矿与安全工程学报,27(2):
　　205-209.

杨友伟. 2010. 工作面侧向支承压力分布及保留巷道控制研究. 青岛:山东科技大学硕士学位论文.

杨兆清. 1985. 准格尔煤田简介. 露天采矿,(1):52-53.

伊茂森. 2008. 神东矿区浅埋煤层关键层理论及其应用研究. 徐州:中国矿业大学博士学位论文.

张杰. 2007. 榆神府矿区长壁间歇式推进保水开采技术基础研究. 西安:西安科技大学博士学位论文.

张沛.2012.浅埋煤层长壁开采顶板动态结构研究.西安:西安科技大学博士学位论文.

张文忠,黄庆享,刘素花.2013.长壁局部柔性充填开采浅埋煤层隔水层下沉量研究.煤炭工程,(9):75-78.

张小明.2007.榆树湾煤矿 20102 工作面覆岩导水裂隙高度及其渗流规律研究.西安:西安科技大学硕士学位论文.

张小明,侯忠杰.2012.砂土基型浅埋煤层保水开采安全推进距离模拟研究.煤炭工程,(S1):91-93,96.

张学亮.2010.榆家梁煤矿浅理较薄煤层综采工作面矿压显现规律研究.北京:煤炭科学研究总院硕士学位论文.

张镇.2007.薄基岩浅埋采场上覆岩层运动规律研究与应用.青岛:山东科技大学硕士学位论文.

中国矿业大学.2007.补连塔煤矿四盘区 1-2 煤覆岩运动与突水机理及其控制研究.徐州:中国矿业大学研究报告.

第3章　神东矿区煤炭开采矿压显现特征及岩层控制

3.1　神东矿区开发过程及背景

　　1982年原煤炭部185地质勘探队对神木、府谷、榆林等地含煤区域进行勘探,提交了神东矿区煤炭877亿t储量的地质报告。1984年11月,经国家计委批准,成立了中国华能精煤公司筹备处(神华集团前身),下设榆林和伊克昭盟两个分公司,分别负责神府、东胜煤田的前期开发准备。1985年5月,华能中国精煤公司成立,开始建设铁路、电站和小煤矿的改造工作。1996年6月,在华能精煤公司基础上成立了神华集团。1998年8月,成立了"神府东胜煤炭有限责任公司"。2009年,在神东煤炭公司、万利煤炭分公司、金峰煤炭分公司的基础上,整合成立了神华神东煤炭集团有限责任公司(简称神东公司)。随着国家能源战略西移,神东矿区建设,国家"七五""八五""九五"计划均被列为重点建设项目(叶青,2002)。目前神东矿区已经发展成为国家的重要能源基地。

　　1985年至今,煤炭开采技术得到快速发展,其发展过程大致可分为三个阶段。第一阶段:1985～1989年,是矿区粗放型简单生产阶段,"国家修路、群众办矿,国家、集体、个人一起上",矿井以小型矿井群为主,采煤方法以传统的房式、柱式和房柱式等为主。第二阶段:1990～1998年,国务院提出"瞄准世界采煤发达国家水平,创建高产高效矿井模式"的要求,对原设计井型不断改造,建立起了以大柳塔煤矿为代表的一批大型矿井,采煤方法以普通长壁式普通综合机械化采煤方法为主。第三阶段:1998年至今,对采煤技术装备进行了一系列技术创新,大采高和大采高综放采煤方法试验成功,并逐步成熟(王安,2006)。创造了世界上第一个5.5m、6.3m、7.0m大采高工作面和较薄煤层自动化工作面。煤炭采掘机械化率达到100%,资源回采率达到80%以上,全员工效最高达124t/工,各项生产指标均处于国际领先水平。

　　1990年以前,神东矿区的采煤方法主要是传统的短壁式采煤方法,爆破落煤,单体支柱控制工作面顶板。从1990年开始的正规化改造,经历了短壁式开采阶段,早期长壁综采阶段,以及现代化长壁综采发展与成熟三个主要阶段。目前正在向智慧矿山(数字矿山)和智能化开采方向发展。

3.1.1　短壁式开采阶段

　　1995年,神东矿区开始引进短壁采煤机开采技术和装备,用于长壁式工作面巷道掘进,1996年7月大柳塔煤矿开始进行连续采煤机房柱式开采试验,并就连续采煤机房柱式开采技术进行了系统研究,取得了一系列成果,使连续采煤机房柱式采煤技术在资源回收率、顶板管理等方面取得了重要进展,10月该矿1-2煤房采工作面产量达到91212.5t,工作面效率为55.1t/工,结束了爆破落煤、单体支柱支护的传统落后的采煤方法,实现了连续采煤机房柱式机械化开采,开始了煤矿综合机械化时代(王安,2002;刘克功等,2007),在此基础上,将短壁采煤技术不断改进和完善。该阶段根据神东矿区覆岩条件及短壁连采工作面顶板控制的差异,可将短壁开采分为巷柱式和旺格维利采煤法(简称旺采)两大类,旺采又可细分为三类,因此,总体上可细分为四种:①巷柱式无煤柱开采;②旺采单翼进刀开采;③旺采双翼进刀点煤柱开采;④旺采双翼进刀线煤柱开采。以上四种模式按照顶板控制方法分类,又可将①和②分为全部垮落法开采模式,③和④分为煤柱支撑法开采模式(刘玉德,2010)。

1. 巷柱式无煤柱开采

在区段内掘进多条支巷,通过多条联巷把区段切割成多个小切块,从支巷和联巷向切块内进刀回采,刀间煤柱很窄。同时采用 4 台线性支架控制顶板。回采顺序为先采区段边界处最上端的第一切块,接着沿区段走向长度方向依次向下采相邻块段,直到把整个区段走向长度方向上的一组切块全部采完,然后再回到区段上部边界,沿着走向长度方向开始采第二组切块 E、F、G、H,再回首第三组切块 I、J、K、L。依次类推,直至把整个区段倾斜长度方向上的全部切块采完,最后回收工作面巷道的保护煤柱,如图 3-1 所示。图 3-1

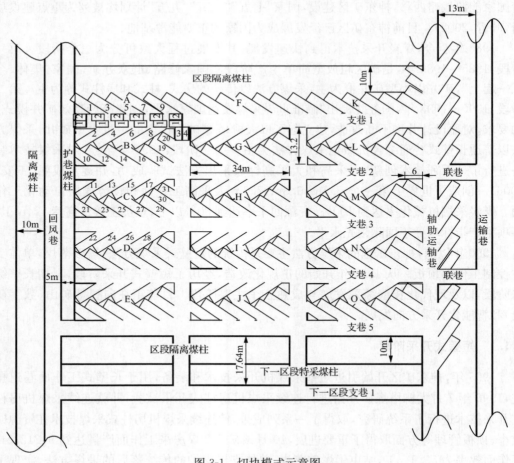

图 3-1　切块模式示意图

中,A、B、C、D……为块段回采顺序,1、2、3……为采硐回采顺序,1、2、3、4 为线性支架位置。煤柱回收后顶板随即垮落,为防止顶板垮落过程中带来的顶板安全问题,回收煤柱时在适当位置架设木垛。

2. 旺采单翼进刀开采

旺采单翼进刀开采与旺采双翼的区别在于回采支巷煤柱时采用单翼斜切进刀方式。以神东公司 2000 年在上湾和康家滩煤矿应用单翼旺采为例(巷道布置如图 3-2 所示)。回采支巷煤柱时采用单翼斜切进刀方式,进刀宽度为 3.3m,角度为 60°,进刀深度一般以割透支巷煤柱为准,深度约 17m,并在每刀之间留 0.5~0.9m 小煤柱。

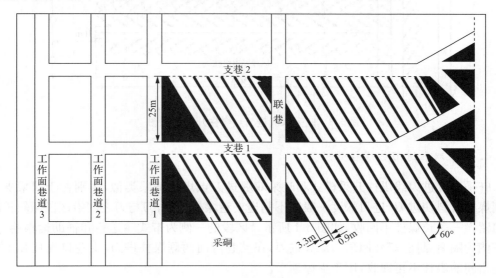

图 3-2　旺采单翼进刀开采

3. 旺采双翼进刀点煤柱开采

在区段内掘进多条支巷,区段一侧为带式输送机巷和辅助运输巷,另外三侧为隔离煤柱,工作面巷道宽度约 5.5m,带式输送机巷和辅助运输巷间煤柱宽度为 15m;区段内布置 4 条支巷,支巷间的煤柱宽度约 15m,支巷宽度约为 5.5m,支巷长度约为 120m。回采时把区段切割成多个长条形的煤柱,在支巷内采用两翼斜切进刀回采支巷煤柱,进刀角度为 45°,进刀深度一般以割透支巷煤柱为准(采硐深度为 10~12m),宽度约为 3.3m,采硐之间煤柱约为 0.5m。在支巷煤柱回采时使用 2 台线性支架控制顶板。回采顺序为支巷 1 和支巷 2 同时掘进至支巷尽头,然后从支巷尽头开始后退开采,回采支巷 1 两侧煤柱时,右侧一刀左侧一刀,依次进行,回采支巷两侧煤柱时,两刀之间留点状煤柱作为支撑,以防止顶板随采随落,直到把第一条支巷两侧煤柱采完,再掘进支巷 3 和支巷 4,依次回采支巷 2、支巷 3、支巷 4 两侧煤柱,最后,回收支巷口的煤柱和工作面巷道之间的煤柱,煤柱回收后顶板垮落。若在区段工作面巷道的另一侧还有区段,应该在两侧的区段都采完后,再回收支巷口煤柱和工作面巷道间煤柱,如图 3-3 所示。

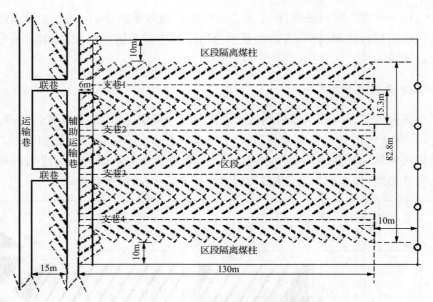

图 3-3　旺采双翼进刀点煤柱开采示意图

4. 旺采双翼进刀线煤柱开采

旺采双翼进刀线煤柱开采模式和旺采双翼进刀点煤柱开采类似,区别在于回采支巷两侧煤柱时斜切进刀,进刀深度一般以不割透支巷煤柱为准,刀与刀之间沿区段倾斜长度方向留设一条长煤柱不回收,如图 3-4 所示。区段的一侧为带式输送巷和辅助运输巷,另外三侧为隔离煤柱,煤柱回采为双翼进刀,在支巷内向两侧煤柱进刀,支巷口煤柱和工作面巷道间的煤柱不再回收,用于支撑顶板。

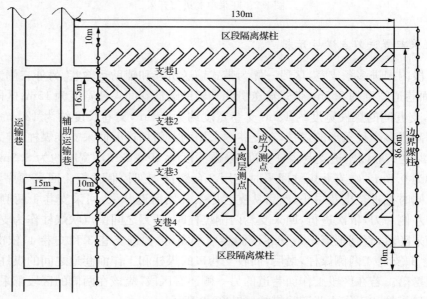

图 3-4　双翼旺采线煤柱模式示意图

这一时期神东矿区的短壁式开采工作面长度一般为 60～100m,工作面长度与基岩厚度有关。据统计,按基岩厚度将工作面分为五类:Ⅰ类基岩厚度小于等于 10m,Ⅱ类基岩厚度为 10～15m,Ⅲ类基岩厚度为 15～25m,Ⅳ类基岩厚度为 25～30m,Ⅴ类基岩厚度大于等于 35m。不同类型煤层开采技术参数见表 3-1,采硐的宽度设置为 5.0～6m,同采采硐数为 2～3 个,连采工作面采硐主要有单一采硐式、多硐间隔式和多采硐连续式三种布置方式,如图 3-5 所示。

表 3-1　短壁连采工作面布置及开采参数

类别	Ⅰ	Ⅱ	Ⅲ	Ⅳ	Ⅴ
基岩厚度/m	≤10	10～15	15～25	25～35	≥35
采高/m	5	5	5	5	5
支巷煤柱/m	20	17	17	15	15
硐间煤柱/m	4.0	1.0～1.5	0.5～1.0	0.2～0.5	0.2～0.5
采硐方式	单一采硐	多硐间隔 5 间 10m	多硐间隔 5 间 5m	多硐间隔 10 间 5m	多采硐连续
进刀方式	单翼	单翼	双翼	双翼	双翼
锚杆间距*/m	0.7×0.7	0.7×0.8	0.8×1.0	1.0×1.0	1.0×1.2
采硐宽度/m	5.0	5.0	5.5	6.0	6.0
工作面长/m	60	70	80	90	100

＊神东矿区房柱式采煤工作面Ⅲ类顶板条件下的锚杆支护参数:巷道、煤房均采用树脂锚杆支护,锚杆布置形式为矩形,锚杆规格为 16mm×(1800～2000)mm,树脂药卷规格为 CK 型 Φ23mm×350mm。锚杆锚固方式为端头锚固,锚固长度为 300mm(王安,2002)

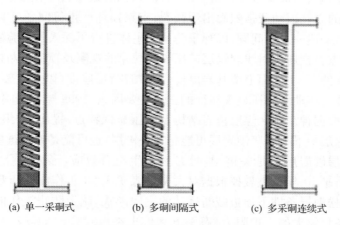

(a) 单一采硐式　　　　(b) 多硐间隔式　　　　(c) 多采硐连续式

图 3-5　短壁连采采煤法采硐布置方式

房柱式采煤工作面Ⅳ类顶板条件下的锚杆支护参数:巷道、煤房均采用树脂锚杆支护,锚杆布置形式为矩形,锚杆规格为 16mm×(1600～2000)mm,钢筋钢带规格为 4500mm×150mm×12mm,树脂药卷规格为 CK 型 Φ23mm×350mm。锚杆锚固方式为端头锚固,锚固长度为 600mm。

短壁机械化开采当时在神东矿区曾获得较好的经济和社会效益。但房柱式采煤法的采空区仍遗留有大量煤柱,资源回收率低,通风条件差,顶板不能及时垮落,随着开采时间的不断增长和开采空间的不断增大,诱发采空区大面积突然塌陷而易诱发矿震等重大灾害的可能性增大。随着对浅埋煤层矿压显现规律的逐步认识,长壁采场围岩控制技术的发展,特别是高阻力液压支架的应用,长壁综采采煤法已成为神东矿区千万吨安全高效井群的重要基础和关键技术(周茂普,2007;朱卫兵,2010)。而短壁式采煤方法则作为矿区边角块段遗留的煤炭资源开采的补充方法。

3.1.2　神东矿区早期长壁综采阶段

1993 年 3 月,神东矿区第一个综采工作面在大柳塔矿 1-2 煤层的 1203 工作面投产。该工作面煤层倾角为 3°,煤层平均厚度为 6m,埋藏深度为 50~60m,上部松散层厚 15~30m,风化基岩厚度为 5m,正常基岩厚度为 15~34m,设计采高 4.0m,工作面长度为 160m,采用国产 YZ3500—2.3/4.5 型液压支架,支架初撑力为 2700kN,额定工作阻力为 3500kN,全部垮落法管理顶板。工作面回采过程中曾发生顶板沿煤壁处全厚切落的现象,至 1998 年,引进德国 DBT 公司 WS1.7—2.1/4.5 型两柱掩护式液压支架,初撑力为 4908kN,额定工作阻力为 6708kN,用于开采 2-2 煤层 20601、2004 工作面,该煤层倾角为 3°,煤层厚度为 4.0~4.52m。松散层厚 23~55m,基岩厚 35~50m,设计采高 4.0m,全部垮落法管理顶板,回采过程中工作面维护状况有所改善,但仍有顶板沿煤壁切落和台阶下沉现象。

这一时期工作面采高一般为 3~4.5m,开采过程中暴露出了神东矿区煤层埋藏虽浅,但综采面的采场矿压没有因采深浅而变小,而是出现异常强烈的矿压显现,在支架载荷不足时,可能发生压架、顶板大范围台阶下沉的现象,部分区域甚至出现溃沙现象。周期来压时,不少支架的立柱因动载强烈而出现胀裂、支架损坏严重等问题,引起了神东公司的高度重视。针对上述一系列问题,以神东公司为主体进行了深入的试验研究。

例如,侯忠杰教授通过对浅埋煤层矿压显现规律的观测及顶板破断机理的研究,提出在采高一定的条件下,工作面上覆基岩厚度、松散载荷层厚度,以及支架额定工作阻力是决定浅埋煤层覆岩移动和矿压显现特征的三个主要因素,1999 年在钱鸣高院士"关键层"理论的基础上,根据神东矿区煤层覆岩结构及矿压显现特点,提出了"组合关键层"理论,认为一般浅埋煤层最下一层坚硬岩层可能是主关键层,也可能是亚关键层,但地表后松散层浅埋煤层,两层硬岩层都是关键层,且必然发生组合效应,形成组合关键层(侯忠杰,1999,2000)。石平五、侯忠杰教授根据对大柳塔煤矿 1203 工作面矿压观测,提出整体切落是薄基岩、厚松散层条件下顶板破断运动的主要形式,认为防止工作面架前切落,液压支架应必须具备足够大的支护阻力(石平五和侯忠杰,1996)。2000 年后,黄庆享教授在现场观测和实验室试验的基础上,提出了初次来压基本顶关键层的非对称三角拱结构,以及周期来压"短砌体梁"和"台阶岩梁"结构,并以浅埋煤层顶板结构和稳定性控制为核心,建立了包括载荷传递系数等的浅埋煤层顶板控制基本框架(黄庆享,2000)。以上研究取得了重要进展,有效地推动了浅埋煤层长壁开采技术的快速发展。

以大柳塔煤矿 22618 综采工作面为例,该工作面开采煤层为 2-2 煤层,盘区为六盘区。面宽 218m,推进长度 238m。工作面西侧为南翼回风大巷,南侧为 52306 运输巷,东侧为火烧区,北侧为 22618 旺采区及地物保护煤柱。22618 综采工作面巷道布置如图 3-6 所示。22618 工作面地面标高 1255.8～1298.4m,煤层底板标高 1198.56～1208.19m。煤层倾角为 1°～3°,煤厚平均为 5.44m。工作面顶底板特征见表 3-2。采煤方法采用一次采全高,全部垮落后退式综合机械化开采方法,全部垮落法处理采空区顶板,采高 4.2m。选用郑煤机 ZY11000/24/50 掩护式液压支架。工作面设备布置图如图 3-7 所示,工作面设备主要技术参数见表 3-3。

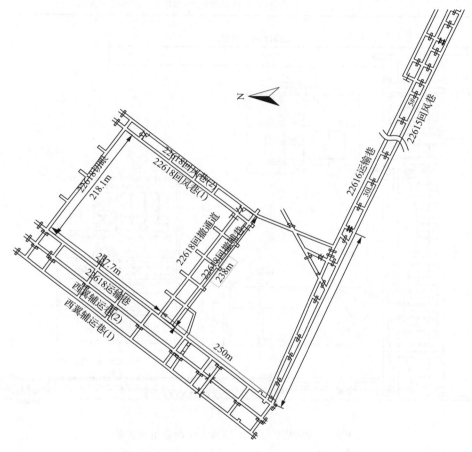

图 3-6　大柳塔煤矿 22618 综采工作面巷道布置图

表 3-2　大柳塔煤矿 22618 综采工作面煤层顶底板特征表

顶底板名称	岩石名称	厚度/m	岩性特征
老顶	粉砂岩	2.21～7.41	灰白色,水平层理及微波层理发育,含植物茎叶化石,部分区域上部风化,风化层厚一般为 0～1.05m,风化后岩石物理强度降低,部分区域相变为砂质泥岩
直接顶	砂质泥岩、泥岩	0.30～3.85	灰色,以砂质泥岩、泥岩为主,含植物茎叶化石,局部发育 2-2 上煤线(0～1.5m)
伪顶	泥岩	0～0.50	泥岩,灰色、深灰色、水平层理

顶底板名称	岩石名称	厚度/m	岩性特征
煤层	2-2煤层	5.07~5.82	煤厚整体往西倾斜,为宽缓单斜构造。最厚5.82m,最薄5.07m,平均厚5.44m。煤层结构简单,一般不含夹矸,煤层底板相对高差为6.89m
直接底	粉砂岩为主	1.10~3.00	以粉砂岩为主,部分地段为泥岩或细砂岩。水平层理及微波状层理发育,含植物根茎化石,遇水有一定程度的泥化

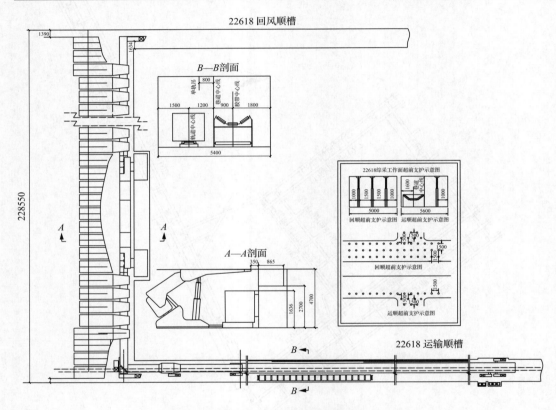

图 3-7　大柳塔矿 22618 综采工作面设备布置图

表 3-3　大柳塔矿 22618 综采工作面设备主要技术参数

设备	内容	单位	技术特征	设备	内容	单位	技术特征
采煤机	生产厂家		JOY青岛天信改造	采煤机	最大牵引速度	m/min	21
	型号		7LS6/LWS536		供电电压	V	3300
	采高	mm	2700~5400		装机功率	kW	1860
	滚筒直径	mm	2700		截割功率	kW	2×750
	截深	mm	865		牵引功率	kW	2×110
	牵引方式		销排式		泵功率	kW	30
	牵引特点		交流变频牵引		破碎功率	kW	110

续表

设备	内容	单位	技术特征	设备	内容	单位	技术特征
刮板输送机	生产厂家		JOY	乳化液泵	生产厂家		KAMAT
	刮板链型		中双链		型号		K35055M
	供电电压	V	3300		电压/功率	V/kW	1140/(4×315)
	装机功率	kW	3×1000		流量	L/min	493
	链环规格	mm	Φ48×152		工作压力	MPa	37.5
	链速	m/s	1.79		液箱容量	L	15000
	溜槽尺寸	mm	1750	喷雾泵	生产厂家		KAMAT
	卸载方式		交叉侧卸		型号		K16065M
	铺设长度	m	227		电压/功率	V/kW	1140/(3×160)
	运输能力	t/h	3750		流量	L/min	522
转载机	生产厂家		JOY		压力	MPa	14.3
	刮板链型		中双链		液箱容量	L	7900
	电压/功率	V/kW	3300/400	液压支架	生产厂家		郑煤集团
	链环规格	mm	Φ38×126		形式		掩护式
	链速	m/s	2.18		支护高度	mm	2500～5000
	溜槽尺寸	mm	1350		宽度	mm	1750
	铺设长度	m	60		工作阻力	kN	11000
	运输能力	t/h	4875		控制方式		电液控制
控制开关	煤机/三机		常州联力		推移行程	mm	865
			KJZ3/9		推移速度	S/架	8
	泵站		常州联力	胶带运输机	生产厂家		LAD改造
			KJZ/13		运输能力	t/h	2500
破碎机	生产厂家		JOY		胶带宽	mm	1400
	破碎形式		冲击式		带速	m/s	3.5
	传动方式		齿轮传动		驱动特点		CST驱动
	供电电压	V/kW	3300/400		电压/功率	V/kW	1140/(2×315)
	破碎硬度	MPa	140		储带能力	m	120
	破碎粒度	mm	≤300		提升高度	m	30
	破碎能力	t/h	4875		托辊直径	m	159

回采结果表明,该工作面循环进度 0.865m,循环产量 1022t,日循环数 22 个,日产量达到 22487t,工作面月推进度 570.9m,工作面实际月产量 674613t,回采工效 299.8 吨/工,工作面回采率 93%,试验取得了成功。

3.1.3　现代化长壁综采发展与成熟阶段

现代化长壁综采发展与成熟的标志是大采高和大采高放顶煤长壁综采技术的应用与推广。

1998 年以来,神华集团神东煤炭分公司针对神东矿区条件专门设计引进采掘设备,综合机械化水平大幅度提高。在此基础上,根据煤层赋存埋藏浅、基岩薄、基岩上部为砂砾石层或风积沙等松散层的特点,开展了大量的科学研究工作,对神东矿区综采工作面的矿压规律有了系统而深刻的认识,创新了开采技术、矿压与围岩控制技术、开采装备优化等。在此过程中,综采支架工作阻力不断提高,采高不断加大,在工作面参数优化、合理开采工艺、设备选型与配套、工作面快速搬迁和顶板控制等高产高效综采系统性、探索性试验方面有了重要进展,形成了 7.0m 大采高综采、大采高放顶煤、超长距离巷道快速掘进、区段平巷超长距离带式运输技术、箱式变电站供电技术、无轨胶轮车辅助运输、矿井安全保障技术和矿井开拓系统等一整套千万吨综采工作面技术支撑体系,在多个矿井实现了年产千万吨综采工作面。带动了神东和准格尔地区其他煤业公司乃至全行业的技术进步,伊泰集团等也都进行了 7.0m 大采高和大采高放顶煤的试验研究工作,取得了很好的技术经济效益。

以补连塔矿为例,2000 年引进德国 DBT 公司 8670-2.5/5.0 型两柱式液压支架,开采 1-2 煤层,平均采高 4.6m,初撑力 6000kN,额定工作阻力 2×4319kN;2003 年引进美国 JOY 公司 8670-2.5/5.0 型掩护式液压支架,平均采高 4.6m,支架初撑力 5048kN,额定工作阻力 2×4335kN。在引进的基础上,成功研发出两柱掩护式大采高液压支架(图 3-8),并根据神东矿区煤层开采条件,将大采高支架的高度不断刷新,目前 7m 大采高综采液压支架已成功应用,最大支撑高度 8.8m 的液压支架也已在研制中。

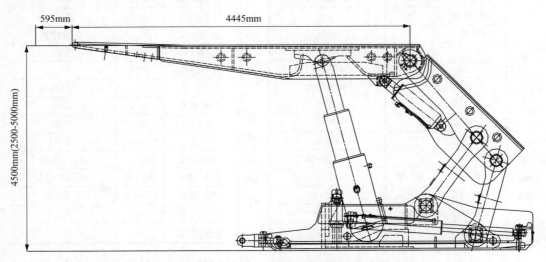

图 3-8　ZY11000/25/50 的两柱掩护式液压支架结构

2009 年 12 月首套国产 ZY16800/32/70 型两柱式特大采高综采支架研制成功,最大支撑高度 7.0m,支架工作阻力 16800kN,在补连塔矿 2-2 煤开采 22303 工作面,采高 6.8m,工作面长度 301m,推进长度 4971m。大柳塔煤矿在 5-2 煤中,分别采用 ZY16800/32/70 和 ZY18000/32/70 型两柱式综采支架,平均采高 6.8m,成功地开采了 52304 和 52303 工作面。2003～2012 年上湾煤矿在 1-2 煤中,先后回采了 5 个 5.5m 、5 个 6.3m 和 2 个 7m 大采高综采工作面,开采技术和设备配套不断发展完善。

以大柳塔矿 52304 综采工作面为例,该工作面位于大柳塔矿井田的东南区域,北侧靠近 DF3 正断层,南侧为 52303 工作面,西侧靠近 5-2 煤辅运大巷,东侧靠近井田边界未开发实体煤;工作面对应上覆为大柳塔矿 2-2 煤 22306、22307 综采采空区及乔岔滩三不拉煤矿采空区。52304 工作面煤厚 6.6～7.3m,平均 6.94m,倾角 1°～3°,煤层结构简单。开采 5-2 煤层直接顶为粉砂岩,厚度为 0～1.85m,灰色,含植物化石,波状层理,泥质胶结。老顶为粉砂岩,厚度为 5.2～28.3m,灰色,含完整植物化石,波状层理。直接底为粉砂岩,厚度为 0.76～5.6m,灰色,泥质胶结,水平层理发育,局部有泥岩、细砂岩薄层发育。工作面顶底工作面顶底板特征见表 3-4。

表 3-4　大柳塔矿 52304 工作面开采煤层顶底板情况

顶底板名称	岩石名称	厚度/m	岩性特征
老顶	粉砂岩	5.2～28.3	灰色,含完整植物化石,波状层理
直接顶	粉砂岩	0～1.85	灰色,含植物化石,波状层理,泥质胶结
伪顶	泥岩	0～0.25	灰色、灰褐色,水平层理发育
煤层	5-2 煤层	6.6～7.3	平均为 6.94m,宏观煤岩类型以半暗型、半量型煤为主,夹部分亮煤及暗煤。煤层底部发育 1～2 层夹矸,夹矸厚度约 0.2m,岩性为泥岩。工作面煤层自切眼至回撤通道为宽缓坡状构造,底板标高为 988.7～1018.1m,最大相对高差为 29.4m
直接底	粉砂岩	0.76～5.6	灰色,泥质胶结,水平层理发育,局部发育泥岩、细砂岩薄层

大柳塔矿 52304 综采工作面长度为 301m,推进长度为 4548m。采用一次采全高、全部垮落后退式综合机械化开采的采煤方法,设计采高 6.45m,采用郑煤 ZYG18000/32/70D 型掩护式液压支架。工作面设备布置图如图 3-9 所示。工作面设备主要技术参数见表 3-5。

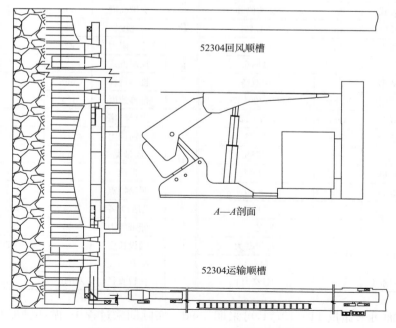

图 3-9　大柳塔矿 52304 工作面设备布置图

表 3-5　大柳塔矿 52304 工作面设备主要技术参数

设备	内容	单位	技术特征	设备	内容	单位	技术特征
采煤机	生产厂家		JOY	破碎机	生产厂家		DBT
	型号		7LS8		破碎形式		冲击式
	采高	mm	3500～7000		传动方式		齿轮传动
	滚筒直径	mm	3500		供电电压	V/kW	3300/700(350)
	截深	mm	865		破碎硬度		F14
	牵引方式		销排式		破碎粒度	mm	≤300
	牵引特点		交流变频牵引		破碎能力	t/h	7000
	最大牵引速度	m/min	25	乳化液泵	生产厂家		RMI
	供电电压	V	3300		型号		S500
	装机功率	kW	2925		电压/功率	V/kW	1140/(4×375)
	截割电机功率	kW	2×1100		流量	L/min	530
	牵引电机功率	kW	2×200		工作压力	MPa	37.5
	泵电机功率	kW	55		液箱容量	L	2×7000
	破碎电机功率	kW	270	喷雾泵	生产厂家		RMI
刮板输送机	生产厂家		DBT		型号		S300
	刮板链型		中双链		电压/功率	V/kW	1140/(3×160)
	供电电压	V	3300		流量	L/min	517
	装机功率	kW	3×1600		压力	MPa	14.5
	链环规格	mm	Φ60×194/178		液箱容量	L	8190
	链速	m/s	1.65	液压支架	生产厂家		郑煤
	溜槽尺寸	mm	2050		形式		掩护式
	卸载方式		交叉侧卸		支护高度	mm	3200～7000
	铺设长度	m	159		宽度	mm	2050
	运输能力	t/h	6000		工作阻力	kN	16800
转载机	生产厂家		DBT		控制方式		电液控制
	刮板链型		中双链		推移行程	mm	865
	电压/功率	V/kW	3300/700(350)		推移速度	S/架	8
	链环规格	mm	Φ38×126	胶带运输机	生产厂家		上海
	链速	m/s	2.33		运输能力	t/h	4000
	溜槽尺寸	mm	1588		胶带宽	mm	1600
	铺设长度	m	28		带速	m/s	4
	运输能力	t/h	6000		驱动特点		变频驱动
控制开关	煤机/三机		联力		电压/功率	V/kW	660/(3×500)
			KJZ6+6		储带能力	m	120
	泵站		常州联力		铺设长度	m	2700+2800
			KJZ/14		提升高度	m	30
	胶带运输机		KJZ2/11		托辊直径	mm	159

　　该工作面可采储量 11011977t,可采期 389d。实际回采过程中,循环进度 0.865m,循环产量 2166.4t,日循环数 16,日产量 34661.76t,工作面月推进度 346m,工作面月产量

866544t,回采工效 422.7t/工,达到了安全、高产、高效的目标。

2012 年,红柳林煤矿 5-2 煤层采用 ZY18800/32.5/72D 两柱掩护式电液控制支架,最大支撑高度 7.2m,最大采高 7m,试验取得了很好的技术经济效果。

除大采高之外,大采高放顶煤开采技术在这一地区这一时期的发展也相当迅速。放顶煤支架是综采放顶煤技术的核心设备,目前我国煤矿高位和中位放顶煤支架已被淘汰,在放顶煤工作面推广使用的主导架型是四柱支撑掩护式低位放顶煤支架。

2010 年不连沟煤矿采用 ZF13800/27/43 型四柱放顶煤液压支架,割煤高度 3.5m,开采煤层平均厚度为 15.24m,开采过程中出现来压阶段支架立柱极速下缩问题,在第二个工作面回采时该支架工作阻力调高到 15000kN,工作面支护状况有明显改善(李东印等,2012)。

2011 年伊泰集团酸刺沟煤矿 6 上 105-2 工作面进行大采高综放开采试验,采用郑州煤矿机械集团股份有限公司(以下简称郑煤机)生产的 ZF15000/26/42 四柱式放顶煤液压支架,开采煤层平均厚度为 9.4m,割煤高度 3.5m,由于基本顶厚度和硬度大,以及开采工艺技术方面的因素,试验过程中曾发生中部支架压架问题(孙晓东,2012),之后将支架改型为 ZF21000/26/42,支架额定工作阻力提高到了 21000kN。

以布尔台矿 42104 综放工作面为例,该工作面开采煤层为 4-2 煤,盘区为一盘区,地面标高 1261.7～1384.7m,煤层底板标高 924.1～995.5m。煤层倾角 4°～6°,煤厚 3.0～7.6m,平均 6.7m。煤层变异指数为 8%,煤层变异指数≤25%,煤层为稳定煤层。工作面顶底板特征见表 3-6。

表 3-6　42104 综放工作面煤层顶、底板特征

顶、底板	岩石名称	厚度/m	岩性特征
老顶	细粒砂岩	17～34	灰白色,以石英长石为主,含云母,半坚硬,粉砂填隙,分选中,均匀层理
直接顶	砂质泥岩	6～15	灰色,半坚硬,参差状断口,泥质结构,脉状层理
伪顶	无	—	—
直接底	砂质泥岩	12～19	灰色,半坚硬,参差状断口,泥质结构,含不完整植物化石

布尔台矿 42104 综放工作面巷道布置图如图 3-10 所示。该工作面长度为 230m,走向长度为 5290m。采煤方法采用走向长壁后退式综合机械化放顶煤开采,全部垮落法处理采空区顶板。选用郑煤机生产的 ZFY18000/25/39D 放顶煤液压支架。采高 3.7m,平均放煤高度为 3.0m,采放比为 1∶0.811,工作面设备主要技术参数见表 3-7,工作面设备布置如图 3-11 所示。

开采实践表明,工作面回采率达到 95%,循环进度 0.865m,循环产量 1618.8t,日循环数 16,日产量 25900.8t,工作面月推进度 350m,工作面月产量 700000t,回采工效 490.5t/工。但同时也暴露出了四柱式支撑掩护式放顶煤支架普遍存在的一些问题,如前后排立柱受力不均衡现象,一般表现为前排立柱受力大,后排立柱受力小,甚至出现后排立柱受拉的问题,在这种工况下,支架的支护能力不能有效发挥,支护强度大幅度减小,底座前端对底板比压增大,支架力学特性劣化,严重时会影响工作面的正常生产和安全。

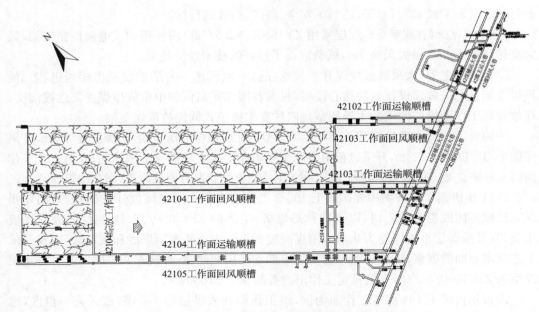

图 3-10　布尔台矿 42104 综放工作面巷道布置图

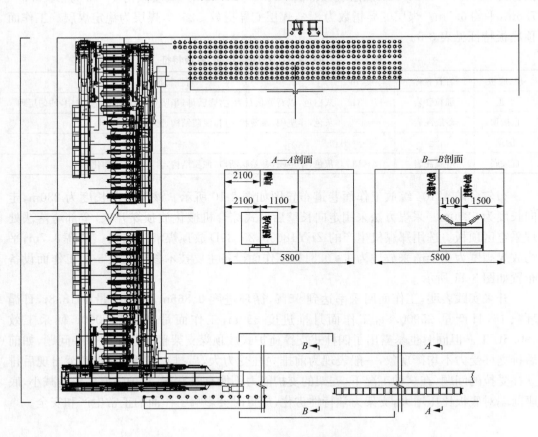

图 3-11　布尔台矿 52104 综放工作面设备布置图

表 3-7 42104 工作面设备主要技术参数

设备	内容	单位	技术特征	设备	内容	单位	技术特征
采煤机	生产厂家		JOY	破碎机	生产厂家		天明
	型号	mm	SL900-6692		破碎形式		冲击式
	采高	mm	2500～4440		传动方式		齿轮传动
	滚筒直径	mm	2500		供电电压	V/kW	3300/700
	截深		865		破碎硬度		F14
	牵引方式		销排式		破碎粒度	mm	≤300
	牵引特点		交流变频牵引		破碎能力	t/h	5000
	最大牵引速度	m/min	39	乳化液泵	生产厂家		KAMAT
	供电电压	V	3300		型号		七泵三箱
	装机功率	kW	2254		电压/功率	V/kW	1140/(4×375)
	截割电机功率	kW	2×900		流量	L/min	439
	牵引电机功率	kW	2×150		工作压力	MPa	37.5
	泵电机功率	kW	27		液箱容量	L	2×7900
	破碎电机功率	kW	100	喷雾泵	生产厂家		KAMAT
刮板输送机	生产厂家		天明		型号		七泵三箱
	刮板链型		中双链		电压/功率	V/kW	1140/(3×160)
	供电电压	V	3300		流量	L/min	522
	装机功率	kW	2×900/(2×1200)		工作压力	MPa	14.3
	链环规格	mm	Φ48×152		液箱容量	L	7900
	链速	m/s	0～1.8	液压支架	生产厂家		郑煤机
	溜槽尺寸	mm	1000		形式		放顶煤支架
	卸载方式		端卸		支护高度	mm	2500～3900
	铺设长度	m	230.44		宽度	mm	2005
	运输能力	t/h	2000/2500		工作阻力	kN	18000
转载机	生产厂家		天明		控制方式		电液控制
	刮板链型		中双链		推移行程	mm	960
	电压/功率		3300/700		推移速度	S/架	8
	链环规格	mm	Φ38×126	胶带运输机	生产厂家		神东维修中心
	链速	m/s	2.1		运输能力	t/h	3500
	溜槽尺寸	mm	1350		胶带宽	mm	1600
	铺设长度	m	43		带速	m/s	3.5～4.0
	运输能力	t/h	4500		驱动特点		四驱
控制开关	采煤机、运输机、破碎机、转载机		常州联力		电压/功率	V/kW	一部 6×500,一部 3×500
	泵站		常州联力		储带能力	m	
	胶带运输机		常州联力		铺设长度	m	5608
					提升高度	m	50
					托辊直径	mm	108

借鉴国内外两柱式综采支架的使用经验,中国煤炭科工集团有限公司与神东公司联合研发了大采高两柱式低位放顶煤电液控制液压支架及配套装备,中部支架型号为 "ZFY10200/25/42D 型两柱放顶煤电液控制液压支架",与其配套的过渡支架型号为

ZFYG10200/25/42D,排头支架型号为 ZFG10600/23/40D 型,端头支架型号为 ZYT27600/23/40,在神东矿区保德煤矿 81300-1 采面试验,平均采高 4.0m,放煤高度 4.32m,大幅度提高了生产效率和资源回收率,实现了神东矿区首个两柱式液压支架放顶煤工作面的安全高效回采。

　　布尔台煤矿 4-2 煤在 42103 工作面采用综放工艺,根据实际煤层赋存条件,适当提高了支架的额定工作阻力,采用大采高两柱式低位放顶煤电液控制液压支架,支架型号为 ZFY12500/25/39D,共 134 架,其中中部支架 123 架、机头端头 1 架、排头 3 架、过渡 1 架、机尾过渡 1 架、排头 5 台。液压支架结构如图 3-12 所示。该工作面开采 3-1 煤与 4-2 煤的合层,平均采高 3.7m,放煤高度 3.0m。

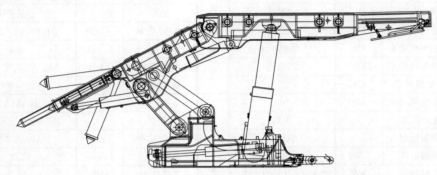

图 3-12　ZFY12500/25/39D 型掩护式液压支架断面图

　　回采期间,神东公司与中国矿业大学(北京)合作对该工作面进行了系统的观测研究,认为支架所需的合理工作阻力为 11684kN/架,液压支架额定工作阻力为 12500kN,能够满足支护要求,但老顶来压期间工作面冒顶片帮频繁发生,工作面安全阀和平衡油缸有损坏情况,提出了提高支架额定工作阻力建议。

　　之后,神东公司黄玉川煤矿、保德煤矿采用大采高综放技术,选用 ZF21000/26/42 型四柱式支撑掩护式支架,额定工作阻力大幅度提高到 21000kN,顶板控制效果大大提高。

　　可以看出,这一时期,恰逢中国煤炭快速发展阶段,经济效益好,基于对产量、效率和经济效益的追求,大采高和大采高放顶煤开采发展迅猛,为煤矿开采技术研究的发展提供了良好条件,这一时期也成为大采高和大采高放顶煤开采研究十分活跃的时期,同时,科研成果又进一步助推了大采高和大采高放顶煤开采的发展,二者相互促进。

3.2　工作面矿压显现特征

3.2.1　神东矿区早期工作面矿压显现特征

1. 旺格维利采煤法及其在神东矿区的应用

(1) 旺格维利采煤法(Wongawilli)简介。

　　这种采煤方法是在 20 世纪 50 年代末期由澳大利亚采矿专家在房柱式开采技术的基础上发展起来的一种高效短壁柱式采煤法。由于该采煤方法首先在澳大利亚新南威尔士州南部海湾的旺格维利煤层中试采成功,故称为旺格维利采煤法(李大勇,2012)。

旺格维利采煤法与房柱式采煤法的区别在于采区的区段划分和区段内煤体切割及回收的方法不同。在区段划分上,旺格维利回采一般要形成一个 100m×20m 的短壁回采区域,习惯称为旺格维利块。煤柱回收后,顶板类似长壁工作面一样充分冒落,使煤房、煤柱的回采避开支承压力高峰区(李大勇,2012)。其最大特点是工作面布置灵活,可回收边角煤及综采不便回采的煤炭资源,较房柱式采煤法产量大、回收率高、巷道掘进率低(李大勇,2012)。

旺格维利采煤工作面的截割设备主要是连续采煤机,它可以掘进巷道,也可以布置在采煤工作面。运输设备有梭车或连续运煤系统、刮板运输机和皮带运输机等。支护方式有锚杆、锚索及履带行走式液压支架支护等(温庆华,2005)。旺采面主要设备如图 3-13 所示。

(a) 连续采煤机　　　　　　　　　　　　　　　　(b) 梭车

图 3-13　旺采面主要设备

旺采工艺按运煤方式一般分为两种:一种是连续采煤机→运煤车(梭车)→转载破碎机→带式输送机工艺系统;另一种是连续采煤机→连续运输系统→带式输送机工艺系统。目前,这两种工艺方式在神东矿区均有使用(鹿志发等,2002)。

(2) 旺采在神东矿区的发展历程。

从 1979 年开始,我国先后引进了多种型号的连续采煤机,并在条件适合的矿区进行了试验。但当时只是采用了房式采煤方法进行回收,仅解决了落、装、运的机械化,并没有实现回收煤柱时的支护机械化。

自 1995 年开始,神东矿区将旺采应用于短壁回采,并由小区域试验到大面积推广。其发展历程经历了三个阶段:第一阶段是简单翼开采方式;第二阶段是使用履带行走式液压支架的双翼开采方式;第三阶段是使用连续运煤系统,实现了高效短壁机械化开采。

神东公司在旺采工艺应用过程中结合开采实践进行了相应的改进。目前已很好地解决了大巷煤柱井田边界不规则、小块段断层冲刷等地质构造带附近无法布置综采进行回采区域的煤炭回采问题。同时提高了矿井的资源回收率,创造了具有神东特色的短壁机械化采煤方法。该方法回采工作面的布置较为灵活,可实现灵活机动的"即进即退"回采。开采工艺基本不受断层、褶曲、裂隙等地质构造的影响。因此对于大型井田的边角块段和不适宜布置综采工作面的小型井田,利用连采配套设备进行短壁机械化回采则可实现高产(白士邦和刘文郁,2006)。

（3）旺采巷道布置。

① 三条顺槽的布置方式。将需回采的边角煤当做一个盘区,首先布置盘区巷道。将其与矿井的主要巷道形成运输、通风、排水、供电等生产系统。每个盘区沿盘区巷道布置若干区段,区段相当于长壁回采的工作面。在区段中部布置 3 条顺槽,作为进风、回风和运输顺槽。顺槽宽度 5.0m,顺槽间净留煤柱 15m。工作面长度约为 100m。在顺槽两侧布置回采支巷(也可叫工作面),如图 3-14 所示。

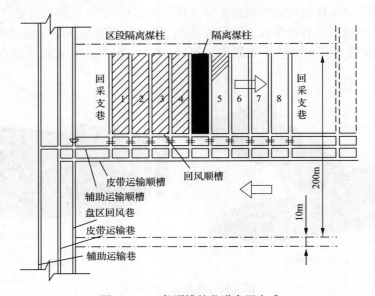

图 3-14　三条顺槽的巷道布置方式

回采支巷掘进到位后即可进行两侧煤柱的回收。煤柱回收一般分为双翼进刀回收和单翼进刀回收。双翼进刀回收如图 3-15 所示,连续采煤机从回采支巷一端后退式依次按 45°斜切进刀,回收支巷两侧煤柱。斜切进刀深度为 10m,宽度为 3.3m。每条支巷的回采宽度为 25m(含支巷宽度),两台履带行走式液压支架(图 3-16)在回采支巷内迈步式向前移动,及时支护连续采煤机后方的顶板。

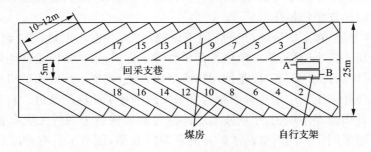

图 3-15　双翼进刀方式

单翼进刀只布置回收支巷一侧煤柱,布置方式与双翼进刀大同小异,具体运用根据所采边角煤的情况确定(宫全红,2002)。

②两条顺槽的布置方式。采用连续采煤机落煤、连续运煤系统和皮带运输机运煤,如图 3-17 所示。回采工作面区段宽度约 120m。一般沿区段中间布置两条顺槽,巷道净宽 5m,间距 15m,然后由顺槽向两侧布置回采支巷(宽 5.5m)。为便于连续运输系统的行走与使用,使回采支巷与顺槽夹角约为 60°,采面与支巷夹角约为 35°。回采支巷间距以连续采煤机在支巷两侧回采时一次采到边界不出现冒顶为原则确定(一般取 20m)。顺槽及回采支巷为锚杆支护。顺槽及回采支巷均由回采面连续采煤机自行掘进。其中顺槽适当超前一两个支巷间距,回采支巷则随掘随采,即掘到区

图 3-16　履带行走式液压支架

段隔离煤柱(取 10m)边界后就后退回采。回采时采面布置以不冒顶为原则,每刀宽 3.3m,高 4.4m,长度约 10~12m,采空区采用冒落法管理顶板。

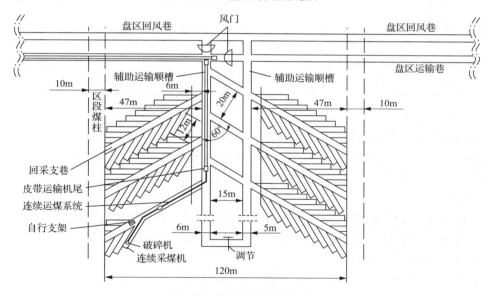

图 3-17　两条顺槽的布置方式

为维护回采支巷与采面交岔点的安全,该处采用履带行走式液压支架支护,支架随工作面后撤而移动。回采工作面在支巷两侧的后退回采、支巷在顺槽两侧的向前推进以及支巷的掘进与回采均是交替进行的。当支巷中的采面采至距顺槽煤柱 6m 时停采,回到顺槽另一侧掘进支巷。为防止采空区大面积塌冒,每 7 个支巷留 15m 煤柱。可伸缩胶带的延伸和配电中心的前移步距,根据供电距离与连续运煤系统的服务距离而定。前进式开采的连续采煤机回采工作面随顺槽延伸到边界后再回退回收顺槽煤柱(宫全红,2002)。

该采煤法的布置方式多种多样,还有布置 4 条以上顺槽的方式,可根据开采范围内煤层的赋存状况及瓦斯涌出量灵活确定。

(4) 巷道回采工艺。

工作面回采与掘进交替进行,先掘进辅助运输巷,再掘进皮带运输巷,当掘进到支巷及联络巷开口位置时,掘进左右支巷及联络巷。煤房由外向里依次进行回收。每个煤房内采用后退式采煤方法一次回收完毕。煤房回收采用左右交替进刀,每进一刀及时前移履带行走式液压支架(宫全红,2002)。

(5) 主要设备。

工作面采、装、运、支等工序由连续采煤机、运输系统、锚杆机及履带行走式液压支架依次完成。有条件时优先选择连续运煤系统(宫全红,2002)。旺格维利采煤法使用的主要设备见表 3-8。

表 3-8　旺格维利采煤法的主要设备

设备名称	设备型号	功率/kW	数量	使用地点
连续采煤机	12CM-10DVC	600	1	工作面
梭车	CH818		2	工作面
连续运煤系统	2000	675	1	回采支巷
履带行走式液压支架	XZ7000/24/45		2	工作面
锚杆钻机	HDDR-AC	90	1	工作面
皮带运输机	DSP-1063/1000	160	1	运输平巷
铲车	LA488		1	工作面

(6) 顶板管理。

连续采煤机工作面采用树脂锚杆支护。支巷两侧回收煤房时采用履带行走式液压支架支护顶板,支架与煤壁的距离小于 0.5m。煤房回采后的采空区采用全部垮落法管理采空区顶板。为防止采空区大面积突然垮落,每回采 3～5 对支巷,留设 15m 宽的隔离煤柱(宫全红,2002)。

旺格维利采煤法的顶板管理主要有 3 个环节:掘进时巷道的顶板管理、回采时支巷和煤房口三角区的顶板管理、预防采空区大面积冒顶的顶板管理。其中预防采空区大面积冒顶是重中之重(车卫贞,2004)。

巷道掘进时主巷、联络巷和支巷采用锚杆支护方式。

神东矿区自行研制的履带行走式液压支架采用液压马达驱动,支撑高度 2.5～4.5m,初撑力 5665kN,工作阻力 7000kN。额定泵压 23MPa,操作方式为离机电液控制或遥控操作,外形尺寸为长×宽×高＝5845mm×2300mm×2400mm,总重量 42t(宫全红,2002)。

(7) 旺采在神东矿区的适用条件及优势。

① 适用于浅埋煤层。一般来说,上覆地层越厚,静压力越大,支护也相对困难,对短壁机械化采煤法的高效回采影响也就越大。对多煤层开采区域,煤层间隔距离越大,对下层煤层采用短壁机械化采煤工艺进行回采越有利;煤层间隔距离越小,上煤层回采后的支

承压力对下煤层的开采影响就越大,特别是上层煤留设的大煤柱将会对下部产生较大的集中应力。

② 适用于煤厚 2～4.5m 且埋藏稳定的煤层。受连采装备的限制,当煤厚低于 2m 时,支设锚杆极不方便。神东矿区用作顶板支护的锚杆一般为长 1.6m 或 1.8m。而锚杆机机座本身有一定的高度,钻锚杆眼时需先用短钎杆套孔后再用长钎杆成孔,极大地降低了掘进效率和工作面整体工作效率。因此,在 2～4.5m 厚的煤层中应用短壁机械化开采,能充分发挥其快速、高产、安全的效能。

③ 适用于近水平煤层。由于连采及其配套设备大多为自移式设备,适合于倾角较小的煤层。当倾角大于 10° 时,设备的自移将会出现困难,工作效率将会大大降低。因而,短壁机械化开采适宜布置在 8° 以下的煤层,特别适宜于 1°～3° 的近水平煤层中。

④ 适用于顶底板中等稳定的煤层。当顶板岩石强度较低时,对工作面巷道的长期维护和巷道宽度都有一定的影响;当顶板岩石强度太高、非常坚硬时,则不利于采空区顶板的自然冒落。特别是在含有薄煤线的复合顶板下进行回采时,往往因顶板岩层中的薄层煤线而造成煤线以下顶板岩石离层形成冒落。如果锚杆不能锚固在顶板薄煤线以上的坚硬岩层上,其顶板受巷道跨度、揭露时间、支护质量、顶板涌水等因素影响势必会塌落,不利于工作面的正常生产管理(宫全红,2002)。

当煤层直接底岩石为软岩遇水软化时,将影响采煤机进刀、无轨胶轮车运行和人员工作,在这种条件下采用旺采工艺会降低工作面生产效率。

另外,由于短壁机械化回采工作面布置比较灵活,大型井田的边角块段和不适宜布置长壁综采工作面的中小型井田,可应用连采配套设备进行短壁机械化回采。

2. 旺采工作面矿压显现和顶板运动的一般规律

目前旺采采煤方法已在神东矿区的上湾、哈拉沟、大柳塔、补连塔等煤矿应用,主要用于回采不便于布置综采工作面的边角煤。由于旺采时采空区中留有小煤柱临时支撑顶板,加之神东矿区坚硬的厚层顶板条件,使得旺采工作面煤柱回收后,直接顶垮落受到一定程度影响。通过对神东矿区旺采工作面现场观测和理论分析,初步总结出了旺采工作面矿压显现特点和顶板运动的一般规律(李大勇,2012)。

(1)直接顶的初次垮落步距较柱式开采条件下要大,视直接顶岩层情况,一般为 70m 以上,直接顶较厚的条件下,初次垮落容易形成飓风,造成人员伤亡。

(2)顺槽和支巷局部常出现面积为 10m² 左右的小范围直接顶冒顶,巷道交叉点区段煤柱上部靠近顶板处,局部片帮并伴有响声;采空区所留小煤柱破坏严重。

(3)顺槽变形在其掘出的 3 周时间内变化较大,之后趋于平缓;支巷两帮收敛量较小,在合理煤柱宽度条件下,能保证支巷煤帮自稳,不需要进行支护。

(4)有锚杆支护的巷道顶板发生离层现象是普遍的,锚固区内顶板离层量很小,锚固区外顶板离层量大,但总离层量不大。

(5)当连续采煤机回收煤柱后,顶板岩层达到极限垮落步距时,顶板岩层垮落,从而形成采场来压。由于采空区残留煤柱尺寸较小,在工作面回采过程中已进入塑性状态而失去承载能力,从而对采空区顶板垮落影响很小。

3. 旺采工作面矿压显现案例分析

1) 案例一：旺采工作面煤柱应力和顶板位移变化分析(汪华君,2013)

(1) 工作面概况。

为研究旺采面煤柱应力和顶板位移变化,以大柳塔矿 12406-3 旺采面和哈拉沟矿 02104L 旺采面为试验工作面,两个工作面均开采 2-2 煤层,开采技术条件见表 3-9。旺采工作面主要技术参数见表 3-10。

表 3-9　开采技术条件

项目	12406-3 旺采工作面	02104L 旺采工作面
煤层厚度/m	5.0	6.1
煤层倾角/(°)	0~4	1~5
采深/m	90~120	68~110
基岩厚度/m	50	68~100
松散层厚度/m	40~70	0~10
直接顶厚度/m	2.8	5.8
基本厚度/m	2.45	6.60

注：直接顶均为粉砂岩；基本顶均为细砂岩；工作面相邻两边界均匀采空区

表 3-10　旺采工作面主要技术参数

旺采工作面	煤柱宽度/m				备注
	煤房	支巷	采空区	平巷	
大柳塔矿 12406-3	1.5	0	10	10	煤房间距 0.5m,每 3 个煤房留设 1.5m
哈拉沟矿 02104L	1.5	0	10	10	

大柳塔矿 12406-3 旺采面煤柱中布置 16 个应力计,编号分别为 5~20,其中平巷煤柱布置的应力计为 5~8,煤房煤柱布置的应力计编号为 9,支巷和联络巷之间的三角煤柱为 10、19~20,支巷煤柱布置的应力计为 11~14,采空区保护煤柱布置的应力计为 15~18,在顶板中布置中 1 个顶板位移计,编号为 3b,该位移计可同时测顶板离层位移、顶板浅表位移(通常简称顶板位移)、顶板深表位移,如图 3-18(a)所示。哈拉沟矿 02104L 旺采工作面布置煤柱应力测点和顶板离层测点较多,其中编号为 9 的位置有两个测点,一个为中间孤岛煤柱应力测点,另一个为顶板离层测点,编号为 10、12 的为中间孤岛煤柱应力测点,如图 3-18(b)所示。

(2) 大柳塔矿 12406-3 旺采工作面矿压观测分析。

① 煤柱应力变化分析。

平巷煤柱 5~8 号测点应力增量—时间曲线如图 3-19(a)所示。平巷煤柱的边界处和拐角处在由弹性状态到塑性状态过渡的过程中,边缘发生片帮现象,而煤柱内部则一直处于弹性状态,承受压力不断增大,但未达到其极限强度,8 号应力计安装后不久就被破坏,表明拐角处的煤壁很容易片帮；位于平巷和支巷交界处的 5 号应力计承受的应力不断增

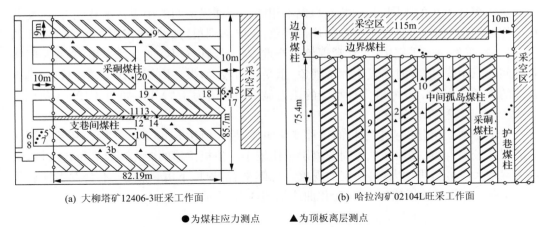

(a) 大柳塔矿12406-3旺采工作面　　　　　(b) 哈拉沟矿02104L旺采工作面

●为煤柱应力测点　　▲为顶板离层测点

图 3-18　工作面矿压观测点布置

大到极限强度,然后承载能力下降,煤柱承受的压力向内部转移;6 号和 7 号测点的应力不断增大,最大值分别为 3.3MPa 和 3.0MPa,最终没有达到极限强度(2010 年 12 月 13日回采结束)。在回采过程中,支巷煤柱有片帮现象,且逐步从弹性状态过渡到塑性状态,直至破坏。由图 3-19(b)可知,11 号和 12 号测点应力显现变化明显,支巷煤柱发生破坏的时间不相同,但在回采完毕约 10d 后,最终都被破坏。由此可见,支巷煤柱的承载能力明显低于平巷煤柱。

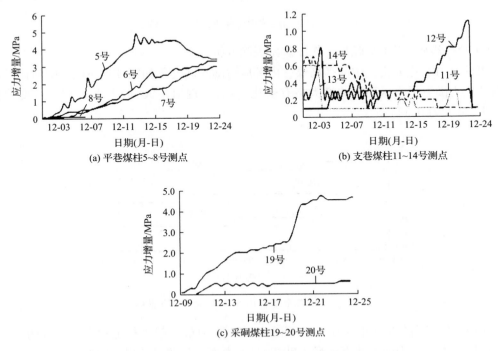

(a) 平巷煤柱5~8号测点　　　　　(b) 支巷煤柱11~14号测点

(c) 采硐煤柱19~20号测点

图 3-19　测点应力增量-时间曲线

　　煤房煤柱大小的不同,其承载能力也不相同。相邻煤房间的小煤柱承载能力差,支巷在工作面回采完毕后,会发生明显的片帮现象,不能起到很好的支撑作用。每组煤房间的大煤柱,在工作面回采完毕后,片帮现象不严重,对顶板具有很好的支撑作用;支巷和联络巷之间的三角煤柱,有时会发生片帮现象,承受压力较大,煤柱内部仍处于弹性状态,具有较好的支撑作用,如 19 号应力计承受的压力显现最大值为 4.7MPa,如图 3-19(c)所示。

　　② 顶板位移变化分析。

　　顶板位移变化分析支巷顶板的位移变化明显,最大值达 3.6mm。直接顶和基本顶间的离层量较大,而直接顶和顶煤间的离层量比较小。顶板位移的变化还具有不连续性,出现突然增大,稳定,再增大,再稳定的现象。总体来看,顶板下沉量较小,不会发生顶板大面积垮落,3b 测点顶板位移-时间变化曲线如图 3-20 所示。

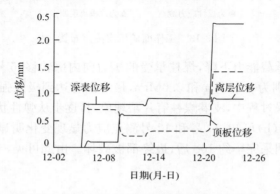

图 3-20　3b 测点顶板位移-时间变化曲线

　　③ 哈拉沟矿 02104L 旺采工作面矿压观测分析。

　　煤柱应力变化分析。中间孤岛煤柱内部应力随时间变化如图 3-21 所示,中间孤岛煤柱内的应力随着采空区面积的增大略有变化,应力显现值不大,最大为 1.6MPa,变化值也不大,最大为 0.1MPa。

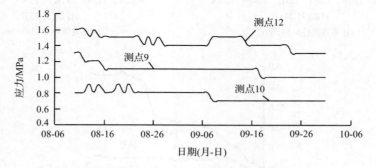

图 3-21　中间孤岛煤柱内部应力-时间变化曲线

　　在回采完毕后(2010 年 8 月 24 日回采结束),应力最终趋于稳定状态。这说明,中间孤岛煤柱一方面处于弹性状态未发生破坏;另一方面由于留设的煤房间煤柱较大,顶板应力主要由刀间煤柱承担,并未转移至中间孤岛煤柱上。

　　综合所有煤房煤柱应力监测结果可知,煤房煤柱内的应力显现最大为 2.5MPa,最大变化量为 0.1MPa。随着回采时间和采空区面积的不断增加,煤房煤柱均处于稳定状态,说明煤房煤柱稳定性较好;支巷回采结束后,很少有片帮,能很好地起到支撑顶板的作用

　　巷端头的边界煤柱内应力较小,基本没有增量变化,说明煤柱始终处于弹性稳定状态。

　　平巷护巷煤柱内的应力变化较明显,安装后 2 天内就增大了 0.2MPa,这是由于平巷护巷煤柱为采空区的支撑边界之一,承载顶板压力较大。应力显现总体较低(最大为 2.5MPa),且应力变化也较小(变化最大值为 0.5MPa)。

　　顶板位移变化分析。9 号测点顶板位移-时间变化曲线如图 3-22 所示。由图 3-22 可知,支巷顶板的位移总体很小,不超过 2mm,其中直接顶和基本顶间的离层量也很小,而且直接顶和顶煤之间基本没有离层。顶板位移的变化具有不连续性,顶板位移出现突然增大,稳定,再增大,再稳定的现象。总体来看,顶板下沉量较小,不会发生顶板大面积垮落,顶板和煤柱均处于稳定状态。

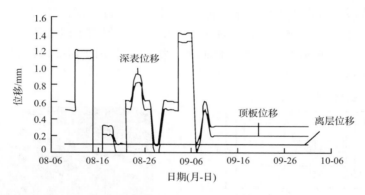

图 3-22　9 号测点顶板位移-时间变化曲线

　　(3) 工作面矿压观测对比分析。

　　两个工作面回采结束后,顶板都处于稳定状态,均未发生大面积垮落。但大柳塔矿 12406-3 旺采工作面矿压显现比哈拉沟矿 02104L 旺采工作面显著,煤房煤柱破坏严重,有顶板冒落现象,煤柱内产生塑性变形。02104L 旺采工作面发生了弹性变形,但顶煤基本没有冒落,位移和离层都很小,煤房煤柱护巷煤柱及边界煤柱很好地支撑了顶板,致使顶板尚处于稳定状态。12406-3 旺采工作面煤房煤柱破坏严重,顶板主要由边界煤柱和护巷煤柱支撑。矿压显现差异的主要原因有:02104L 旺采工作面基岩厚度较大,基本没有松散层,而 12406-3 旺采工作面基岩厚度相对较薄,且松散层厚度与其基岩厚度基本相同。旺采条件下,基岩厚度大,容易形成大拱结构,其上覆岩层载荷重新分布,并作用在开采区段四周的隔离保护煤柱上。在大结构掩护下,其下部小结构的岩层载荷作用在旺采工作面区域所留设的煤柱上,矿山压力显现不明显,如图 3-23 所示。02104L 旺采工作面基本

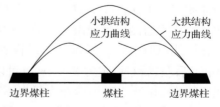

图 3-23　覆岩空间大小结构应力关系示意

顶关键层厚度(6.60m)较大,12406-3旺采工作面基本顶关键层厚度(2.45m)相对较薄,因此,02104L旺采工作面采空区覆岩载荷更易平均分布在采空区内的煤柱上,矿压显现较弱。02104L旺采工作面煤层比12406-3旺采工作面煤层硬度大,且所留煤柱尺寸较大,能较好地起到支撑采空区顶板的作用。

2)旺采工作面履带行走式液压支架和地表下沉分析

神东矿区榆家梁煤矿42216旺采工作面煤层厚度为3.41~3.71m,平均为3.55m,煤层倾角为1°~3°,为近水平煤层。地表为黄土沟壑区,断层不发育,后生裂隙发育。煤层埋深为18~69m,其中上覆基岩厚度为10~30m。直接顶厚度为1.75~5.2m的砂质泥岩,直接底为0.40~6.37m的粉砂岩。42216旺采工作面分为五区和六区。其中五区布置2条集中巷,18条支巷,共划分为四个区段,区段间留设15m隔离煤柱,支巷间每隔30~40m施工联巷。六区布置2条集中巷,12条支巷,不划分区段。五区第一、第二区段工作面布置方式如图3-24所示。

(1)履带行走式液压支架压力监测。42216旺采工作面采用4台履带行走式液压支架支护顶板(该履带行走式液压支架为神东公司自行研制,如图3-25所示),其中1号、2号支架配合连采机在支巷循环迈步式回采。3号、4号支架用于回采联巷口煤柱时支撑联巷口顶板。每台支架前后左右柱各装有4个压力监测仪,用于监测顶板的压力变化。

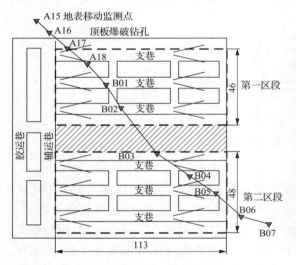

图 3-24　神东矿区 42216 旺采工作面布置方式

图 3-25　神东公司自行研制的履带行走式液压支架

以五区第二区段为例,在旺采工作面开采过程中,位于支巷中的1号、2号支架4个压力监测仪基本保持在1600~2300psi(14.5psi＝0.1MPa);位于回采联巷口的3号、4号支架4个压力监测仪呈现出一致的变化特点。五区第二区段3号履带行走式液压支架压力变化曲线,如图3-26所示。二区段在开始回采时,初始顶板压力前左、前右设定为1800psi,后左、后右设定为2400psi。可以看出,在推进22m过程中,4个压力监测仪压力变化区间为2400~3600psi,压力显现不明显。随着悬顶面积的增大,在旺采工作面推进27~35m过程中,支架压力逐渐增大,最大压力达到4800psi。当第二区段悬顶面积接近理论极限悬顶 1612.8m² 时,顶板垮落不太明显,仍存在大面积悬顶。为确保安全,旺采工作面在向前推进约 30m 后采取了强制放顶措施,4 个压力监测仪压力在强制放顶前后基本保持在 4000～4800psi。随着顶板的垮落,支架压力开始减少到 2500psi 左右,并逐渐趋于稳定,直到支架移到下一个联巷口(李文和胡智,2013)。

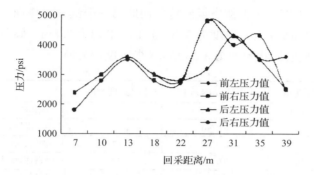

图 3-26　履带行走式液压支架压力变化曲线

　　(2)地表移动监测。在 42216 旺采工作面地表埋设了一组地表移动监测测点,受地形条件限制,测点呈近似直线布置(图 3-24)。第一、第二区段采取强制放顶后实测地表移动下沉曲线和现场塌陷图如图 3-27 所示。可以看出,强制放顶后,A14～A18 和 B01点下沉量非常小,仅为 20～80mm,到 B02 点突然下沉 940mm,下沉最大的监测点为 B03点,最大下沉量达到 1175mm。与之对应,地面出现多层台阶状塌陷区,沉陷区域的台阶高度最大达到 850mm。这说明,薄基岩浅埋旺采工作面地表塌陷具有突然性和台阶状的特点(李文和胡智,2013)。

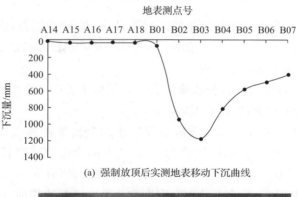

(a) 强制放顶后实测地表移动下沉曲线

(b) 现场塌陷

图 3-27　地表移动监测曲线及现场效果

4. 单体支柱工作面矿压显现规律

1) 大柳塔煤矿 C202 单体支柱工作面现场观测

(1) 大柳塔煤矿 C202 单体支柱工作面概况。

C202 单体支柱工作面是大柳塔煤矿建井初期第一个试采工作面。开采 2-2 煤层(在 1-2 煤层之下,间距 25m 左右),厚度为 3.5~4.1m,平均为 3.8m。倾角小于 3°,埋藏深度平均为 65m。煤系地层柱状图如图 3-28 所示(李凤仪,2007)。

层序	柱状	厚度/m	体积力/(MN/m³)	抗压强度/MPa	岩性
1		25.0	0.0170		风积沙、砾石,风化层
2		7.4	0.0140		1-2 煤层火烧区
3		1.1	0.0240	17.5	泥岩、碳质泥岩、煤线
4		14.8	0.0243	27.5	较松散块状粉砂岩
5		0.1	0.0140	14.8	煤线
6		4.2	0.0239	36.9	粉-中粒砂岩
7		4.5	0.0243	41.3	砂质泥岩
8		2.4	0.0239	36.9	粉砂岩
9		0.3	0.0245	41.3	砂质泥岩
10		1.5	0.0239	36.9	细砂岩
11		4.4	0.0245	32.2	砂质泥岩、泥岩、煤线
12		4.0	0.0130	13.4	2-2 煤层
13		1.8	0.0241	37.5	砂质泥岩

图 3-28　C202 工作面煤系地层柱状图

伪顶:厚度小于 0.5m,为极易垮落的碳质泥岩,层理、裂隙发育,遇水易崩解。

直接顶:厚度为 0.46~7.5m,一般为 3m 左右,为粉砂岩、泥岩、砂质泥岩,层理发育初次垮落步距 17m,属中等稳定顶板。

基本顶:厚度大,岩性为砂岩和砂质泥岩。开采区上方 1-2 煤层已自燃,烧变岩厚度为 20m 左右,其上为毛乌素沙漠风积沙覆盖层。

工作面长度 102m,采高 2.2m,爆破落煤。使用金属摩擦式支柱和铰接顶梁,排距 1.2m,柱距 0.6m。三四排控顶,控顶距为 3.6~4.8m,全部垮落法管理顶板。日推进一个循环,循环进尺 1.2m。工作面上下顺槽均为矩形巷道,留有 0.5~0.6m 的顶煤。上下顺槽断面面积分别为 6.67m² 和 5.72m²,宽度均为 2.6m,巷道超前支护距离为 10m。

(2) C202 单体支柱工作面矿压显现特点。

C202 单体支柱工作面观测时间计 48d,观测开始时工作面已推进 143.6m。观测经历了 6 次周期来压,主要来压特征如图 3-29 及表 3-11 所示(李凤仪,2007)。

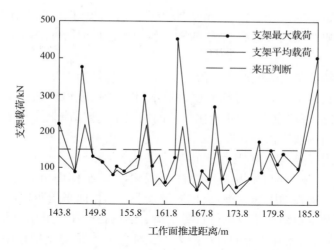

图 3-29　C202 单体支柱工作面周期来压显现曲线

表 3-11　C202 单体支柱工作面来压规律一览表

来压 次序	来压步距 /m	支柱平均 载荷/kN	支柱平均最大 载荷/kN	顶底板平均移动 速度/(mm/h)	活柱平均 下沉量/mm	台阶个数 /个	台阶下沉量 /mm
1		246.4	313.3	13.75	70.42	1	600
2	9.6	233.0	249.5	6.85	67.25	1	400
3	6.0	245.7	430.0	4.66	68.67	1	350
4	6.0	180.0	260.0	8.99	72.70	1	400
5	7.2	188.7	192.0	4.69	65.82	1	500
6	9.2	322.5	400.0	6.30	66.25	1	500
平均	7.6	236.1	307.5	7.54	68.52	1	458

根据实测,C202 工作面矿压显现有以下特点:

开采情况推算,基本顶初次来压步距为 24m。

周期来压明显。实测 6 次来压"三量"的增值倍数(来压期间与平时平均值之比)都比较大,平均为 2.6~3.8,见表 3-12。

表 3-12　工作面来压"三量"增值倍数

实测来压次序	支柱平均载荷/倍	顶底板移近速度/倍	活柱下缩量/倍
1	3.3	5.5	1.4
2	2.5	2.5	2.7
3	3.7	2.2	3.3
4	3.4	2.6	10.0
5	2.6	2.6	2.7
6	3.8	2.6	2.9
平均	3.2	3.7	3.8

周期来压步距不大,一般为 6～9m。来压经历时间短,推进两个循环 2.4m 后结束。这表明基本顶岩块在短期失稳后,能很快随工作面推进形成新的平衡,顶板运动存在结构效应。

来压的主要特征是沿煤壁产生台阶下沉,台阶下沉量为 350～600mm,最大一次沿工作面中下部范围长达 70m。说明基本顶岩块本身不能形成稳定的铰接岩块或砌体梁结构。但是,在支柱插底严重、支护质量比较差的情况下,金属摩擦支柱支护的工作面并没有被压垮。说明结构效应依然存在。

(3) C202 工作面支架工作阻力分布特征。

工作面支柱"三量"分布见表 3-13,前排小后排大。工作面留有底煤,支柱插底使支护系统刚度降低。支柱增阻速度慢,支护质量较差。工作面来压明显,来压时间短及台阶下沉等现象表明基本顶结构难以取得自身平衡。然而在支柱质量比较差的情况下没有被压垮,说明顶板结构仍然有一定的自承能力。支柱对基本顶的支护作用主要是平衡基本顶来压时超过自身承载能力以外的顶板压力,从而形成"支架-围岩"共同承载。

表 3-13　C202 工作面"三量"分布

支柱排数	1	2	3
距煤壁距离/m	1.2	2.4	3.6
平均载荷/(kN/柱)	39.4	106.5	133
活柱下缩量/mm	9.7	31.5	62.2
顶底板移近量/m	23.2	66.5	127.7

生产工序对工作面矿压显现有明显影响。回柱时顶底板移近速度为平时的 4.91 倍,支架载荷为平时的 3.2 倍,活柱下缩量为平时的 3.5 倍。当工作面推进慢至一天一个循环(1.2m)时,距工作面煤壁 2.4m 处顶板平均下沉量、支架平均载荷、活柱下缩量均比平时明显增加。

进风平巷、回风平巷矿压显现比较缓和,观测期间巷道两帮未发生明显变形和破坏现象。采动影响范围在 16m,支撑压力峰值在距煤壁 4.5m 处(李凤仪,2007)。

2) 南梁煤矿 20105 单体支柱对拉工作面现场观测

(1) 南梁煤矿 20105 工作面概况。

南梁煤矿地处陕北侏罗纪煤田神府地方开采区中部,陕西省神木、府谷两县交界处,位于陕西省府谷县老高川乡红草沟村。矿井采用平硐开拓,采煤方法为走向长壁采煤法。20105 对拉工作面开采 2-2 煤层,采高 2.0m。工作面长 180m,每侧 90m,沿推进方向长 1000m。采用全部垮落法管理顶板,爆破落煤。支护采用 DVJ-22 单体液压支柱配合 HDJA-1200 型金属铰接顶梁,排距为 1.0m,柱距为 0.6m,最大控顶距为 4.0m(张杰,2007)。

(2) 20105 工作面矿压显现规律。

① 工作面推进过程中的矿压显现。

20105 工作面采用间歇式开采,工作面每推进 50m,留设 10m 煤柱。在第一个 50m 开采区没有明显的矿压显现。第二开采区工作面连续推进,在推进距离开切眼 23m 时开始观测,观测期间共推进 114m。工作面推进 71m 时基本顶发生初次来压,支柱载荷出现峰值。最大载荷达 282.6kN,是平时的 3 倍。顶底板移近速度瞬时出现峰值,达 5.65mm/h,是平时的 5.5 倍。活柱下缩量最大为 4.2mm,是平时的 1.4 倍。顶板发生台阶下沉现象,台阶下沉量平均为 40mm,煤壁片帮严重,片帮深度达 100mm。来压期间工作面柱子被压弯三根。巷道内形成飓风,同时风流逆行,从副平硐冒出黑烟。在地表形成地堑,落差达 1m。同时在整个采空区上方形成地表塌陷坑。观测表明工作面初次来压后随工作面每推进一定距离,矿压显现的剧烈程度就有一次明显的增值,说明工作面存在基本顶周期性矿压显现(张杰,2007)。

② 基本顶周期来压强度及工作面三量。

根据观测数据汇总和支柱载荷最大读数平均值,计算工作面基本顶来压时动载系数为 1.85~2.92,平均为 2.02。其动载系数较大,且来压期间比平时剧烈。主要是由于底板较软,支柱控制顶板能力较差。矿山压力仍然很大,而且有明显的周期来压。

工作面"三量"观测表明活柱下缩量几乎仅为同排顶底板移近量的一半。如第三排支柱活柱最终下缩量为 6.9mm,为顶底板移近量 12.7mm 的 54%。其原因一方面是由于该工作面使用的支柱和顶梁部分质量不过关及木板垫层存在;另一方而是由于工人的操作水平、工作面管理、顶底板条件等原因所致。同时,工作面推进速度影响工作面"三量"。当工作面一天推进两个循环时,距工作面煤壁 2.0m 处顶板的平均下沉量为 9.1mm,支柱平均载荷为 162kN/根,活柱平均下缩量为 3.5mm。后来由于工作面顶板破碎减缓了推进速度,距离煤壁 2.0m 处平均顶底板移近为 9.8mm,增加了 0.7mm,活柱平均下缩量为 4.2mm,增加了 0.7mm。这说明适当加快工作面推进速度有利于顶板的管理(张杰,2007)。

③ 工作面支柱的初撑力和工作阻力情况分析。

观测期间对工作面 104 根单体支柱的初撑力和工作阻力进行了统计分析。初撑力最大值为 102.05kN,平均为 67.9kN。工作面初撑力分布情况直方如图 3-30 所示。由于架设支柱时没有充分发挥泵站作用,致使其初撑力分布极不均匀,频率最高的为 64~72kN,而且普遍偏低。支柱的工作阻力统计显示:未达到初工作阻力(250±30)kN 的观

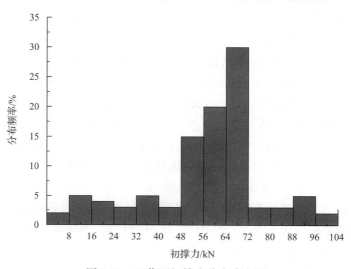

图 3-30　工作面初撑力分布直方图

测支柱为支柱总数的 75.85%。支柱阻力绝大部分未达到初工作阻力。造成这种支柱工作阻力偏低的原因一方面是工作面底板留有一定的浮煤，并且底板较软导致支柱插底，造成支柱卸载；另一方面，工作面顶板比较破碎，支柱受载不均，导致个别支柱载荷超限（张杰，2007）。

（3）顺槽内超前支承压力分析。

顺槽内超前支承压力变化不明显，在 21～100kN 范围内波动。随测站距工作面距离的靠近，所测得的顶板压力上升较快。顺槽顶板压力与回采工作面距离的关系如图 3-31 所示。由图 3-31 可以看出：在工作面前 27m 处，巷道顶板压力开始出现上升趋势。峰值区在工作面前方 6m 左右，最大压力为 100kN。由此可见，该工作面超前支护压力影响范围较小，且靠近煤壁。支承压力峰值区在工作面前方 9m 范围内，而且压力值不大（张杰，2007）。

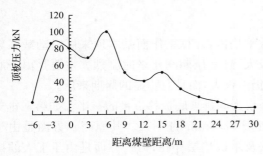

图 3-31　超前支护压力分布

3.2.2　综采综放工作面矿压显现特征

1. 综采工作面矿压显现规律

1）3.5m 以下采高综采面矿压显现规律

（1）南梁煤矿 20115 工作面概况。南梁煤矿 20115 工作面煤层厚度为 2.12m，直接顶为 1.5～2.0m 粉砂岩，深灰色，以泥质为主、含植物化石碎屑，具有滑面。基本顶为 5.0～8.0m 中砂岩，岩石较完整白灰色。直接底为 2.0～3.0m 泥岩，粉砂岩，灰色，以泥质为主，遇水易软化，容许比压为 2.6MPa，属于Ⅰ类极软底板。老底为 3.0～5.0m 中细粒砂岩，均匀层理为主，灰白色。平均开采深度为 83m，基岩厚度为 40～65m；地表松散层厚 26.4～104.5m，平均为 72.0m（李军，2010）。

20115 工作面长度为 225m，推进长度为 2460m，设计产量为 1.20Mt/a。工作面支护选用 ZZ6800/14/27 型支撑掩护式液压支架，共安装 154 架，其中端头支架 5 架，过渡支架 2 架，中间支架 147 架。工作面采高 2m，截深 800mm，采取及时支护方式。

（2）丁家渠煤矿 4101 工作面概况。伊泰集团丁家渠煤矿 4101 工作面主采 4-2 煤层，平均厚度为 2.7m。煤层顶板岩性为砂质泥岩、细粒砂岩；底板岩性为砂质泥岩、粉砂岩。顶、底板岩性介于软弱—中等坚硬之间。岩体较完整，裂隙不发育。埋深小于 40～80m，构造简单，煤层倾角小于 3°，含 1～2 层夹矸，层厚 0.30～0.80m。工作面长度 200m，推进长度 1170m，采高 2.6m，采用走向长壁综合机械化采煤法，一次采全高，全部垮落法管理顶板，选用两柱掩护式液压支架 ZY6800/14/32 支护顶板（李翔等，2009）。

将以上两个工作面主要参数汇总见表 3-14。

表 3-14 神东矿区 3.5m 以下主要工作面参数表

工作面名称	煤厚/m	采高/m	埋深/m	基岩厚度/m	松散层厚度/m	工作面长度/m	支架额定工作阻力/kN
南梁 20115	2.12	2	83	40～65	26.4～104.5	225	6800
丁家渠 4101	2.7	2.6	80			200	6800

2）3.5m 以下采高综采面矿压显现基本特征

（1）工作面初次来压步距和来压强度。

丁家渠煤矿 4101 工作面和南梁煤矿 20115 工作面选择的液压支架的额定工作阻力相同，初步来压步距（初次来压前爆破放顶）50m。4101 工作面基本顶初次来压非常强烈，初次来压时支架最大工作阻力为 5702kN，是额定工作阻力的 83.85%，动载系数平均为 1.23。人工破断前支架工作阻力为 4600kN，是额定工作阻力的 67.64%（李翔等，2009）。

南梁煤矿 20115 工作面初次来压时各支架平均工作阻力为 6037kN，最大初次来压工作阻力为 7579kN，超额定工作阻力的支架数为支架总数的 6.2%。初次来压时动载系数为 1.26（李军，2010）。

（2）工作面周期来压步距和来压强度。

丁家渠煤矿 4101 工作面推进至 64m 时，工作面中部第一次周期来压，工作面中部支架工作阻力大幅增大，煤壁片帮严重。整个过程共观测周期来压 4 次，来压步距为 12～19m，平均为 14m。压力为 5725～6705kN，最大值达到额定工作阻力的 97.44%（李翔等，2009）。

南梁煤矿 20115 工作面在初次来压后共观测 5 次周期来压，最大来压步距为 13.6m，最小为 9.6m，平均为 10.9m。周期来压强度最大为 5307kN，最小为 4345.4kN，平均为 5008.8kN（李军，2010）。

（3）来压特征分析。

4101 工作面支架阻力主要分布在 4500～6000kN，工作面来压期间，中部支架动载明显，来压非常强烈。中部支架工作阻力接近额定工作阻力，且瞬间最大值（额定值的 100.29%）超过额定值。沿工作面倾向，来压期间工作面中部支架阻力普遍大于两端支架阻力，且中部来压较两端早，步距略小（中部为 12～14m，两端为 14～19m）。现场实测也发现，中部来压较两端剧烈，偶尔伴有架间冒顶现象（李翔等，2009）。

20115 工作面支架工作阻力大于 4976kN 的架次占测试架次的 21.7%，平均工作阻力为 3731.7kN，低于支架初撑力；来压时平均工作阻力为 5008.8kN，达到额定工作阻力 41MPa（6800kN）的只占 6.2%，表明支架额定工作阻力仍具有一定富裕（李军，2010）。

3）3.5～5m 采高综采工作面矿压显现特征

（1）案例一：大柳塔矿 1203 工作面矿压显现特征。

① 1203 工作面概况。

开采 1-2 煤层，地质构造简单。煤层平均倾角为 3°，平均厚度为 6m。直接顶为粉砂岩、泥岩和煤线互层，裂隙发育。基本顶主要为粉砂岩，岩层完整。埋藏深度为 50～65m。覆岩上部为 15～30m 风积沙松散层，其下约为 3m 风化基岩。顶板基岩厚度为 15～40m，在开切眼附近基岩较薄，沿推进方向逐渐变厚。松散层下部有潜水，平均水柱高度为

5.8m。煤系地层典型柱状如图 3-32 所示。工作面长度 150m,采高 4m,循环进尺 0.8m,日进 2.4m。顶板支护采用 YZ3500/23/45 掩护式液压支架,支架初撑力 2700kN/架,工作阻力 3500kN/架(李凤仪,2007)。

层序	柱状	厚度/m	体积力/(MN/m³)	抗压强度/MPa	岩性
1		27.0	0.0170		风积沙、砂岩
2		3.0	0.0233		风化砂岩
3		2.0	0.0233	21.4	粉砂岩,局部风化
4		2.4	0.0252	38.5	砂岩
5		3.9	0.0252	36.8	中粒砂岩,交错层理
6		2.9	0.0241	38.5	砂质泥岩
7		2.0	0.0238	48.3	粉砂岩
8		2.2	0.0238	46.7	粉砂岩
9		2.0	0.0243	38.3	碳质泥岩
10		2.6	0.0243	38.5	砂质泥岩或粉砂岩
11		6.3	0.0130	14.8	1-2煤层
12		4.0	0.0243	37.5	粉、细砂岩

图 3-32　1203 工作面煤系地层柱状图

② 1203 工作面矿压显现特点。

Ⅰ. 初次来压(李凤仪,2007)。1203 工作面自开切眼推进 27m 时,开始大范围来压,即基本顶初次来压。其主要特征是工作面中部约 91m 范围顶板沿煤壁切落,形成台阶下沉。其中 24～45 号支架间约 31m 范围内台阶下沉量高达 1000mm,来压猛烈,造成部分支架被压死。来压期间大量潜水自顶板裂隙涌入工作面,最大涌水量达到 250m³/h,涌水三天后工作面机尾(靠轨道平巷)出现溃沙现象。

Ⅱ. 周期来压(李凤仪,2007)。实测期间工作面共推进 40m,出现 4 次周期来压,来压步距为 9.4～15.0m,平均为 12m。来压主要特征如图 3-33 及表 3-15 所示。

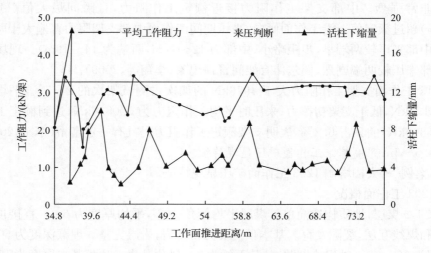

图 3-33　1203 工作面周期来压曲线

表 3-15　1203 工作面周期来压规律一览表

来压次序	来压步距/m	经历推进距离/d	支架平均载荷/kN	支架最大载荷/kN	活柱下缩量/mm	来压动载系数
1	9.4	1	3500	3700	18	1.10
2	9.7	1	3300	3785	3	1.45
3	13.9	1	3500	3819	9.5	1.30
4	15.0	1	3400	3690	2.5	1.19
平均	12.0	1	3437	3748	8.3	1.26

来压期间的特点是工作面顶板淋水增多,支架载荷急剧增大,活柱下缩量急剧增加等现象。来压历时较短,仅为一天左右。周期来压时基岩顶板切落一般发生于架后,工作面矿压显现比初次来压缓和,但仍有不少支架立柱因动载而出现胀裂。

Ⅲ. 工作面顶板破断及地表移动特点(黄庆享,2002)。工作面台阶下沉是顶板基岩沿全厚切落的结果,这是厚松散层下浅埋薄基岩煤层顶板破断的一个主要特点,已被初次来压和第一次周期来压的地表下沉观测所证实。来压时在对应煤壁的地表出现了高差约20cm的地堑,表明覆岩破断是贯通地表的。

(2)案例二:神东矿区 3.5～5m 采高综采工作面概况。

大柳塔矿 12305 综采工作面位于大柳塔井田 2-2 煤层的三盘区,煤层倾角小于 4°,煤厚 3.85～4.5m,平均厚度为 4.23m。本工作面走向长度为 1705.5m,倾斜长度为239.8m。工作面内无明显的断层。断层、构造主要以一组定向近东西向的裂隙为主。地层平缓,倾角小于 4°,煤层底板总体表现为宽缓的波状起伏。12305 工作面运输顺槽、回风顺槽分别距切眼 375m,120m 遇地质冲刷体,分别延展 35m 和 28m。冲刷体较坚硬,对工作面正常回采及煤质均有较大影响。支架采用美国久益(JOY)采矿设备公司掩护式液压支架,初撑力和工作阻力分别为 5063kN 和 7625kN(李凤仪,2007)。

大柳塔矿 20601 工作面地质构造简单,开采 2-2 煤层,煤层近水平,平均倾角为 1.5°,平均厚度为 4.28m。煤层顶板基岩厚度为 35～50m,中上部岩性为粉砂岩并含 1-2 煤线,中下部为粉砂岩、砂质泥岩及中砂岩,下部为 5m 左右粉砂岩及砂质泥岩。直接顶为泥岩、砂质泥岩。基本顶主要为砂岩,岩性完整。煤系地层柱状图如图 3-34 所示。煤层埋藏深度 80～120m,一般为 95m 左右。覆岩上部为 23～55m 松散层,其中自上而下,风积沙层厚度 3～10m,为潜水含水层;黏土及中、细沙层厚度一般为 17m,为隔水层;粗砂及砾石层厚度一般为 14m,也是良好的含水层。松散层下部为约 5m 中粗粒石英砂岩风化基岩。工作面长度 220m,采用美国久益(JOY)采矿设备公司生产的 6LS-03 型双滚筒电牵引采煤机割煤作业,采高 4.3m,循环进尺 0.8m。采用德国 DDT 公司生产的 WS1.7 型掩护式液压支架支护顶板,支架初撑力为 4098kN/架,工作阻力为 6708kN/架(刘海胜,2013)。

大柳塔矿 20604 工作面开采 2-2 煤层,煤层近水平,平均倾角为 1.5°,平均厚度为4.28m。煤层埋藏深度为 80～120m,一般为 95m 左右。工作面长度 220m,采高 4m,液压支架与 20601 工作面相同(李凤仪,2007)。20604 工作面地质条件与 20601 基本相同,其煤系地层柱状图基本与 20601 一致。

层序	柱状	厚度/m	体积力/(MN/m³)	抗压强度/MPa		岩性
1		6.5	0.0165		松	风积沙、含水层
2		17.0	0.0175	9.0	散	黏土层,隔水层
3		14.0	0.0175	9.4	层	粗砂砾石,含水层
4		5.0	0.0232	22.1	基	砂岩风化层
5		30~45	0.0244	38.5	岩	粉砂岩层含1-2煤线
6		5.0	0.0244	34.5	层	粉砂岩、砂质泥岩
7		4.3	0.0130	13.4		2-2煤层
8		2.2	0.0250	36.7		砂质泥岩

图 3-34　20601 工作面煤系地层柱状图

　　大柳塔矿 22614 工作面位于大柳塔煤矿 2-2 煤层六盘区,垂直走向布置,地面标高 1256~1330.7m,煤层底板标高 1148.9~1198.2m,工作面长度为 201m,推进长度为 2436m,工作面平均煤厚 5.43m,设计采高 5m。工作面地质构造简单,工作面上覆含水层主要为基岩之上的含水砂砾石层。工作面形成后对上覆含水层的水进行了钻孔疏放。砂砾石层之上为黄土(黏土)松散层,其中夹有沙层。包括砂砾石层、黄土(黏土)层、沙层在内的松散层的总厚度为 80~105m。煤层及顶底板岩性见表 3-16。工作面回顺侧为原三不拉煤矿房采采空区,运顺侧为 22613 工作面采空区,切眼外是未采区。工作对应地表有多趟高压输电线路、包府公路等设施。基岩厚度随工作面推进方向变化较大,沿 22614 工作面中部及两条顺槽作垂直剖面,绘出从开切眼至停采线范围的基岩厚度变化曲线,如图 3-35 所示。液压支架采用中煤北京煤矿机械有限责任公司(以下简称北煤机)生产的 ZY9000/25.5/55 型液压支架(张建华,2011)。

表 3-16　22614 目工作面煤层及顶底板岩性

顶、底板名称	岩石名称	厚度/m	岩性特征
老顶	粉砂岩为主	13.1~40.4	部分区域为砂质泥岩、中砂岩、粗砂岩。部分区域近上部风化,风化层厚一般为 1.0~3.0m,风化后岩石物理强度降低
直接顶	砂质泥岩、泥岩	1.75~9.61	砂质泥岩、泥岩为主,部分区域为粉砂岩,水平层理发育,含植物茎叶化石,部分区域在中下部夹有 2-2 上煤线(0.21~0.87m)
伪顶	泥岩	0~0.52	泥岩,灰色、灰褐色,水平层理发育
煤层	2-2 煤层	4.8~5.8	煤层结构简单,一般不含夹矸。煤层底板标高总体中回撤通道侧较高,最高为 1198.22m;切眼侧较低,最低为 1148.90m。最大相对高差为 49.61m
直接底	粉砂岩为主	2.55~14.93	部分地段为泥岩或细砂岩,水平及微波层理发育,含植物根茎化石,遇水有一定程度的泥化

　　补连塔煤矿 12406 工作面开采 1-2 煤,位于补连塔井田四盘区西部。地表标高为 1237.8~1307.2m,煤层底板标高为 1074.53~1094.2m。12406 综采工作面北东侧为 12407 工作面,南西侧为 12405 综采工作面采空区,南东侧为煤液化污水池保安煤柱和 12 煤三条大巷。12406 综采工作面长度为 300.5m,推进长度为 2763m,煤层倾角为 1°~3°,

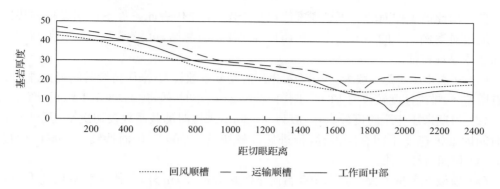

图 3-35　22614 工作面上中下测区基岩厚度变化曲线

煤层平均厚度为 4.88m,最大控顶距为 5843mm,最小控顶距为 4978mm,端面距≤550mm。工作面设计采高为 4.68m,液压支架选用郑煤机生产的 ZY 12000/25/50 型液压支架(张良库,2012)。工作面顶底板特征见表 3-17。

表 3-17　补连塔矿 12406 工作面煤层顶底板特征表

顶、底板	岩石名称	厚度/m	岩性特征
基本顶	粉砂岩、中粒砂岩	9～23.66	主要成分为石英和长石,含少量云母片,泥质胶结;发育缓波状及小型斜层理,致密结构
直接顶	中粒砂岩	5.38～16.03	灰白色,泥质胶结,可见斜层理发育,含泥质包裹体,与下伏煤层呈冲刷接触
伪顶	—	—	—
直接底	粉砂岩	0.96～13.01	灰色,波状层理发育,沿层理局可见植物叶化石

以上案例二 5 个工作面都是采用长壁一次采全高综合机械化采煤方法,工作面主要参数可归纳如表 3-18 所示。

表 3-18　文献记载神东矿区 3.5～5m 主要工作面参数表

工作面名称	煤厚/m	采高/m	埋深/m	基岩厚度/m	松散层厚度/m	工作面长度/m	支架额定工作阻力/kN
大柳塔 20601	4.3	4	55～100	35～50	23～55	220	6708
大柳塔 20604	4.28	4.3	80～110	35～50	23～55	220	6708
大柳塔 12305	4.23	4	50～100	15～50	30～60	246	7625
大柳塔 22614	5.43	5	58～150	2.6～45	80～105	201	9000
补连塔 12406	4.88	4.68	140～230			300	12000

4) 工作面矿压显现特征

案例一中的大柳塔矿 1203 工作面是大柳塔煤矿正式投产的第一个综采工作面,由于当时条件下生产经验以及对该地区浅埋条件下矿压显现和覆岩运动认识不足,导致该工作面的液压支架选型不能适应其地质条件,并在工作面推进过程中出现压架等强矿压显现现象。因此该工作面的矿压显现规律仅是个案,不能代表此条件下矿压显现的普遍规律。通过对案例二中的 5 个工作面矿压显现规律进行总结,可得到 3.5~5m 采高综采工作面矿压显现特征。

(1) 初次来压步距一般为 36~55m,来压时动载系数较大,来压持续时间因推进速度不同有所差异,推进速度较快的 12305 工作面持续 2~3 小时,较慢的 20601 工作面持续 2 天。

(2) 周期来压步距跨度较大,一般为 5~20m,来压时动载系数较初次来压小,来压持续时间因推进速度不同有所差异,推进速度较快的 12305 工作面持续 45 分钟,较慢的 20601 工作面持续 3 天。

(3) 顶板下沉量不大。除 12305 台阶下沉最大达 80cm 外,其他一般不超过 100mm。初次来压台阶长度一般为周期来压长度的 3 倍。

(4) 来压时首先从工作面中部开始,并伴有顶板淋水。来压显现"中间大,两头小"的特征。

(5) 工作面来压后,顶板破断运动直接波及地表。工作面上部地表受采掘影响较大,地表移动特点与回采面的来压密切相关,每来压一次,经过 2~3 小时后来压会波及地表,并有地裂缝和地表下沉台阶相伴出现,下沉台阶与来压步距相关,每来压一次地表形成一个沉降台阶。

5) 5~6.5m 采高综采工作面矿压显现特征

(1) 5~6.5m 采高综采工作面概况。

补连塔矿 32206 综采面位于补连塔煤矿 2-2 煤二盘区,煤层的平均厚度为 5.96m,煤层倾角为 1°~3°。煤层的直接顶以泥岩、粉砂岩为主,基本顶大部分为粉砂岩及细砂岩。煤层底板为细砂岩及泥质砂岩。顺槽掘进过程未发现断层与冲刷构造。地表多为第四系松散沙层所覆盖,一般厚 40m。基岩厚约 50m。煤层赋存柱状图如图 3-36 所示。工作面长度为 301m,走向长度为 2474m,设计采高 5.5m。工作面开采采用长壁综合机械化采煤方法一次采全高,在正常回采期间沿煤层底板回采。工作面液压支架选用 176 台 ZY12000KN 型电液控制掩护式支架(刘海胜,2013)。

上湾煤矿 51202 综采工作面所在煤层为 1-2 煤,位于西二盘区。煤层倾角为 1°~5°,煤层厚度为 4.46~6.7m,平均厚度为 5.8m,变异系数为 0.2。直接顶为砂质泥岩,灰色、水平层理、致密块状,厚度为 0.2~15.1m。基本顶为中、细砂岩,暗灰色、块状构造。上部夹泥岩薄层,厚度为 1~20.3m。一般没有伪顶。直接底为泥岩,灰色、水平层理、致密块状,厚度为 4~6m。老底为中、细砂岩,深灰色、致密块状,局部含细砂岩,厚度为 4~6m。东面为 1-2 煤西二盘区集中辅运、胶运和回风大巷,北为西二盘区 51201 综采工作面,西面和南面为 1-2 煤未开采区域。地面标高 1204~1293m,煤层底板标高 1065~1100m。工作面长度 301.5m,推进长度 4463m,工作面设计采高为 5.8m,液压支架选用郑煤机生产的 ZT10800/28/SSD 型液压支架(张良库,2012)。

张家峁煤矿 15201 工作面煤层厚度为 6.1~6.35m,平均为 6.2m。倾角为 1°~3°。煤层结构简单,不含夹矸或者 1 层夹矸,全井田范围可采。顶板大部为泥岩,细粒砂岩、粉砂岩不规则分布,平均抗压强度为 23.10MPa,属不稳定—较稳定型;底板以粉砂岩为主,岩体完整,平均抗压强度为 26.37MPa,属不稳定型—较稳定型。地面标高为 1204~

名称	柱状	层厚/m	岩性描述
风积沙	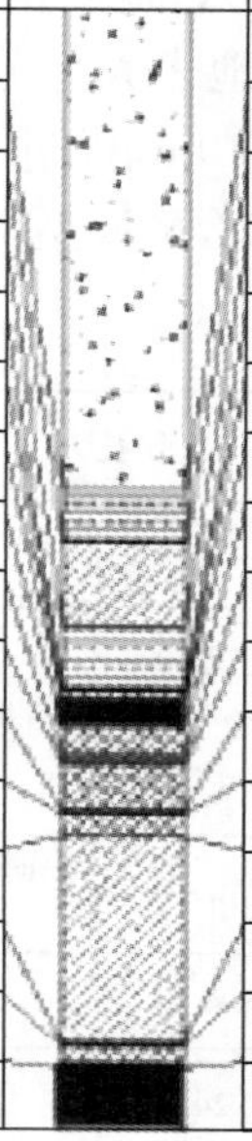	18.50	黄色，中细砂为主，少量粉砂岩，底部不整合接触
粉砂岩		4.68	灰色，泥质胶结，石英含量较高
细粒砂岩		7.27	浅灰色，以长石石英为主，部分地段为泥岩
中粒砂岩		5.49	砂岩、砂质泥岩互层，碎屑成分以石英为主
泥岩		0.20	浅灰色-深灰色泥岩、砂质泥岩
1-2煤		1.03	亮煤为主，少量镜煤和丝炭，断口参差状
泥岩		2.11	泥质为主，水平层理，断口平整，见滑面
粉砂岩		2.35	浅灰白色、微浅灰褐色，泥质胶结，石英含量高
煤质泥岩		0.87	灰色，泥质为主，含铝土，水平层理
泥岩		3.90	灰色含铝土质，水平层理底部明显接触
粉砂岩		0.40	浅灰白色，泥质胶结，石英含量比较高
泥岩		1.99	含铝土质，水平层理，断口平整底部明显接触
细粒砂岩		17.55	灰色，长石石英为主，泥质胶结
粉砂岩		0.40	浅灰白色，泥质胶结，水平层理
泥岩		1.90	灰色，泥质为主，含铝土水平层理
2-2煤		5.50	暗煤组成，中上部裂隙发育，多被方解石充填

图 3-36　补连塔矿 32206 综采面煤层赋存柱状图

1293m，煤层底板标高 1065～1100m。平均埋深约 120m，基岩厚度 70m 左右，松散层厚度 50m 左右，基岩厚度起伏变化较小，且 V 字形沟谷造成松散层分布不均。设计采高 6.0m，采用长壁后退式一次采全高的综合机械化采煤方法，回采期间工作面沿煤层底板推进，液压支架选用 ZY12000kN 型液压支架（王锐军，2013）。

补连塔矿 32301 工作面所在煤层为 2-2 煤，盘区为三盘区，煤层厚 7.17～8.05m，煤层倾角为 1°～3°，变异系数为 0.7%，密度为 $1.28×10^3$ kg/m³。地面标高 1205.7～1315.6m，煤层底板标高 1022.3～1074.4m。工作面长度 301m，走向长度 5220m，设计采高 6.1m。工作面顶底板特征见表 3-19，底板在最初回采的 400～800m 内为细砂岩，以后均为泥质砂岩。由于上部 1-2 煤 31301（西）、31301 和 31302 面已采空，导致上部含水层遭受破坏，含水层的水大部下渗汇集到上述 3 个工作面的采空区内，因此采空区汇水面积大。

表 3-19　补连塔矿 32301 工作面顶底板特征表

顶、底板	岩性	厚度/m	岩性特征
老顶	砂岩互层	>20	灰色及黑灰色，含植物化石，局部炭屑，致密
直接顶	砂泥岩、细砂岩	3～7	砂泥岩、细砂岩互层，泥质为主，含铝土质
伪顶	泥页岩、砂泥岩	0.1～0.4	深灰色，泥质胶结，水平及波状层理
直接顶	泥岩、细砂岩	3	灰色，以泥质为主，含粉砂质，遇水易软化
老顶	砂岩互层	>5	灰色，水平层理，植物化石碎片，底部过渡接触

纳林庙煤矿二号井 62105 综采工作面位于一采区中部，该面是一采区第五个回采工作面，开采 6-2 煤层。工作面位于矿井东部，构造形态为一向西南倾斜的单斜构造，倾向

24.5°,倾角 1°~3°。煤层直接顶为砂质泥岩,基本顶为细砂岩,底板为细粒砂岩。井田内未发现明显的褶皱及断层,发育小型波状起伏,亦无岩浆岩体侵入,地质构造属简单类型。钻孔柱状图如图 3-37 所示。6-2 煤层埋藏深度平均为 180m。地表大部分为厚沙土层覆盖,一般厚 29.44m。基岩厚度平均为 143m。工作面长度为 240m,推进长度为 2882m。煤层平均厚 6.4m,设计采高 6.2m。液压支架选用 ZY 13000/28/63D 型两柱掩护式液压支架(王锐军,2013)。

H10 钻孔			
层序	柱状	厚度/m	岩性
1		36.97	砂质黏土
2		34.78	细粒砂岩、泥岩、砂质泥岩
3		5.67	砂质黏土
4		23.01	砂质黏土
5		2.35	4-2 煤
6		41.63	细粒砂岩、砂质泥岩、泥岩
7		9.2	砂质泥岩
8		22.79	细粒砂岩
9		6.7	砂质黏土
10		4.53	泥岩
11		3.87	细粒砂岩

H8 钻孔			
层序	柱状	厚度/m	岩性
1		2.10	黄土
2		18.15	黏土
3		18.0	细砂岩、泥岩、砂质泥岩
4		4.20	4-1 煤
5		24.08	泥岩、细砂岩
6		2.47	4-2 煤
7		57.69	细粒砂岩、砂质泥岩
8		22.79	砂质泥岩
9		6.0	粉砂岩
10		6.80	6-2 煤
11		4.79	细砂岩
12		7.71	砂质泥岩

图 3-37　纳林庙煤矿二号井 62105 综采工作面钻孔柱状图

以上 5 个工作面都是采用长壁一次采全高综合机械化采煤方法,工作面主要参数可归纳如表 3-20 所示。

表 3-20　神东矿区 5~6.5m 主要工作面参数表

工作面名称	煤厚/m	采高/m	埋深/m	基岩厚度/m	松散层厚度/m	工作面长度/m	支架额定工作阻力/kN
上湾 51202	6.2	5.8	100~230	53~208	12~50	301	10800
补连塔 32301	7.5	6.1	130~190	56~120	26~60	301	10800
补连塔 32206	5.96	5.5	90	50	40	301	12000
张家昴 15201	6.2	6	120	70	50	260	12000
纳林庙二 62105	6.4	6.2	180	143	29	240	13000

（2）5～6.5m 采高综采工作面矿压显现特征。

工作面初次来压步距约为 50m 左右。来压呈现"中间大，两头小"的特点。来压期间，工作面中部支架范围内顶板出现漏矸，煤壁片帮比较严重。但在初次来压之前，工作面支架工作阻力普遍较小，动载系数较大。

周期来压步距为 7～19m，来压强度较初次来压小，动载系数较大。来压呈现"中间大，两头小"的特征。

纳林庙煤矿二号井 62105 综采工作面岩层破断下沉一般第二天沟通地表，靠近开切眼的台阶下沉量最大达到 1.5m。其余 4 个工作面对顶板下沉量没有描述。

6）6.5m 以上采高综采工作面矿压显现特征

（1）6.5m 以上采高综采工作面概况。

上湾煤矿 12206 工作面所在煤层为 1-2 煤，盘区为 1-2 西二盘区，地面标高 1178～1288m，煤层底板标高 1068～1105m。煤层倾角 1°～5°，煤层厚 6.5m，变异系数为 0.93％，密度为 $1.3×10^3$ kg/m³。设计采高 6.5m。直接顶为泥岩，厚度为 1.51m，灰黑色，块状。基本顶为粉砂岩，厚度为 5.67m，灰黑色，泥质胶结，致密、坚硬、裂隙不发育，波状层理。直接底为细粒砂岩，厚度为 0.95m，灰白色，含石英、长石为主，泥质胶结，分选中等，裂隙不发育，具斜层理。工作面顶底板特征见表 3-21。工作面长度为 318m，推进长度为 4231m。选用 ZY18000/32/70D 双柱支撑掩护式液压支架。

表 3-21　上湾煤矿 12206 工作面顶底板特征表

顶底板名称	岩性	厚度/m	岩性特征
基本顶	粉砂岩	5.67	灰白色，泥质胶结，致密、坚硬、裂隙不发育，波状层理
直接顶	泥岩	1.51	灰黑色，块状
伪顶	无	—	—
直接底	细粒砂岩	0.95	灰白色，含石英、长石为主，泥质胶结，分选中等，裂隙不发育，具斜层理

补连塔矿 22303 工作面位于 2-2 煤三盘区，煤层平均厚 7.55m，煤层倾角 1°～3°，与上部已开采的 1-2 煤相距 32.0～44.4m。上覆基岩厚 120～310m，煤层直接顶以粉砂岩、砂质泥岩为主，基本顶为粉砂岩及中砂岩。底板在最初回采的 400～800m 内为泥岩、粉砂岩，以后均为砂质泥岩。工作面开采初期 1130m 范围内，对应上部 1-2 煤遗留的 1030m 宽的旺采煤柱区和 100m 宽的倾向煤柱，而在剩余的开采范围内直至回撤通道，对应上部 1-2 煤长壁采空区及 20m 宽的区段走向煤柱，如图 3-38 所示。工作面回风巷一侧紧邻已开采的 22302 工作面采空区，运输巷一侧则紧邻 22304 工作面未采实体煤。工作面长度为 301m，推进长度为 4966m。该工作面是世界上首个 7.0m 支架特大采高综采面，设计采高 6.8m，采用郑煤机生产的 ZY16800/32/70 型双柱掩护式液压支架（鞠金峰等，2012）。

以上两个工作面都是采用长壁一次采全高综合机械化采煤方法，工作面主要参数可归纳如表 3-22 所示。

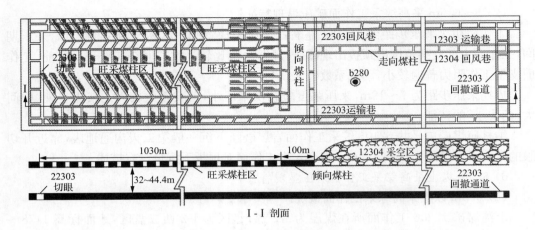

图 3-38　22303 工作面上覆煤柱分布平剖面图

表 3-22　神东矿区 6.5m 以上工作面主要工作面参数表

工作面名称	煤厚/m	采高/m	埋深/m	基岩厚度/m	松散层厚度/m	工作面长度/m	支架额定工作阻力/kN
补连塔 22303	7.55	7.0	180	169	11	301	16800
上湾 12206	7	6.8	104～228			318	18000

（2）6.5m 以上采高综采工作面矿压显现特征。

工作面过上覆遗留煤柱区开采时，初次来压步距 50m 左右，22303 工作面周期来压步距 15m 左右，12206 工作面周期来压步距 9～14m。

22303 工作面初次来压期间支架载荷为 15870kN，来压持续长度为 3.4m，动载系数为 1.35。在工作面临近推出煤柱区时，出现了严重的煤壁片帮和端面漏冒现象，直接导致刮板输送机被压死。大采高综采时，煤壁片帮随采高的增大越来越严重，尤其是受到上覆遗留煤柱集中应力影响时。

22303 工作面长壁采空区下开采时，分别在煤层间单一关键层结构和 2 层关键层结构区域呈现出不同的矿压显现。煤层间单一关键层结构区域开采时，走向煤柱区对应工作面来压步距明显大于长壁采空区，而动载系数则小于长壁采空区；且煤层间关键层距离煤层越近，其矿压显现各项参数（除来压步距外）越大。煤层间 2 层关键层结构区域开采时，工作面来压步距及动载系数呈现出大小交替的周期性变化规律，且大来压步距对应小动载系数。12206 工作面大小周期来压现象明显。小来压步距基本保持在 7～10m，压力一般持续 6～9 刀后消失。大的周期来压步距保持在 130m 左右，压力一般持续 30m 左右。

通过对神东矿区几个大采高综采面与 6.5m 以上综采面矿压显现规律的对比发现，随着采高的增加，支架支护强度缓慢增加，而动载系数则随之减小，且当工作面采高超过 6.0m 时，动载系数随采高的增加呈现跳跃递减的变化规律，上覆关键层结构的改变是造成这一现象的主要原因。而对于来压持续长度，它不仅与工作面采高有关，还与亚关键层 1 距煤层的距离有关，采高越大、亚关键层 1 距煤层越近，来压持续长度越长。

2. 综放工作面矿压显现特征

1）工作面概况

伊泰集团酸刺沟煤矿 6 上 105-2 综采工作面对应地面标高＋1112～＋1197m，井下标高＋908～＋993m，煤层平均埋深约 204m。工作面长度 245m，推进长度 1356m。工作面煤层平均厚度 7.14m，局部地段煤层厚度大于 12m，煤层结构较复杂，倾角 0°～5°。煤层顶板多为含砾粗砂岩、粗粒砂岩、中（粗）砂岩及细粒砂岩，局部为泥岩；底板多为泥岩、砂质黏土岩，局部为粗粒砂岩。工作面运输顺槽沿煤层顶板掘进，而回风顺槽沿煤层底板布置，因此工作面属于穿层开采，容易引起工作面长度方向顶煤厚度的不均。采用综采放顶煤采煤方法。设计采高为 4.2m，采放比为 1.00∶2.6，循环进度 0.85m。放顶煤液压支架型号为 ZF15000/26/42。工作巷道布置如图 3-39 所示。按照作业规程规定，机头 1♯～30♯支架留三角底煤，该部分工作面长度范围内支架上方无顶煤或顶煤厚度较小，31♯～144♯支架为全厚顶煤开采段（胡强强，2010）。

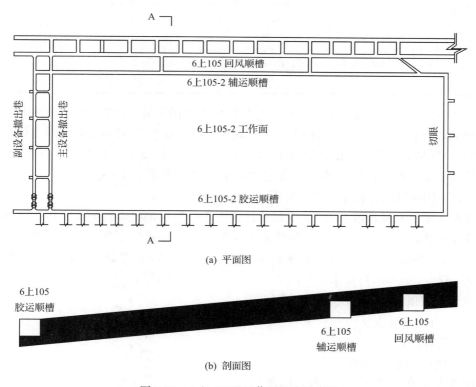

(a) 平面图

(b) 剖面图

图 3-39　6 上 105-2 工作面和巷道布置

2）不同推进段矿压显现特征

为了研究工作面末采期间的矿压规律，根据不同的煤层顶板条件，将工作面在推进方向上分为正常放煤阶段（1）、爬坡段（2）、沿 2 撑夹矸推进段（3）和铺网段（4）。在工作面距主回撤通道 125m 之前为正常放煤阶段；在工作面距主回撤通道 100～125m 时为爬坡段；工作面距主回撤通道 15～100m 为沿 2♯夹矸工作面推进段；工作面距主回撤通道 0～

15m为铺网段。由于沿面宽方向支架阻力有差异,将工作面沿面长方向划分为4个区域,其中1#~30#支架为下部区域1,31#~70#支架为中下部区域2,31#~70#支架为中上部区域3,101#'~140#支架为上部区域4。

(1)不同推进段支架工作阻力分析。

根据不同工艺和顶板条件下工作面支架阻力分布情况见表3-23。

表3-23　不同工艺和顶板条件工作面推进阶段支架循环末阻力

不同阶段	区域1 (1#~30#)			区域2 (31#~70#)			区域3 (71#~100#)			区域4 (101#'~140#)			区域比例		
	前柱/MPa	后柱/MPa	整架/kN	前柱/MPa	后柱/MPa	整架/kN	前柱/MPa	后柱/MPa	整架/kN	前柱/MPa	后柱/MPa	整架/kN	前柱	后柱	整架
正常放煤段(1)	22.5	8.5	6305	25.4	11.3	7392	25.7	12.4	7646	24.4	10.9	7103	1:1.13: 1.14:1.08	1:1.33: 1.46:1.28	1:1.17: 1.21:1.13
变坡过程段(2)	7.1	7.1	1734	17	13.3	4040	25.5	10.1	7123	17.4	12	5075	1:2.39: 3.59:2.45	1:1.87: 1.42:1.69	1:2.33: 4.11:2.93
沿2#夹矸段(3)	12.8	9	4410	21	12.6	6836	20.3	10.1	6166	19.3	12.5	6469	1:1.64: 1.59:1.51	1:1.4: 1.12:1.39	1:1.55: 1.4:1.47
阶段比例 (1)(2)(3)	1.76: 0.55: 1	0.94: 0.79: 1	1.43: 0.39: 1	1.21: 0.81: 1	0.9: 1.06: 1	1.08: 0.8: 1	1.27: 1.26: 1	1.23: 1: 1	1.24: 1.16: 1	1.16: 0.9: 1	0.87: 0.96: 1	1.1: 0.78: 1	阶段均值 (1)1.18 (2)0.77 (3)1		

由表3-23可知,随着工作面回采工艺和顶板条件的差异,工作面支架循环末阻力呈现明显的差异性。总体而言,工作面4个区域工作阻力有差异,爬坡段各区域支架压力差异最明显,区域3是区域1的4倍以上;工作面不同推进段支架工作阻力也有差异,正常放煤段支架阻力最大,沿2#夹矸段次之,爬坡段支架工作阻力最小。

(2)不同推进段顶板运动步距分析。

文献主要针对爬坡段和沿2#夹矸推进段工作面顶板来压进行统计分析。爬坡段顶板周期来压步距10.79~17.52m,持续来压步距3.64~4.95m,其中区域4顶板来压步距最小,为10.79m,其他3个区域顶板来压步距均较大。沿2#夹矸推进段顶板周期来压步距15.87~23.06m,持续来压步距6.25~12.67m,其中区域4顶板周期来压步距最小,其他3个区域顶板周期来压步距均较大。

3)不同推进段顶板压力显现

(1)爬坡段。

①周期来压过程顶板压力。

周期来压重点部位支架末阻力见表3-24。

表3-24　爬坡段周期来压过程重点部位支架末阻力

阻力分档	区域1	区域2						区域3		区域4			4区域平均值
	30#	40#	50#	60#	65#	70#	80#	90#	105#	110#	120#		
前柱/MPa	11.82	13.74	27.51	10.12	26.24	14.77	18.97	31.86	20.65	31.34	16.97		20.36
整架/kN	3760	4859	11606	2502	6527	5146	5877	10822	7191	9980	4385		6605

由表 3-24 可知：

Ⅰ. 工作面支架前柱平均工作阻力为 20.36MPa(折合为 2077kN)。中上部和上部顶板压力较大，分别为 25.42MPa 和 22.99MPa，下部压力最小，为 11.82MPa。

Ⅱ. 整架工作阻力均值为 6605kN。下部顶板压力最小，为 3760kN，中上部顶板压力最大，为 6128kN。

② 周期来压过程顶板压力。

顶板周期运动过程支架前柱动载系数见表 3-25。

表 3-25　爬坡段顶板来压时支架前柱动载系数

统计值	区域 1	区域 2					区域 3		区域 4		
	30#	40#	50#	60#	65#	70#	80#	90#	105#	110#	120#
显著运动过程/MPa	30.76	27.09	28.89	23.03	33.57	29.08	28.38	41.74	32.21	35.99	35.20
相对稳定过程/MPa	9.52	8.40	22.19	8.03	21.57	8.03	10.44	10.26	14.88	11.68	17.99
动载系数	3.23	3.23	1.30	2.87	1.56	3.62	2.72	4.07	2.16	3.08	1.96

由表 3-25 可知：以前柱工作阻力作为衡量标准，工作面支架动载系数为 1.30～4.07/2.71，其中中下部 50# 支架动载系数最小为 1.30；而中上部 90# 支架动载系数最大为 4.07。

顶板周期运动过程支架整架动载系数见表 3-26。

表 3-26　爬坡段顶板来压时支架整架动载系数

统计值	区域 1	区域 2					区域 3		区域 4		
	30#	40#	50#	60#	65#	70#	80#	90#	105#	110#	120#
显著运动过程/MPa	7878	6257	13380	5117	9147	9453	6910	14397	10372	14171	11092
相对稳定过程/MPa	2308	3537	4786	2082	5119	2716	3383	6073	5185	8199	6792
动载系数	3.41	1.77	2.80	2.46	1.79	3.48	2.04	2.37	2.00	1.73	1.63

由表 3-26 可知：以支架整架阻力作为衡量标准，工作面支架动载系数为 1.63～3.48/2.32，其中上部 120# 支架动载系数最小为 1.63；下部 70# 支架动载系数最大为 3.48。

(2) 沿 2# 夹矸段。

沿 2# 夹矸段周期来压过程重点部位末支架阻力见表 3-27。

表 3-27　沿 2# 夹矸段周期来压过程重点部位支架末阻力

阻力分档	区域 1	区域 2					区域 3		区域 4			4 区域平均值
	30#	40#	50#	60#	65#	70#	80#	90#	105#	110#	120#	
前柱/MPa	21.49	26.47	16.62	16.78	30.40	22.81	22.40	10.15	27.39	22.58	24.14	21.93
整架/kN	5686	7751	5161	4156	9069	8057	6632	3513	8381	9509	7470	6853

由表 3-27 可知：

Ⅰ. 工作面支架前柱平均工作阻力为 21.93MPa(折合为 2237kN)。中下部和上部顶板压力较大，分别为 22.62MPa 和 24.70MPa，中上部压力最小为 16.28MPa。

Ⅱ. 整架工作阻力均值为 6853kN。中上部顶板压力最小,为 5037kN,上部顶板压力最大,为 8453kN。

③ 顶板周期运动过程支架动载系数。

沿 2♯夹矸段顶板周期运动过程支架前柱动载系数见表 3-28。

表 3-28　沿 2♯夹矸段顶板来压时支架前柱动载系数

统计值	区域 1	区域 2					区域 3		区域 4		
	30♯	40♯	50♯	60♯	65♯	70♯	80♯	90♯	105♯	110♯	120♯
显著运动过程/MPa	29.01	37.19	30.65	28.49	39.45	32.84	42.62	28.38	37.84	32.08	33.32
相对稳定过程/MPa	15.58	16.68	6.07	11.96	17.53	9.12	16.96	8.26	13.79	12.93	17.40
动载系数	1.86	2.23	5.05	2.38	2.25	3.60	2.51	3.44	2.74	2.48	1.92

由表 3-28 可知:以前柱工作阻力作为衡量标准,工作面支架动载系数为 1.86~5.05/2.77,其中下部 30♯支架动载系数最小为 1.86;而中下部撑支架动载系数最大为 5.05。

沿 2♯夹矸段顶板周期运动过程支架整架动载系数见表 3-29。

表 3-29　沿 2♯夹矸段顶板来压时支架整架动载系数

统计值	区域 1	区域 2					区域 3		区域 4		
	30♯	40♯	50♯	60♯	65♯	70♯	80♯	90♯	105♯	110♯	120♯
显著运动过程/MPa	6424	11023	9451	6383	11688	11509	14379	6147	11637	12524	11328
相对稳定过程/MPa	4236	4689	3589	3043	5083	2959	4701	2747	4150	6337	5084
动载系数	1.52	2.35	2.63	2.10	2.30	3.89	3.06	2.24	2.80	1.98	2.23

由表 2.21 可知:以支架整架阻力作为衡量标准,工作面支架动载系数为 1.52~3.89/2.46,其中下部 30♯支架动载系数最小为 1.52;下部 70♯支架动载系数最大为 3.89。

3.2.3　综采一次采全高工作面矿压显现的影响因素

1. 采高

在以上几个工作面矿压显现特征的基础上,结合其他工作面矿压显现规律,编制综采一次采全高矿压显现规律统计表,见表 3-30。根据支架载荷、来步步距等与采高的统计分析,具有以下规律。

表 3-30　浅埋煤层大采高矿压显现规律统计表

工作面名称	采高 /m	煤层埋深 /m	初次来压 步距/m	周期来压 步距/m	来压平均 阻力/kN	动载系数	支架额定 工作阻力/kN
南梁 20115	2	83	—	10.9	5009	1.35	6800
丁家渠 4101	2.6	80	50	14	5714	1.23	6800
大柳塔 1203	4	50~65	39	9.4~15/12.2	3437	1.35	3500
大柳塔 20601	4	55~100	36	11.1	5999	1.16	6708

续表

工作面名称	采高/m	煤层埋深/m	初次来压步距/m	周期来压步距/m	来压平均阻力/kN	动载系数	支架额定工作阻力/kN
大柳塔 20604	4.3	80～110	54	14.6	5612	1.58	6708
大柳塔 12305	4	50～100	39	13～16.4/14.7	5160	1.39	7625
大柳塔 22614	5	58～150	—	11～12.4/11.7	9176	1.23	9000
补连塔 12406	4.68	140～230		5～24/13.1	9399	1.43	12000
上湾 51202	5.8	100～230	—	6～10/8	8000	—	10800
补连塔 32301	6.1	130～190		16	10022	1.5	108000
补连塔 32206	5.5	90	55	15.2	10829	1.4	12000
张家峁 15201	6	120	53	5～16/11	10795	1.5	12000
纳林庙二 62105	6.2	180	116	12	11207	1.3	13000
补连塔 22303	7	180	49～63/56	25～37/31	16210	1.34	16800
上湾 12206	6.8	104～228	50	8～13/11	—	—	18000

1）支架载荷

由图 3-40 可知，对于浅埋煤层大采高工作面，随着采高的增加，支护阻力基本呈线性增大。

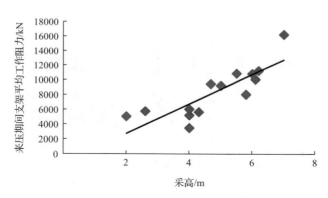

图 3-40　来压期间支架工作阻力随采高的变化

2）来压步距

由实测统计分析可知，浅埋煤层大采高工作面初次来压步距一般为 36～116m，主要分布在 50m 左右；周期来压步距一般为 10～15m，主要分布在 15m 左右，存在大小周期现象。由图 3-41 和表 3-30 可知，浅埋煤层大采高来压步距与采高没有明显关系。

3）动载系数

由表 3-23 统计分析得，浅埋煤层大采高动载系数为 1.2～1.6，一般为 1.4 左右。由图 3-42 可以看出，浅埋煤层大采高动载系数与采高无直接关系。初撑力越大，对顶板支护越及时有效，动载系数越小。

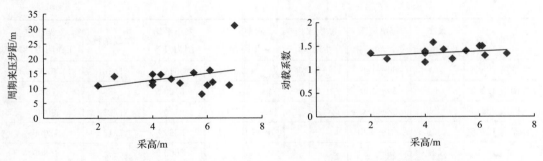

图 3-41　采高与周期来压步距的关系　　　　图 3-42　动载系数随采高的变化

2. 工作面长度

1）工程案例一

（1）工作面概况。

哈拉沟煤矿 22401-1 综采工作面所在煤层为 2-2 煤,位于哈拉沟井田四盘区。22401综采工作面为刀把子型工作面,分为 22401-1 和 22401-2 两个综采工作面,如图 3-43 所示。22401-1 综采工作面北西邻 22401-2 综采工作面,北东邻 22402 综采工作面,南东邻22401 二采区,南西邻后柳塔昌盛煤矿越界巷道。地面标高 1170～1214m,煤层底板标高1111.9～1116.4m(张良库,2012)。

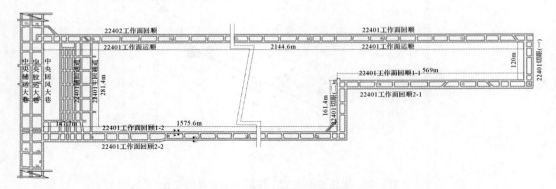

图 3-43　22401 综采工作面巷道布置示意图

22401-1 综采工作面长度为 120m,推进长度为 569m。煤层倾角为 1°～3°。煤层厚度为 5.0～5.8m,平均煤厚 5.52m。变异系数为 0.2%,密度为 $1.30 \times 10^3 \text{kg/m}^3$。最大控顶距为 5600mm,最小控顶距为 4735mm,端面距≤550mm。煤层顶板为粉、细砂岩,厚度为 2.95～11.66m。煤层底板为粉砂岩,厚度为 4.65～24.24m。液压支架选用 DBT 公司生产的 5.5m(2×4319kN)液压支架。

22401-2 综采工作面长度为 281.4m,走向长度为 1575.6m。北西邻 2-2 煤中央大巷,北东邻 22402 综采工作面,南东邻 22401-1 综采工作面和后柳塔昌盛煤矿越界巷道,南西邻哈拉沟一盘区采空区。地面标高 1170～1249.1m,煤层底板标高 1111.8～1119.7m。

煤层倾角为 1°～3°,煤层厚度为 5.1～6.2m,平均煤厚 5.6m,变异系数为 0.2%。工作面最大控顶距为 5600mm,最小控顶距为 4735mm,端面距≤550mm。煤层顶底板岩性与厚度同 22401-1 工作面。液压支架选用 DBT 公司生产的 5.5m(2×4319kN)液压支架。

22404 综采工作面位于哈拉沟井田 2-2 煤层四盘区,工作面长度为 343.8m,走向长度为 3058.23mm。地表标高为 1237.8～1307.2mm,煤层底板标高为 1121.06～1133.09m。工作面北西为中央回风大巷,北东为设计的 22405 工作面,南东为大柳塔煤矿采空区,南西为后柳塔昌盛煤矿采空区和 22403 工作面采空区。位于哈拉沟井田中部第七勘探线以南,地表起伏较大,全部被风积沙覆盖。总体呈两边高,中间低的趋势。煤层倾角为 1°～3°,煤层平均煤厚为 5.41m,密度为 $1.30×10^3 kg/m^3$。最大控顶距为 5600mm,最小控顶距为 4735mm,端面距≤660mm,液压支架选用德国 DBT 公司生产的 DBT8638/25.5/55 型二柱掩护式液压支。工作面顶底板特征见表 3-31。

表 3-31　22404 工作面顶底板特征表

顶、底板	岩性	厚度/m	岩性特征
基本顶	细粒砂岩	$\dfrac{3.28～9.66}{6.2}$	灰绿色,成分以石英、长石为主,泥质胶结,局部为缓坡波状层理及变形层理
直接顶	粉砂岩	$\dfrac{1.45～11.41}{5.51}$	深灰色,含大量植物化石碎屑。局部地段底部有薄层碳质泥岩,厚度约 0.1m
直接底	粉砂岩	$\dfrac{2.5～7.25}{4.9}$	深灰色,层面含少量云母碎片化石

（2）上述三个不同工作面长度矿压规律的对比分析。

以哈拉沟煤矿 22401-1、22401-2、22404 工作面为例来研究不同工作面长度条件下的矿压规律。实测结果表明:随着工作面长度的增加,初次来压步距会逐渐变小。见表 3-32 和表 3-33(张良库,2012)。

表 3-32　22401 工作面的矿压特征

工作面名称	工作面长度/m	工作阻力/kN			平均初次来压步距/m
		工作面位置	最小/最大	平均	
22401-1 工作面	120	上部	6332/7236	6688.6	45
		中部	6658/12813	7727.9	
		下部	6331.5/7839	6827.7	
		平均		7081.4	
22401-2 工作面	281.4	上部	6332/7399.3	6653.6	26
		中部	6332/9421.9	7587.8	
		下部	6331.5	6906.4	
		平均		7049.3	

表 3-33　22404 工作面的矿压特征

工作面名称	工作面长度/m	工作阻力/kN			平均初次来压步距/m
		工作面位置	最小/最大	平均	
22404 工作面	343.8	上部	6332/13818.7	7424.9	14.27
		中部	4095.4/13818.7	8190.6	
		下部	6331.5/12235.9	7191.7	
		平均		7602.4	

① 初次来压步距。

22401-1 工作面长度为 120m 时,初次来压步距为 45m;22401-2 工作面长度为 280.4m 时的初次来压步距为 26m,可见随着工作面长度的增加,初次来压步距相应缩短。

② 支架载荷。

22401-1 工作面观测期间支架最大工作阻力达到 12813kN,平均工作阻力为 7081.4kN;22401-2 工作面观测期间支架最大工作阻力达到 9421.9kN,平均工作阻力为 7049.3kN;22404 工作面观测期间支架最大工作阻力达到 13818.7kN;平均工作阻力为 7602.4kN。工作面长度为 120～280m 时支架工作阻力基本没有变化,工作面长度为 280～350m 时支架工作阻力稍有增加。其中工作面中部的变化相对于两侧较大。

③矿压特征。

22401-1、22401-2、22404 工作面均采用 DBT 公司生产的 5.5m(2×4319kN)型液压支架。22401-1 工作面个别支架立柱安全阀有开启泄液现象,压力持续三刀煤后恢复正常。工作面煤壁受采动影响明显,煤壁被压酥,片帮严重。22401-2 工作面局部出现漏矸和冒顶现象,工作面来压时煤壁片帮严重。

22404 工作面 85～130♯支架有下沉现象(约 200mm),安全阀普遍开启,出现片帮,随着压力的急剧增大出现炸帮。煤层变酥软,割煤时煤块飞溅。随着护帮板的收回,出现塌帮,范围为 1～3 架。在来压 3 刀后基本能护顶,但支架状态不好。

2) 工程案例二

(1) 工作面概况。

上湾煤矿 51101 和 51104 工作面开采 1-2 煤层,煤层倾角为 0°～3°,煤层厚度为 6.08～8.33m,变异系数为 0.12%,密度为 $1.32×10^3 kg/m^3$。1-2 煤层直接顶板为砂质页岩,厚度为 0～15m,基本顶为砂岩,厚度为 6～15m;直接底板为泥岩,厚度为 2～3m,基本底为砂岩。地面标高 1210～1281m,煤层底板标高 1111.2～1077.0m,埋深 99～204m,平均埋深 150m。上湾煤矿 1-2 煤层钻孔综合柱状图,如图 3-44 所示(宋选民等,2007)。

上湾煤矿 51101 工作面推进长度为 4218m,倾向长度为 240m,采高 5.3m;51104 工作面推进长为 3654m,倾向长度为 301m,采高 5.3m。两个综采工作面设备配置相同,均为国外引进的采煤机、支架和刮板运输机。

(2) 工作面矿压显现规律。

① 共同特征。

工作面长度无论是 240m 还是 300m,其沿长度方向矿压分布特征均表现为中部区域

柱状图	层厚/m	深度/m	采取率/%	岩性及描述
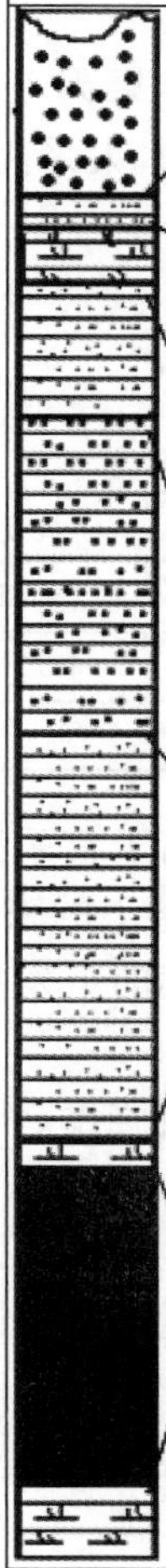	8.98	124.56	95	粗砂岩，灰白色，石英含量占80%以上，次为长石及暗色矿物，分选良好，磨圆周度差，夹黏土团块
	0.65	125.21	92	细砂岩，浅灰色，粒度不均，发育缓波状层理
	1.12	126.33	98	砂质黏土岩，灰色，平坦断口，含植物化石碎屑，水平层理发育，局部余存完整的植物叶片化石
	3.30	129.63	97	粉砂岩，浅灰，粒度不均，缓波状层理较发育，偶夹煤带，层理面富集植物化石碎屑
	9.46	139.09	82	粗砂岩，浅灰，石英含量占99%，次为长石，有少量暗色矿物和黏土矿物，分选良好，磨圆程度中等，上部夹煤线，有许多炭屑，局部显示出水平层理，孔隙工泥岩质
	13.62	152.71	98	粉砂岩，浅灰色，主要由粉砂质构成，中部细粉砂质增多，缓波状层理较发育，局部发育水平和透镜状层理，含植物化石，并保存有完整的植物化石——华丽拟刺葵
	0.66	153.37	100	砂质黏土岩，深灰色，致密，断口不平整，矿质向下渐少，含植物化石——一侧生木贼及锥叶蕨
	8.55	161.92	95	2-2煤层(1-2煤)，半暗型，黑色
	1.96	163.28	89	砂质黏土岩，深灰色，致密，含植物化石，中部夹粉岩薄层，下部含砂较少，夹煤线及其条带

图 3-44　上湾煤矿 1-2 煤层钻孔综合柱状图

矿压显现最剧烈，支架载荷最大；距离中部较近的下部和上部区域矿压显现较大；而机头和机尾区域矿压显现最缓和，支架载荷最低。

② 大采高工作面长度增加，采场来压步距减小。

51101 和 51104 工作面来压步距实测数据见表 3-34。

表 3-34　51101 和 51104 工作面来压步距实测数据

工作面		初次来压步距/m	周期来压步距/m	
编号	长度/m		初期	中期
51101	240	53.84	20.6	17.0
51104	300	27.20	16.24	

由表 3-34 可知：51101 和 51104 工作面初次来压步距分别为 53.84m 和 27.20m，两者相差很大。这是由于 51101 工作面为首采工作面，而 51104 工作面为第二个长壁工作

面,一侧采动,工作面长度加大(300m),顶板断裂活动超前与充分采动时间早,所以表现为初次来压步距缩短(宋选民等,2007)。

51101工作面周期来压步距初期观测结果为20.6m,中期观测结果为17.0m,综合周期来压步距为18.8m;51104工作面周期来压步距为16.24m。因此,大采高综采面长度增加后,周期来压步距缩短。

③ 大采高工作面长度增加,周期来压强度缓和。

上湾煤矿51101和51104来压强度实测数据见表3-35。

表3-35　　51101和51104工作面来压强度实测数据

工作面		初次来压		周期来压初期		周期来压中期	
编号	长度/m	P_{max}/MPa	K_d	P_{max}/MPa	K_d	P_{max}/MPa	K_d
51101	240	29.73	1.19	41.98	1.60	45.7	1.80
51104	300	31.67	1.37	39.09	1.31	—	—

51104工作面初次来压强度低,动载系数小,是由于该工作面属于首采工作面,工作面长度比51104工作面小,四周未采动,顶板冒落不充分,表现到支架上的来压强度就低;51101工作面周期来压强度大,动载系数高,则是由于顶板冒落继续向上发展,存在冲击载荷所致。

总之而言,工作面长度从240m增加到300m,平均周期来压显现强度趋于缓和。

④ 工作面长度增加,支架载荷增加。

实测上湾煤矿51104工作面随工作面增加较51101工作面循环末阻力及其均值都有所增加。对于末阻力均值,工作面长度为300m的中部比工作面长度为240m的1.34倍,下部和上部分别大1.17倍和1.39倍,而机头和机尾则分别为0.99倍和0.97倍,基本相当。矿压显现观测结果表明,大采高工作面长度越大,整体矿压显现强度越大,所需要的支架末阻力越大。

⑤ 支架末阻力与工作面位置呈二次抛物线关系。

工作面长度为240m和300m时矿压分布曲线如图3-45所示。

上湾煤矿1-2煤层大采高工作面,因工作面长度大(240~300m),顶板压力显现的位置和增载幅度随机性较大,周期来压期间全部支架载荷均很大,来压前夕下部和中上部位置比较大。总体来说,支架末阻力平均值和最大值与工作面位置符合以中部为对称轴的二次抛物线关系。

⑥ 随工作面长度增加,支架末阻力和初撑力呈线性增加关系。

上湾煤矿1-2煤层大采高工作面长度为300m的开采期间,支架末阻力P_m与初撑力P_0表现为明显的线性正比增加关系:$P_m = 1.0847 P_0 + 2.7739$,即支架初撑力增大,末阻力也相应增大(图3-46)。

工作面周期来压期间最大末阻力与平时末阻力也满足线性正比关系:$P_{m\,max} = 1.0051 P_m + 8.7154$,平时末阻力均值大,周期来压期间的最大动载荷也随之正比增大

⑦ 大采高长工作面开采支架冲击载荷规律。

工作面长度为300m的最大支架冲击载荷中部比工作面长度为240m的大1.13倍,

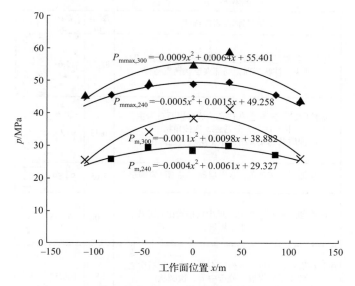

图 3-45　工作面长度为 240m 和 300m 时矿压分布曲线

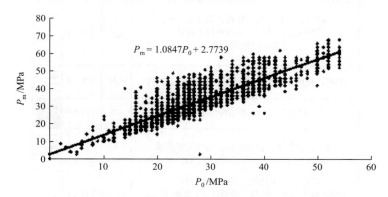

图 3-46　51104 工作面支架末阻力与初撑力关系

下部和上部分别大 1.01 倍与 1.20 倍,而机头和机尾则分别为 1.01 倍和 0.97 倍,基本相当。

3. 推进速度

1) 榆家梁煤矿 44305 工作面推进速度实测分析

(1) 工作面概况。

榆家梁煤矿 44305 工作面位于榆家梁井田中南部,工作面长度为 300.5m,走向长度为 2298.1m。工作面对应地面标高为 1281～1363m,煤层底板标高为 1174～1192m。该工作面开采 4-3 煤层。工作面煤层厚度为 1.7～2.0m,平均厚度为 1.85m,倾角为 1°。44305 工作面北部为 4-3 煤层集中大巷;西侧 44304 工作面当时正在掘进;东侧未采动;南侧为 4-3 煤薄基岩区。工作面上部 17m 处有 44205 和 44206 工作面采空塌陷区。该工作面综合柱状图如图 3-47 所示(张学亮,2010)。

岩石名称及岩性描述	层厚/m	累深/m	柱状
黄土: 灰黄色—黄褐色, 上部为粉土, 黏粒成分缺少, 柱状节理, 局部夹层状钙质结核	85.51	85.61	
细粒砂岩: 灰黄色-灰白色, 成分以石英为主, 长石次之, 分透差, 次棱角状泥质及钙质胶结, 水平层理, 已风化	6.43	91.94	
砂质泥岩: 灰黄色, 水平层理, 夹细砂岩薄层	2.65	94.59	
粉砂岩: 深灰色-灰色。见少量植物化石碎片。水平层理	8.06	102.65	
中粒砂岩: 灰白色, 成份以石英为主, 长石次之, 含少量岩煤屑, 分选中等, 次圆状。泥质胶结, 斜层理	5.87	108.52	
粉砂岩: 灰色, 水平层理及微波状层理, 含少量云母碎屑。见植物化石碎片, 下部夹砂质泥岩薄层	7.47	115.99	
泥岩: 灰色, 水平层理, 含大量植物化石碎片	0.30	116.29	
4-2煤: 褐黑色, 中条带结构, 半暗型, 层状	3.70	119.99	
泥岩: 深灰色, 泥质结构, 遇水膨胀变软	3.85	123.84	
粉砂岩: 深灰色, 细料砂质结构, 主要成分为石英、长石、云母次之, 泥质胶结, 中夹岩屑, 偶见植物茎、叶化石	10.94	134.78	
泥岩: 灰黑色, 心软, 固结性差	1.46	136.24	
4-3煤: 褐黑色, 中条带结构, 半暗-半亮型煤。裂隙较发育	1.93	138.17	
泥岩: 深灰色, 泥质结构	1.20	139.37	
粉砂质泥岩, 15m以上			

图 3-47　榆家梁煤矿工作面综合柱状图

（2）榆家梁煤矿 44305 工作面推进速度与支架受力之间的关系。

通过对榆家梁 44305 工作面正常生产阶段的矿压观测表明,工作面推进速度在一定程度上影响了工作面的压力显现程度。工作面设计推进速度每天 12 刀,进尺 1.0m,实测生产过程中由于各种原因导致的停产和检修时间较多,推进速度实际变化较大。通过对 44305 工作面在回采期间工作面推进速度与支架日循环末阻力平均值进行统计分析,见表 3-36,绘制成曲线如图 3-48 所示。

表 3-36 44305 工作面推进速度与支架压力数据统计表

推进速度/(m/d)	支架末阻力/kN	推进速度/(m/d)	支架末阻力/kN
1	10316	8	8327
2	9987	9	8404
3	9899	10	8321
4	8996	11	8403
5	9535	12	8380
6	8894	13	7889
7	8564	14	—

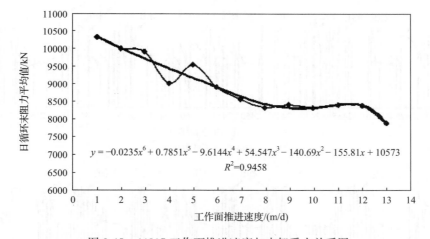

图 3-48 44305 工作面推进速度与支架受力关系图

分析图 3-48 可知,榆家梁煤矿 44305 工作面推进速度与支架受力呈负相关函数关系,其相关度 $R^2 = 0.9458$。

2) 大柳塔矿活鸡兔井 21305 工作面推进速度实测分析

(1) 工作面概况。

大柳塔矿活鸡兔井 21305 工作面所采煤层为三盘区 1-2 煤,与上覆 1-2 上煤层平均间距为 20m,上覆的 21 上 305-1 面和 21 上 305-2 面已于 2006 年回采完毕。21305 工作面长度为 257.2m,走向长 3002.2m,平均采高 4.3m,倾角为 1°～5°,埋深 100～117m。该面采用一次采全高走向长壁后退式全部垮落法综采。支架型号为 ZY12000/25/50D。工作面所有支架均安装了 PM31 电液控制系统,可以实时、连续地采集和存储支架压力数据(王晓振和许家林,2012)。

（2）21305工作面推进速度实测结果分析。

选取21305工作面回采过程中推进速度差异较大的两个阶段进行对比，见表3-37，推进速度较慢时为5.0m/d，高速推进时为16.0m/d，差异达11.0m/d。两个阶段工作面的开采地质条件不变（王晓振和许家林，2012）。

表3-37　21305工作面推进速度差异对比表

时间段（2008年）	推进距离/m	累计推进天数/d	平均推进速度/(m/d)	平均采高/m	备注
08-03～08-07	80.4	5	16.0	4.3	高速推进
09-07～09-23	84.6	17	5.0	4.3	推进较慢

为研究工作面高速推进时对周期来压步距、支架载荷、动载系数、来压持续长度等来压特征的影响，选取21305工作面不同推进速度下推进距离均为75m时同一支架的工作阻力曲线进行对比，支架工作阻力曲线如图3-49(a)、图3-49(b)所示，推进较慢和高速推进时工作面周期来压特征统计情况见表3-38和表3-39所示。表3-40为不同推进速度下周期来压特征的数据对比。

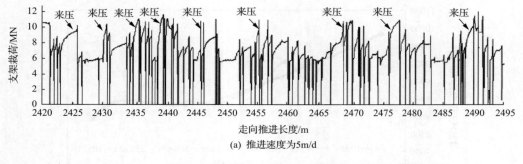

(a) 推进速度为5m/d

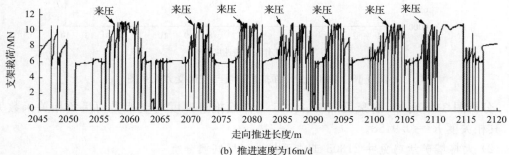

(b) 推进速度为16m/d

图3-49　21305工作面不同推进速度下支架工作阻力曲线

表3-38　工作面推进较慢时周期来压特征统计

来压次数	来压步距/m	来压期间支架载荷/MN	非来压期间支架载荷/MN	动载系数	来压持续长度/m
1	5.4	10.457	6.805	1.54	4.4
2	8.4	10.956	6.669	1.64	1.6
3	5.6	10.888	7.077	1.54	3.0

来压次数	来压步距/m	来压期间支架 载荷/MN	非来压期间支架 载荷/MN	动载系数	来压持续 长度/m
4	7.4	11.024	6.124	1.80	2.4
5	7.0	10.593	6.533	1.62	1.6
6	7.4	10.888	6.578	1.66	1.8
7	15.8	10.184	7.077	1.44	6.0
8	8.6	10.661	6.835	1.56	2.0
9	11.0	10.729	6.780	1.58	2.5

表 3-39　工作面高速推进时周期来压特征统计

推进速度/ (m/d)	周期来压 步距/m	来压时支架 载荷/MN	非来压时支架 载荷/MN	动载系数	来压持续 长度/m
5.0(A)	8.5	10.709	6.720	1.60	2.8
16.9(B)	9.9	10.887	6.321	1.72	5.0
B−A	+1.4	+0.178	−0.399	+0.12	+2.2
(B−A)/A/%	+16.5	+1.7	−5.9	+7.5	+78.6

表 3-40　21305 工作面不同推进速度下周期来压特征对比

来压次数	来压步距/m	来压期间支架 载荷/MN	非来压期间支架 载荷/MN	动载系数	来压持续 长度/m
1	12.4	11.160	5.897	1.89	4.2
2	8.2	10.888	6.260	1.74	3.2
3	9.0	10.751	6.260	1.72	7.2
4	11.2	10.751	6.533	1.65	6.2
5	11.0	11.024	6.421	1.72	4.6
6	9.4	10.751	6.480	1.66	5.6
7	8.2	10.888	6.396	1.70	4.4

从表 3-40 可以发现：推进速度由 5m/d 增加到 16m/d 时，周期来压步距由 8.5m 增加到 9.9m，增幅为 16.5%；来压持续长度由 2.8m 增加到 5.0m 时，增幅为 78.6%；来压期间支架载荷由 10.709MN 增加到 10.887MN，增幅为 1.7%，但非来压期间支架载荷由 6.72MN 减小到 6.32 MN，减小幅度为 5.9%；动载系数由 1.60 增加至 1.72，增幅为 7.5%。

(3) 21306 工作面实测验证结果。

21305 综采工作面高速推进时对工作面周期来压特征的影响规律在活鸡兔井 21306 工作面的实测研究中得到了验证。21306 工作面与 21305 工作面相邻，两个工作面长度、平均采高及所采用的液压支架型号均相同。21306 工作面在 2009 年 4 月 7 日至 4 月 15 日的开采过程中，推进速度较快，平均达 12.4m/d；而在 6 月 2 日至 6 月 19 日的开采过程中,推进速度较慢,平均仅为 4.9m/d。21306 工作面在上述两个阶段的推进过程中顶板覆岩条件相同。通过对两种不同推进速度下周期来压特征的对比分析(表 3-41),发现推进速度差异对该工作面周期来压特征的影响规律与 21305 工作面一致,即推进速度对工作面周期来压持续长度的影响最为显著,对周期来压步距、支架载荷和动载系数等来压特征的影响较小(王晓振和许家林,2012)。

表 3-41　21306 工作面不同推进速度下周期来压特征对比

推进速度/ (m/d)	周期来压 步距/m	来压时支架 载荷/MN	非来压时支架 载荷/MN	动载系数	来压持续 长度/m
4.9(A)	9.1	10.787	6.666	1.62	2.7
12.4(B)	9.6	10.871	6.384	1.70	4.4
B−A	+0.5	+0.084	−0.282	+0.08	+1.7
(B−A)/A/%	+5.5	+0.8	−4.2	+4.9	+62.9

由上述实测结果可知,浅埋综采面高速推进会使周期来压的持续长度显著增加,而对其他周期来压特征的影响较小。

4. 覆岩结构

根据不同矿区浅埋煤层覆岩赋存结构特征,不考虑软弱岩层,将浅埋煤层覆岩按关键层结构分为图 3-50 所示的两类。第一类为单一关键层结构,包括厚硬单一关键层结构和复合单一关键层结构;第二类为双关键层结构。

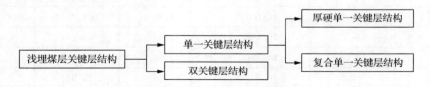

图 3-50　浅埋煤层覆岩关键层结构分类

浅埋煤层覆岩还可以按上覆基岩和松散层厚度不同,划分为厚基岩和厚松散层两种不同的结构。

1) 单一关键层矿压显现特征

西安科技大学黄庆享教授定义的浅埋煤层特征是:"埋藏浅,基载比小,基本顶为单一关键层结构的煤层"(黄庆享,2002)。其工作面矿压基本特征是来压显现强烈,来压步距小,基岩沿全厚切落,破断直接波及地表,来压期间有明显的顶板台阶下沉和动载现象(曹明,2010)。

2) 双关键层矿压显现特征

双关键层结构是指浅埋煤层基岩中存在两组关键层,下位亚关键层先于主关键层破断。亚关键层的破断对工作面来压产生直接影响,主关键层的破断一般滞后,亦会对工作面来压产生影响。与单一关键层相比,其矿压显现特征(曹明,2010)主要体现在以下几个方面。

（1）来压期间支架动载明显；

（2）无明显的顶板台阶下沉；

（3）来压步距和来压强度呈现非均匀性大小周期性变化。

3）厚松散层工作面矿压显现特征

韩家湾煤 2303 工作面开采 2-2 煤层，平均厚度为 4.5m，煤质较硬。埋藏深度一般为 80～90m，由于观测区松散层覆盖较厚，煤层埋深一般为 130m 左右。顶底板较稳定，顶板为以石英、长石为主的细粒砂岩。岩层水平及波状层理发育，其厚度为 6～7m；直接顶上部为厚约 14m 的中粒砂岩。2-2 煤的底板为灰色的砂质泥岩，水平及波状层含植物碎片化石。工作面支架长度为 206.5m，端头选用 3 架 ZYT8800 /23 /47 型端头支架，采用 111 架 ZY8800/23 /47 型支架支护工作面顶板。支架额定工作阻力为 8800kN，额定初撑力为 6413kN。该工作面矿压显现特征体现在以下几个方面（张杰等，2012）。

（1）支架的实际工作阻力普遍较低，工作面来压强度不高，且左右柱存在较大偏载现象，顶板下沉量不均匀。

（2）回采巷道在工作面前方 40m 开始收敛，5～15m 及小于 5m 的两个阶段顶底板移近速度较快。在其他范围内巷道高度变化较为平缓，巷道累计移近量小，工作面采动对巷道的扰动较小。

（3）工作面初次来压步距为 38m，周期来压步距平均为 9.11m。基本顶初次来压步距不大，周期来压步距也较小。

4）薄基岩厚松散层工作面矿压显现特征

大柳塔煤矿 22614 工作面煤层平均厚度为 5.0m，埋深 150m。上覆基岩厚 2.6～45m，松散层厚 20～100m，支架额定工作阻力为 9000kN。工作面长度为 200～360m。两巷及工作面中部基岩厚度随工作面推进先逐渐变薄，后逐渐变厚，基岩厚度最薄处为回风巷 1950m 位置，仅有 3.0m。松散层厚度为 80～105m。该工作面矿压显现总体特征表现在以下几个方面（张建华，2011）。

（1）基岩厚度与来压步距呈正比关系，与来压强度呈反比关系；

（2）工作面中部比两侧周期来压步距小、强度大；

（3）基岩变厚区比基岩变薄区来压步距大、来压强度大；

（4）在基岩厚度小于 9m 的特殊地质条件下，周期来压步距小、支架载荷大，有明显动载现象，易产生压架、溃水、溃沙等灾害；

（5）工作面矿压显现规律受多种因素影响，该工作面矿压规律受基岩厚度变化影响最大。

5）厚基岩薄松散层工作面矿压显现特征

乌兰木伦煤矿 61203 工作面煤层平均厚度为 5.5m，上覆基岩厚 77.02～80.7m，松散层厚 3.3～4m，以风积沙为主。支架额定工作阻力为 8638kN。工作面长度 360m。该工作面矿压显现特征体现在以下几个方面（柴敬和高登彦，2009）。

（1）初次来压步距为 52.2m，周期来压步距平均为 10m，支架动载系数为 1.39，工作面矿压显现具有非均匀性大小周期变化。

（2）工作面初采期间支架工作阻力主要集中在 4674～6544kN，停采期间支架工作阻力主要集中在 7479～8638kN。

（3）随着工作面的增长，工作面的初次来压步距和周期来压步距不断减小，呈反比变化关系；工作面支架工作阻力随工作面的长度增加而增大，呈正比变化关系。

6）基岩厚度对矿压显现的影响因素分析

在工作面支架、基岩、松散载荷层三者相互作用关系中，基岩层厚度及其构成显然发挥着关键影响作用。观测表明，基岩层厚度为 20m 左右时，工作面来压显现剧烈，出现台阶下沉的顶板范围及下沉值均较大。对大柳塔矿 20601 和 20604 两个工作面（工作面参数见 3.5～5m 矿压显现特征）顶板基岩层厚 40m 以上，顶板来压剧烈程序明显降低，顶板台阶下沉范围小，台阶下沉值很小（刘海胜，2013）。

5. 埋深

1）工作面矿压显现按埋深分类

目前神东矿区工作面矿压显现根据埋藏深度的不同一般可以分为浅埋煤层矿压显现和近浅埋煤层矿压显现两种类型（黄庆享，2002）。

2）浅埋煤层工作面矿压显现显著特点（李凤仪，2007）

（1）工作面来压时，顶板活动直接波及地表，即顶板岩层破断、垮落时，其上的松散载荷层几乎同步陷落至地表。

（2）工作面支护强度较低时，顶板来压显现剧烈，并出现较大范围和尺寸的顶板台阶下沉；工作面支护强度较高时，顶板来压较为平缓，工作面顶板不出现或只在来压时出现较小数值的下沉台阶，顶板主要为架后切落。

（3）顶板来压持续时间短，有明显的动压现象。

（4）地表出现大型张开裂缝和较大落差的地堑。

3）近浅埋煤层工作面矿压显现显著特点（曹明，2010）

（1）近浅埋工作面仍然存在明显的初次来压和周期来压，矿压显现强烈；

（2）来压期间，支架动载明显，体现了浅埋煤层非稳定顶板结构特征；

（3）来压步距和来压强度存在非均匀性大小周期性变化；

（4）基岩厚度和来压步距增大，使得近浅埋煤层前方煤壁的支承压力明显增加，工作面来压强度较典型浅埋煤层小。

6. 地表形态

1）神东矿区地表形态主要特点

神东煤田内大部被黄土覆盖，基岩仅在乌兰木伦河、忽吉图沟以及地势较低或凸起处出露。区内松散层分布较广，以黄土层和第四系风积沙为主（北部以黄土为主，向南为风积沙），厚度较大，属沟谷地貌。受后期流水的冲蚀作用，地表冲沟，地形高差及坡度较大。按照冲沟坡体的物质组成将其分为沙土质型冲沟坡体和基岩型冲沟坡体，如图 3-51 所示（王旭锋，2009）。

(a) 沙土质型冲沟坡体

(b) 基岩型冲沟坡体

图 3-51　冲沟坡体形态特征

2) 沙土质型坡体矿压显现特点

（1）工作面概况。

伊泰集团白家梁煤矿 1405 工作面长度为 143.2m，走向长度为 630.8m。煤层倾角为 1°～3°。工作面位于矿井的西北部，工作面东北为 1403 工作面采空区，西南为正在掘进的 1407 工作面，西北至井田边界保护煤柱，东南至运输大巷。综合井上下对照图和实测结果，地表冲沟坡体角度为 10°～30°，平均为 25°。工作面支架额定工作阻力为 6800kN。工作面井上下对照图、地表起伏形态及岩性描述如图 3-52、表 3-42 所示（王旭锋，2009）。

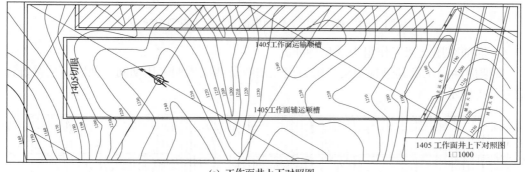

(a) 工作面井上下对照图

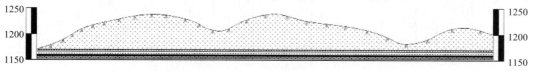

(b) 工作面地表起伏形态（剖切线位于工作面走向中部）

图 3-52　白家梁煤矿 1405 工作面井上下对照图和地表起伏形态

表 3-42　白家梁煤矿 405 工作面综合地质柱状图

岩层序号	岩性	层厚/m	岩层序号	岩性	层厚/m
1	沙土质松散层	19~80	7	细砂岩	12.5
2	灰白色细砂岩	6.31	8	粉砂岩	4.2
3	灰黑色泥岩	3.64	9	泥岩	7.1
4	浅灰白色粉砂岩	3.05	10	煤层	3
5	灰白色粗砂岩	3.21	11	泥岩或页岩	11.2
6	灰色粉砂质泥岩	8.4	12	灰白色细砂岩	14.2

（2）矿压显现特征。

① 初次来压期间支架工作阻力变化特征。

工作面推进至 30m 左右时进行了强制放顶，又推进了 18m 左右，工作面第一次来压。初次来压期间中部支架典型的工作阻力变化曲线如图 3-53 所示。综合分析各支架观测数据表明，工作面中部压力较大，两端较小。

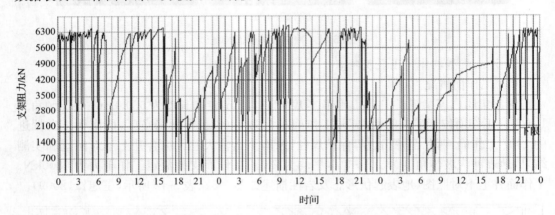

图 3-53　初次来压工作面中部支架阻力典型曲线

② 周期来压支架工作阻力变化特征。

支架周期来压及其过程中支架阻力变化曲线及两次周期来压期间支架阻力数据统计如图 3-54 所示。

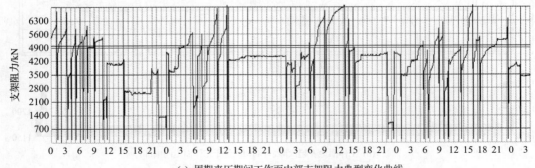

(a) 周期来压期间工作面中部支架阻力典型变化曲线

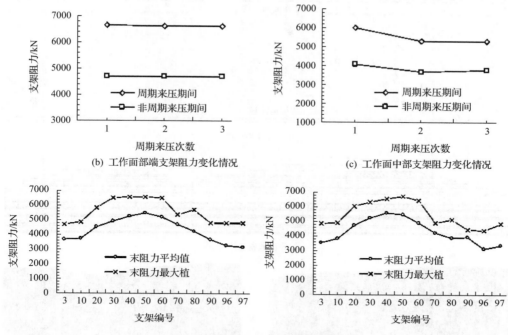

(b) 工作面部端支架阻力变化情况

(c) 工作面中部支架阻力变化情况

(d) 工作面两次周期来压期间支架末阻力变化

图 3-54 周期来压支架工作阻力变化情况

综合观测结果,在工作面中部,周期来压较为明显,支架工作阻力最大可达到 6625kN,是最大工作阻力的 97.4%;工作面两端来压不太明显,支架最大工作阻力为 4880kN,是最大工作阻力的 71.8%。工作面支架阻力也呈现出中间大两端小的形态。周期来压和非周期来压期间支架工作阻力变化较为明显,非周期来压期间,支架最大阻力为 4867kN,是周期来压期间的 73.5%,平均动载系数为 1.38。实测工作面周期来压步距为 12~16m,平均为 14m 左右。

3)基岩型坡体矿压显现特点(王旭锋,2009)

(1)工作面概况。

伊泰集团凯达煤矿 2602 综采工作面地面标高为 1228~1294m。工作面长度为 180m,走向长度为 735m。工作面位于二盘区中部,北为切眼侧井田边界;南为辅运大巷;东部与 2601 工作面相邻;西部与原华源煤矿采空区相邻。井田第四系地层分布较广,主要以残破积砂砾石土层为主,厚度一般不超过 0.5m。风积沙主要分布于山间洼地及边坡上,厚度一般小于 5m;沟谷中以冲洪积沙及砂砾石为主,最大厚度不超过 10m,根据临近工作面钻孔和工作面揭露情况,切眼处煤层顶板距地表最浅约为 35m。根据井上下对照图和实测结果,工作面初采期间地表冲沟坡体角度为 8°~25°,平均为 20°。工作面井上下对照图、地表起伏形态及岩性描述如图 3-55、表 3-43 所示。

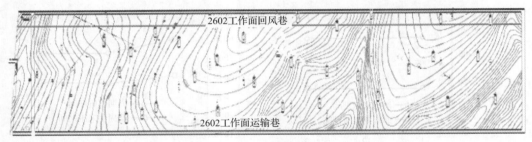

(a) 井上下对照图

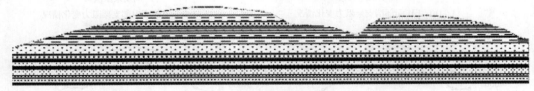

(b) 工作面地表起伏形态

(c) 地表起伏实照

图 3-55　2602 工作面井上下对照图和地表起伏形态

表 3-43　2602 工作面钻孔综合地质柱状

序号	岩性	层厚/m	序号	岩性	层厚/m
1	松散层或砂砾石	0.5~10	6	黑色泥岩	4.5
2	粉砂岩	3.2	7	细砂岩	12
3	砂质泥岩	4.8	8	砂质泥岩	2.5
4	粉砂岩	4.1	9	煤层	2
5	砂质泥岩	3.4	10	砂质泥岩	6

（2）矿压显现特征。

① 初次来压期间支架工作阻力变化特征。

初次来压工作面中部支架阻力典型曲线如图 3-56 所示。

在工作面推进 32m 时进行了强制放顶，又推进 10m 左右，工作面第一次来压。初次来压期间压力显现明显，支架最大工作阻力为 6438kN（40.06MPa），是额定工作阻力的 94.7%；时间加权阻力平均为 5155kN（32.07MPa），是额定工作阻力的 76%；非来压期间支架平均工作阻力为 4797kN（29.84MPa），是额定工作阻力的 70.55%。动载系数平均

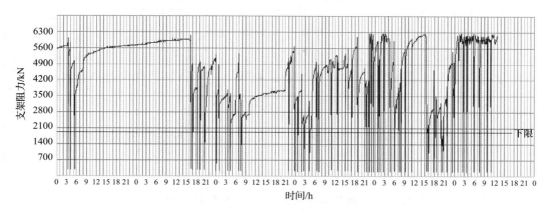

图 3-56　初次来压工作面中部支架阻力典型曲线

为 1.35。工作面沿倾向的来压显现剧烈程度不同,表现为中部最为强烈,两端不明显;工作面沿倾向压力发生突然变大情况的时间不同,表现为中部压力急剧变化的时间要早,两端受中部来压影响,发生突变的时间要晚一些。

②周期来压期间支架工作阻力变化特征。

从图 3-57 可以看出,在工作面中部,周期来压较为明显,支架工作阻力最大可达到

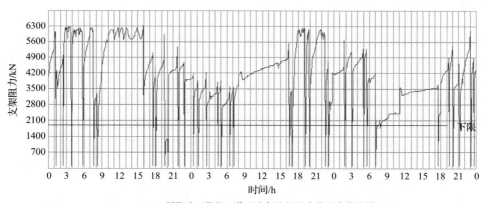

(a) 周期来压期间工作面中部支架阻力典型变化曲线

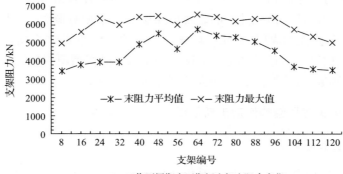

(b) 工作面周期来压期间支架末阻力变化

图 3-57　周期来压支架工作阻力变化情况

6595kN,是最大工作阻力的 97%;工作面两端来压不太明显,支架最大工作阻力为
5653kN,是最大工作阻力的 83.1%,工作面支架阻力呈现中间大两端小的形态。周期来
压和非周期来压期间支架工作阻力变化较为明显,非周期来压期间,支架最大阻力为
4586kN,是周期来压期间的 69.5%,平均动载系数为 1.43。实测周期来压步距为 12～
20.2m,平均为 15m 左右。

3.3　神东矿区煤层开采覆岩结构运动规律

神府东胜煤田开发之初,各矿开采区域煤层大部分埋深集中于 100～150m,具有埋深
浅、基岩薄、上覆厚松散沙层的典型赋存特征。随着神东矿区开采强度的不断加大,煤层
埋深逐渐加大,在 150～250m 具有埋深较深、基岩厚、上覆薄松散沙层的典型赋存特征。
近几年,随着开采装备水平的不断进步和开采技术的不断提高,神东矿区开发力度进一步
提升,煤层的深度不断加大,如布尔台煤矿 42103 工作面煤层埋深甚至达到了 400m 以上
(白俊豪等,2013),一次开采煤层高度也达到了 7.0m(鞠金峰等,2012),如补连塔 22303
工作面为世界首个 7.0m 大采高工作面。由此可见,回顾和总结神东矿区特殊覆岩结构
条件下的岩层运动规律,为进一步研究矿区类似条件下覆岩运动规律及指导矿区工作面
合理支架选型具有重要的意义。

黄庆享(2002)通过研究指出,浅埋煤层可分为两种类型:①基岩比较薄、松散载荷厚
度比较大的浅埋煤层,其顶板破断为整体切落形式,易于出现顶板台阶下沉,此类厚松散
层浅埋煤层称为典型的浅埋煤层。可以概括为埋藏浅,基载比小,基本顶为单一关键层结
构的煤层。浅埋煤层的识别可以参照埋深不超过 150m、基载比小于 1.0 的基本指标。
②基岩厚度比较大、松散载荷层厚度比较小的浅埋煤层,其矿压规律介于普通工作面与浅
埋煤层工作面之间,表现为两组关键层,存在轻微的台阶下沉现象,可称为近浅埋煤层。

李凤仪(2007)根据神东矿区浅埋工作面矿压观测结果,给出了浅埋煤层的三个界定
指标:①煤层上覆岩层由薄基岩及松散层组成,基岩厚度为 30～50m;②覆岩中有单一关
键层,岩层保持同步运动,垮落至地表,来压剧烈;③煤层埋藏深度为 80～100m。

任艳芳(2008)通过数值模拟方法,指出仅从地质条件入手并以此来判断工作面矿压
显现规律的界定方式不合适,还与采高、工作面长度等多种因素有关,浅埋煤层开采也
并非必然受到强烈的浅层地压的影响。浅埋煤层是一个相对概念,不能简单地认为埋藏
深度小于 150m 就是浅埋煤层,判断浅埋煤层的关键在于覆岩中的"承压拱"结构在工作
面不同推进阶段的基本特征及稳定性情况。如果煤层开采后覆岩中无法形成稳定的动态
"承压拱"结构,则成为浅埋煤层,否则为常规埋深煤层。

3.3.1　神东矿区关键层结构运动破断规律

1. 关键层基本定义

覆岩中的关键层是指在覆岩中,对岩体活动全部或局部起控制作用的岩层(钱鸣高
等,1996)。判别关键层的主要依据是变形和破断特征,即在关键层破断时,其上部全部岩

层或局部岩层的下沉变形是相互协调一致的,控制其上全部岩层移动的岩层称为主关键层,控制局部岩层移动的岩层称为亚主关键层。也就是说,关键层的破断将导致全部或相当部分的岩层产生整体运动。

覆岩中的主关键层表现如下特征。

(1) 几何特征:相对其他相同岩层厚度较大;

(2) 力学特性:岩层相对较坚硬,即弹性模量较大,抗压、抗拉强度相对较高;

(3) 变形特征:在关键层下沉变形时,其上覆全部或局部岩层的下沉量与它是同步协调的;

(4) 破断特征:关键层的破断将导致全部或局部上覆岩层的破断,引起较大范围内的岩层移动;

(5) 支承特征:关键层破坏前以板(或简化为梁)的结构形式,作为全部岩层或局部岩层的承载主体,断裂后若满足岩块结构的 S-R 稳定,则成为砌体梁结构,继续成为承载主体。

2. 关键层判别条件

关键层变形计算模型如图 3-58 所示(钱鸣高等,1996)。假设各岩层上的载荷均为均匀分布,并设采场覆岩中有 m 层岩层,从下至上 $n(n \leqslant m)$ 层同步变形。图中各岩层的厚度为 $h_i(i=1,2,3,\cdots,m)$,体积力为 $\gamma_i(i=1,2,3,\cdots,m)$,地表有松散层(风积沙),其载荷为 $q_{松}$。

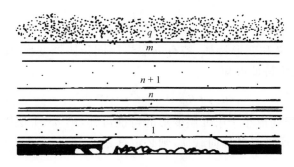

图 3-58　关键层变形计算模型

第 1 层基本顶所控制的 $1 \sim n$ 层岩层同步协调变形,即各岩层曲率相同,于是有

$$\frac{M_1}{E_1 J_1} = \frac{M_2}{E_2 J_2} = \cdots = \frac{M_i}{E_i J_i} = \cdots = \frac{M_n}{E_n J_n} \tag{3-1}$$

式中, M_i ——第 i 层岩层的弯矩;

E_i ——第 i 层岩层的弹性模量;

J_i ——第 i 层岩层的惯性矩, $J_i = \dfrac{bh_i^3}{12}$;

b ——岩层的横截面宽度;

h_i ——岩层的横截面厚度。

由式(3-1)可解得

$$\frac{M_1}{M_2} = \frac{E_1 J_1}{E_2 J_2}, \frac{M_1}{M_3} = \frac{E_1 J_1}{E_3 J_3}, \cdots, \frac{M_1}{M_i} = \frac{E_1 J_1}{E_i J_i}, \cdots, \frac{M_1}{M_n} = \frac{E_1 J_1}{E_n J_n} \tag{3-2}$$

$1 \sim n$ 层岩层组合岩梁弯矩 M 为

$$M = M_1 + M_2 + \cdots + M_n = \sum_{i=1}^{n} M_i \tag{3-3}$$

对于第 1 层岩层来说,由式(3-2)代入式(3-3),得

$$M_1 = \frac{E_1 J_1 M}{\sum_{i=1}^{n} E_i J_i} \tag{3-4}$$

根据梁的受力微分原理,得

$$q_1 = \frac{E_1 J_1 q}{\sum_{i=1}^{n} E_i J_i} \tag{3-5}$$

式中,q——第 1 岩层上全部(n 层)控制岩层的自重载荷。

将 J_i 和 q 的具体表达式代入式(3-5),得

$$q_1 = \frac{E_1 h_1^3 \sum_{i=1}^{n} \gamma_i h_i}{\sum_{i=1}^{n} E_i h_i^3} \tag{3-6}$$

根据关键层的定义和变形特征,若有 n 层岩层同步协调变形,则其下部岩层为关键层。再由关键层的支承特征可知

$$q_1 > q_i \quad (i = 2, 3, \cdots, n) \tag{3-7}$$

由第 $n+1$ 层岩层变形小于第 n 层变形的特征可知,第 $n+1$ 层以上岩层已不再需要其下部岩层去承担它所承受的任何载荷,则必定有

$$q_1 \mid_{n+1} < q_1 \mid_n \tag{3-8}$$

其中

$$q_1 \mid_{n+1} = \frac{E_1 h_1^3 \left(\sum_{i=1}^{n} \gamma_i h_i + q_{n+1} \right)}{\sum_{i=1}^{n+1} E_i h_i^3} \tag{3-9}$$

在式(3-9)中,若 $n+1=m$,则 $q_{n+1} = \gamma_m h_m + q$;若 $n+1 < m$,则 q_{n+1} 应用式(3-9)中求解 q_1 的方法求得。假如第 $n+1$ 层岩层控制到第 m 层,则 q_{n+1} 为

$$q_{n+1} \mid_{m-n} = \frac{E_{n+1} h_{n+1}^3 \left(\sum_{i=n+1}^{n} \gamma_i h_i + q \right)}{\sum_{i=n+1}^{m} E_i h_i^3} \tag{3-10}$$

假如第 $n+1$ 层岩层不能控制到第 m 层,则对 q_{n+1} 仍需采用式(3-10)中 q_1 的形式对 $n+1$ 层的载荷进行计算,直到其解能控制到第 m 层为止。

式(3-8)形式上为载荷的比较,实际上为关键层的刚度(变形)判别条件。其几何意义为:第 $n+1$ 层岩层的挠度小于下部岩层的挠度。当 $n+1<m$ 时,第 $n+1$ 层并非边界层,因此还必须了解 $n+1$ 层的载荷及其强度条件。此时, $n+1$ 层有可能成为关键层,但还必须满足关键层的强度条件。假如第 $n+1$ 层为关键层,它的破断距为 l_{n+1} ,第 1 层的破断距为 l_1 ,则关键层的强度判别条件为

$$l_{n+1} > l_1 \tag{3-11}$$

此时第 1 层为亚关键层。如果 l_{n+1} 不能满足式(3-11)的判别条件,则应将第 $n+1$ 层岩层所控制的全部岩层作为载荷作用到第 n 层岩层上部,计算第 n 层岩层的变形和破断距。

在式(3-8)和式(3-11)均成立的前提下,就可以判别出关键层 1 所能控制的岩层厚度或层数。如 $n=m$,则关键层 1 为主关键层;如 $n<m$,则关键层 1 为亚关键层。

3. 浅埋煤层关键层失稳机理(侯忠杰,1999)

神东矿区大部分矿区地表覆盖有较厚的松散层(风积沙层),由于地表松散层自重 $q_{松}$ 很大,在矿区开采初期,覆岩常常出现整体切落现象,矿压显现剧烈。为此,迫切需要利用关键层理论研究浅埋深、薄基岩、厚松散层条件下的覆岩破断机理。

图 3-51 中,假设采场 m 层岩层中存在 2 层坚硬的厚硬层,即直接顶之上的第 1 层(第 1 层基本顶)和第 $n+1$ 层(第 2 层基本顶)岩层。由于地表松散层自重 $q_{松}$ 很大,就会使第 2 层基本顶($n+1$ 层)变形曲率等于或大于第 1 层基本顶的变形曲率,于是有

$$\frac{M_1(x)}{E_1 J_1} \leqslant \frac{M_{n+1}(x)}{E_{n+1} J_{n+1}} \tag{3-12}$$

由式(3-2)、式(3-3)可得 $1\sim n$ 层岩层组合岩梁弯矩为

$$M_a(x) = M_1(x)\left[1 + \frac{E_2 J_2 + E_3 J_3 + \cdots + E_n J_n}{E_1 J_1}\right] \tag{3-13}$$

对于第 2 层基本顶所控制的 $n+1\sim m$ 层直到地表松散各岩层,同理其组合岩梁弯矩为

$$M_{n+1}(x) = \frac{E_{n+1} J_{n+1} M_b(x)}{E_{n+1} J_{n+1} + E_{n+2} J_{n+2} + \cdots E_m J_m} = \frac{E_{n+1} J_{n+1} M_b(x)}{\sum\limits_{i=n+1}^{m} E_i J_i} \tag{3-14}$$

将式(3-13)和式(3-14)代入式(3-12),得

$$\frac{M_a(x)}{\sum\limits_{i=1}^{n} E_i J_i} \leqslant \frac{M_b(x)}{\sum\limits_{i=n+1}^{n} E_i J_i} \tag{3-15}$$

根据一承受载荷为 q、长度为 l 的固定梁任意截面的弯矩公式, a 组合岩梁(1~n 层)

和 b 组合岩梁 $(n+1\sim m$ 层)相应就有

$$M_a(x) = \left[\frac{q_a(x)}{12}\right](6lx - 6x^2 - l^2)$$

$$M_b(x) = \left[\frac{q_b(x)}{12}\right](6lx - 6x^2 - l^2) \tag{3-16}$$

将式(3-16)代入式(3-15),得

$$\frac{q_a(x)}{\sum\limits_{i=1}^{n} E_i J_i} \leqslant \frac{q_b(x)}{\sum\limits_{i=n+1}^{n} E_i J_i} \tag{3-17}$$

且

$$\begin{cases} q_a(x) = \gamma_1 h_1 + \gamma_2 h_2 + \cdots + \gamma_n h_n = \sum\limits_{i=1}^{n} \gamma_i h_i \\ q_b(x) = \gamma_{n+1} h_{n+1} + \gamma_{n+2} h_{n+2} + \cdots + \gamma_m h_m = \sum\limits_{i=n+1}^{m} \gamma_i h_i + q \end{cases} \tag{3-18}$$

式中,$q_a(x)$——a 组合岩梁所承受的载荷;

$q_b(x)$——b 组合岩梁所承受的载荷。

将式(3-18)代入式(3-17),得

$$\frac{\sum\limits_{i=1}^{n} \gamma_i h_i \sum\limits_{i=n+1}^{m} E_i h_i^3}{\left[(\sum\limits_{i=n+1}^{m} \gamma_i h_i + q) \sum\limits_{i=1}^{n} E_i h_i^3\right]} \leqslant 1 \tag{3-19}$$

地面松散层(风积沙)越厚,式(3-19)分母中的 q 就越大,该式就越容易满足。因此地表厚松散层浅埋煤层,即使覆岩中第 2 层基本顶($n+1$ 层)岩层的强度和厚度比第 1 层基本顶大,由于地表松散层厚,式(3-19)同样会得以满足。满足式(3-19),就意味着第 2 层基本顶($n+1$ 层)及其以上的岩层直到地表松散层的自重载荷必然作用到第 1 层基本顶,整个上覆岩层协调变形。这就是厚松散层(风积沙)浅埋煤层长壁开采工作面来压时覆岩常常出现全厚整体运动的根本原因,也是这种浅埋煤层工作面来压强度不是减弱而是增强的根源所在。

4. 浅埋煤层覆岩关键层结构分类

神东矿区浅埋煤层开采中遇到了诸如工作面压架、涌水溃沙、地面裂缝发育等采动损害问题,由于其覆岩岩性结构组合关系的不同,工作面矿压显现规律也不尽相同,故需要对矿区浅埋煤层覆岩关键层结构类型进行分类,有针对性地指导工作面安全开采。许家林等(2009a)通过对比分析不同矿区的钻孔柱状资料,利用关键层判别条件,同时结合工作面的实测矿压规律,将浅埋煤层覆岩关键层结构分为 2 类 4 种,如图 3-59 所示。第 1 类为单一关键层结构,具体可分为厚硬单一关键层结构、复合单一关键层结构和上煤层已采单一关键层结构 3 种,其中前两种开采煤层覆岩赋存完整,为天然状态的结构形式,后一种开采煤层覆岩赋存已经遭受人为开采破坏,不再完整,为人为改造后的结构形式;第2类为多层关键层结构1种。

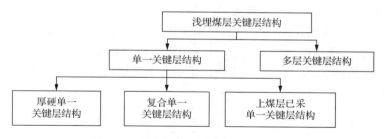

图 3-59 浅埋煤层覆岩关键层结构分类

1) 厚硬单一关键层结构

厚硬单一关键层结构指浅埋煤层基岩仅有一层硬岩层,其厚度和强度很大,并且满足关键层的判别条件。该层硬岩层为覆岩唯一关键层,即为主主关键层,该主关键层的破断失稳对工作面矿压显现与地表沉陷都有直接的显著影响,尤其是对工作面矿压会造成严重的影响。图 3-60 为厚硬单一关键层结构示意图。

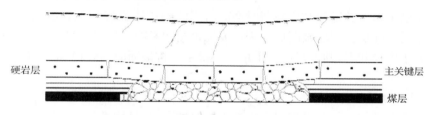

图 3-60 厚硬单一关键层结构示意图

神东矿区浅埋煤层覆岩不存在厚硬单一关键层结构。在我国的大同矿区浅埋煤层存在着此种厚硬单一关键层结构。

2) 复合单一关键层结构

复合单一关键层结构是指浅埋煤层基岩中存在 2 层或 2 层以上的硬岩层,但硬岩层间产生复合效应并同步破断,使得靠近煤层的第 1 层硬岩层成为基岩中的唯一关键层,即主关键层。此类关键层结构中的硬岩层厚度与强度都不大。然而由于主关键层与其上方多层硬岩层处于整体复合破断关系,导致其破断失稳对工作面矿压显现与地表沉陷同样有显著影响。图 3-61 为复合单一关键层结构示意图。

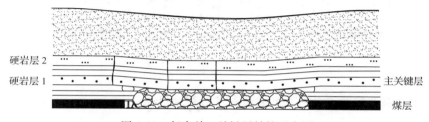

图 3-61 复合单一关键层结构示意图

　　复合单一关键层结构类型在神东矿区浅埋煤层中普遍存在,这是造成神东浅埋煤层特殊采动矿压显现的根本地质因素。

　　3）上煤层已采单一关键层结构

　　上煤层已采单一关键层结构是指浅埋深相邻两煤层间的岩层中存在 1 层关键层。在上部煤层开采后,上部煤层覆岩关键层已经破断,开采下部煤层时两相邻煤层间的那层关键层成为覆岩主关键层,从而形成上煤层已采单一关键层结构。图 3-62 为上煤层已采单一关键层结构示意图。

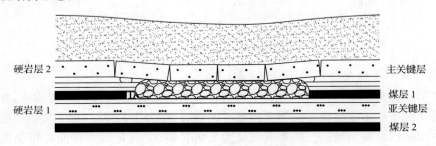

图 3-62　上煤层已采单一关键层结构示意图

　　上煤层已采单一关键层结构破断时会同时影响到矿压显现和地表沉陷,对矿压显现的强烈程度受上煤层关键层破断后是否形成稳定结构影响。如果上煤层开采后其上覆关键层结构处于失稳状态,则上煤层已采单一关键层结构破断时易失稳,造成工作面强烈的矿压显现。

　　4）多层关键层结构

　　多层关键层结构是指开采煤层上方有多层厚硬岩层,且皆满足关键层判别条件,根据控制岩层范围的不同,分为亚关键层和主关键层。图 3-63 为多层关键层结构示意图。多层关键层结构的存在,常会造成工作面出现大、小周期来压间歇的现象(周海丰,2011)。对于采深较大,基岩较厚的煤层,覆岩关键层结构一般为多层关键层结构。

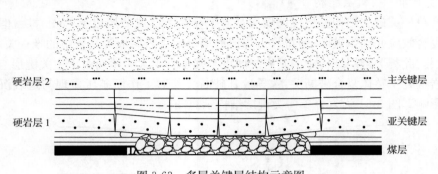

图 3-63　多层关键层结构示意图

5. 浅埋煤层关键层运动对导水裂隙高度的影响规律

　　由于神东矿区存在特殊的关键层结构,常常造成浅埋煤层开采顶板导水裂隙带发育高度明显大于传统经验公式的计算值(初艳鹏,2011)。神东矿区开发初期,由于浅埋复合单一关键层结构的存在,常常发生基岩全厚整体切落,破断裂隙直接贯通至基岩顶部乃至地表的现象。随着开采进入近浅埋开采阶段,矿区覆岩结构为多层关键层结构,由于主关键层位置距离开采煤层较近,主关键层下的可压缩回转空间较大,导致主关键层破断时,结构块体的下沉量、回转量、裂隙张开度较大,并一直延展发育至基岩顶部,导水裂隙带发育高度明显大于"常规"导水裂隙带高度(许家林等,2009b)。下面以神东矿区补连塔煤矿超高裂隙发育规律现场实测(王志刚,2008)为例,进一步说明主关键层位置对导水裂隙带高度的影响。

1) 补连塔煤矿超高裂隙发育规律现场实测

(1) 补连塔煤矿 31401 工作面采矿地质条件。

补连塔煤矿 31401 工作面为四盘区首个综采面。工作面上覆基岩厚度为 120～190m,第四系松散层厚度为 5～25m,煤层倾角为 1°～3°,工作面倾向长 265.25m,走向长 4629m,设计采高 5.2m。煤层顶、底板状况参见表 3-44。

表 3-44　31401 工作面煤层顶、底板特征

顶、底板	岩性	厚度/m	岩性特征
基本顶	砂岩互层	>20	灰白色,坚硬—半坚硬,泥质和钙质胶结
直接顶	砂质泥岩、细粒砂岩	3～7	砂质泥岩、细粒砂岩互层,泥质胶结,局部以石英为主,波状层理
伪顶	泥岩	0.1～0.4	以泥岩和砂质泥岩为主,随采随冒
直接底	泥岩、粉砂岩	1～6	黑灰色,以泥质为主,遇水易软化
基本底	砂岩互层	>5	深灰色,半坚硬,水平层理,植物化石碎片

31401 工作面为一宽缓的向斜构造,煤层底板呈小的波状起伏,地层倾角较小,在顺槽掘进时发现了两条落差小于 1.5m 的正断层(F6,F7),对回采影响不大。

(2) 31401 工作面异常突水概况。

根据《建筑物、水体、铁路及主要井巷煤柱留设与压煤开采规程》(以下简称《规程》)中的导水裂隙带计算方法得出该条件下的最大导水裂隙带发育高度为 50～60m,远小于工作面上覆基岩厚度,理论上可以实现安全开采。但在实际开采过程中,31401 工作面出现多次周期性较大的涌水量,一般为 50～80m³/h,严重影响了工作面的正常回采。

2007 年 2 月 18 日,工作面推进至 1650m 时,涌水量突然增加到 200m³/h。此后,从 1650m 处至 2552m 处约 902m 的区间内,顶板淋水和采空区渗流现象一直不断,期间在 3 月 2 日和 4 月 8 日曾出现两次较大的涌水,最大涌水量达 400m³/h,短时间内工作面被淹,局部积水深度达 2m,造成两次 48h 停产,对生产造成严重的影响。31401 工作面回采期间出水位置与出水量见表 3-45。

(3) 导水裂隙带高度现场观测。

为了掌握 31401 工作面异常突水的机理,在工作面突水区域采空区地表施工导水裂隙带高度探测孔,采用钻孔冲洗液漏失量观测法进行导水裂隙带高度的探测。钻孔冲洗液漏失量观测方法是通过直接测定钻进过程中的钻孔冲洗液漏失量,并结合钻孔水位、掉钻、钻孔吸风及岩心观察等资料来综合判断导水裂隙带高度的一种方法。

表 3-45　31401 工作面出水位置与出水量

序号	出水时间	距开切眼距离/m	出水量/(m³/h)	两次出水间距/m	两次出水间隔时间/d	推进速度/(m/d)
1	2月18日	1650	200			
2	3月2日	1758	300	108	12	9
3	3月7日	1808	250	50	5	10
4	4月8日	2164	400	356	32	11.13
5	4月30日	2420	200	256	22	11.64
6	5月4日	2485	200	65	4	16.25
7	5月7日	2552	120	67	3	22.33

① 钻孔布置方案。

根据补连塔煤矿 31401 工作面开采期间的涌水情况,在距切眼 2164m 处出现最大涌水位置附近布置 S19、S21 两个探测孔,如图 3-64 所示。S19 孔距 31401 回顺 119.28m,距运顺 145.57m,终孔深度为 243.66m。S21 孔距 31401 回顺 109.39m,距运顺 155.46m,终孔深度为 238.55m。S19、S21 孔揭露的砾石含水层最大深度均为 120m。

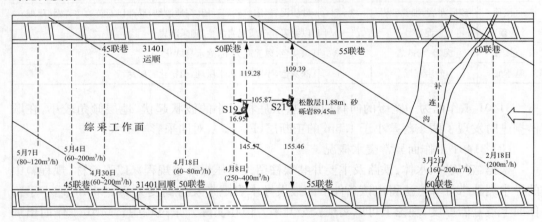

图 3-64　31401 工作面钻孔布置图

② 相关仪器和设备。

钻孔的观测项目、内容、仪器、工具和精度见表 3-46。

表 3-46　观测项目及仪器

观测项目	观测内容	观测仪器、工具	观测精度
冲洗液漏失量	水源箱内原有水量、钻进过程中加入水量、水源箱内剩余水量、观测时间、钻进的进尺、孔深	浮标尺、秒表、测尺、钻杆	孔深误差小于 0.15%
孔内水位	每次下钻前、后水位;停钻期间水位、观测时间	测钟、测绳、秒表、电测深仪	浮标尺读数误差小于 5mm

观测项目	观测内容	观测仪器、工具	观测精度
冲洗液循环中断	冲洗液不能返回时的孔深,如注水时冲洗液循环正常、记录注水水量	钻杆、测尺、秒表	进尺读数误差小于 10mm
异常现象	向钻孔内吸风或瓦斯涌出、掉钻、卡钻、钻具振动及相应的孔深	钻具、测尺	水位深度误差小于 100mm
岩心鉴定	全岩取心、岩层层位、岩性、倾角、破碎状态		

③ 观测结果分析。

S19 孔的钻孔冲洗液漏失量变化曲线如图 3-65 所示,S19 孔的水位变化曲线如图 3-66 所示。

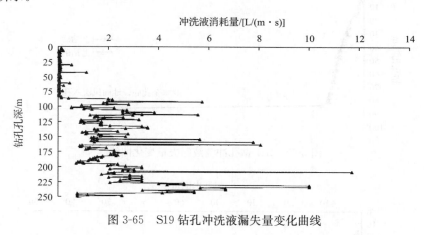

图 3-65　S19 钻孔冲洗液漏失量变化曲线

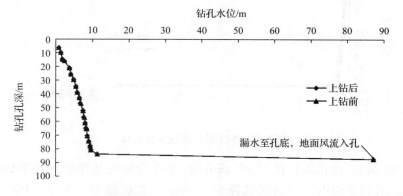

图 3-66　S19 钻孔水位变化曲线

由图 3-65 可知,在钻机钻进至 86.65m 时,冲洗液漏失量开始急剧增加,在孔深 86.65~87.99m 阶段,钻孔冲洗液消耗量从 0.125L/(s・m)迅速增加至 2.167L/(s・m);在孔深 91.99~92.41m 阶段,钻孔冲洗液消耗量从 2.015L/(s・m)急速增至 5.731L/(s・m);同时,由图 3-66 可知,在 83.65~86.99m 阶段,S19 孔内水位从 11.45m 高度瞬间漏失至孔底 86.99m,并在 87.10m 时出现持续的钻孔进风现象。钻孔钻进至 102.99m 时进行堵漏,并顺利钻至 243.66m。从孔深 1m 钻进至 86.65m 共计用水 4.55m³,之后冲洗液消耗量显著增加;钻进至孔深 223.52m 后,多次出现卡钻现象。

综合分析判断,垮落带顶点的孔深为 223.52m,导水裂隙带顶点的孔深为 86.65m,此处 1-2 煤采深为 247m。经计算(考虑地表下沉影响,按 2m 计算,煤层采高为 4.4m),S19孔导水裂隙带高度为 $247-2-86.65-4.4=153.95$(m),裂采比为 34.98;垮落带的高度为 $247-2-223.52-4.4=17.08$(m),垮采比为 3.88。

S21 孔的钻孔冲洗液漏失量变化曲线如图 3-67 所示,S21 孔的水位变化曲线如图 3-68 所示。

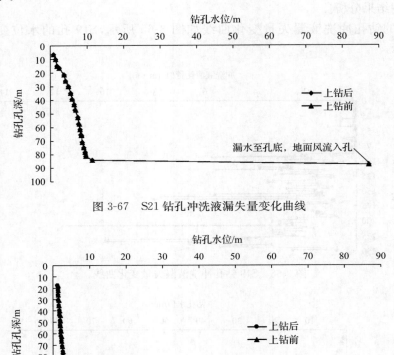

图 3-67　S21 钻孔冲洗液漏失量变化曲线

图 3-68　S21 钻孔水位变化曲线

由图 3-67 可知,在钻机钻进至 96.96m 时,冲洗液漏失量开始急剧增加。同时,由图 3-68 可知,孔内水位由 3.85m 迅速降至 97.46m。在孔深 96.96~97.46m 阶段,钻孔冲洗液消耗量从 0.0065L/(s·m)迅速增加至 29.9629L/(s·m),孔内水位由 3.85m 迅速降至 97.46m,冲洗液全部漏失。钻孔钻进至 100.8m 时进行堵漏,并顺利钻至243.66m。从孔深 17.30m 钻进至 96.96m 共计用水 3.43m³,之后冲洗液消耗量显著增加;钻进至孔深 217.88m 后,多次出现卡钻现象。

综合分析判断,垮落带顶点的孔深为 217.88m,导水裂隙带顶点的孔深为 97.10m,此处 1-2 煤采深为 244m。经计算(考虑地表下沉影响,按 2m 计算,煤层采高为 4.4m),S19 孔导水裂隙带高度为 244-2-97.10-4.4=140.5(m),裂采比为 31.93;垮落带的高度为 244-2-217.88-4.4=19.72(m),垮采比为 4.48。

2) 超高采动裂隙发育机理

上述实测结果表明,31401 工作面顶板突水区域的顶板导水裂隙带高度达到 140.5~ 153.95m,远大于按《规程》计算的 55m。工作面突水区域具有一定的周期性,突水间距为 50~60m 或是其 5~6 倍的距离,突水持续时间较短,可以推断特殊的顶板结构引发突水的可能性较大。通过对比突水区域和非突水区域钻孔柱状图,并利用关键层判别条件,得到两个不同区域关键层位置,如图 3-69 所示。

由图 3-69 可知,在突水区域覆岩主关键层与煤层距离为 33.8m,距离煤层相对较近;而非突水区域覆岩主关键层位置与煤层距离为 95.2m,距离煤层相对较远。可以推断,覆岩主关键层与煤层距离会影响顶板导水裂隙带高度,导致 S21、S19 孔实测导水裂隙带高度明显偏大的原因是其主关键层与煤层距离较近。

覆岩主关键层位置影响导水裂隙带高度的原因在于(许家林等,2009b):当主关键层位于距离开采煤层较近的下位并小于某一临界距离时,由于主关键层下的压缩回转空间相对较大,当主关键层破断时结构体的下沉量、回转量较大,使得主关键层破断裂隙张开度较大并一直延展发育至基岩顶部;相反,当主关键层与煤层距离较远时,由于主关键层下的可压缩回转空间较小,导致其破断时结构块体的下沉量、回转量较小,裂隙张开度较小,导水裂隙带高度发育不到基岩顶部。

具体开采条件下如何确定对导水裂隙带高度产生影响的主关键层位置与开采煤层临界距离,是上述发现应用于工程需要解决的关键问题。为此,建立了如图 3-70 所示的主关键层位置与裂隙张开度计算模型。

由图 3-70 所示的模型导出主关键层裂隙张开度的计算公式为

$$K = \frac{[m - h_2(K_p - 1)]h}{l} \tag{3-20}$$

式中, K ——主关键层破断裂隙张开度,m;

　　l ——主关键层破断块体长度,m;

　　h ——主关键层厚度,m;

　　m ——煤层采高,m;

　　h_2 ——主关键层与煤层距离,m;

　　K_p ——主关键层下部岩层残余碎胀系数。

假设形成导水裂隙的主关键层破断裂隙张开度最小值为 K_m,则由式(3-20)可得到对导水裂隙带高度产生影响的主关键层与开采煤层临界距离 h_m 的计算公式为

$$h_m = \frac{m - \frac{l}{h}K_m}{k_p - 1} \tag{3-21}$$

由式(3-21)可知,对导水裂隙带高度产生影响的主关键层与开采煤层临界距离 h_m 和

层号	厚度/m	埋深/m	岩性	关键层位置	备注	
24	97.96	97.96	砾岩			
23	1.4	99.36	粗粒砂岩			
22	3.87	103.23	砂质砾岩			
21	10.62	113.85	粉砂岩			
20	8.88	122.73	泥质砂岩			
19	3.86	126.59	细粒砂岩			
18	5.9	132.49	砂质泥岩			
17	12.92	145.41	粉砂岩			
16	3.3	148.71	粉砂岩			
15	32.7	181.41	中粒砂岩	主关键层		
14	1.18	182.59	1-1煤			
13	0.87	183.46	砂质泥岩			
12	0.12	183.58	煤线			
11	1.25	184.83	砂质泥岩			
10	0.1	104.00	煤线			
9	4.3	189.23	粉砂岩			
0	2.2	101.40	砂质泥岩			
7	0.11	191.54	无号1			
0	2.00	104.20	砂质泥岩			
5	0.3	194.53	1-2上煤			
4	0.70	204.01	粉砂岩	亚关键层		
3	9.6	213.91	泥岩			
2	1.32	215.23	泥岩			
1	5.92	221.15	1-2煤			

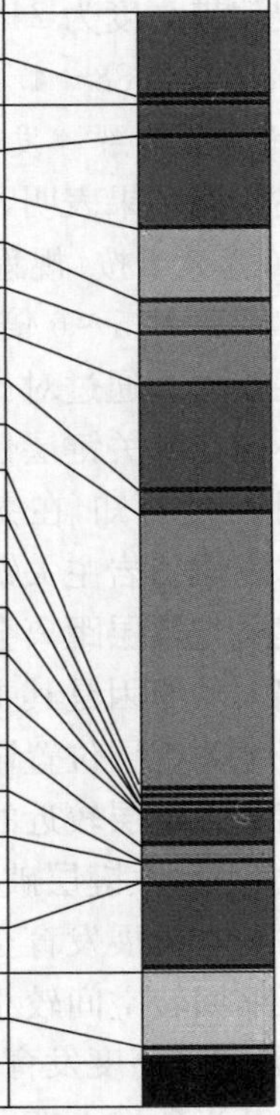

(a) 突水区域覆岩关键层位置

层号	厚度/m	埋深/m	岩性	关键层位置	备注	
14	115.45	115.45	黄土与砾岩			
13	20.06	135.51	泥质粉砂岩			
12	15.3	150.81	粉粒砂岩	主关键层		
11	3.15	153.96	泥质粉砂岩			
10	8.2	162.16	砂质泥岩			
9	4.4	166.56	细粒砂岩			
8	18.18	184.74	泥质砂岩			
7	12.5	197.24	中粒砂岩	亚关键层		
6	10.64	207.88	砂质泥岩			
5	8.55	216.43	砂质黏土岩			
4	5.3	221.73	细粒砂岩			
3	10.47	232.2	砂质泥岩			
2	13.77	245.97	细粒砂岩	亚关键层		
1	4.78	250.75	1-2煤			

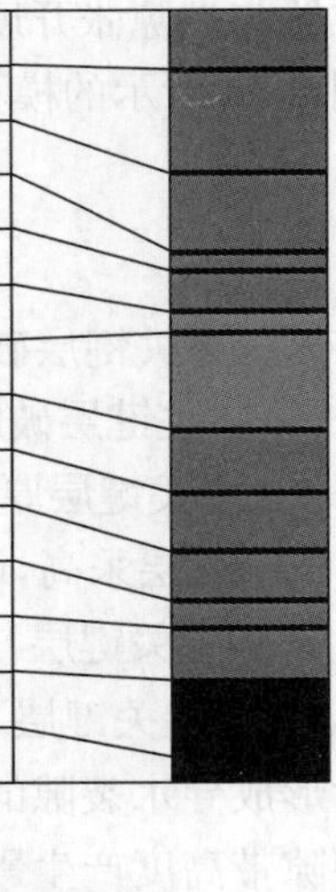

(b) 非突水区域覆岩关键层位置

图 3-69　31401工作面突水与非突水区域覆岩主关键层位置对比

煤层采高、顶板岩石碎胀压实特性、主关键层破断块度等因素有关。煤层采高越大,临界距离 h_m 越大;主关键层破断块度 h/l 越大,临界距离 h_m 越大;残余碎胀系数 K_p 越大,临界距离 h_m 越小。

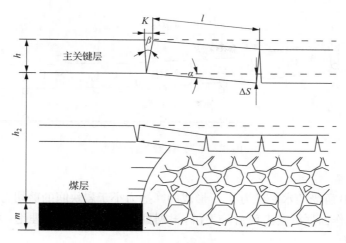

图 3-70　主关键层位置与裂隙张开度计算模型

对于岩石类材料其破断裂隙张开度一般只要达到几毫米即可导水而形成导水裂隙，因此，在式(3-21)中 lK_m/h 项的数值远小于煤层采厚 m，可以忽略不计。砂岩类残余碎胀系数一般可取 1.1～1.15，则式(3-21)可以简化为

$$h_m = (7 \sim 10)m \tag{3-22}$$

也就是说，可以粗略按 7～10 倍采高来计算对导水裂隙带高度产生影响的主关键层与开采煤层的临界距离。

3.3.2　神东矿区基本顶结构模型及稳定性

3.3.1 节通过应用关键层理论，研究了神东矿区浅埋煤层覆岩整体结构运动规律，本节将在此基础上，探讨关键层结构的自身破断结构形式及其稳定性。钱鸣高院士于 20 世纪 70 年代末建立了"砌体梁"力学模型(钱鸣高和刘听成，1991)，比"铰接岩块"和"假塑性梁"等假说在力学分析上前进了一步。黄庆享等(1999a)根据神东矿区典型浅埋煤层工作面的矿压实测和模拟研究结果(黄庆享，1998)，在"砌体梁"理论(钱鸣高和缪协兴，1995)研究的基础上，提出了浅埋煤层采场基本顶的"短砌体梁"和"台阶岩梁"结构模型。按照黄庆享(黄庆享，2002)对浅埋煤层的分类，可以推断，"短砌体梁"、"台阶岩梁"模型适用于浅埋煤层开采，"砌体梁"模型作为基本顶结构模型的基础理论，适用于非浅埋煤层开采的其他情形。下面将分别对三种基本顶结构模型进行论述。

1．"砌体梁"结构分析

采场基本顶破断后形成的平衡结构可简化为"砌体梁"式平衡结构，即以工作面煤壁和采空区压实的矸石为支点的"三铰拱式"平衡结构，如图 3-71 所示。"砌体梁"结构中对工作面安全生产具有显著影响的是 B、C 两个关键块的稳定性(钱鸣高和缪协兴，1994)。

关键块的失稳方式主要有两种，即滑落失稳和回转失稳。

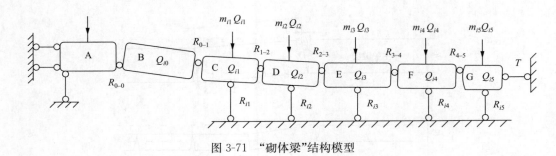

图 3-71 "砌体梁"结构模型

1）滑落失稳

当关键块 B 所受的水平推力 T 所形成的摩擦力小于岩块间的剪切力 R 时，块体间发生错动，此时工作面顶板会出现台阶下沉，根据砌体梁"S-R"稳定理论，关键块不发生滑落失稳的条件为

$$h + h_1 \leqslant \frac{\sigma_c}{30\gamma}\left(\tan\varphi + \frac{3}{4}\sin\theta\right)^2 \tag{3-23}$$

其中

$$\sin\theta = \frac{m - \sum h(K_p - 1)}{l} \tag{3-24}$$

式中，h——关键块厚度，m；

　　　h_1——载荷层厚度，m；

　　　γ——岩层容重，kN/m^3；

　　　σ_c——承载岩层抗压强度，MPa；

　　　$\sum h$——直接顶厚度，m；

　　　l——周期来压步距，m；

　　　K_p——碎胀系数，一般为 1.25～1.5；

　　　$\tan\varphi$——岩块间的摩擦系数，一般取 0.3（钱鸣高和缪协兴，1994）。

2）回转失稳

基本顶周期来压时，砌体梁关键块不发生回转失稳的条件为

$$h + h_1 \leqslant \frac{0.15\sigma_c}{\gamma}\left(i^2 - \frac{3}{2}i\sin\theta + \frac{1}{2}\sin\theta\right) \tag{3-25}$$

式中，i——基本顶断裂块度，$i = h/l$。

对式（3-25）进行简化可得

$$h + h_1 \leqslant \frac{0.15\sigma_c}{\gamma}\left(i - \frac{\sqrt{2}}{2}\sin\theta\right)^2 - \frac{3 - 2\sqrt{2}}{2}i\sin\theta \tag{3-26}$$

由于式（3-26）右边项 $\dfrac{3 - 2\sqrt{2}}{2}i\sin\theta$ 很小，对关键块回转失稳的判别影响较小，因此，

式(3-26)可简化为

$$h + h_1 \leqslant \frac{0.15\sigma_c}{\gamma}\left(i - \frac{\sqrt{2}}{2}\sin\theta\right)^2 \tag{3-27}$$

当 $h + h_1$ 不能满足式(3-23)时,应防止工作面沿煤壁的顶板切落,加强支架的初撑力以防止工作面出现压垮型事故;同时,当最终回转角超出变形稳定范围时,特别是采高过大时,则应注意支架的刚度调节,保证支架有足够的稳定性,防止工作面发生推垮型事故。

2."短砌体梁"结构分析

1)"短砌体梁"结构模型(黄庆享等,1999a)

浅埋煤层工作面顶板基本顶关键层周期性破断后,形成的岩块比较短,岩块的断裂块度 i(岩块厚度 h 与长度之比)接近于 1,形成的铰接岩梁形象地称为"短砌体梁"结构。按照砌体梁结构关键块分析法(钱鸣高和缪协兴,1994),建立"短砌体梁"结构模型如图 3-72 所示,图中 P_1、P_2 为块体承受的载荷;R_2 为 Ⅱ 块体的支承反力;θ_1、θ_2 为 Ⅰ、Ⅱ 块体的转角;a 为接触面高度;Q_A、Q_B 分别为 A、B 接触铰上的剪力;l_1、l_2 分别为 Ⅰ、Ⅱ 岩块长度。

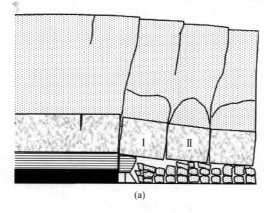

(a)

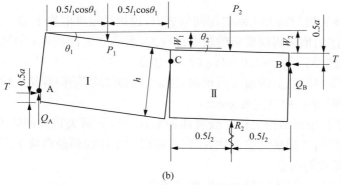

(b)

图 3-72　"短砌体梁"结构关键块的受力

由于 θ_2 很小,P_2 作用点的位置忽略了 $\cos\theta_2$ 项。则

$$W_1 = m - (K_p - 1)\sum h \tag{3-28}$$

式中，W_1——岩块 I 在采空区的下沉量，m；

$\sum h$——直接顶厚，m；

m——煤厚，m；

K_p——岩石碎胀系数。

根据岩块回转的几何接触关系，岩块端角挤压接触面高度近似为

$$a = \frac{1}{2}(h - l_1 \sin\theta_1) \tag{3-29}$$

鉴于岩块间是塑性铰接关系，水平力 T 的作用点可取 $0.5a$ 处。

2）"短砌体梁"结构关键块的受力

由于基本顶周期性破断的受力条件基本一致，可以认为 $l_1 = l_2 = l$。取 $\sum M_A = 0$，并近似认为 $R_2 = P_2$ 可得

$$Q_B(l\cos\theta_1 + h\sin\theta + l_1) - P_1(0.5l\cos\theta_1 + h\sin\theta_1) + T(h - a - W_2) = 0 \tag{3-30}$$

同理，对岩块 II 取 $\sum M_C = 0$、$\sum y = 0$，可得

$$Q_B = T\sin\theta_2 \tag{3-31}$$

$$Q_A + Q_B = P_1 \tag{3-32}$$

由几何关系，$W_1 = l\sin\theta_1$，$W_2 = l(\sin\theta_1 + \sin\theta_2)$。根据钱鸣高和缪协兴（1995）的研究，$\sin\theta_2 \approx \frac{1}{4}\sin\theta_1$，令基本顶岩块的块度 $i = \frac{h}{l}$，由式（3-30）～式（3-32）求出：

$$T = \frac{4i\sin\theta_1 + 2\cos\theta_1}{2i + \sin\theta_1(\cos\theta_1 - 2)}P_1 \tag{3-33}$$

$$Q_A = \frac{4i - 3\sin\theta_1}{4i + 2\sin\theta_1(\cos\theta_1 - 2)}P_1 \tag{3-34}$$

Q_A 为基本顶岩块与前方未断岩层间的剪力，顶板稳定性取决于 Q_A 与水平力 T 的大小。浅埋煤层工作面顶板周期破断的块度比较大，水平力 T 随块度 i 的增大而减小，随回转角 θ_1 的增大而减小。当 $i = 1.0 \sim 1.4$ 时，剪力 $Q_A = (0.93 \sim 1)P_1$，工作面上方岩块的剪切力几乎全部由煤壁之上的前支点承担，这是"短砌体梁"结构容易失稳的根本原因。

3）"短砌体梁"结构的稳定性分析

周期来压期间，顶板结构失稳一般有两种形式——滑落失稳和回转变形失稳。下面分析"短砌体梁"结构关键块的稳定性，探讨浅埋煤层工作面顶板台阶下沉的机理。

（1）回转变形失稳分析。

"短砌体梁"结构不发生回转变形失稳的条件为

$$T \geqslant a\eta\sigma_c^* \tag{3-35}$$

式中，$\eta\sigma_c^*$ 为基本顶岩块端角挤压强度；T/a 为接触面上的平均挤压应力。

根据实验测定 $\eta = 0.4$（黄庆享，1998），令 h_1 为载荷层作用于基本顶岩块的等效岩柱

厚度,并将 $P_1 = \rho g(h + h_1)l$、$a = \dfrac{1}{2}(h - l_1 \sin\theta_1)$ 及有关参数代入式(3-35)可得

$$h + h_1 \leqslant \frac{[2i + \sin\theta_1(\cos\theta_1 - 2)](i - \sin\theta_1)\sigma_c^*}{5\rho g(4i\sin\theta_1 + 2\cos\theta_1)} \tag{3-36}$$

按照神东矿区浅埋煤层岩层的特点,分别取块度 $i = 1.0$、1.4,基岩强度 σ_c^* 取 40MPa(实线)、60MPa(虚线),将 $h + h_1$ 与 θ_1 的关系绘入图 3-73 中。显然此曲线以下部分才进入稳定区,它随 θ_1 的增加而增大。

(2) 滑落失稳分析。

由前分析可知,此结构的最大剪切力 Q_A 发生在 A 点,为防止结构在 A 点发生滑落失稳,必须满足以下条件:

$$T\tan\varphi \geqslant Q_A \tag{3-37}$$

式中, $\tan\varphi$ 为岩块间的摩擦系数,由实验确定可取 0.5(黄庆享,1998)。

将式(3-33)、式(3-34)代入式(3-37)可得

$$i \leqslant \frac{2\cos\theta_1 + 3\sin\theta_1}{4(1 - \sin\theta_1)} \tag{3-38}$$

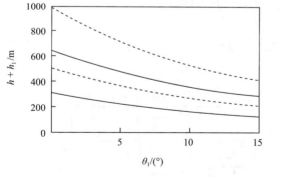

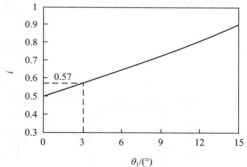

图 3-73　$h + h_1$ 及 θ_1 与回转失稳的关系　　　图 3-74　短砌体梁中滑落失稳与 θ_1 及 i 的关系

断裂块度 i 和回转角 θ_1 关系曲线如图 3-74 所示,可见 i 值在 0.9 以上将出现滑落失稳。浅埋煤层基本顶周期破断块度 i 一般在 1.0 以上,所以顶板易于出现滑落失稳现象。

3. "台阶岩梁"结构分析

通过神东矿区大柳塔煤矿 1203 工作面现场实测和相似模拟试验研究发现(黄庆享,1998),开采过程中顶板存在架后切落(滑落失稳)现象。其原因是在切落前关键块的前铰点位于架后(图 3-75),基本顶悬伸岩梁端角受水平力和向下的剪切力的复合作用,端角挤压系数仅为 0.13(黄庆享,1998)。根据"S-R"稳定条件,此时更容易出现滑落失稳。

基本顶架后切落形成的"台阶岩梁"结构如图 3-76 所示,图中 P_1、P_2 为块体承受的载荷; R_2 为 N 块体的支承反力; θ_1 为 M 块体的转角; a 为接触面高度; Q_A、Q_B 为 A、B 接触

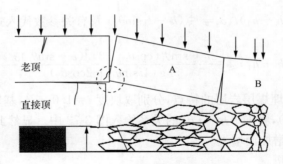

图 3-75　关键块架后切落前的状态

铰上的剪力；l 为岩块长度。结构中 N 岩块完全落在垮落岩石上，M 岩块随工作面推进回转受到 N 岩块在 B 点的支撑。此时 N 岩块基本上处于压实状态，可取 $R_2 = P_2$。N 岩块的下沉量为

$$W = m - (K_p - 1) \sum h \tag{3-39}$$

式中，$\sum h$——直接顶厚度，m；

　　　M——采高，m；

　　　K_p——岩石碎胀系数，可取 1.3。

取 $\sum M_B = 0$、$\sum M_A = 0$，并代入 $Q_A + Q_B = P_1$ 可得

$$T = \frac{lP_1}{2(h - a - W)} \tag{3-40}$$

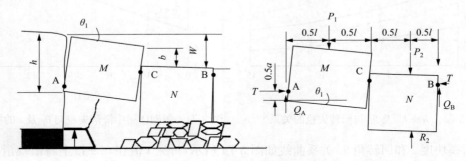

图 3-76　基本顶"台阶岩梁"结构模型

由图 3-76 可知，M 岩块达到最大回转角时

$$\sin\theta_{1max} = \frac{W}{l} \tag{3-41}$$

则有

$$T = \frac{P_1}{i - 2\sin\theta_{1max} + \sin\theta_1} \tag{3-42}$$

分别取 θ_{1max} 为 8°（实线）和 12°（虚线），绘出水平力 T 与断裂块度 i 及回转角 θ_1 的关

系如图 3-77 所示。水平力 T 随回转角 θ_1 的增大而减小，随断裂块度 i 的增大明显下降，随最大回转角 θ_1 的增大而增大。

将式（3-40）、式（3-42）及 $\tan\varphi = 0.5$ 代入式（3-37），可得"台阶岩梁"结构不发生滑落失稳条件为

$$i \leqslant 0.5 + 2\sin\theta_{1max} - \sin\theta_1 \qquad (3\text{-}43)$$

按照浅埋煤层工作面一般条件，取 $\theta_{1max} = 8° \sim 12°$，如图 3-78 所示，只有在块度小于 0.9 时才不出现滑落失稳。浅埋煤层基本顶周期破断块度 i 一般在 1.0 以上，所以"台阶岩梁"也容易出现滑落失稳。

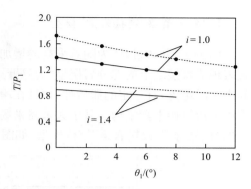

图 3-77　水平推力 T 与 θ_1 及 i 的关系

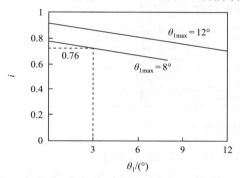

图 3-78　台阶岩梁中滑落失稳与 θ_1 及 i 的关系

侯忠杰（2008）同样根据"砌体梁"理论，对浅埋煤层"短砌体梁"、"台阶岩梁"结构提出了质疑。钱鸣高院士提出的"砌体梁"理论认为，"砌体梁"结构必须具备两个条件才能保持平衡：①基本顶岩块的长度至少大于层厚的 2 倍，即基本顶断裂块度 i 小于 0.5；②基本顶分层厚度应大于岩块下沉量。

黄庆享针对浅埋煤层提出的"短砌体梁"结构，认为浅埋煤层工作面基本顶破断后，岩块断裂块度 i 接近 1，这与"砌体梁"理论必备条件相违背。侯忠杰认为"短砌体梁"结构与"砌体梁"理论是矛盾的，基本顶断裂块度 i 接近 1 时，不会形成"砌体梁"结构，因而更不可能存在"短砌体梁"结构。

侯忠杰（2008）通过分析浅埋煤层"台阶岩梁"结构的力学推导过程，指出图 3-76 中，既然 N 岩块完全落在垮落岩石上，并且基本上处于压实状态，并不能证明 $R_2 = P_2$。在此力学模型下，由于 N 块体不仅承受 P_2 载荷，而且同时要承受部分 P_1 载荷，故 $R_2 \neq P_2$，应该为 $R_2 = P_2 + kP_1$，其中 $0 < k < 1$，主要与岩块的几何尺寸、采高、直接顶厚度、岩石碎胀系数和 M 岩块的回转角等参数有关。故由此推断"台阶岩梁"结构也是不存在的。

3.3.3　神东矿区大采高覆岩破断结构特征

神东矿区自 2009 年开始，相继在补连塔煤矿 22303 工作面、上湾煤矿 122067 工作面、补连塔煤矿 22304 工作面以及大柳塔煤矿 52304 工作面建成 7.0m 采高综采工作面，这是目前世界上采高最大的综采工作面。

随着采高的增大，岩层回转空间增大，覆岩中能形成平衡结构的岩层上移，原来在普通采高工作面中能形成"砌体梁"平衡结构的基本顶关键层，通常会折断、垮落进入采空区，形成"悬臂梁"结构。在大采高情况下，上覆岩层关键层通常会以"悬臂梁"结构形式存在，而关键层的"砌体梁"铰接结构需在更高的层位才能形成，覆岩最终形成"悬臂梁-砌体梁"组合结构。

1. "短悬臂梁-铰接岩梁"模型

闫少宏等(2011)认为随着采高的增加,大采高综采顶板活动空间明显加大,其运动方式表现为煤层之上的部分岩层呈"短悬臂梁"形式运动,并有一定的自承能力,随支架前移并未及时垮落,有一定的滞后性,而且在垮落前难以触矸,位于这部分岩层之上的部分岩层可形成铰接平衡结构。基于大采高采场顶板运动的新特点,建立了大采高采场顶板岩层的"短悬臂梁-铰接岩梁"结构模型,如图 3-79 所示。

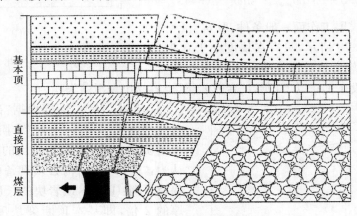

图 3-79　大采高采场顶板结构

随着工作面推进,上位岩层在自重作用下将产生下沉运动,随着推进距离加大,上位岩层将产生拉裂后下沉,拉裂面产生挤压变形,发生变形失稳时的下沉量称为极限下沉量。岩层厚度、强度、层位不同,其极限下沉量也不同,显然极限下沉量对于特定开采条件是顶板岩层的一个特征值,如图 3-80 所示。

根据文献(鲍里索夫,1986),得到

$$\Delta_{\max} = \sum h - \frac{q l_z^{\,2}}{4kh[\sigma_c]} \qquad (3\text{-}44)$$

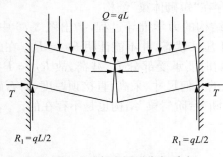

图 3-80　破断岩层平衡与受力

式中,$\Delta_{\max}$——目标岩层极限下沉量,m;

　$\sum h$——直接顶厚度,m;

　q——上覆岩层载荷,MPa;

　l_z——直接顶来压步距,m;

　$[\sigma_c]$——岩体抗压强度,MPa。

直接顶垮落后与基本顶岩层之间的空间位移大小为

$$\Delta = m(1 - p_1) + (1 - K_p)h \qquad (3\text{-}45)$$

式中,Δ——目标岩层可能下沉量,m;

　m——采高,m;

　p_1——煤炭采出率;

　K_p——直接顶的碎胀系数。

需控岩层属垮落前难以触矸的顶板岩层,呈"悬臂梁"结构形式;位于需控岩层之上,能够触矸的岩层为基本顶岩层,呈"铰接岩梁"结构。满足条件:当 $\Delta_{max} - \Delta \leqslant 0$ 时,顶板岩层为需控岩层;当 $\Delta_{max} - \Delta \geqslant 0$ 时,顶板岩层为基本顶岩层。

2. 关键层"悬臂梁"模型

许家林和鞠金峰(2011)以关键层理论为基础,提出了关键层"悬臂梁"模型。关键层以何种结构形态出现主要受工作面采高以及关键层所处的层位这两个因素共同制约。而关键层之所以会以"悬臂梁"结构形态垮落,是由于其破断块体的回转量超过了维持其结构稳定的最大回转量。因此,判断关键层是否呈现"悬臂梁"结构形态,可从其破断块体的回转量入手。图 3-81 为关键层回转运动示意图。

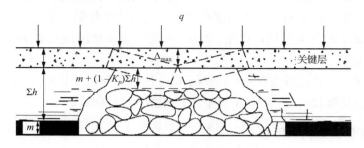

图 3-81　关键层回转运动示意图

直接顶垮落后与上部关键层之间的空间位移大小为

$$\Delta = m + (1 - K_p) \sum h \qquad (3\text{-}46)$$

式中,Δ——关键层破断块体的可供回转量,m;

m——煤层采高,m;

$\sum h$——关键层下部直接顶厚度,m;

K_p——直接顶的碎胀系数。

设关键层破断块体能铰接形成稳定的"砌体梁"结构所需的极限回转量为 Δ_{max},则当 $\Delta > \Delta_{max}$ 时,关键层将处于垮落带中而呈现"悬臂梁"结构形态。根据"砌体梁"结构变形失稳的力学模型(钱鸣高和缪协兴,1994),可得

$$\Delta_{max} = h - \sqrt{\frac{2ql^2}{\sigma_c}} \qquad (3\text{-}47)$$

式中,h——关键层厚度,m;

l——关键层断裂步距,m;

q——关键层及其上覆载荷,MPa;

σ_c——关键层破断岩块抗压强度,MPa。

故,大采高关键层"悬臂梁"结构形成的条件为

$$m + (1 - K_p) \sum h > h - \sqrt{\frac{2ql^2}{\sigma_c}} \qquad (3\text{-}48)$$

3.4 神东矿区采场顶板控制

采场支护设备的主要作用是对采煤空间顶板进行支撑、提供临时动态安全生产空间。国内外煤矿采场支柱设备都大致经历了木支护、单体支柱支护和液压支架支护三个阶段，尤其是液压支架的使用使综合机械化采煤工艺得以实现，使综采成为当今世界主要先进产煤国家的主导开采技术和方向。

神东矿区进行大规模的开发始于 1985 年，至 20 世纪 90 年代初期，工作面均采用单体支柱支护。从 1995 年引进第一套综采液压支架至 2005 年，10 年时间引进大量国外液压支架，消化吸收，在此期间也使用少量国产液压支架。随着国内采煤技术及装备制造工艺的发展，2005 年以后开始广泛使用国产液压支架，2009 年第一套 7.0m 大采高液压支架 ZY16800/32/70D 在补连塔矿应用。2013 年四柱放顶煤液压支架 ZF21000/25/42 在黄玉川矿成功运行。

神东矿区采场支护设备的发展大致经历了三个过程，1991～1995 年，起步阶段；1995～2005 年，引进消化吸收阶段；2005 年至今，国产化快速发展阶段。

3.4.1 神东矿区支架发展历程

1. 1991～1995 年，起步阶段

神东矿区采场支护设备的发展可以追溯到大柳塔矿井建设初期的单体支柱支护。

大柳塔井始建于 1987 年 10 月，1993 年试投产，1996 年正式投产。早在 1991 年，大柳塔矿建井初期为尽早出煤，在其平硐附近布置了 C202 工作面进行试采，工作面长 102m，采高 2.0m，采用 HZWA 微增阻金属摩擦支护配合 HDJA-1200 金属铰接顶梁支护顶板，排距 1.2m，柱距 0.6m，控顶距 3.6～4.8m。工作面周期来压期间支柱动载系数为 2.3～4.3，台阶明显下沉 300～600mm（黄庆享，2000）。

1993 年 3 月 2 日，神东矿区第一个综采工作面在大柳塔矿 1-1 煤层 1203 工作面生产。支护设备采用 YZ3500-23/45 型掩护式液压支架，初撑力为 2700kN，工作阻力为 3500kN。1203 工作面长度为 150m，采高 4m，初次和周期来压基岩全厚切落，地表出现地堑，工作面初次来压期间 24♯～31♯ 支架发生 1m 左右的台阶下沉，部分支架压死，并出现溃沙现象，说明此支架不能满足顶板控制的要求（华能精煤神府公司大柳塔煤矿和西安矿业学院矿山压力研究所，1994）。

2. 1995～2005 年，引进消化吸收阶段

从引进第一套 DBT 生产的 WS1.7 液压支架至第一个 6.3m 工作面国产综采设备的应用。

1995 年，神东大柳塔矿装备了一套引进 DBT 生产的 WS1.7-2×3354 支架，装配在 20601 工作面，工作面长 220m，采高 4.0m。WS1.7-2×3354 液压支架中心距为 1.75m，

支护高度为 2.1～4.5m,初撑力为 4098kN,工作阻力为 6708kN,支护强度为 0.95MPa,工作面回采过程中没有出现顶板台阶下沉,一方面支架初撑力大、支护强度高控顶能力强,另一方面可能与顶板结构稳定有关。至 1998 年 7 月末本套设备回采了 20601、20602 和 20603 三个工作面,共采出煤炭 708.18 万 t。

1997 年 10 月 16 日补连塔矿投产,首采面 2211 采用 ZY6000-2.5/5.0 型两柱掩护式液压支架,工作面平均采高 4.5m。ZY6000-2.5/5.0 液压支架中心距为 1.50m,支护高度为 2.5～5.0m,初撑力为 5048kN,工作阻力为 6000kN,支护强度为 0.85～0.90MPa。后续在 3201 工作面(1999 年 1 月投产),工作面 2-2 煤层厚度为 6.5m,在 3201 工作面回采过程中,创下了日产 33592t 的最高纪录,但在使用过程中底座和掩护梁不同程度地开焊或断裂(王永东和田银素,2002)。

2000 年开采的 3202 综采工作面引进了 JOY8670-2.4/5.0 型掩护式支架,支架中心距为 1.75m,支护高度为 2.4～5.0m,初撑力为 6056kN,工作阻力为 8670kN,支护强度为 1.05～1.25MPa,完全能满足本工作面顶板支护的要求,但存在支架大角度倾斜倒架,支架底座骑在推拉杆上,导致拉架困难,并将支架推拉油缸的油管挤坏的现象(王国法等,2001)。

上湾煤矿 51101 和 51104 工作面开采 1-2 煤层,煤层厚度为 6.08～8.33m,工作面长分别为 240m 和 300m,采高为 5.3～5.5m,采用 DBT 生产的 W.S2×4319-25/55 型支架,支护中心距为 1.75m,支护高度为 2.5～5.5m,工作阻力为 8638kN,支护强度为 1.14MPa,从现场来看,该支架满足顶板控制要求(宋选民等,2007;伊茂森,2007;吕梦蛟,2010)。

3. 2005 年至今,国产化快速发展阶段

从 2005 年开始,神东逐步与郑煤机、北煤机、平煤机等国内液压支架厂家合作,2006 年中国神华能源股份有限公司科技创新项目"6.3m 超大采高液压支架研制"的实施是研制和大量使用国产液压支架的标志。2007 年 5 月,首套在神东煤炭分公司上湾煤矿 51202 工作面试验并获成功。经过几年的努力,使国产液压支架水平稳步提升。

2007 年 5 月,神东上湾煤矿 2 盘区 51202 工作面装配了首个 6.3m 大采高综采工作面,开采 1-2 煤层,煤层厚度为 5.2～7.3m,平均为 6.25m,工作面长 301.5m,推进长度 4463m。采用郑煤机生产的 ZY10800/28/63D 两柱掩护式电液控支架,支架中心距为 1.75m,支护高度为 2.8～6.3m,工作阻力为 10800kN,支护强度为 1.10～1.13MPa,使工作面单产水平由 1000 万 t/a 提高到 1200 万 t/a,7 月在补连塔矿 22301 工作面也装配了 6.3m 大采高综采设备(高有进,2007;翟桂武,2008)。

随着资源的开发利用,神东矿区各大矿井已相继进入下部煤层的开采,重复采动及上覆集中煤柱的影响致使矿压显现强烈,为有效控制顶板,加之支架制造水平的提高,液压支架选型倾向于选用工作阻力更大的高端液压支架。

补连塔 12405、12408 工作面,平均煤厚 4.8m,采高 4.5～4.8m。选用 ZY12000/25/50 型液压支架,支架中心距为 1.75m,支护强度为 1.13～1.29MPa(张良库,2012)。

张家峁矿 15201 工作面为 5-2 煤一盘区的第一个工作面,2009 年正式回采,工作面长

260m,煤层厚度为 6.1~6.35m,平均为 6.2m,采用 ZY12000/28/63D 两柱掩护式电液控支架,支架中心距为 1.75m,支护强度为 1.23~1.28MPa,来压期间动载系数不大,顶板控制较好。

纳林庙煤矿二号井 62105 综采工作面,2011 年 12 月回采,回采 6-2 煤层,工作面长 240m,平均厚 6.4m,ZY13000/28/63D 型两柱掩护式液压支架,支架中心距为 1.75m,支护强度为 1.31~1.44MPa,初次来压期间,工作面 61♯~88♯ 支架范围内顶板出现漏矸,煤壁片帮比较严重,片帮最大深度达 800mm,煤壁片帮时伴有较大的破裂响声(王锐军,2013)。

大采高综放工作面支架选型方面,保德矿 81304 综放工作面,于 2010 年 12 月 6 日开始试生产,工作面长 266m,煤厚 3.7~9.2m,均厚 6.3m,选用 ZFY10200/25/42D 型两柱掩护式放顶煤液压支架,支架中心距 1.75m,支护强度为 1.08~1.11MPa,工作面在过地质冲刷带时,液压支架连续出现了两次被部分压死的情况。后提高支架阻力至 12500kN,取得较好的控顶效果(卢新伟等,2012;刘宁波和宋选民,2013)。

2009 年 12 月 31 日,7.0m 大采高综采工作面在补连塔矿 22303 综采工作面投入试生产,工作面长 301m,推进长度为 4971m,煤层平均厚度为 7.55m,采用由神华集团和郑煤机合作研制的 ZY16800/32/70D 两柱掩护式电液控支架,支架中心距为 2.05m,支护强度为 1.39~1.44MPa,顶板控制良好,但煤壁片帮随采高的增大逐趋严重。工作面年产量可达 13~15Mt,煤炭回收率提高了 10% 以上(苗彦平,2010;鞠金峰等,2012)。

2014 年 2 月布尔台 42104 工作面选用 ZFY18000/25/39D 型两柱放顶煤液压支架,支架中心距为 2.05m,平均支护强度为 1.48MPa。

黄玉川矿 216上01 综放工作面煤层平均厚度 9.6m,工作面长 251m,割煤高度为 4.0m,选用 ZFY21000/25/42D 型四柱放顶煤液压支架,支架中心距为 1.75m,支柱强度为 1.72~1.97MPa,平均为 1.8MPa。

神华神东煤炭集团有限责任公司与中煤北京煤矿机械有限责任公司联合研制开发的 20000kN 工作阻力 5.5m 综采液压支架已于 2014 年 3 月在补连塔煤矿 12520 综采工作面安装完成,主要参数为设计重量 61t,平均支护强度 1.76~1.83MPa,支护高度 2.8~5.5m,设备额定工作阻力设计为 20000kN,支架中心距 2.05m。

4. 神东矿区液压支架发展趋势

从支架架型来看,普通综采和大采高综采面都选用两柱式液压支架,大采高放顶煤工作面选用高阻力两柱式和四柱式放顶煤支架,厚煤层采用两柱放顶煤支架,8.0m 以上特厚煤层采用四柱放顶煤支架,且前柱阻力大于后柱阻力以利顶板控制。

从支护强度来说,支架的工作阻力是逐步增大的,支护强度也是逐年增加的,如图 3-82 所示,尤其是近几年大采高和大采高综放技术的快速发展,支护强度为 1.20~1.40MPa,黄玉川 ZFY21000/25/42D 型四柱式放顶煤液压支架支护强度达到 1.8MPa。随着采煤技术的发展,8.0m 以上大采高综采工作面设备配套正在研制,预计工作阻力能达到 25000kN 以上,支护强度达 1.8~2.0MPa。

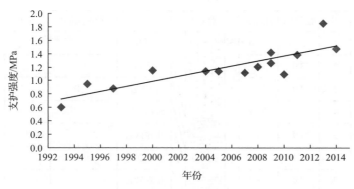

图 3-82　神东矿区支护强度发展趋势

3.4.2　神东矿区压架分析

神东矿区初期浅埋工作面矿压显现非常强烈,主要原因是对煤层埋深与矿压现象的关系认识不足,在支架选型偏小的情况下发生过压架事故,如早期的大柳塔矿 1203、20604 综采工作面。随着对浅埋矿压理论研究的逐步深入,认识到埋深浅并不等于矿压小,反而矿压显现强烈,很多学者对此进行了研究,并在支架选型等顶板控制方面提出了一些措施。事实上,美国对此问题认识比较早,对于埋深小于 60m 的煤层暂不回采。

随着浅部资源的逐年回采,资源基本枯竭,类似薄基岩、埋深不超过 100m 的工作面已不多见,逐步进入第二甚至第三主采煤层的回采(许家林等,2014),其埋深一般为 150～300m。然而,由于开采空间的增大、沟壑地形的影响以及遗留煤柱下重复采动等因素的影响,在支架工作阻力和支护强度较大的情况下,顶板事故仍时有发生。顶板事故的主要表现形式为片帮冒顶、压死、立柱油缸涨柱,其中支架压死现象较为常见。

神东矿区自开发以来发生多起严重的压架事故,影响工作面的安全高效生产。可见,顶板压架事故仍然是影响神东矿区安全高效开采的重要因素之一。

1. 浅埋厚风积沙复合单一关键层

神东矿区早期开采区域埋深较浅,大部分开采深度不超过 150m,如大柳塔矿 1203 工作面埋深为 50～56m,20604 工作面埋深为 80～110m。埋深浅、基岩薄、上覆厚松散沙层是煤层典型赋存特征。

1) 大柳塔矿 1203 综采工作面(黄庆享,2000)

大柳塔矿井正式投产的是 1203 综采工作面,开采 1-2 煤层,地质构造简单,煤层平均倾角为 3°,平均厚度为 6m,埋藏深度为 50～65m。覆岩上部为 15～30m 风积沙松散层,其下为约 3m 厚的风化基岩,顶板基岩的厚度为 15～40m,综合柱状图如图 3-83 所示。综采面长为 150m,采高为 4.0m。顶板支护采用 YZ3500-23/45 掩护式液压支架,支架初撑力为 2700kN,工作阻力为 3500kN。

工作面推进 27m 时,基本顶初次来压。其主要特征是工作面中部约 91m 范围顶板沿煤壁切落,形成台阶下沉。其中部约 31m 范围内台阶下沉量高达 1000mm,来压猛烈,造

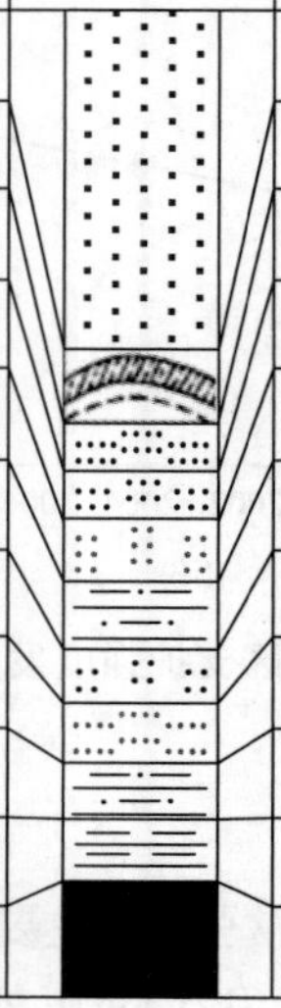

序号	层厚/m	埋深/m	柱状	岩性	关键层位置	备注
1	27.0	27.0		风积沙		
2	3.0	30.0		风化砂岩		
3	2.0	32.0		粉砂岩		
4	2.4	34.4		细粒砂岩		
5	3.9	38.3		中粒砂岩		硬岩层2
6	2.9	41.2		砂质泥岩		
7	2.0	43.2		中粒砂岩		
8	2.2	45.4		粉砂岩	主关键层	硬岩层1
9	2.0	47.4		砂质泥岩		
10	2.6	50.0		泥岩		
11	6.3	56.3		1-2煤		

图 3-83　大柳塔煤矿 1203 工作面综合柱状图

成部分支架损坏。初次来压期间,工作面出现涌水现象,最大涌水量为 250m³/h。涌水三天后,机尾出现涌沙现象。周期来压步距为 9.4～15.0m,平均为 12m。来压期间支架载荷急剧增大,活柱下缩量急剧增加。周期来压时矿压显现比初次来压缓和,但仍有不少支架立柱因动载而出现胀裂。初次来压时在对应煤壁的地表出现高差约 20cm 的地堑,表明覆岩破断是贯通地表的。工作面周期来压时上覆岩层也发生类似的破断,工作面台阶下沉是顶板基岩沿全厚切落的结果。

层序	平均厚度/m	岩性描述
1	6.3	粉细砂
2	32.8	亚黏土、沙土层
3	18.1	砂砾石层,含水层
4	5.4	粉砂岩、细砂岩
5	2.6	粉砂岩,下含1-1煤层
6	8.0	粉砂岩夹细粒砂岩
7	0.45	1-2煤层
8	28.2	中细粒砂岩,岩性稳定
9	4.0	砂岩及砂质泥岩
10	4.5	2-2煤层
11		泥岩,粉砂岩

图 3-84　20604 工作面地质柱状简图

2) 大柳塔矿 20604 综采工作面(黄庆享等,1999b)

20604 工作面开采 2-2 煤层,煤层平缓,倾角为 0.5°～2.6°。煤层厚度平均为 4.5m,埋深 80～110m,地表起伏不大。煤层顶板基岩厚度约 42.6m。基岩风化层平均厚度为 5.4m,砂砾层、亚黏土层和沙土层平均厚度为 56m,综合柱状图如图 3-84 所示。工作面煤壁长 220m,采高 4.3m。采用德国 DBT 公司生产的 WS1.7 型掩护式液压支架支护顶板,支架初撑力为 4098kN,工作阻力为 6708kN。

初次来压步距为 54.2m,来压时 68♯～104♯架顶板首先垮落,70♯架淋水较大,采空区大量涌水。60♯～114♯架沿煤壁断裂呈台阶状,初次来压顶板台阶下沉量为 25mm 左右。初次来压期间平均推进速度为 7.1m/d,平时支架受载为 2618kN/架,动载系数为 2.14。

周期来压步距为 10.8~19.5m,平均为 14.6m。工作面平时支架受载为 3900kN/架,来压期间工作面中部支架受载在 6200kN/架以上,动载系数为 1.58。工作面 30♯~110♯架间大部分支架曾达到 6700kN/架,安全阀开启,工作面出现顶板沿煤壁切裂现象,切裂形成的台阶下沉量在 100mm 以内,对工作面安全不构成威胁。

西安科技大学黄庆享教授对这几个面进行了矿压现场观测,进行了理论分析,给出了浅埋煤层和近浅埋煤层的定义,并认为由于浅埋煤层顶板单一关键层的特点,顶板破断后主要形成"短砌体梁"和"台阶岩梁"两种结构(详见本章 3.3 节),并认为两种结构容易出现滑落失稳是导致矿压现象强烈、压架事故的原因。

2. 工作面过沟谷地形(王旭峰,2009;张志强,2011)

神东矿区地表沟壑纵生,工作面矿压显现受到地表地形影响,在沟谷下坡段工作面矿压显现正常,在上坡段出现矿压强烈,甚至压架事故。

1) 21304 工作面矿压显现

大柳塔活鸡兔井田西北部沟谷发育,以梁、峁、沟壑等地貌为主(图 3-85),东部为流动沙及半固定沙覆盖较平坦的沙漠区,仅有少数冲沟北东向穿插境内,主要为沙漠风积型地貌。

(a)　　　　　　　　　　(b)

图 3-85　活鸡兔井沟谷地貌

21304 工作面地表沟谷发育,沟壑纵横(图 3-86),沟谷普遍有 30~60m 落差。工作面长 240m,走向推进长度 3318.79m,设计采高 4.3m,采用 DBT 公司生产的额定工作阻力为 8638kN 的掩护式液压支架。21304 工作面与上覆的 21上304-1 工作面及 21上304-2 工作面采空区层间距一般为 6~27m。

21304 工作面回采期间采场矿压显现异常强烈,曾发生多次动载矿压,工作面出现严重的切顶冒顶和煤壁片帮情况。具体情况体现在以下几个方面。

第一次动载矿压发生时,工作面推进至 1875m 处,位于过沟谷地形上坡段中部,支架压力高达 9912~10920kN,工作面内 36♯~78♯ 支架片帮达到 1~2m,其中 40♯~60♯ 支架漏顶高度达 1.5~2m,部分活柱下缩量达 200mm,安全阀开启 90%,部分支架出现顶梁低头现象。煤矸填满溜槽后,压死溜子,低速开启时,刮板卡在机头溜槽边,卡断 1 个刮板。平行工作面的地面裂缝贯穿整个沟谷坡体,裂缝最大达 1.2m,台阶落差达 1.0m(图 3-87)。

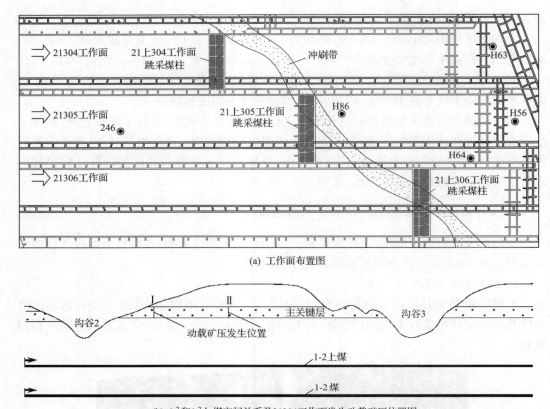

(a) 工作面布置图

(b) 1^{-2}和1^{-2}上煤空间关系及21304工作面发生动载矿压位置图

图 3-86　21304 工作面布置概况(鞠金峰,2013)

图 3-87　21304 工作面第一次发生动载矿压时地面台阶下沉照片

　　第二次动载矿压发生时工作面推进至 1947m 处,位于过沟谷地形上坡段坡顶,46♯~66♯支架发生了严重的端面冒顶和台阶下沉,活柱最大下缩量约 420mm,地面地堑宽度有 4~5m,台阶落差量 1~2m,个别裂缝深度达十几米。

　　现场观测周期来压步距、支柱荷载等矿压显现体现在以下方面。

　　周期来压步距:在沟谷下坡段,工作面中部来压步距为 8.6~30.4m,平均为 20.0m;来压持续长度为 1.0~3.2m,平均为 1.6m。而在沟谷上坡段,工作面中部来压步距为

11.0～28.6m,平均为 19.6m;来压持续长度为 1.0～3.2m,平均为 1.8m。由此可见,工作面在沟谷上坡段比下坡段中部支架来压步距略小,而来压持续长度稍大。

支架载荷:在沟谷下坡段,工作面中部支架来压期间支架循环末阻力最大为 10480kN,平均为 7480～8840kN;动载系数为 0.88～1.69,平均为 1.15～1.44。而在沟谷上坡段,工作面中部支架来压期间支架循环末阻力最大为 12400kN,一般为 10260～11580kN,平均为 10751kN;动载系数为 1.58～2.08,平均为 1.71～1.85。支架载荷超出支架额定工作阻力,说明支架已经不适应工作面安全生产需求了。

片帮冒顶等:在沟谷下坡段,工作面中部支架来压期间顶底板移近量最大为 200mm,片帮最大为 800mm,无冒顶。而在沟谷上坡段,顶底板移近量最大为 1000mm,一般均超过 400mm,片帮最大为 1200mm,冒顶最大为 2m,地面台阶最大为 2m。

综上所述,工作面过沟谷期间,在上坡段时易出现活柱在短时间内急剧下缩、片帮冒顶严重、地面台阶较大的动载矿压灾害,其特点是短时间内来压迅速,破坏性大,而在过沟谷下坡段时一般不会出现动载矿压。

2) 矿压现象强烈机理

在非沟谷地形的平直段,开采 1-2^{上}煤层时覆岩有两层关键层,覆岩关键层破断后一般能形成稳定的“砌体梁”结构。在平直段开采 1-2 煤层时,覆岩为上煤层已采单一关键层结构,只要上部已采的 1-2^{上}煤层开采覆岩关键层形成了稳定的结构,则一般也能形成稳定的“砌体梁”结构。

在沟谷地形下坡段与上坡段,由于主关键层结构回转方向的侧向水平力 T 限制作用的差异,下坡段一般能形成稳定结构,而上坡段一般难以形成稳定结构。图 3-88、图 3-89 分别为在沟谷地形主关键层缺失条件下,非重复采动和重复采动时下坡段与上坡段主关键层结构运动与稳定性分析图。

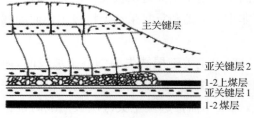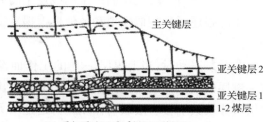

(a) 非重复采动回采1$^{-2上}$煤层(上煤层)　　　　　(b) 重复采动回采1^{-2}煤层(下煤层)

图 3-88　过沟谷地形下坡段时关键层破断块体运动与结构稳定性

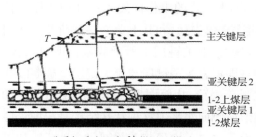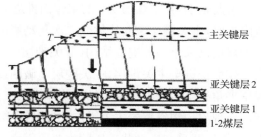

(a) 非重复采动回采1$^{-2上}$煤层(上煤层)　　　　　(b) 重复采动回采1^{-2}煤层(下煤层)

图 3-89　过沟谷地形下坡段时关键层破断块体运动与结构稳定性

　　在下坡段,由于工作面推进方向面向沟谷,主关键层回转下沉时能够受到后方破断块体结构的侧向限制作用,有一定的侧向水平压力限制,有利于块体结构的稳定。因此,过沟谷地形下坡段时工作面矿压显现总体正常,不易发生动载矿压现象。

　　在上坡段,由于工作面推进方向背向沟谷,主关键层破断块体缺少侧向水平挤压力作用,导致 1-2^{上}煤层采后其破断块体形不成稳定结构而失稳,工作面往往会出现动载矿压现象,在沟谷地形上坡段地面易出现张开裂缝甚至台阶下沉,有的还形成地堑(图 3-87)。

　　1-2 煤层开采至沟谷地形上坡段过程中,当主关键层已破断块体与工作面煤壁夹角很小时,失稳的主关键层破断块体将其承载载荷传递于下部单一亚关键层 1 结构之上,易导致亚关键层 1 破断块体出现滑落失稳,这是造成浅埋煤层过沟谷地形上坡段时工作面易发生动载矿压的根本原因。

　　上述现象可以根据"砌体梁"结构平衡条件得到进一步的说明。防止关键层破断块体间出现滑落失稳时的结构平衡要求为

$$T\tan(\phi-\theta) > R_{0\text{-}0} \tag{3-49}$$

式中,T 为结构块体的水平推力;ϕ 为岩块间的摩擦角;θ 为破断面与垂直面的夹角;$R_{0\text{-}0}$ 为下位岩层对上位岩层的阻力及块间的剪切力。

　　由图 3-89 可见,由于过沟谷地形上坡段的主关键层缺失侧向水平挤压力,式(3-49)中的水平推力 T 为 0,显然式(3-49)无法满足,表明主关键层结构易出现滑落失稳。此时,滑落失稳的主关键层将作为下部亚关键层 1 的载荷,导致下部亚关键层 1 因承担载荷太大而不能满足"砌体梁"结构的 S-R 稳定判据,易出现滑落失稳。上述理论分析结果很好地解释了上坡阶段工作面产生动载现象的原因主要是受主关键层被侵蚀缺失的影响。

　　张志强还通过相似模拟和数值模拟揭示了非重复采动和重复采动上坡段工作面动载的原因。

　　非重复采动时,当上煤层 1-2^{上}的工作面经过覆岩主关键层缺失的沟谷上坡段时,因主关键层破断块体缺少侧向水平挤压力作用出现滑落失稳,亚关键层 2 受到失稳的主关键层块体及其上覆岩层载荷作用压力迅速增大,当工作面推进至主关键层破断线时也会出现失稳,从而导致工作面出现动载矿压。这是造成浅埋煤层工作面过沟谷地形上坡段时工作面易发生动载矿压的根本原因。

　　重复采动时,下煤层 1-2 的工作面推进到上煤层 1-2^{上}的工作面发生过动载矿压的位置附近时,主关键层破断块体受二次扰动影响再次滑落失稳,和其上覆岩层载荷共同作用在上煤层已采单一关键层结构(亚关键层 1)上,这时,亚关键层 1 所承载载荷明显增大,当工作面推进至主关键层、亚关键层 2 破断线时(即覆岩主关键层与亚关键层 2 破断线和煤壁夹角很小),亚关键层 1 结构块体也会产生滑落失稳,从而引发工作面出现切顶等动载矿压现象。沟谷覆岩主关键层被侵蚀而不能形成侧向水平力这种特殊结构是浅埋煤层上、下煤层开采产生动载矿压的主要原因之一,而覆岩主关键层与亚关键层 2 破断线和煤壁夹角很小又是工作面产生动载矿压的必要条件之一。

3. 近距离重复采动采空区下开采（鞠金峰，2013）

随着神东矿区煤炭资源的开发利用，逐步进入第二甚至第三主采煤层的回采，上方工作面的遗留煤柱对工作面矿压影响明显。

1）近距离上覆集中煤柱下工作面矿压现象

以大柳塔活鸡兔井为例，1-2 煤上方 1-2^{上} 煤已回采完毕，三盘区的 1-2 煤是在 1-2^{上} 煤重复采动条件下布置的工作面。由于 1-2^{上} 煤煤层中存在条状冲刷带，有 3 个工作面被迫实施了重开切眼的跳采措施，即 21^{上}304～21^{上}306 工作面，如图 3-88（a）所示。正因为如此，下部 1-2 煤 21304～21306 工作面在接近回撤通道的开采区段均经历了过上覆遗留集中煤柱的开采状况，如图 3-90 所示。

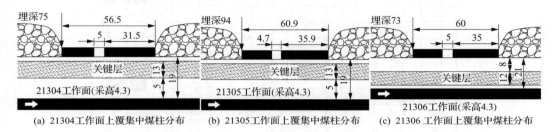

(a) 21304工作面上覆集中煤柱分布　　(b) 21305工作面上覆集中煤柱分布　　(c) 21306 工作面上覆集中煤柱分布

图 3-90　活鸡兔井 1-2 煤三盘区各工作面上覆煤柱分布图（单位：m）

21304 工作面采用额定工作阻力为 8638kN 的液压支架，鉴于 21304 工作面出煤柱开采时剧烈的来压现象，在后续 21305 和 21306 工作面的开采过程中，将支架的工作阻力提高到了 12000kN，但两个工作面在出煤柱开采过程中，仍发生了类似的动载矿压现象。其中，21305 工作面在推出煤柱边界后 4～5m 时支架活柱下缩 700～800mm，而 21306 工作面则在出煤柱前 5m 时支架活柱下缩 1100～1300mm。

由于 3 个工作面的开采条件类似，因此下面仅针对 21306 工作面的具体开采情况及其出煤柱时的矿压显现进行详细叙述。

21306 综采工作面走向长 2699.3m，工作面长 255.7m，煤层厚度平均为 4.75m，倾角为 0°～5°，设计采高 4.3m，采用北煤机额定阻力为 12000kN 的两柱掩护式液压支架。上部倾向遗留煤柱宽度为 60m，位于距 21306 工作面切眼 2196.9m 处。工作面距上部已采的 1-2^{上} 煤层 2-1^{上}306 工作面底板间正常基岩厚 2.5～26m，其覆岩柱状如图 3-91 所示。

当工作面距离出煤柱边界还有 5m 时，顶板突然大范围来压，16♯～130♯ 支架压力突然升高，17% 的支架载荷超过 12000kN 的额定工作阻力（图 3-92），最大阻力达 13363.6kN，平均阻力达 11922kN；动载系数最大达 1.89，平均为 1.75。支架安全阀剧烈开启，液管内乳化液四处喷射，2～3m 范围外视线模糊。工作面顶板在 4～5s 内出现整体大幅度下沉，采高由 4.7～4.8m 骤降为 3.5～3.6m；其中，30♯～110♯ 支架活柱瞬间下缩 1100～1300mm。工作面煤壁片帮、端面漏顶现象严重，在采煤机停留处，大量漏矸几乎埋住采煤机。最后，工作面在强行快速推进 4～5 刀后，采高逐步调节到 4.6m，工作面才恢复正常。此次来压后，工作面动载矿压位置对应地表出现地堑式的台阶下沉，裂缝宽度为 3～4m，局部还有塌陷小漏斗出现，如图 3-93 所示。

层号	厚度/m	埋深/m	岩性	关键层位置	柱状
1	21.79	21.79	黄土		
2	6.03	27.82	细粒砂岩		
3	16.86	44.68	粉砂岩	主关键层	
4	1.77	46.45	细粒砂岩		
5	1.5	47.95	粉砂岩		
6	0.95	48.9	细粒砂岩		
7	4.13	53.03	中粒砂岩		
8	4.37	57.4	粗粒砂岩		
9	0.2	57.6	1-1煤		
10	2.54	60.14	粉砂岩		
11	3.86	64	细粒砂岩	亚关键层	
12	1.81	65.81	粉砂岩		
13	1.79	67.6	细粒砂岩		
14	2.33	69.93	粉砂岩		
15	1.87	71.8	细粒砂岩		
16	1.36	73.16	中粒砂岩		
17	2.67	75.83	1-2上煤		
18	6.04	81.87	粉砂岩		
19	1.4	83.27	细粒砂岩		
20	1.73	85	中粒砂岩		
21	11.94	96.94	粗粒砂岩	亚关键层	
22	0.2	97.14	粉砂岩		
23	5.91	103.05	1-2煤		

图 3-91　活鸡兔井 21306 工作面 H64 钻孔柱状图

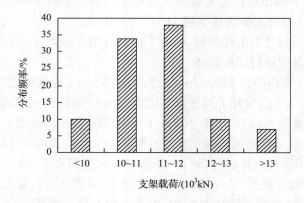

图 3-92　活鸡兔井 21306 工作面出煤柱时的支架载荷分布

2）工作面上覆结构稳定性分析

根据上述实测结果可以看出，浅埋近距离煤层工作面在通过上覆煤柱的过程中，动载矿压往往仅出现在出煤柱阶段，而进煤柱阶段和煤柱区下的开采阶段工作面矿压显现均不强烈。这显然与出煤柱阶段上覆岩层的活动规律密切相关。由于煤柱的存在，其上关键层会在煤柱边界破断形成"砌体梁"式的铰接结构，并承担着其所控制的那部分岩层的

(a)　　　　　　　　　　　　　　　　(b)

图 3-93　活鸡兔井 21306 工作面动载发生后的地表塌陷情况

载荷。在下煤层工作面推出煤柱边界的过程中,此结构的断裂岩块必然会产生进一步的回转运动。当这种结构不能维持其自身稳定性时,就可能会对下煤层工作面产生冲击作用,最终造成动载矿压的发生。

随着工作面逐渐向煤柱边界推进,煤柱上方关键层将逐步发生周期性破断回转运动,岩块之间相互铰接,最终会在出煤柱边界形成如图 3-94(a)所示的三铰式拱形铰接结构。显然,此结构出煤柱侧的 C、D 块体便是控制工作面出煤柱时矿压显现的关键块体,因此,分析两关键块体三铰式结构的稳定性是寻求出煤柱阶段工作面动载矿压机理的关键所在。

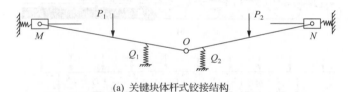

(a) 关键块体杆式铰接结构

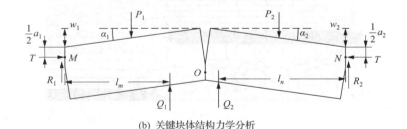

(b) 关键块体结构力学分析

图 3-94　关键块体三铰式结构及其力学模型

根据苏联学者库兹涅佐夫提出的铰接岩块假说,工作面上方铰接岩块可看成是相互铰合而成的多环节铰链,而块体则可简化为一个个杆体。因此,图 3-95(b)中关键块体的拱形铰接结构即可简化为由两个杆体组成的铰接结构,如图 3-94(a)所示。结构两端铰接点 M、N 外侧是受约束的,即 M、N 点可以向内移动,但是难以往外侧移动。根据库兹涅佐夫的理论,铰接岩块间的三铰结构必须满足中间节点高于两端节点时,结构才能够保持稳定。而对于出煤柱阶段关键块体形成的拱形铰接结构,其中间节点却是低于两端节点的。所以,此结构是不稳定的,它只有靠下部未离层岩层的支撑作用才能保持平衡,即图 3-94 中的 Q_1、Q_2。

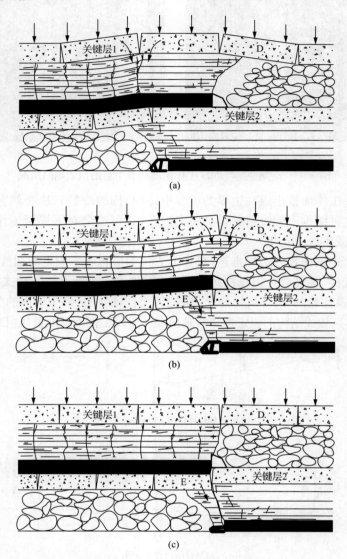

图 3-95　工作面出煤柱阶段关键块体运动示意图

对于上述关键块体的铰接结构,建立如图 3-94(b)所示的力学模型进行分析。分别设两侧块体的接触面高度为 $a_1 = \dfrac{1}{2}(h_1 - l_1\sin\alpha_1)$、$a_2 = \dfrac{1}{2}(h_1 - l_1\sin\alpha_2)$。根据力矩平衡和几何关系最终可计算出关键块体结构下部支撑力 Q_1、Q_2 的表达式为

$$k_1 Q_1 \frac{i_1 - \sin\alpha_2}{i_1 - \sin\alpha_1} - k_2 Q_2 = \frac{i_1 - \sin\alpha_2}{2(i_1 - \sin\alpha_1)} P_1 - \frac{1}{2}P_2 + \frac{2i_1 - \sin\alpha_1 - \sin\alpha_2}{i_1 - \sin\alpha_1} R_0 \quad (3\text{-}50)$$

式中, P_1、P_2——两关键块体承受的载荷;

α_1、α_2——两关键块体的回转角；

i_1——关键块体的断裂度，$i_1 = h_1/l_1$，h_1 为关键块体厚度，l_1 为关键块体长度；

R_0——中心节点 O 处的剪切力；

k_1、k_2——系数，$k_1 = l_m/l$，$k_2 = l_n/l$（l_m、l_n 分别为力 Q_1、Q_2 对应于两侧铰接点 M、N 的力矩），$k_1 < 1$，$k_2 < 1$。

由于 Q_2 作用力处于煤柱边界附近，而该区域由于塑性变形的影响，下部煤岩体的支撑能力较弱，因此 Q_2 的值较小。若视其为 0，同时令 $\alpha_1 = \alpha_2$，$P_1 = P_2$，则式（3-50）可化简为

$$Q_1 = \frac{2}{k_1}R_0 \tag{3-51}$$

由于两关键块体形成的拱形结构是不稳定的，所以，随着工作面的向前推进，两关键块体会随结构下部岩层的下沉而逐渐向下发生相对回转运动，即两块体的转角 α_1、α_2 会随之逐渐减小；由"砌体梁"结构理论可知，节点 O 处的剪切力 R_0 是随块体转角的减小而增大的。因此，由式（3-51）可以看出，要想保证结构的稳定，其下部岩层的支撑力必然会在此过程中逐渐增大，从而导致两煤层间关键层 2 断裂块体 E［图 3-95(b)］所形成的铰接结构承受的载荷随之增大。由此可得，断裂块体 E 铰接结构承受的关键层 1 关键块体运动所传递的载荷为

$$P_s = \frac{Q_1 + (h_2 + h_{12})\gamma l_2}{l_2} \tag{3-52}$$

由于 $R_0 = \dfrac{4i_1 - 3\sin\alpha_2}{2(2i_1 - \sin\alpha_2)}\gamma H' l_1$，且 $k_1 < 1$，则式（3-52）可化简为

$$p_s > \left[\frac{4i_1 - 3\sin\alpha_2}{2(2i_1 - \sin\alpha_2)} \cdot \frac{l_1}{l_2}H' + h_2 + h_{12}\right]\gamma \tag{3-53}$$

式中，l_2、h_2—煤层间关键层 2 断裂块体 E 的长度和厚度；

h_{12}——关键层 1 与关键层 2 之间岩层的厚度；

H'——关键层 1 的埋深；

γ——岩层容重。

若取 i_1 为 0.3，α_2 为 8°，同时令上下关键层 1、关键层 2 的破断长度相同，则式（3-53）可进一步化简为

$$p_s > (1.7H' + h_2 + h_{12})\gamma \tag{3-54}$$

而根据"砌体梁"结构的"S-R"稳定理论，要保证断裂块体 E 的铰接结构保持稳定而不致发生滑落失稳，其自重及上覆载荷之和的极限值载荷 P_j 为

$$P_j = \frac{\sigma_c}{30}\left(\tan\varphi + \frac{3}{4}\sin\theta_2\right)^2 \tag{3-55}$$

式中，σ_c——关键层 2 的抗压强度；

θ_2——关键层 2 破断块体回转角；

$\tan\varphi$——关键层 2 破断岩块间的摩擦系数，一般可取值 0.3。

若将 $\sigma_c = 80\text{MPa}$，$\theta_2 = 8°$ 代入式（3-55）中，则断裂块体 E 铰接结构所能承受的极限载

荷为 0.44MPa。若以 $25kN/m^3$ 的岩层容重计算,关键层 2 及其载荷层厚度之和的极限值仅为 17.6m,即 $P_j = 17.6\gamma$。

结合式(3-52)可知,$1.7H' + h_2 + h_{12}$ 的值需在 17.6m 之内才能保证关键层 2 断裂块体 E 铰接结构不发生滑落失稳,这在实际情况中显然是无法满足的。因此,工作面在推出上覆煤柱边界时,煤层间关键层 2 破断块体结构的滑落失稳是必然的。正是由于煤柱上方关键块体相对回转运动传递的过大载荷才造成了块体 E“砌体梁”结构的滑落失稳,从而导致工作面顶板直接沿断裂线切落,造成如图 3-95(c)所示动载矿压灾害的发生。

4. 短壁采煤方法的采空区下开采(王方田,2012)

神东矿区早期很多煤矿采用短壁采煤方法开采,由于其回采率低,逐步采用长壁采煤方法开采。采用短壁采煤方法时,在采空区遗留了大量的煤柱,对下部煤层的回采造成影响。当下部煤层工作面布置在没有煤柱的采空区下方时,上覆岩层破断应力释放,形成应力降低区,则下部煤层开采相对容易;若下煤层工作面布置在煤柱下方,则上覆岩层载荷通过煤柱传递到下部煤层中,形成煤柱下方一定范围的应力集中区,给工作面顶板控制带来不同程度的影响。

1) 在短壁采煤方法的采空区下开采工作面矿压现象

石圪台煤矿在进行长壁综采技术改造前一直采用房式采煤法开采 3-1-1 煤层。经过四十余年的开采,3-1-1 煤层资源已基本开采完,现采用长壁式综采开采 3-1-2 煤层。131201 工作面是 3-1-2 煤层第一个综采工作面(图 3-96),平均厚度为 3.0m,采高为 2.6m。工作面设计宽度为 162m,长度为 970m。3-1-2 煤层与 3-1-1 煤层间赋存一层平均厚 6.0m 的砂泥岩与细砂岩互层,该岩层强度相对较硬,属于 II 类关键层直接顶。

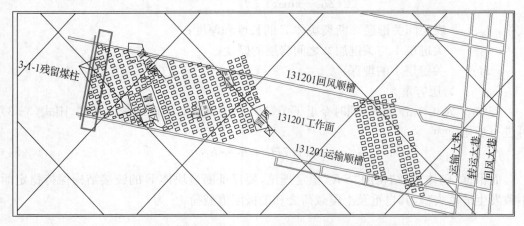

图 3-96　石圪台煤矿 131201 面上方房式残留煤柱分布图

(1)初次来压剧烈,回采巷道超前支护 100m,在近工作面 20m 范围内顶板从 2.6m 压至 2.4m,大量单体支柱被压死,并出现局部片帮(片深 100mm 左右)。

(2)由于上方 3-1-1 煤层残留煤柱状态和位置不同、房式采空区大小各异等因素影响,131201 综采工作面顶板来压步距不等,最大周期来压步距为 22.4m,最小周期来压步距为 5.4m,周期来压强度亦有较大起伏,最小为 40.78MPa,最大为 59.13MPa,最大周期来压强度高出最小来压强度 31%,周期来压步距受上方残留煤柱影响较大。

（3）工作面顶板来压动载系数较大,平均动载系数为 1.71,来压历时短,这是房下采空区下浅埋煤层长壁综采面矿压显现不稳定的重要表现。

（4）在 131201 综采工作面综采过程中,个别支架承受载荷超过其支撑极限,出现支架立柱压毁和支架压死现象,主要原因是基本顶破断来压作用于残留煤柱,使得直接顶作用在支架上的载荷过大。

28♯支架在工作面推进到 91m 的时候出现超载现象,支架支护阻力达到极限值,即在来压期间该支架出现压死事故。现场发现工作面顶板出现整体台阶下沉,地面出现 600～700mm 深、100mm 多宽的断裂带。从工作面支架前方煤壁通过断裂裂隙向上可看到上方残留煤柱(约 6m×6m)。64♯支架在工作面推进到约 73m 时出现超载现象,支架支护阻力达到极限值,在来压期间也出现支架压死事故。其主要原因是工作面基本顶周期性破断来压作用于上方 3-1-1 煤层残留煤柱,煤柱集中应力经直接顶传递给支架造成的。

2）在短壁采煤方法的采空区下开采工作面动载机理

由于存在房式残留煤柱,基本顶结构失稳形成的压力通过煤柱作用于直接顶和支架,严重时出现直接顶架前切落及液压支架压死损毁事故。建立浅埋房式采空区下煤层开采覆岩运动结构模型示意图如图 3-97 所示。

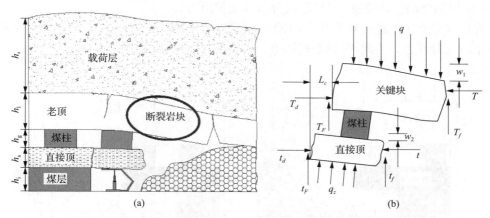

图 3-97　房式采空区下煤层开采覆岩运动结构模型及受力分析

q—老顶及上覆载荷层载荷;q_z—支架对直接顶的支撑强度;w_1—基本顶断裂下沉量;w_2—直接顶下沉量;L_c—基本顶断裂位置相对煤壁距离;T、T_f、T_d、T_F—关键层末端及前端断裂面承受相邻块段作用的水平力及摩擦力;t、t_f—直接顶末端承受采空区矸石作用力的水平及竖直分量;t_d、t_F—直接顶前端断裂面承受相邻块段作用的水平力及摩擦力

为揭示支架-围岩相互作用规律,把"载荷层-基本顶-房式煤柱-直接顶-支架"分成两个关联系统,即"载荷层-老顶-房式煤柱"及"房式煤柱-直接顶-支架",两者通过基本顶岩块破断运动对煤柱的载荷相互联系。

（1）"载荷层-基本顶-房式煤柱"系统分析。

由于相互支撑的变形岩块间还保持着接触状态,变形的基本顶岩层一边支撑在冒落的矸石上,一边支撑在煤体上。计算模型如图 3-98 所示。

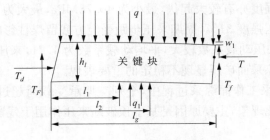

图 3-98　关键块力学分析

q_1—煤柱对关键块的支撑载荷；l_1、l_2—煤柱左右边界到关键块破断端的距离；l_g—关键块长度

根据力学平衡,得

$$q_1 = \frac{2l_g^2 q + \overline{K_g}[\sigma_{gc}](h_l^2 + l_g^2 \sin^2\theta_1 - 2h_l l_g \tan\varphi - 2h_l l_g \sin\theta_1 + 2l_g^2 \sin\theta_1 \tan\varphi)}{2(2l_g - l_1 - l_2)(l_2 - l_1)}$$

$$(3\text{-}56)$$

式中,K_g——关键块承载状态系数;

　　K_g——关键层岩石挤压强度 σ_p 与抗压强度 $[\sigma_{gc}]$ 之比,参照物理实验结果可取 0.4;

　　i_g——抗压强度与抗拉强度之比,根据实验室力学测试结果取 10。

(2)"房式煤柱-直接顶-支架"系统分析及支架阻力。

在房式采空区下进行长壁开采,工作面液压支架不断处于煤柱正下方、煤柱边缘及煤房正下方三种状态。为此,分别根据以上三种状态建立模型,如图 3-99 所示。

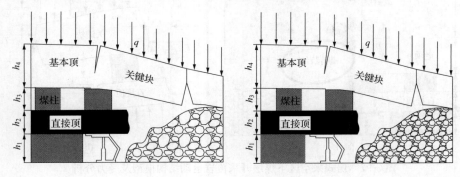

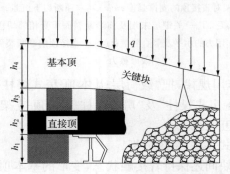

图 3-99　支架不同位置模型示意图

在"房式煤柱-直接顶-支架"系统中,考虑到直接顶最危险状态,即临界失稳状态时直接顶受力情况如图 3-100 所示,其中 q_1' 为煤柱承受基本顶顶载荷及自重之和。

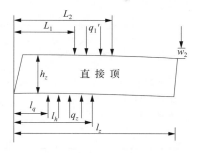

图 3-100　直接顶受力分析

支架承受载荷为煤柱作用于直接顶的载荷及直接顶岩块重量,即

$$Q_{t0} = q_z(l_h - l_q)b = (L_2 - L_1)(q_1 + h_2\gamma_2)\eta_m + h_z l_z \gamma_z) \tag{3-57}$$

式中,Q_{t0}——支架工作阻力,MN;

　　　b——支架宽度,m;

　　　η_m——煤柱载荷影响因子。

可根据三种不同的情况计算工作阻力。

(3)直接顶切冒机理分析。

石圪台煤矿现场实践表明:在工作面回采过程中,局部液压支架在顶板来压期间短时间内应力骤增,活柱下缩量大,出现满载现象,造成支架被压死事故,严重损害了综采设备,并制约了工作面安全高效生产。现场观察发现,从支架前方煤壁处通过断裂带向上可看到上方残留煤柱(宽约 6m),表明在煤壁前直接顶发生切冒,为此建立来压期间直接顶切冒力学模型,如图 3-101 所示。

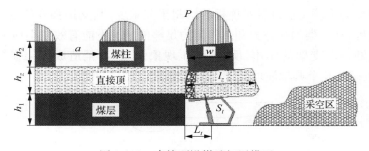

图 3-101　直接顶沿煤壁切冒模型

在"房式煤柱-直接顶-支架"系统中,煤柱将基本顶结构载荷传递给直接顶,直接顶可视为悬臂梁结构,假定在支架工作阻力已知条件下(石圪台煤矿综采工作阻力为 6800kN/架),根据悬臂梁模型,进行直接顶岩块力学平衡分析,可得直接顶发生切冒现象的判据如下:

$$(L_2^2 - L_1^2)(q_1 + h_2\gamma_2) + h_z l_z \gamma_z - \frac{(l_q + l_h)Q_{t0}}{1000b} \geqslant \frac{h_z^2[\sigma_{zt}]}{3} \tag{3-58}$$

式中,$[\sigma_{zt}]$——直接顶抗拉强度极限,2.4MPa。

由式(3-58)可绘出力矩随直接顶厚度变化曲线,如图 3-102 所示。

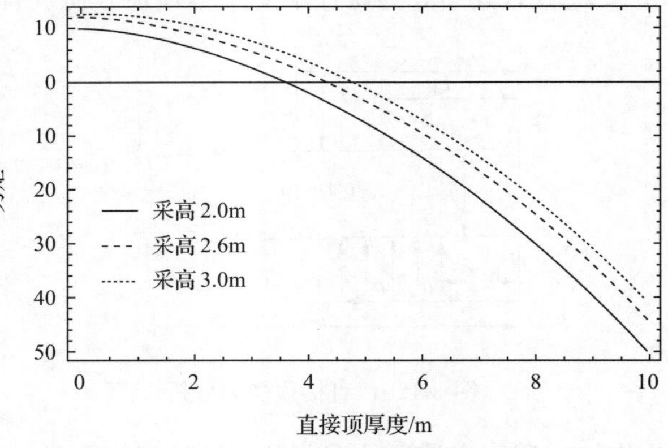

图 3-102　力矩随直接顶厚度变化曲线

随直接顶厚度增大,弯矩不断减小,在直接顶厚度为 4.4m 时,力矩为 0,即直接顶处于平衡状态,而当直接顶厚度 $h_z<4.4$m 时,合力距为正值,即该条件下发生直接顶切冒。相反地,当直接顶厚度 $h_z>4.4$m 时,合力距为负值,即该条件下不会发生直接顶切冒。由上述分析可知,一定条件下,直接顶厚度 $h_z=4.4$m 是直接顶发生切冒的临界厚度。当采高分别为 2.0m、3.0m 时,直接顶发生切冒的临界厚度相应为 3.7m 及 4.8m。即随着采高增大,直接顶发生切冒的临界厚度相应增大。在直接顶厚度不变时,增大采高将使直接顶切冒发生概率增大。

当直接顶厚度为 6m 时,直接顶一般不会发生切冒现象。但由于直接顶厚度有所变化,在薄处约 2m,因此,在直接顶较薄的地方出现压架现象。

5. 液压支架支护强度对压架的影响

液压支架作为采场支护设备对顶板的控制至关重要,其支护强度的选取影响工作面矿压显现的程度,在支架的初撑力和工作阻力足够的情况下能有效减小顶板的离层,减少高位顶板突然断裂对支架的作用,反之,矿压现象强烈,甚至造成支架损坏(图 3-103)。表 3-47 为神东矿区几个典型浅埋工作面矿压情况。

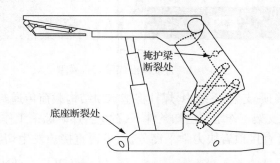

图 3-103　ZY6000-2.5/5.0 型底座与掩护梁损坏示意图(王永东和田银素,2002)

表 3-47　神东矿区典型工作面矿压情况

工作面名称	大柳塔 1203	大柳塔 20604	补连塔 3201	大柳塔活井 21304
采高/m	4.0	4.3	4.5	4.3
支架型号	YZ3500-23/45	WS1.7-2×3354	ZY6000-2.5/5.0	W.S2×4319-25/55
支护强度/MPa	—	0.95	0.85～0.90	1.14
矿压显现	初次来压工作面中部约 91m 范围顶板沿煤壁切落,形成台阶下沉。其中部约 31m 范围内台阶下沉量高达 1000mm,来压猛烈,造成部分支架损坏	初次来压顶板台阶下沉量为 25mm 左右;周期来压工作面 30♯～110♯架大部分支架曾达到 6700kN/架,安全阀开启,台阶下沉量在 100mm 以内,对工作面安全不构成威胁	工作面周期来压剧烈,片帮严重,支架安全阀普遍开启,使用过程中底座和掩护梁不同程度地开焊或断裂(图 3-103)	在沟谷下坡段,工作面中部支架来压期间支架循环末阻力最大为 10480kN,平均为 7480～8840kN;在沟谷上坡段,工作面中部支架来压期间支架循环末阻力最大为 12400kN,一般为 10260～11580kN,平均为 10751kN

　　根据大柳塔活井 21304 工作面矿压显现观测及理论分析,工作面过沟谷下坡段和平坦地表矿压现象差别不大,因此,可以认为神东矿区 4.3m 左右采高的工作面,过沟谷下坡段和平坦地表选用工作阻力 11000kN 的支架能有效控制顶板。显然,上述大柳塔 20604 综采工作面、补连塔 3201 综采工作面支架阻力是偏小的,1203 综采工作面 3500kN 的支架就显得更小了,因此,除了浅埋、薄基岩造成特殊的结构外,支架工作阻力的大小也是造成片帮、切顶、支架压死等顶板事故的主要因素。

3.4.3　液压支架工作阻力确定

　　确定合理的液压支架工作阻力是减少工作面顶板事故最有效的措施,目前关于浅埋煤层大采高工作阻力的确定主要根据类比法、实测法以及理论分析的方法。理论分析的方法主要是根据覆岩形成的结构,如"短砌体梁"和"台阶岩梁"结构、"控制岩块"模型、"砌体梁"结构、"关键层"悬臂梁结构等,归根结底,无论哪种方法,支架的工作阻力都可以用两部分力来表示,一部分是直接顶作用在支架上的力,另一部分是为了保证结构稳定的力。

　　1. 典型浅埋工作面

　　1)"短砌体梁"和"台阶岩梁"结构(黄庆享,2000)

　　"短砌体梁"和"台阶岩梁"结构是西安科技大学黄庆享教授在大量现场观测与理论分析的基础上针对浅埋煤层提出的,其适应于浅埋煤层,即埋深不超过 150m,基载比小于 1,顶板为单一主关键层的工作面。后依据大柳塔 1203 工作面地表最大下沉速度点滞后采场约 30m,提出了荷载传递因数。在浅埋工作面可能形成"短砌体梁"和"台阶岩梁"结构,而"台阶岩梁"比"短砌体梁"计算出的工作阻力要大,因此,一般按照"台阶岩梁"确定液压支架的工作阻力。

　　以大柳塔 1203 工作面为例,其柱状图如图 3-83 所示。"短砌体梁"和"台阶岩梁"结构如图 3-72、图 3-76 所示。

（1）初次来压控制顶板所需的支护阻力。

$$P_{m0} \geqslant l_k b \sum h\rho g + b(hl_{01}\rho g + K_{G0}h_1 l_{01}\rho_1 g)\left(0.54 - \frac{0.24}{i - \sin\theta_1}\right) \quad (3\text{-}59)$$

式中，P_{m0}——支架必须提供的支护阻力，kN；

　　l_k——控顶距，2.2m；

　　b——支架宽度，1.5m；

　　$\sum h$——直接顶厚度，6m，含 2.0m 顶煤；

　　ρg——直接顶容重，24000N/m³；

　　h——关键层的厚度，13.4m；

　　l_{01}——关键层破断岩块长度，初次来压 L 为 27m，由于非对称性，则 $l_{01}=K/(1+K)L$，其中，K 为关键层初次破断岩块长度 l_{01} 与 l_{02} 之比，此处为 1.5，于是 $l_{01}=16.2$m；

　　h_1——载荷层的厚度，32m；

　　K_{G0}——荷载传递系数，$K_{G0}=K_r K_t$，K_r 为荷载传递岩性因子，$K_r=l_{01}/(2h_1\lambda\tan\varphi)$，$\lambda$ 为载荷层的侧应力系数，$\lambda=1-\sin\varphi=0.65$，$\varphi$ 为载荷层的内摩擦角，27°；于是 $K_r=0.76$，K_t 为荷载传递的时间因子，鉴于初次来压地表塌陷经历 14h，而岩块回转触矸时间较短，因而可取 $K_t=0.85$；得 $K_{G0}=0.65$；

　　$\rho_1 g$——载荷层的容重，18000N/m³；

　　i——关键层破断岩块的块度；$i=h/l_{01}=0.83$；

　　θ——关键层破断岩块的回转角，°，根据实验观察，一般初始回转角可达 3°。

将上述数值代入式（3-59）得到

$$P_{m0} \geqslant 2.2 \times 1.5(2\times 14 + 4\times 24) + 1.5(13.4\times 16.2\times 24 + 0.65\times 32\times 16.2\times 18)$$

$$\left(0.54 - \frac{0.24}{0.83 - \sin 3°}\right)$$

$$P_{m0} \geqslant 409.2 + 1.5(5209.9 + 6065.3)(0.54 - 0.31) = 4299$$

考虑支架的支撑效率，液压支架的工作阻力为

$$P_{G0} = P_{m0}/0.9 = 4777\text{kN}$$

1203 综采工作面选用的支架为 3500kN，初次来压出现了明显的台阶下沉，现场没有测到初次来压的最大支架荷载，实测周期来压的支架最大工作阻力为 3819kN。根据表 4-30，单纯从采高考虑，4.3m 采高实测支架末阻力为 7480~8840kN，最大末阻力为 10480kN。典型浅埋工作面要比普通工作面矿压显现强烈，说明这种方法计算出支架工作阻力是偏小的。

（2）周期来压控制顶板所需的支护阻力。

① 周期来压按照"短砌体梁"计算。

$$P_m \geqslant l_k b \sum h\rho g + \frac{4i(1-\sin\theta_1) - 3\sin\theta_1 - 2\cos\theta_1}{4i + 2\sin\theta_1(\cos\theta_1 - 2)} b(hl\rho g + K_G h_1 l\rho_1 g) \quad (3\text{-}60)$$

$$P_G = P_m/\mu$$

式中，μ——支架的支护效率；

　　　l——周期来压步距，9.4～15m，平均为 12m。

　　下面的计算分别按照 l 为 9.4m、12m、15m 计算。

　　Ⅰ. 岩块的回转角。

$$\theta_1 = \arcsin(W_1/l) \tag{3-61}$$

$$W_1 = m - (K_p - 1)\sum h \tag{3-62}$$

式中，W_1——关键块的下沉量，m；

　　　m——采高，4.0m；

　　　K_p——直接顶碎胀系数，取 1.3。

　　根据其按照来压步距的平均值 12m 计算的岩块的回转角 $\theta_1 = \arcsin(W_1/l) = 10°$ 得到 $W_1 = 2.08$，根据 $W_1 = m - (K_p - 1)\sum h$ 得到 $W_1 = 2.20$，W_1 由直接顶厚度及其碎胀系数决定，为对比分析，且两种计算出的岩块下沉量相差不大，此处取 $W_1 = 2.08$。

　　按来压步距的最小值、平均值和最大值计算出的回转角分别为 12.7°、10°、8°。

　　Ⅱ. 岩块的块度。$i = h/l$，按照来压步距的最小值、平均值和最大值计算块度分别为 1.4、1.1、0.9。

　　Ⅲ. 荷载传递系数。$K_r = l/(2h_1\lambda\tan\varphi)$，根据大柳塔载荷层条件，取沙土的平均参数 $\varphi = 27°$，$\lambda = 1 - \sin\varphi = 0.65$，三种情况下 K_r 分别为 0.44、0.56、0.70。周期来压期间仍取 $K_t = 0.85$，则荷载传递系数 K_G 分别为 0.374、0.476、0.595。

　　根据以上参数确定液压支架的工作阻力分别为 3005kN、3443kN、3565kN。理论分析表明系数项随着周期步距的增大是逐步减小的，$\dfrac{4i(1-\sin\theta_1)-3\sin\theta_1-2\cos\theta_1}{4i+2\sin\theta_1(\cos\theta_1-2)}$ 在来压步距为 9.4m、12m、15m 时分别为 0.34、0.28、0.21，荷载项随着周期步距的增大而增大，$b(hl\rho g + K_G h_1 l\rho_1 g)$ 在来压步距为 9.4m、12m、15m 时分别为 7604kN、10724kN、14947kN，使得 P_m 的变化范围并不大。系数项减小和荷载项增大的现象使支护阻力随来压步距基本变化范围较小。

　　② 周期来压按照"台阶岩梁"计算。

$$P_m \geqslant l_k b\sum h\rho g + \frac{i - \sin\theta_{1max} + \sin\theta_1 - 0.5}{i - 2\sin\theta_{1max} + \sin\theta_1}b(hl\rho g + K_G h_1 l\rho_1 g) \tag{3-63}$$

　　岩块最大回转角按照 $\theta_{1max} = \arcsin(W_1/l)$，来压步距的 9.4m、12m、15m 时计算出的回转角分别为 12.7°、10°、8°，θ_1 分别为 6.4°、5°、4°，荷载项的参数与短砌体梁计算过程相同，在不同的来压步距时，计算得到支架工作阻力分别为 6025kN、6967kN、7556kN，系数项分别为 0.74、0.61、0.48。这种计算方法比短砌体梁计算出的工作阻力和系数项的值都要大，与现场观测值更吻合。

　　2）浅埋煤层条件下工作面周期来压按照"控制岩块"模型计算

　　侯忠杰教授认为，已失稳垮落的 C 岩块仍按砌体梁理论的"铰接"条件分析，因而"台阶岩梁"结构是不存在的(侯忠杰,2008)。实际上只要视 B 岩块即"控制岩块"为岩梁建立模型即可。如图 3-104 所示,给出了支架工作阻力确定的公式(杨晓科,2008),仍以 1203 工作面为例。

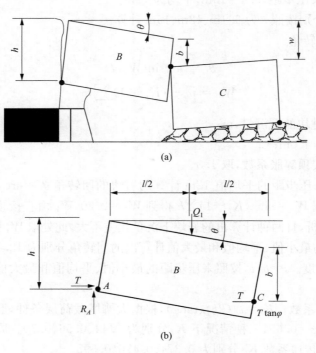

图 3-104　控制岩块结构模型

关键岩块不发生滑落失稳,则有 $R_A + T\tan\varphi \geqslant Q_B$,所以在煤壁处所需的支撑力应有

$$R_A \geqslant Q_B\left(1 - \frac{\tan\varphi}{i - 2\sin\theta_{1\max} + 0.5\sin\theta_1 + 2\tan\varphi}\right) \tag{3-64}$$

于是支架阻力为

$$P_m \geqslant l_k b \sum h\rho g + \left(1 - \frac{\tan\varphi}{i - 2\sin\theta_{1\max} + 0.5\sin\theta_1 + 2\tan\varphi}\right) b\left(hl\rho g + K_G h_1 l\rho_1 g\right) \tag{3-65}$$

式中,$\tan\varphi$——岩块间摩擦系数,取 0.36;

其他参数与上述参数相同。

支架阻力在周期来压步距为 9.4m、12m、15m 时分别为 6436kN、8587kN、11447kN。其系数项在周期来压步距为 9.4m、12m、15m 时分别为 0.80、0.76、0.74。从表 3-40 可以看出,这种计算与现场实测的支架工作阻力较吻合。

3) 浅埋煤层条件下工作面周期来压按照"悬臂梁"模型计算

直接顶垮落后与主关键层之间的空间位移大小为 $W = m - (K_p - 1)\sum h$,按照碎胀系数 1.3 计算,其值为 2.20m。关键层破断岩块能铰接形成稳定的"砌体梁"结构所需的极限回转量为 Δ。

$$\Delta = h - \sqrt{\frac{2ql^2}{\sigma_c}} \qquad (3\text{-}66)$$

式中，h——关键层厚，m；

　　　l——关键层断裂步距，m；

　　　q——关键层及其上覆载荷，N/m；

　　　σ_c——关键层破断岩块抗压强度，MPa。

根据柱状图 3-84，主关键层厚度为 2.2m，因此，主关键层不能形成砌体梁结构，而只能形成悬臂梁结构。由于载荷层能形成拱，拱内载荷层可按照前述荷载传递的方法计算，其结构图如图 3-105 所示。

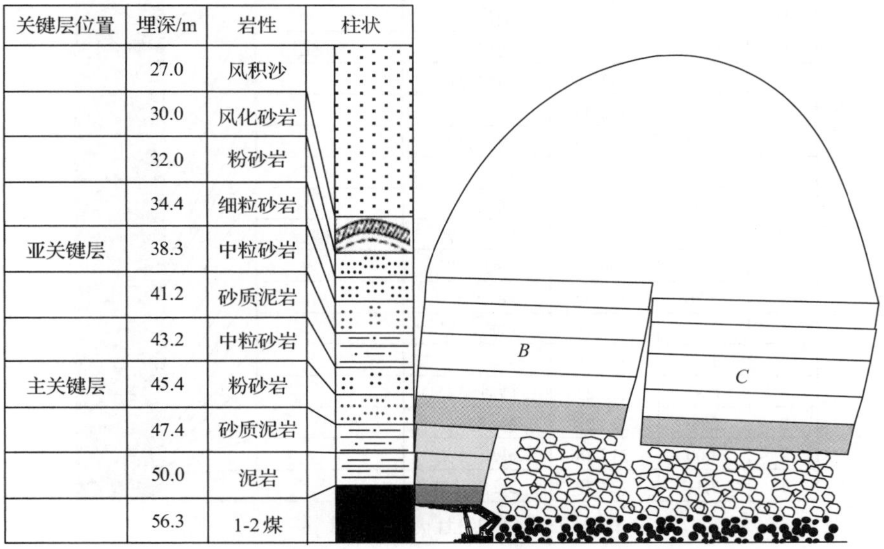

关键层位置	埋深/m	岩性	柱状
	27.0	风积沙	
	30.0	风化砂岩	
	32.0	粉砂岩	
	34.4	细粒砂岩	
亚关键层	38.3	中粒砂岩	
	41.2	砂质泥岩	
	43.2	中粒砂岩	
主关键层	45.4	粉砂岩	
	47.4	砂质泥岩	
	50.0	泥岩	
	56.3	1-2 煤	

图 3-105　1203 面悬臂梁结构

根据关键层理论，主关键层破断其上覆岩层都会破断。由于组合岩块 C 对 B 有阻挡作用，其计算方法又转化成按照"控制岩块"计算的方法。

由上述可以看出，典型浅埋工作面"短砌体梁"和"台阶岩梁"计算方法确定支架工作阻力偏小，"控制岩块"计算出的支架工作阻力与现场类似采高工作面支架工作阻力较为吻合，"悬臂梁"结构模型可以转化为"控制岩块"模型。

2. 近浅埋煤层大采高工作面

随着神东矿区煤炭资源的开发利用，逐步往深部开采，目前多集中在 150～300m，布尔台煤矿开采深度最大达 450m 左右。覆岩呈现出多关键层特性，当基岩厚度大于 100m，或者超过 25 倍采高时，覆岩垮落呈现明显"三带"特征（张沛，2012）。此时，液压支架的工作阻力一般通过以下几种方式计算。以补连塔 22303 工作面为例，三处柱状图如图 3-106 所示（许家林和鞠金峰，2011）。

层号	厚度/m	埋深/m	岩性	关键层位置	
28	22.33	22.33	风积沙		
27	15.60	37.93	砂质泥岩		
26	4.26	42.19	粉砂岩		
25	28.06	70.25	砂质泥岩	主关键层	
24	4.87	75.12	细粒砂岩		
23	5.41	80.53	砂质泥岩		
22	6.37	86.90	细粒砂岩		
21	9.97	96.87	砂质泥岩		
20	1.60	98.47	粉砂岩		
19	11.77	110.24	砂质泥岩		
18	4.32	114.56	粉砂岩		
17	30.59	145.15	砂质泥岩	亚关键层	
16	8.32	153.47	细粒砂岩		
15	15.28	168.75	粗粒砂岩	亚关键层	
14	2.95	171.70	砂质泥岩		
13	0.66	172.36	—		
12	3.43	175.79	砂质泥岩		
11	6.84	182.63	1-2煤		
10	5.92	188.55	细粒砂岩		
9	11.46	200.01	粗粒砂岩	亚关键层	
8	6.15	206.16	砂质泥岩		
7	2.76	208.92	粉砂岩		
6	2.43	211.35	砂质泥岩		
5	1.00	212.35	—		
4	0.87	213.22	砂质泥岩		
3	2.06	215.28	粉砂岩		
2	2.00	217.28	砂质泥岩		
1	7.31	224.59	2-2煤		

(a) b280钻孔柱状图

层号	厚度/m	埋深/m	岩性	关键层位置	
16	2.68	2.68	风积沙		
15	14.78	17.46	砂质泥岩		
14	15.81	33.27	粉砂岩		
13	3.07	36.34	细粒砂岩		
12	31.97	68.31	粉砂岩	主关键层	
11	12.49	80.80	中粒砂岩		
10	8.70	89.50	砂质泥岩		
9	12.01	101.51	粉砂岩		
8	2.63	104.14	砂质泥岩		
7	10.10	114.24	粗粒砂岩	亚关键层	
6	5.50	119.74	1-2煤		
5	4.45	124.19	粉砂岩		
4	8.82	133.01	细粒砂岩		
3	10.75	143.76	粉砂岩	亚关键层	
2	4.02	147.78	砂质泥岩		
1	7.91	155.69	2-2煤		

(b) SK16钻孔柱状图

层号	厚度/m	埋深/m	岩性	关键层位置
32	8.43	8.43	风积沙	
31	19.43	27.86	粉砂岩	主关键层
30	6.51	34.37	粗粒砂岩	
29	11.68	46.05	粉砂岩	
28	1.10	47.15	泥岩	
27	1.00	48.15	细粒砂岩	
26	7.80	55.95	粉砂岩	
25	6.92	62.87	细粒砂岩	
24	20.39	83.26	粉砂岩	
23	25.48	108.74	粗粒砂岩	亚关键层
22	3.00	111.74	细粒砂岩	
21	4.49	116.23	粉砂岩	
20	0.60	116.83	黏土岩	
19	2.40	119.23	粉砂岩	
18	2.03	121.26	中粒砂岩	
17	0.35	121.61	—	
16	0.70	122.31	粉砂岩	
15	0.60	122.91	粗粒砂岩	
14	2.29	125.20	砂质泥岩	
13	0.77	125.97	1-2 上煤	
12	1.95	127.92	细粒砂岩	
11	5.69	133.61	1-2 上煤	
10	0.84	134.45	细粒砂岩	
9	3.59	138.04	粉砂岩	
8	11.83	149.87	粗粒砂岩	亚关键层
7	6.20	156.07	粉砂岩	亚关键层
6	2.20	158.27	中粒砂岩	
5	3.19	161.46	粉砂岩	
4	0.70	162.16	粗粒砂岩	
3	1.75	163.91	粉砂岩	
2	0.86	164.77	泥岩	
1	8.81	173.38	2-2煤	

(c) b115钻孔柱状图

图 3-106　柱状图

1）关键层"砌体梁"结构

如图 3-107，亚关键层 1 为 11.46m 厚的粗粒砂岩，距离煤层 17.27m，这种情况亚关键层 1 形成的是砌体梁结构，工作阻力计算方法为

$$P_1 = bl_k \sum h_i \gamma_z + b\left[2 - \frac{L\tan(\varphi - \alpha)}{2(h_1 - S_1)}\right]Q \tag{3-67}$$

式中　P_1——支架工作阻力；

　　　Σh_i——直接顶厚度，m；

　　　γ_z——直接顶容重，kN/m³；

L——关键层周期来压步距,m;

φ——岩块间的摩擦角,$\tan\varphi=0.8$;

α——岩块破断角,°;

h_1——关键层厚度,m;

S_1——关键层破断岩块的下沉量,1.62m;

Q——关键层所形成砌体梁重量及其所控荷载,$Q=Q_1+Q_2$,kN;

l_k——控顶距,m;

b——液压支架中心距,m。

关键层	层厚/m	岩性	柱状
	8.32	细粒砂岩	
亚关键层 2	15.28	粗粒砂岩	
	2.95	砂质泥岩	
	0.66	—	
	3.43	砂质泥岩	
	6.84	1-2 煤	
	5.92	细粒砂岩	
亚关键层 1	11.46	粗粒砂岩	
	6.15	砂质泥岩	
	2.76	粉砂岩	
	2.43	砂质泥岩	
	1.00	—	
	0.87	砂质泥岩	
	2.06	粉砂岩	
	2.00	砂质泥岩	
	7.31	2-2 煤	

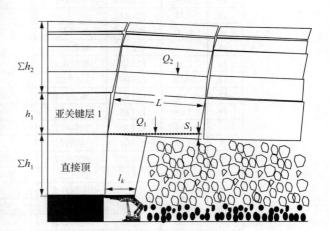

图 3-107　b280 钻孔柱状图及砌体梁结构模型

将相关数值代入式(3-67),计算关键层的荷载及其上覆荷载

$$P_1 = 2.05 \times 6.618 \times 17.27 \times 25 + 2.05 \times \left[2 - \frac{13.2 \times 0.8}{2(11.46 - 1.62)}\right]$$
$$\times 13.2 \times (11.46 + 19.8) \times 25 = 36805(\text{kN})$$

若只算关键层的荷载而不计算其覆岩的荷载

$$P_1 = 2.05 \times 6.618 \times 17.27 \times 25 + 2.05 \times \left[2 - \frac{13.2 \times 0.8}{2(11.46 - 1.62)}\right]$$
$$\times 13.2 \times 11.46 \times 25 = 17203(\text{kN})$$

2)关键层"悬臂梁"结构

如图 3-108 所示,亚关键层 1 为 10.75m 厚的粉砂岩,由于其与煤层之间仅有一层 4.02m 的砂质泥岩,即使加上 1.11m 的顶煤,垮落之后仍不能充满采空区,因此,此层亚关键层不可能形成砌体梁结构,而是形成悬臂梁结构。砌体梁结构可能在两层亚关键层

之间某一层形成。

关键层	层厚/m	岩性	柱状
	12.49	中粒砂岩	
	8.70	砂质泥岩	
	12.01	粉砂岩	
	2.63	砂质泥岩	
亚关键层 2	10.10	粗粒砂岩	
	5.50	1-2 煤	
	4.45	粉砂岩	
	8.82	细粒砂岩	
亚关键层 1	10.75	粉砂岩	
	4.02	砂质泥岩	
	7.91	2-2 煤	

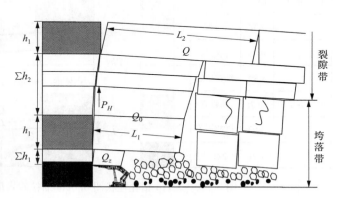

图 3-108　SK16 钻孔柱状图及悬臂梁结构模型

　　由于关键层悬顶距的存在,垮落带岩层的重量将分成两个部分进行计算:亚关键层 1 下部直接顶载荷 Q_z 按照支架控顶距长度计算,亚关键层 1 及其上部直至垮落带顶界面岩层的重量 Q_0+Q_{r1} 以亚关键层 1 的悬顶长度进行计算。而裂隙带岩层所需控制的载荷 P_{H1} 则按照"砌体梁"结构理论计算公式进行。因此,关键层"悬臂梁"结构状态时支架阻力估算公式为

$$P_2 = Q_z + Q_0 + P_H \tag{3-68}$$

其中,
$$Q_z = b l_k \sum h_1 \gamma_z$$
$$Q_0 = b L_1 h_1 \gamma$$
$$P_{H1} = \left[2 - \frac{L_1 \tan(\varphi - \alpha)}{2(h - S)} \right] Q b$$

式中, h ——裂隙带下位岩层的厚度,m;

　　　S ——裂隙带下位岩层的下沉量,m。

　　为求得垮落带的高度 $h_{垮}$,分两种方法讨论:

　　(1) 垮落带按照 2.5 倍的采高计算(郝海金等,2004)。

$$h_{垮} = 2.5 \times 6.8 = 17 (\text{m})$$

亚关键层 1 厚度为 10.75m,砂质泥岩为 4.02m,加上 1.11m 的顶煤,计 15.88m,这样允许 8.82m 细粒砂岩下沉量为 1.15m,因此,8.82m 的细粒砂岩能形成平衡结构,此时的计算模型如图 3-109 所示。

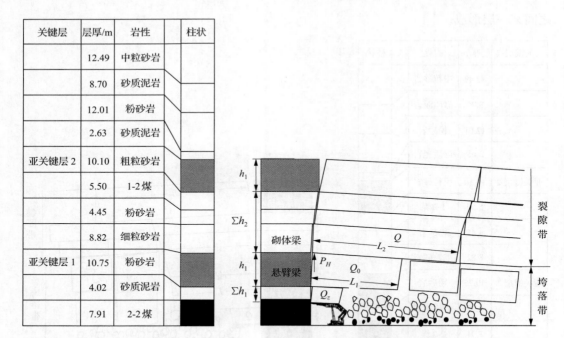

关键层	层厚/m	岩性	柱状
	12.49	中粒砂岩	
	8.70	砂质泥岩	
	12.01	粉砂岩	
	2.63	砂质泥岩	
亚关键层2	10.10	粗粒砂岩	
	5.50	1-2煤	
	4.45	粉砂岩	
	8.82	细粒砂岩	
亚关键层1	10.75	粉砂岩	
	4.02	砂质泥岩	
	7.91	2-2煤	

图 3-109　SK16 钻孔柱状图 8.82m 细粒砂岩形成砌体梁结构模型

$$Q_z = bl_k \sum h_1 \gamma_z = 2.05 \times 6.618 \times 5.13 \times 25 = 1739$$

$$Q_0 = BL_1 h_1 \gamma_z = 2.05 \times 13.4 \times 10.75 \times 25 = 7383$$

$$P_{H1} = 2.05 \times \left[2 - \frac{13.4 \times 0.8}{2(8.82 - 1.15)} \right] \times 13.4 \times 8.82 \times 25 = 7874$$

则
$$P_2 = Q_z + Q_0 + P_{H1} = 16804$$

（2）垮落带按岩石垮落碎胀系数平均为 1.3 计算。

$$h_{垮} = 6.8/0.3 = 22.7 (\text{m})$$

亚关键层 1 厚度为 10.75m，砂质泥岩为 4.02m，加上 1.11m 的顶煤，再加上 8.82m 的细粒砂岩计，计 24.70m，允许 4.45m 的细砂岩下沉量为 −1.97m，这样形成的结构仍是 8.82m 的细粒砂岩。计算结果同上。

3）上位亚关键层对下位亚关键层"悬臂梁"结构产生影响

如图 3-110 所示，当覆岩中存在两层邻近的关键层，且两者位置以及距离煤层位置满足一定条件时，上位关键层的破断运动将会对下位关键层的破断及采场的矿压产生影响，此时，支架的载荷将由四部分组成：亚关键层 1 下方直接顶的重量 Q_z，亚关键层悬顶岩块的自重 Q_0，上下关键层之间岩层的重量 Q_{r2}（此时为 0），以及平衡上位关键层铰接结构所需的平衡力 P_H。因此，上下位邻近关键层之间破断有相互影响时，支架阻力估算公式为

$$P_3 = Q_z + Q_0 + P_H \tag{3-69}$$

其中，
$$Q_z = bl_k \sum h_1 \gamma_z$$

$$Q_0 + Q_{r2} = bL_1 h_1 \gamma$$

$$P_{H2} = \left[2 - \frac{L_2 \tan(\varphi - \alpha)}{2(h_2 - S_2)} \right] Q_1 B$$

根据钻孔 b155 计算：

$$Q_z = bl_k \sum h_1 \gamma = 2.05 \times 6.618 \times 10.71 \times 25 = 3632.5$$

$$Q_0 = BL_1 h_1 \gamma = 2.05 \times 13.9 \times 6.20 \times 25 = 4416.7$$

$$P_{H1} = \left[2 - \frac{23.6 \times 0.8}{2(11.83 - 11.83/6)} \right] \times 23.6 \times 11.83 \times 2.05 \times 25 = 14880.7$$

于是：

$$P_3 = Q_z + Q_0 + Q_{r2} + P_{H2} = 22876.8$$

关键层	层厚/m	岩性		
亚关键层 2	11.83	粗粒砂岩		
亚关键层 1	6.20	粉砂岩		
	2.20	中粒砂岩		
	3.19	粉砂岩		
	0.70	粗粒砂岩		
	1.75	粉砂岩		
	0.86	泥岩		
	8.81	2-2 煤		

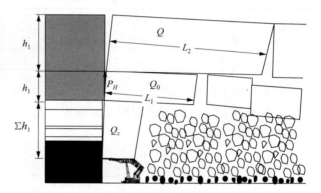

图 3-110　b115 钻孔柱状图及亚关键层相互影响的结构

4）"四一法则"确定液压支架的工作阻力（山东科技大学等，2013）

"四一法则"通过对已采工作面推进过程中足够多的采煤循环内支架末阻力的统计，计算得到来压时支架循环末阻力均值、均值偏阻力（均值加 1 倍均方差）、均值上阻力（均值加 2 倍均方差）和支架工作阻力四个数值，这些值必然会涵盖绝大部分顶板压力实测值，必定有一个值最接近已采工作面合理的支架工作阻力。结合顶板控制效果，根据顶板下沉量要求对它们进行评定。采用"四取其一"的方法，核定已采工作面合理工作阻力。以核定的已采工作面合理支架工作阻力作为基准，类比新开工作面合理的支架工作阻力。

需要指出的是，顶板预裂后的工作面初次来压时压力会小于周期来压顶板压力，周期来压阶段顶板来压时的支架工作阻力能反映出工作面顶板压力的最大值。另外，所取的来压时均值阻力加 1 倍和加 2 倍均方差只是圆整化取值，实际 P_1 和 P_2 取值过程中，可取均值阻力 $\bar{p}$ 加上均方差的非整数倍，$P_1 = P_j + B_1 \sigma_n$，$P_2 = P_j + B_2 \sigma_n$。B_1、B_2 为均方差系数。

极端条件下，如果已采工作面支架额定工作阻力明显偏小，工作面控顶效果差，如出现工作面支架多轮次大面积压死，此时，支架工作阻力不能抗衡顶板压力，实测支架工作阻力不能反映真实的顶板压力，则不能采用"四取其一"值作为已采工作面合理的支架工作阻力。

（1）顶板控制效果标准划分。

定义回采工作面顶板控制效果为 e。工作面顶板下沉量可以作为工作面控顶效果（e）的主要判别指标。神东矿区工作面顶板控制效果可划分为四级，分别为 $e=$ "极好"、"好"、"中等"和"差"。补连塔矿 22 煤 22305 工作面顶板控制效果理论标准见表 3-48。

表 3-48　连塔矿 22 煤 22305 工作面顶板控制理论标准

序号	1	2	3	4
工作面顶板控制效果（e）级别	极好	好	中等	差
顶板下沉量 Δh_i/mm	≤100	101～250	251～400	≥401

考虑采煤过程中顶板下沉量的小幅变化对顶板控制效果评定等级的影响，对四个等级的阈值进行宽泛处理，称为操作标准（表 3-49）。

表 3-49　补连塔矿 22 煤 22305 工作面顶板控制操作标准

序号	1	2	3	4	5	6	7
工作面顶板控制效果（e）级别	极好	极好或好	好	好或中等	中等	中等或差	差
顶板下沉量 Δh_i/mm	≤80	81～120	121～230	231～270	271～380	381～420	≥421

（2）顶板下沉量的确定。

工作面顶板下沉量可以根据支架限定变形工作状态下传统的"支架-围岩"关系式定量计算，如图 3-111 所示。

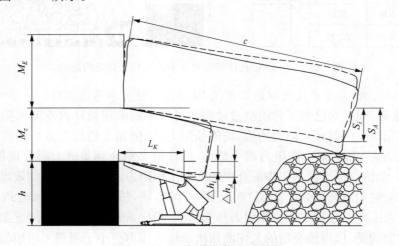

图 3-111　顶板控制位态示意图

$$p = A + K \frac{\Delta h_A}{\Delta h_i} \tag{3-70}$$

式中，p——支架支护强度，MPa；

A——支架支撑支架顶所需的支护强度，MPa；

K——位态常数，MPa；

Δh_A——基本顶自由沉降至最低位态时工作面顶板最大下沉量，mm；

Δh_i——控制的工作面顶板下沉量,mm。

由于 $P = pS$(S 为支架的支护面积),因此,实际应用中式(3-70)可变换为

$$P = P_0 + k \frac{\Delta h_A}{\Delta h_i} \qquad (3\text{-}71)$$

式中,P——工作面来压时支架工作阻力,kN;

　　P_0——工作面顶板来压前实测支架工作阻力,kN;

　　k——顶板位态常数,kN。

定义工作面支架阻力 4 个值对应的顶板下沉量分别为 $\Delta h_1 \sim \Delta h_4$。其中,支架额定工作阻力 P_e 对应 Δh_1,循环末阻力均值 P_j 对应 Δh_2,均值上阻力 P_1 对应 Δh_3,均值偏阻力 P_2 对应 Δh_4。

基本顶(岩梁)处于最低位态时工作面最大控顶距处的顶板下沉量 Δh_A 按式(3-72)计算:

$$\Delta h_A = \frac{m - \sum h(K_p - 1)}{l} \cdot l_k \qquad (3\text{-}72)$$

式中,m——工作面采高,m;

　　$\sum h$——直接顶厚度,m;

　　l——工作面实测周期来压步距,m;

　　K_p——直接顶碎胀系数;

　　l_k——工作面最大控顶距,m。

根据已采工作面顶板结构特征参数计算工作面顶板最大下沉量 Δh_A,进一步根据工作面支架均值阻力 P_j、工作面实测来压前支架工作阻力 P_0 和实际的顶板下沉量 Δh_2,反算出工作面特定围岩结构状况下的顶板位态常数 k。根据式(3-71),将支架额定工作阻力 P_e 和统计的 P_1、P_2 代入可计算相应的顶板下沉量 Δh_1、Δh_2 和 Δh_3,即通过实测 Δh_2 求取 Δh_1、Δh_3 和 Δh_4。

实际控顶实践中,当支架工作阻力足够大并能完全抗衡工作面顶板压力,此时顶板不下沉,$\Delta h_A = 0$;当直接顶厚度较大,及时冒落的直接顶完全充满采空区,老顶完全没有自由沉降空间,$\Delta h_A = 0$。两种情况下工作面基本顶已转化为直接顶。

(3)"四一法则"计算示例。

补连塔 22305 工作面 5 个重点支架顶板的实测周期来压步距平均值 $l = 16.8\text{m}$,根据传递岩梁理论计算出直接顶厚度 $\sum h = 15.52\text{m}$,直接顶碎胀系数 K_p 按 1.3 计算,支架控顶距 $l_k = 5.69\text{m}$,将以上参数代入式(3-72)得到 $\Delta h_A = 726\text{mm}$。

统计支架的循环末阻力 $P_j = 16727\text{kN}$,工作面来压前实测支架工作阻力 $P_0 = 11424\text{kN}$ 和工作面实测最大下沉量 $\Delta h_2 = 300\text{mm}$,代入式(3-71)得到位态常数 $k = 2191\text{kN}$。$\Delta h_A = 726\text{mm}$ 对应工作阻力 $p = 13615\text{kN}$。

将统计均值偏阻力与均值上阻力和支架额定工作阻力对应的顶板控制效果汇总,见表 3-50。

表 3-50　最小控顶距时支架工作阻力 4 值相对应的顶板控制效果级别

支架阻力/kN	$P_j=16727$	$P_1=17719$	$P_e=18000$	$P_2=18711$
顶板下沉量/mm	$\Delta h_2=300$	$\Delta h_3=253$	$\Delta h_1=242$	$\Delta h_4=218$
控顶级别 e	中等	好或中等,偏向于中等	好或中等,偏向于好	好

上述的计算式(3-72)要求为最大控顶距,支架顶梁长度为 5000mm,支架端面距为 686mm,采煤机截深理论值为 865mm,最大控顶距 $l_k=6551$mm,将此值代入计算,得到 $\Delta h_A=836$mm,$k=1903$kN。其他结果汇总见表 3-51。

表 3-51　最大控顶距时支架工作阻力 4 值相对应的顶板控制效果级别

支架阻力/kN	$P_j=16727$	$P_1=17719$	$P_e=18000$	$P_2=18711$
顶板下沉量/mm	$\Delta h_2=300$	$\Delta h_3=253$	$\Delta h_1=242$	$\Delta h_4=218$
控顶级别 e	中等	好或中等,偏向于中等	好或中等,偏向于好	好

不同控顶距时表 3-50 和表 3-51 是一样的,其原因在于相同的覆岩结构下,循环末阻力、来压前所测支架工作阻力值、顶板下沉量用的都是均值,导致不同的控顶距时 $\Delta h_A \times k$ 是定值。

(4) 按照悬臂梁结构计算。

根据补连塔 22305 工作面 sb1 柱状图,对其进行关键层判别,如图 3-112 所示。按照碎胀系数 1.3 计,顶煤 0.72m,砂质泥岩 3.20m,粗粒砂岩 8.89m,中粒砂岩 6.43m,合计 19.24m,则允许 8.50m 的细粒砂岩形成关键块的下沉量为 3.46m,即亚关键层 2 形成砌体梁结构,如图 3-112 所示。

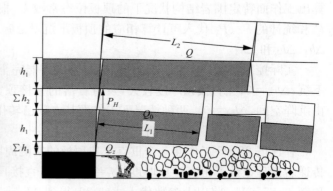

关键层	层厚/m	岩性	柱状
	11.81	砂质泥岩	
亚关键层 2	8.50	细粒砂岩	
	6.43	中粒砂岩	
亚关键层 1	8.89	粗粒砂岩	
	3.20	砂质泥岩	
	7.52	2-2煤	

图 3-112　sb1 柱状图及悬臂梁结构模型

现场周期来压步距 16.8m,根据式(3-69)

$$Q_z = bl_k \sum h_1 \gamma_z = 2.05 \times 6.651 \times 3.92 \times 25 = 1336$$

$$Q_0 = BL_1(h_1 + \sum h_1)\gamma_z = 2.05 \times 16.8 \times (8.89 + 6.43) \times 25 = 13191$$

$$P_{H1} = 2.05 \left[2 - \frac{16.8 \times 0.8}{2(8.50 - 3.46)} \right] 8.50 \times 16.8 \times 25 = 4784$$

则　　　　　　　　　　　　$$P_2 = Q_z + Q_0 + P_{H1} = 19311$$

以上砌体梁也按照悬臂梁破断距相等进行计算。可以看出,用"砌体梁"理论中的"悬臂梁"与"传递岩梁"中的"四一法则"确定的支架工作阻力要大,且砌体梁中没有加上关键块上的荷载。

5) 计算结果比较

将补连塔矿 22303 和 22305 工作面不同方法确定的支架工作阻力进行汇总,见表 3-52。

表 3-52　近浅埋大采高支架工作阻力计算表

	钻孔区域	关键层结构性形态	文献给出的支架阻力/kN	作者计算的支架阻力/kN	现场实测
补连塔 22303 工作面 (采高 6.8m) 支架型号: Yl6800/32/70D	b280 图 3-106a	砌体梁	16684	17203(不考虑关键块上荷载) 36805(考虑关键块上荷载)	16197①
	SK16 图 3-106b	悬臂梁	16653	16804(不考虑关键块上荷载)	
	b115 图 3-106c	上位关键层对下位关键层有影响	17612	22876(不考虑关键块上荷载)	
	—			17712(8 倍采高)	
补连塔 22305 工作面 (采高 6.8m) 支架型号: Yl8000/32/70D	sb1 图 3-112	传递岩梁	18000 选用, 18711 备用	18000 选用,18711 备用	初次来压末阻力最大均值为 17769kN, 周期来压末阻力均值为 16727
	sb1 图 3-112	悬臂梁	—	19311(不考虑关键块上荷载)	
	—			17712(8 倍采高)	

注: ①根据 b115 钻孔区域 70# 支架 8 次周期来压时支架末阻力计算

22303 工作面结果比对来看,文献根据不同的结构计算结果 16684kN、16553kN、17612kN,实测 b115 钻孔区域 70# 支架 8 次周期来压时支架末阻力均值为 16197kN,作者计算结果分别为 17100kN、16804kN、22876kN。22305 工作面按照四一法则确定支架工作阻力为 18000kN,实测初次来压末阻力最大均值为 17769kN,周期来压末阻力均值为 16727kN,按照悬臂梁计算为 19311kN,说明计算过程参数选取类似。补连塔煤矿 22303 工作面支架的合理工作阻力由"砌体梁"理论确定为 17612kN,按四一法则确定为 18000kN,根据 8 倍采高确定为 17712kN。从现场实测来看,22303 工作面支架的工作阻力在 16197kN 左右,22305 工作面初次来压最大均值为 17769kN。理论计算结果和估算法相比,估算法计算结果与实测结果更加吻合。

通过以上分析可见,不同的开采条件覆岩形成不同的结构,不同的覆岩结构具有不同的矿压显现特征和不同的支架工作阻力确定方法。伴随着神东矿区的发展,在不同的开采时期众多专家学者提出了相应的覆岩结构类型,做出了卓越的贡献,促进了神东矿区支架选型设计和顶板控制技术的发展,但随着开采空间的进一步增大,在覆岩结构稳定性及支架工作阻力确定方面仍存在一些需要进一步研究的问题:

(1) 随着工作面采高的增大,覆岩活动范围增大,采高不大时可以形成基本顶的岩层转化为直接顶,垮落带分为不规则垮落带和规则垮落带,而不规则垮落带和规则垮落带的碎胀系数存在差异,进而影响稳定结构所在层位,因此,需要对垮落矸石碎胀特性进行研究。

（2）采厚增大后,覆岩形成悬臂梁-砌体梁结构,砌体梁结构在高位岩层形成,悬臂梁结构的重量需要支架承担,其对工作面矿压显现及支架工作阻力的确定更加明显。尤其是关键层距离煤层较近时,不规则垮落带高度较小,相应增大了覆岩的垮落高度,此时,组合悬臂梁对矿压显现及支架工作阻力的确定更加明显,因此,需要对组合悬臂梁破断后运动特征与已破断的关系进行深入研究,明确组合悬臂梁破断块体荷载的传递特征。

3.4.4　神东矿区顶板控制技术

虽然支架作为采场顶板控制的唯一设备,但不应该片面增大液压支架的阻力。液压支架阻力增大之后必然造成支架吨位的增加,带来支架成本随着支架吨位的增大急剧增加和末采期间液压支架回撤困难等问题。顶板控制应是在掌握顶板压力强烈机理的基础上形成以液压支架为中心,顶板预裂、合理控制采高、采空区充填、采掘系统布置、快速推进等一系列技术并行的一整套措施,因时、因地实施,从而保证工作面安全高效的回采。

1）顶板松动爆破

为避免石圪台 131203 工作面初次来压对支架造成巨大的冲击载荷,需提前破坏 3-1-1 煤层顶板的完整性,使其尽早垮落,减小初次来压的矿压显现强度,避免初次来压对支架的破坏作用,在 131203 切眼范围内进行深孔预裂爆破强制放顶技术,保证了初次来压期间无明显动载现象。爆破孔布置如图 3-113 所示。

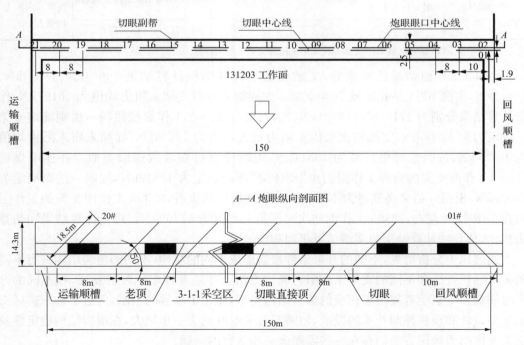

图 3-113　强制放顶爆破孔布置图

2）合理控制采高

采高直接影响直接顶的厚度，进而影响形成结构的层位。石圪台矿 131201 工作面直接顶切落机理分析中说明了当采高分别为 2.0m、3.0m 时，直接顶发生切冒的临界厚度相应为 3.7m 及 4.8m，采高的增大增加了支架顶切落的几率，现场为防止顶板来压时出现直接顶切冒事故，减小顶板压力，顶板初次来压之前采高控制在 2.0m 左右，此后逐步增大至 2.6m。

3）采空区充填

采空区充填能减少顶板的活动空间，提高顶板的稳定性，减缓来压强度。石圪台煤矿 131203 综采工作面应用灌沙注浆充填房式采空区后，顶板稳定性得到大大提高，回采巷道顶板未出现冒顶甚至明显下沉现象，表明充填房式采空区技术取得了预期效果，促进了工作面安全开采。

4）合理的采掘布置

活鸡兔井根据煤柱的分布情况，优化下煤层工作面的布置设计，使其尽量避免发生出煤柱的开采情形。①优化工作面推进方向，将工作面推进方向与煤柱走向平行或呈一定夹角，如图 3-114（a）所示；②优化工作面切眼与停采线的布置，使得出煤柱边界处于工作面开采范围之外，如图 3-114（b）所示。

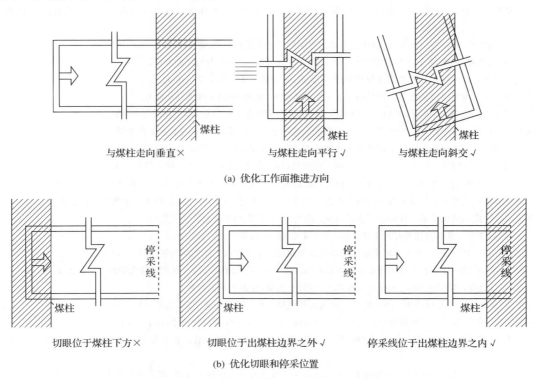

与煤柱走向垂直×　　　　与煤柱走向平行√　　　　与煤柱走向斜交√

(a) 优化工作面推进方向

切眼位于煤柱下方×　　　切眼位于出煤柱边界之外√　　　停采线位于出煤柱边界之内√

(b) 优化切眼和停采位置

图 3-114　在煤柱下开采的优化设计示意图

5）快速推进

工作面推进速度的提高有效地延长了工作面周期来压步距，减小了来压次数，使得开采扰动引起的围岩变形时间缩短,工作面围岩变形位移量减小,有利于巷道围岩稳定性控制,有利于减缓工作面矿压现象的强度。

参 考 文 献

白俊豪,高升,方树林,等.2013.综放工作面初采期间矿压异常显现分析及控制措施.煤炭工程,(8):60-65.

白士邦,刘文郁.2006.旺格维利采煤法在神东矿区的应用.煤矿开采,11(1):21-28.

鲍里索夫 AA.1986.矿山压力原理与计算[M].王庆康译.北京:煤炭工业出版社,1986.

曹明.2010.近浅埋煤层长壁工作面顶板来压机理研究.西安:西安科技大学硕士学位论文.

柴敬,高登彦.2009.厚基岩浅埋大采高加长工作面矿压规律研究.采矿与安全工程学报,26(4):437-440.

车卫贞.2004.大柳塔煤矿 2-2 煤旺格维利采煤工艺及工作面顶板管理.陕西煤炭,(1):47-49.

初艳鹏.2011.神东矿区超高导水裂隙带研究.青岛:山东科技大学硕士学位论文.

高有进.2007.6.3m 大采高液压支架关键技术研究与应用.中州煤炭,(3):6-7.

宫全红.2002.旺格维利采煤法.同煤科技,2:23-41.

郝海金,吴健,张勇,等.2004.大采高开采上位岩层平衡结构及其对采场矿压显现的影响.煤炭学报,29(2):137-141.

侯忠杰.1999.浅埋煤层关键层研究.煤炭学报,24(4):359-363.

侯忠杰.2000.地表厚松散层浅埋煤层组合关键层稳定性分析.煤炭学报,25(2):127-131.

侯忠杰.2008.对浅埋煤层"短砌体梁"、"台阶岩梁"结构与砌体梁理论的商榷.煤炭学报,33(11):1201-1204.

胡强强.2010.综放工作面安全末采顶板预裂爆破技术研究.青岛:山东科技大学硕士学位论文.

华能精煤神府公司大柳塔煤矿,西安矿业学院矿山压力研究所.1994.大柳塔矿 1203 工作面矿压观测研究报告.陕西
　　煤炭技术,(3、4):33-39.

黄庆享,钱鸣高,石平五.1999a.浅埋煤层采场老顶周期来压的结构分析.煤炭学报,24(6):581-585.

黄庆享,田小明,杨俊哲.1999b.浅埋煤层高产工作面矿压分析.矿山压力与顶板管理,(3/4):53-56.

黄庆享.1998.浅埋煤层长壁开采顶板控制研究.徐州:中国矿业大学博士学位论文.

黄庆享.2000.浅埋煤层长壁开采顶板结构及岩层控制研究.徐州:中国矿业大学出版社.

黄庆享.2002.浅埋煤层的矿压特征与浅埋煤层定义.岩石力学与工程学报,21(8):1174-1177.

鞠金峰,许家林,朱卫兵,等.2012.7.0m 支架综采面矿压显现规律研究.采矿与安全工程学报,29(3):344-356.

鞠金峰.2013.浅埋近距离煤层出煤柱开采压架机理及防治研究.徐州:中国矿业大学博士学位论文.

李大勇.2012.浅埋煤层旺采工作面厚层坚硬顶板控制研究.青岛:山东科技大学硕士学位论文.

李东印,张根和,蒋东杰.2012.不连沟煤矿巨厚煤层综放开采覆岩运移规律研究.煤炭工程,(2):63-68.

李凤仪.2007.浅埋煤层长壁开采矿压特点及其安全开采界限研究.阜新:辽宁工程技术大学博士学位论文.

李军.2010.南梁煤矿综采工作面矿压规律研究.西安:西安科技大学硕士学位论文.

李文,胡智.2013.薄基岩浅埋旺采工作面覆岩运移特征研究.煤炭工程,2:62-68.

李翔,张东升,张炜,等.2009.丁家渠煤矿薄基岩浅埋煤层首采工作面矿压实测分析.煤炭工程,12:63-65.

刘海胜.2013.浅埋煤层大采高工作面矿压规律与"支架-围岩"关系研究.西安:西安科技大学硕士学位论文.

刘克功,徐会海,缪协兴.2007.短壁开采技术及其应用.北京:煤炭工业出版社.

刘宁波,宋选民.2013.保德矿 81304 综放工作面压架机理分析与防治对策.煤矿安全,(12):211-213.

刘玉德.2010.浅埋薄基岩煤层短壁连采模式及应用研究.中国安全生产科学技术,6(6):51-56.

卢新伟,杨谷才,王利锋,等.2012.浅埋深综放工作面过冲刷带时支架-围岩相互作用关系研究.煤炭工程,(10):
　　23-25.

鹿志发,孙建明,潘金,等.2002.旺格维利(Wongawilli)采煤法在神东矿区的应用.煤炭科学技术,30(S1):11-18.

吕梦蛟.2010.神东矿区长壁采场矿压显现规律与支架选型.煤炭科学技术,38(11):48-52.

苗彦平.2010.浅埋煤层大采高综采面矿压规律与支护阻力研究.西安:西安科技大学硕士学位论文.

钱鸣高,刘听成.1991.矿山压力及其控制(修订本).北京:煤炭工业出版社.

钱鸣高,缪协兴,许家林.1996.岩层控制中的关键层理论研究.煤炭学报,21(3):225-230.

钱鸣高,缪协兴. 1994. 何富连. 采场"砌体梁"结构的关键块分析. 煤炭学报,19(6):557-563.

钱鸣高,缪协兴. 1995. 采场上覆岩层结构的形态与受力分析. 岩石力学与工程学报,14(6):97-106.

任艳芳. 2008. 浅埋煤层长壁开采覆岩结构特征研究. 北京:煤炭科学研究总院硕士学位论文.

山东科技大学,补连塔煤矿,神东煤炭集团. 2013. 神东矿区新开水平和盘区的支架选型设计研究项目之补连塔矿 22 煤四盘区支架选型研究报告.

石平五,侯忠杰. 1996. 浅埋煤层矿压显现与岩层控制的研究. 中国科学基金项目研究报告. 西安:西安矿业学院.

宋选民,顾铁凤,闫志海. 2007. 浅埋煤层大采高工作面长度增加对矿压显现的影响规律研究. 岩石力学与工程学报,26(S2):4007-4012.

孙晓东. 2012. 酸刺沟煤矿综放工作面矿压异常显现及控制技术. 北京:煤炭工业出版社.

汪华君. 2013. 同覆岩浅埋深煤层旺采工作面矿压规律研究. 煤炭科学技术,41(2):9-15.

王安. 2002. 连续采煤机房柱式短壁机械化采煤技术的研究与实践. 阜新:辽宁工程技术大学硕士学位论文.

王安. 2006. 传统产业的变革——神东快速发展的思考. 北京:中国科学技术出版社.

王方田. 2012. 浅埋房式采空区下近距离煤层长壁开采覆岩运动规律及控制. 徐州:中国矿业大学硕士学位论文.

王国法,翟桂武,徐旭升,等. 2001. JOY8670-2.4/5.0 型支架稳定性分析. 煤炭科学技术,29(5):50-53.

王锐军. 2013. 浅埋煤层大采高综采工作面覆岩结构与来压机理研究. 西安:西安科技大学硕士学位论文.

王晓振,许家林. 2012. 浅埋综采面高速推进对周期来压特征的影响. 中国矿业大学学报,41(3):349-354.

王旭锋. 2009. 冲沟发育矿区浅埋煤层采动坡体活动机理及其控制研究. 徐州:中国矿业大学博士学位论文.

王永东,田银素. 2002. 大采高液压支架使用中存在的问题与对策. 煤炭科学技术,30(Sup):47-49.

王志刚. 2008. 覆岩主关键层对导水裂隙演化影响的研究. 徐州:中国矿业大学硕士学位论文.

温庆华. 2005. 连续运输系统在旺格维利采煤法中的应用. 煤矿开采,10(1):34-36.

许家林,鞠金峰. 2011. 特大采高综采面关键层结构形态及其对矿压显现的影响. 岩石力学与工程学报,30(8):1547-1556.

许家林,王晓振,刘文涛,等. 2009b. 覆岩主关键层位置对导水裂隙带高度的影响. 岩石力学与工程学报,28(2):380-385.

许家林,朱卫兵,鞠金峰. 2014. 浅埋煤层开采压架类型. 煤炭学报,39(8):1625-1634.

许家林,朱卫兵,王晓振,等. 2009a. 浅埋煤层覆岩关键层结构分类. 煤炭学报,34(7):865-870.

闫少宏,尹希文,许红杰,等. 2011. 大采高综采顶板短悬臂梁-铰接岩梁结构与支架工作阻力的确定. 煤炭学报,36(11):1816-1820.

杨晓科. 2008. 榆神矿区榆树湾煤矿覆岩破坏规律与支护阻力研究. 西安:西安科技大学硕士学位论文.

叶青. 2002. 神东现代化矿区建设与生产技术. 北京:中国矿业大学出版社.

伊茂森. 2007. 神东矿区浅埋煤层大采高综采工作面长度的选择. 煤炭学报,32(12):1253-1257.

翟桂武. 2008. 重型工作面在神东矿区的推广应用. 煤炭学报,33(2):175-178.

张建华. 2011. 薄基岩浅埋煤层安全开采技术研究. 太原:太原理工大学硕士学位论文.

张杰,刘增平,赵兵朝,等. 2012. 厚松散层浅埋煤层矿压规律实测分析. 矿业安全与环保,38(1):13-17.

张杰. 2007. 南梁厚土层浅埋单体长壁工作面矿压规律实测分析. 湖南科技大学学报,22(4):6-9.

张良库. 2012. 大采高采场覆岩运动规律及支护阻力研究. 太原:太原理工大学硕士学位论文.

张沛. 2012. 浅埋煤层长壁开采顶板动态结构研究. 西安:西安科技大学博士学位论文.

张学亮. 2010. 榆家梁煤矿浅埋较薄煤层综采工作面矿压显现规律研究. 北京:煤炭科学研究总院硕士学位论文.

张志强. 2011. 沟谷地形对浅埋煤层工作面动载矿压的影响规律研究. 徐州:中国矿业大学博士学位论文.

周海丰. 2011. 哈拉沟煤矿浅埋深加长综采工作面矿压规律研究. 西安:西安科技大学硕士学位论文.

周茂普. 2007. 连续采煤机短壁机械化开采矿压显现特征. 煤炭科学技术,35(9):35-39.

朱卫兵. 2010. 浅埋近距离煤层重复采动关键层结构失稳机理研究. 徐州:中国矿业大学博士学位论文.

第 4 章　物理相似模拟及数值模拟

4.1　物理相似模拟

理论分析、实验和计算机模拟计算是自然科学研究的 3 种主要手段。在岩土和矿山工程领域，研究的对象为岩土类地质体材料，要涉及复杂的地质体材料本构关系，要考虑岩土体具有施载载荷和承载结构的二重性，还要分析与人为工程结构的相互作用，以及开挖和运行过程中的稳定性和经济性。这些问题目前尚难以完全用理论方法或计算机模拟得到理想的解答。对于煤矿开采引发的上覆岩层移动和矿压显现问题，更是要涉及岩体的弹塑性变形、破裂、垮落、堆积等全部过程，以及地下水、吸附气体、温度变化参与的固气热耦合问题，仅利用理论分析和计算机模拟更是难以解决。现场试验由于受开采条件限制，所需人力物力成本高昂，耗时较长，并且受生产条件影响，所得资料具有局限性，要获得岩体内部的运动数据更为困难。因此，在基本满足相似原理的条件下，采用物理模拟试验的方法，仍然是解决上述难题的有效手段。

物理相似模拟试验以相似理论、因次分析作为理论依据，在实验室内通过人为架设与工程原型结构几何相似、尺寸缩小的模型，来研究工程现场不易观察或测量的现象及其物理量大小的变化，将研究成果归纳总结，甚至直接将测得的物理量按相似比例去预测现场工程物理量的变化。目前，相似模拟试验已广泛地应用于水利、矿山、地质、岩土等领域，在煤矿的矿山压力研究方面，更显示出独特优势，已成为最常用的研究手段（李鸿昌，1988；李晓红等，2007）。

国内外采矿界非常重视相似模拟试验手段，最早从 20 世纪 30 年代起，苏联以库兹涅佐夫为代表的矿山测量研究院应用相似模拟方法研究采动后的岩移情况，结果与实地极为相似，从此开始大量使用此方法。前西德埃森岩石力学研究中心在面积为 2m×2m 的巷道模型及长达 10m 的采场平面应变模拟试验台，施加千余吨的载荷，取得了与井下极为相似的支架与围岩相互作用关系。

我国 1958 年率先在中国矿业大学（当时为北京矿业学院）的矿压实验室建立相似模拟试验架，并逐步扩大到煤炭科学研究院、各煤炭高校以及冶金、建筑、水利、工程地质等部门。20 世纪五六十年代相似材料物理模拟技术在国内的应用，以利用平面应力相似模拟试验为主，对认识采场上覆岩层运动、矿压显现、支架围岩关系等起到了至关重要的作用（刘长武等，2003）。到目前为止，开设煤炭地下开采专业的大部分高等院校都建设有矿山压力相似模拟试验平台，以现场监测、相似材料模拟试验为核心，辅以理论分析、数值模拟的方法已成为我国研究矿压规律的最主要技术方案，如图 4-1 所示。

近几年，随着我国煤矿开采规模和深度的增加，开采条件更加复杂，矿压显现强烈，煤矿动力灾害，矿井突水等威胁加剧，与此相应，更复杂的相似模拟试验也大量的采用，如考

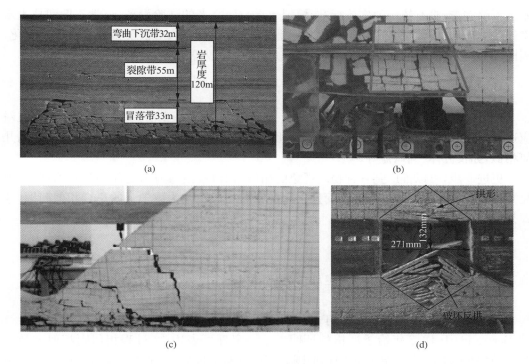

图 4-1　矿压相似模拟试验

(a)覆岩三带划分(高杨,2010);(b)放顶煤支架与围岩作用(刘长友等,2011);(c)沟谷地表覆岩运动(王旭锋,2009);
(d)高水平应力矩形巷道破坏(韦四江,2011)

虑地下水影响的矿压现象(李振华,2010;张杰,2004;张杰,2007)、大规模三维矿压相似模拟(陈军涛等,2011;弓培林等,2005;刘长武等,2003;王崇革等,2004)、考虑高压瓦斯作用的煤与瓦斯突出模拟(尹光志等,2009;袁瑞甫,2011;赵志刚等,2009)、具有动态功能的冲击地压模拟(潘一山等,1998)等。快速发展的计算机数据采集和分析技术极大地方便了模拟试验过程中数据采集和处理工作,使原来一些不易采集到的数据尤其是高速的动态数据能够被准确地捕捉到,从而扩大了模拟试验的应用范围。

4.1.1　物理相似模拟原理及方法

相似模拟试验是在实验室内按相似原理制作与原型相似的模型,模拟工程现场施工过程,借助测试仪表观测模型的物理力学参数及其变化规律,并以此推断原型中可能发生的物理力学现象,从而解决现场工程实际问题。这种研究方法具有直观、简便、经济、快速等优点,而且能够利用重复试验,根据需要通过固定某些参数,改变另一组参数来研究不同作用因素对现场工程的影响程度,这在现场条件下是难以实现的。

当然相似模拟研究岩土类地质体物理力学规律有很大的局限性,首先,岩土类材料大都具有非均质性及力学响应的非线性,目前为止,仍难在理论上对其机理进行完整的描述;其次,现场工程大都是三维空间的复杂几何体,并受地质条件、地下水、吸附气体、温度等因素影响,室内模型不可能当然也没有必要做到一切方面都与原型相似。另外,模拟技术还不够完善,没有统一的实施标准,模拟效果与研究者的试验设备、科学态度和技术水平相关。当然,模拟试验成功与否的关键是抓住问题的本质,对次要条件进行适当简化,因此,研究者对原型问题的准确理解是相似模拟试验取得成功的关键。

1. 相似概念

在自然科学中最简单且应用最广的是几何相似,如两个三角形如果对应角相等,且对应边保持相同比例,则称这两个三角形是相似的。同样也可以推广至多边形以及空间几何相似,如长方体、椭球体等。

更进一步,可以推广到各种物理现象的相似,相似模型与原型之间的各种物理量(如尺寸、力、位移、变形、速度等),从而把物理现象的相似上升为数学上的集合相似问题,这即是相似模型实验的理论基础。

2. 相似理论

相似理论的基础是三个相似定理。

1) 相似第一定理

此定理由牛顿(J. Newton)于 1686 年首先提出,此后由法国科学家贝尔特兰(J. Bertrand)于 1848 年给予严格的证明。这一定理可表述为:过程相似则相似准数不变,相似指标为 1。第一定理说明相似现象有以下两个特征:一是相似现象的两个系统中各对应物理量之比是无量纲的常数,称为相似常数(也称相似系数,相似比),二是相似现象的两个系统,均可用一个基本方程描述,各物理量的相似常数间的制约关系可由此基本方程导出。

如研究的某一现象中有 n 个物理量参加,其数学方程为

$$\Phi(a_1, a_2, \cdots, a_n) = 0 \tag{4-1}$$

设在 n 个变量中,有 k 个自变量,m 个因变量,$m = n - k$,共有 i 个方程式,即

$$\varphi_i(a_1, a_2, \cdots, a_n) = 0 \tag{4-2}$$

又设每个方程式有 j 项,则可写为

$$\sum_1^j \varphi_{ij}(a_1, a_2, \cdots, a_n) = 0 \tag{4-3}$$

对于另一相似现象,可以写为

$$\sum_1^j \varphi_{ij}(a_1', a_2', \cdots, a_n') = 0 \tag{4-4}$$

若以 $a_1 = c_1 a_1', a_2 = c_2 a_2', \cdots, a_n = c_n a_n'$ 代入式(4-4),且方程具有不变性,则

$$\sum_1^j \varphi_{ij}(c_1 a_1', c_2 a_2', \cdots, c_n a_n') = \sum_1^j \psi_{ij}(c_1, c_2, \cdots, c_n)\varphi_{ij}(a_1', a_2', \cdots, a_n') = 0 \tag{4-5}$$

因式(4-5)为齐次方程式,则

$$\psi_{i1}(c_1, c_2, \cdots, c_n) = \psi_{i2}(c_1, c_2, \cdots, c_n) = \cdots = \psi_{ij}(c_1, c_2, \cdots, c_n) \qquad (4\text{-}6)$$

若用任两项相除得相似指标式

$$f_j(c_1, c_2, \cdots, c_n) = \frac{\psi_{ix}(c_1, c_2, \cdots, c_n)}{\psi_{iy}(c_1, c_2, \cdots, c_n)} = 1 \qquad (4\text{-}7)$$

因 c 本身为 a 与 a' 之比，所以

$$f_j(c_1, c_2, \cdots, c_n) = \frac{F_j(a_1, a_2, \cdots, a_n)}{F_j(a_1', a_2', \cdots, a_n')} = 1 \qquad (4\text{-}8)$$

式(4-8)中分子与分母相等，即为无因次定数，两过程相似则其相似准数不变，即式(4-8)成立。

2）相似第二定理

相似第二定理是在 1911 年由俄国学者费捷尔曼（А. Феэерман）导出的。1914 年美国学者 E. Buckingham 也得到同样的结果，到 1922 年，P. W. Bridgman 把这个定理称为 Π 定理，因为 E. Buckingham 在定理推导和证明中用 Π 这个符号表示无量纲量。

相似第二定理可表达为：描述相似现象的物理方程均可变成相似准数组成的综合方程，现象相似，其综合方程必须相同。

因为描述相似物理现象的方程式应是相同的，而且所有方程式中各项的量纲是齐次的，因此，描述相似现象的物理方程 $\varphi_i(a_1, a_2, \cdots, a_n) = 0$ 都可转换成无量纲方程（具体方法请参考量纲分析知识）

$$F_j(\Pi_1, \Pi_2, \cdots, \Pi_{n\text{-}k}) = 0 \qquad (4\text{-}9)$$

式中，k——具有独立量纲的基本量。

式(4-9)由 Π_1，Π_2…… 等各相似准数组成，因此，可以根据某些现象进行试验而求得相似准数关系式，而它对全部相似现象均能适用。

以上两个定理明确了相似现象所具备的性质及必要条件，是在假定现象是相似的基础上导出的，但是没有指出决定任何两个现象是否相似的方法。因此，需要明确按照什么特征可以确定现象是互相相似的，即相似的充分条件，这就是相似第三定理给出的内容。

3）相似第三定理

相似第三定理由基乐皮契夫（М. В. Кирпичев）及古赫尔（А. А. Гухман）于 1930 年提出。相似第三定理又称为相似存在定理，可表述为：对于物理相似现象，如果单值条件相似，而且由单值条件所组成的相似准数在数值上相等，则现象就是相似的。

通常，为了求取描述物理过程全部物理变量的函数，常利用过程在一微小单元体及单位时间内进行时所得到的方程组来描述相似现象，相似现象的方程组必是相同的。

为了把个别现象从同类物理现象中区别出来，所要满足的条件称为单值条件，单值条件具体指①几何条件：物理现象中的物体的形状和尺寸；②物理条件：物体及介质的物理性质；③边界条件：现象中物体表面所受的条件，如外力、给定的位移、温度等；④初始条件：物理现象开始产生时物体内部的状态，如物体的初始速度、加速度、内部的初应力、应变等。

上述三定理是相似理论的核心内容，它说明了物理现象相似的必要和充分条件。单

值条件相同的称为同一现象,单值条件相似的则称为相似现象,其物理变量中属于单值条件的称为给定数,其余的可以称为被定数。在运用相似第二、第三定理时,并未涉及此微分方程能否积分求解,因此,对于其微分方程难以在单值条件下进行积分的某些工程问题,如矿山压力问题,相似理论的应用就显得特别有价值,所以相似理论也就成为岩土、矿山工程实验研究的理论基础。

相似理论为相似模拟试验提供了理论基础:①试验中应量测各相似准数中包含的物理量;②要尽可能根据相似准数来整理实验数据,也可利用相似准数综合方程的性质,通过作图等方法来找出相似准数间的关系式;③只要单值条件相似,单值条件组成的相似准数相等,则现象必然相似。根据相似三定理的结论可以设计模型,正确地安排实验,科学地整理实验,归纳总结,找到工程实际问题的机理和解决方法。

3. 相似模拟现象的单值条件和相似判据

单值条件包括几何条件(或空间条件)、物理条件(或介质条件)、边界条件和初始条件。现象的各种物理量实质都是由单值条件引出的,因此进行相似模拟,必须使有关单值条件相似才能满足要求。

1) 几何相似

利用模型研究某原型的问题时,要使模型与原型各部分的尺寸按同样的比例缩小或放大,以达到几何相似。即

$$
\left.
\begin{array}{l}
\dfrac{L}{L'} = \alpha_L \\[2mm]
\dfrac{L^2}{L'^2} = \alpha_L^2 = \alpha_A \\[2mm]
\dfrac{L^3}{L'^3} = \alpha_L^3 = \alpha_V
\end{array}
\right\}
\tag{4-10}
$$

式中,α_L、α_A、α_V 分别为长度、面积、体积相似常数。

在模型设计与制作中应做到以下几点:

(1) 对立体模型,必须保持式(4-10)的要求,即长、宽、高各尺寸按比例制作。

(2) 对于平面模型,或者立体问题简化为平面问题研究时,其长度比另外两方向的尺寸要大很多,在其中取一薄片,而受力条件均相同的结构,如长隧道、挡土墙、边坡等,只要保持平面尺寸几何相似即可,厚度不作相似的要求,此时可按稳定要求选取模型厚度。

(3) 对于矿压及相关岩土工程的模拟,根据所研究的范围、规模的不同,一般需要进行定性研究的模型,几何尺寸相似常数通常为100~200,定量研究模型通常取20~50。

在制作缩小模型时,某些构件如果按整体模型的几何比例缩小制作,往往在工艺上或材料上有困难,这时可采用非几何相似的方法模型局部问题,如模拟巷道问题时,巷道的支护结构可以与实物不同,尺寸上也没有必要与原型完全相似,但支架的物理特征,如支架受力与变形量之间的关系必须与实物相似。

2）物理相似

相似模拟方法中,起控制作用的主要是物理常数。研究问题不同,选择的相似材料及物理常数也不同,限于篇幅,只介绍材料弹性范围内的物理相似常数,以使读者理解物理相似的本质,考虑材料塑性变形及破坏的相似方法请参见其他参考书籍。

主要的物理相似常数为

$$\alpha_\sigma = \frac{\sigma}{\sigma'} \tag{4-11}$$

$$\alpha_E = \frac{E}{E'} \tag{4-12}$$

式中,α_σ、α_E 分别为应力和弹模相似常数。

根据原型与模型中应力-应变曲线应当用同一方程表示的要求,则有

$$E = \frac{\sigma}{\varepsilon} \tag{4-13}$$

$$E' = \frac{\sigma'}{\varepsilon'} \tag{4-14}$$

所以有 $E = \alpha_E E'$,$\sigma = \alpha_\sigma \sigma'$,$\varepsilon = \alpha_\varepsilon \varepsilon'$。

故式(4-13)可以改写为

$$\alpha_E E' = \frac{\alpha_\sigma \sigma'}{\alpha_\varepsilon \varepsilon'} \tag{4-15}$$

若要满足物理相似,即要求式(4-14)与式(4-15)相等,则必须有相似指标

$$\alpha_E = \frac{\alpha_\sigma}{\alpha_\varepsilon} \tag{4-16}$$

由于 ε 为无量纲量,因此 $\alpha_\varepsilon = 1$,所以应满足的相似指标为

$$\alpha_E = \alpha_\sigma \tag{4-17}$$

当不考虑原型及材料自重时,应力相似常数可以根据需要任意选取。

当研究的问题需要考虑材料自重时,除需了解 α_E、α_ε、α_σ 三个物理量的相似常数外,还要考虑材料容重,于是还应有

$$\alpha_\gamma = \frac{\gamma}{\gamma'}$$

因要考虑体力的作用,在弹性范围内,原型与模型都应满足微分平衡方程,以平面问题为例,即满足平衡方程和变形协调方程

$$\frac{\partial \sigma_x}{\partial x} + \frac{\partial_{xy}}{\partial y} = 0 \tag{4-18}$$

$$\frac{\partial \sigma_y}{\partial y} + \frac{\partial \tau_{xy}}{\partial x} + \gamma = 0 \tag{4-19}$$

$$\left(\frac{\partial^2}{\partial x^2} + \frac{\partial^2}{\partial y^2} \right)(\sigma_x + \sigma_y) = 0 \tag{4-20}$$

式中，σ_x、σ_y ——单元体上的正应力；

　　　τ_{xy} ——单元体上的剪应力；

　　　γ ——岩体容重。

则应力相似常数为

$$\alpha_\sigma = \frac{\sigma_x}{\sigma_x'} = \frac{\tau_{xy}}{\tau_{xy}'} = \frac{\sigma_y}{\sigma_y'}$$

容重相似常数为

$$\alpha_\gamma = \frac{\gamma}{\gamma'}$$

几何相似常数为

$$\alpha_L = \frac{X}{X'} = \frac{Y}{Y'}$$

由式(4-18)可得

$$\frac{\alpha_\sigma}{\alpha_L}\left(\frac{\partial\sigma_x'}{\partial x'} + \frac{\partial\tau_{xy}'}{\partial y'}\right) = 0 \qquad (4\text{-}21)$$

由式(4-19)可得

$$\frac{\alpha_\sigma}{\alpha_L}\left(\frac{\partial\sigma_y'}{\partial y'} + \frac{\partial\tau_{xy}'}{\partial x'}\right) + \alpha_\gamma\gamma' = 0 \qquad (4\text{-}22)$$

对于模型，其方程式为

$$\frac{\partial\sigma_x'}{\partial x'} + \frac{\partial\tau_{xy}'}{\partial y'} = 0 \qquad (4\text{-}23)$$

$$\frac{\partial\sigma_y'}{\partial y'} + \frac{\partial\tau_{xy}'}{\partial x'} + \gamma' = 0 \qquad (4\text{-}24)$$

欲使模型与原型相似，那么就有式(4-21)与式(4-23)相等，式(4-22)与式(4-24)相等。可求得相似指标

$$\frac{\alpha_\sigma}{\alpha_L} = 任意常数 \qquad (4\text{-}25)$$

式(4-22)可改写为

$$\frac{\alpha_\sigma}{\alpha_L\alpha_\gamma}\left(\frac{\partial\sigma_y'}{\partial y'} + \frac{\partial\tau_{xy}'}{\partial x'}\right) + \gamma' = 0 \qquad (4\text{-}26)$$

将式(4-26)与式(4-24)对比可求得相似指标为

$$\frac{\alpha_\sigma}{\alpha_L\alpha_\gamma} = 1 \qquad (4\text{-}27)$$

同时也应满足式(4-17)的要求，即$\frac{\alpha_E}{\alpha_\sigma} = 1$。

3）初始状态相似

初始状态是指原型的自然状态，对矿山岩体而言，主要的初始状态是岩体的结构状态，在相似模型中需要模拟岩体结构特征；结构面的分布特征，如方位、间距、切割度及结构体的形状与大小；结构面上的力学性质。

在模拟各种不连续面时，如断层、节理、层理及裂隙，首先应当区别哪些不连续面对于所研究的问题有决定性的意义。对于主要的不连续面，应当按几何相似条件单独模拟。对于系统的成组结构面，如煤矿岩层间的裂隙，应按地质勘探数据确定不连续面的方位与间距，并按相似常数制作模型。对于次要的结构面，往往考虑在岩体本身的力学性质之内，降低不连续面所在范围内岩体的弹性模量与强度的方法。

4）边界条件相似

模型的边界条件应与原型尽量一致。使用平面模型时，应满足平面应变的要求，采用各种措施保证模型前后表面不产生变化。如果采用平面应力模型时，应在模型两侧前后表面进行约束。当模拟深部岩层时，对于高于模型本身高度的上覆岩层往往采用外部加载来实现。如果存在构造应力场，可用双向加载或三向加载的方式来实现。对于复杂的空间问题或三向应力状态，还可以采用立体模型的研究。

4. 实验方法：模拟试验台、模型制作、数据监测

1）模拟试验台

试验台是进行模拟试验的基本设备，一般根据试验台内模型的受力状态分为平面、立体、平板等几种。

（1）平面应力模型实验台。平面应力模型是以沿长度方向力学状态不变的横向剖面作为模拟对象的一种模型。这种模型的理论依据是在弹性力学的平面应力和平面应变问题中，应力的求解方程是一样的，因此可以用平面应力模型来模拟实际处于平面应变状态的岩层。平面应力模型相对简单，其宽度只要能保持模型的横向稳定即可，一般为模型高度的 1/8～1/5，即 0.15～0.4m。其长度对于模拟巷道应大于开挖影响范围，约为 8 倍以上巷道宽度；模拟采场时应大于初次来压加三次周期来压的宽度并加上边界煤柱的宽度。因此，模型长度为 2～10m，一般为 2～5m。模型高度即要能模拟出研究高度的岩层范围，又不能太高以致不稳，一般为 1.5～2m，上面可设重物加载。模型前后面外露或设挡板。平面应力模型容易干燥，便于观测，且每次铺设用料少，工作量小，所以是矿压相似模拟试验中最常用的方式。如图 4-2 所示。

（2）平面应变模型实验台。要求模型正面及背面边界的变形值为零，所以常用采取三向加压方式或者限制位移方式。实验台类型有卧式和立式两种，卧式模型仅在顶面加压，背面靠地面使试验台结构简化，在模拟巷道断面模型时采用较多。采场模型多采用立式，一般在平面应力模型两侧加装固定挡板，如图 4-3 所示。

（3）立体模拟试验台。对于三维应力状态均有变化的研究对象或者复杂的空间采矿问题，使用立体模型实验台可进行更接近实际的模拟。中国矿业大学、重庆大学、山东科学大学、太原理工大学、西安科技大学以及相关岩土工程研究单位，都建有立体模拟试验台，如图 4-4 所示。

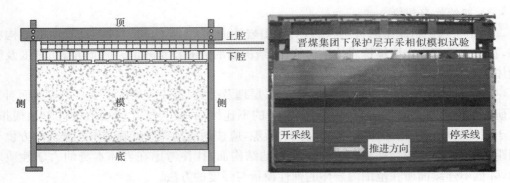

图 4-2　平面应力模型框架示意图及实物照片

图 4-3　平面应变模拟试验台

(a)河南理工大学 YDM-E 型平面应变模拟试验台；(b)PYD-50 型三向加载地质力学模型试验装置

图 4-4　三维立体模拟试验台

(a)太原理工大学三维固-流耦合模拟试验台(弓培林等,2005)；(b)山东科技大学三维相似模拟试验台
(陈军涛等,2011)

立体模型的每次铺设用料比同样规模的平面模型多出好多倍,使用材料多,工作量

大。立体模型内部位移、压力观测只有用埋设传感器的方式来测试,费事且不直观,模型内部干燥困难、不均,对模型精度及传感器工作状态有影响。若要满足立体模型边界条件相似的要求,还须对模型外表面进行限制或加压,试验台结构复杂。

总之,应根据所研究问题的性质及研究范围的大小来选择适用的试验台。若模拟的岩体破坏范围较小,如单一巷道、长壁工作面、岩层移动及三下采煤等平面问题,则可以选用不同比例的平面应力模型。在研究侧向变形及破坏范围较大的问题时,则可用平面应变或各向异性的模型,而研究长壁工作面端头附近的巷道支承压力分布,房柱式开采等三维问题时,则可用立体模型。当模拟落煤开采、顶煤移动规律或急倾斜煤层开采时垮落煤岩移动规律等松散介质力学问题,则需要制作散体模拟试验台较为合适,如图 4-5 所示。

图 4-5　中国矿业大学综放开采散体模型实验台

2) 模型制作

模型制作过程一般是先进行相似模拟材料的选择与计算,主要包括以下几个方面。

(1) 收集模拟岩层的岩石力学性质资料及柱状图。

(2) 逐层计算相似材料的强度指标,例如:

$$C_L = 20, C_\gamma = 1.5, 则 C_R = C_L \cdot C_\gamma = 30$$

若岩层为页岩,真实强度 $R_C = 18.2\text{MPa}$,则 $R'_C = \dfrac{R_C}{C_R} = \dfrac{18.2}{30} = 0.606\text{MPa}$

(3) 根据所需强度,逐层选择材料配比,具体配比方案可以参考相关资料(李鸿昌,1988;李晓红等,2007)。如上述岩层根据相似材料配比表查得模拟材料的配比为:砂:碳酸钙:石膏$=9(A):0.5(B):0.5(1-B)$,水胶比为 0.1,即水重占总重的 10%,其中包括砂子本身的含水率。

(4) 计算各层材料的用量。

分层湿重 G 为

$$G = l \cdot b \cdot h \cdot \gamma' \tag{4-28}$$

式中,l、b、h 分别为模型长、宽及分层高。

各层干重 G_i 为

$$G_i = G(1 - q_1) \tag{4-29}$$

各种材料用量为

$$
\left.\begin{aligned}
W_{石膏} &= \frac{1-B}{A+1} \cdot G_i \\
W_{碳酸钙} &= \frac{B}{A+1} \cdot G_i \\
W_{砂} &= \left(\frac{A}{A+1} + \frac{A}{A+1} \cdot q_1\right) \cdot G_i \\
W_{水} &= \left[(W_{石膏} + W_{碳酸钙}) \cdot q_2\right] \cdot (1-q_1) \\
W_{缓凝剂} &= W_{石膏} \cdot q_3
\end{aligned}\right\}
\tag{4-30}
$$

式中，q_2——水胶比；

q_3——缓凝剂与石膏比。

模型的制作工艺过程包括装模板，称料，混料，加水搅拌，装料，捣实至设计高度，在各分层面加隔离物，如云母粉等，拆模板，干燥，待含水率降至符合要求时，实施加载，设置观测点，调试好观测仪器仪表，然后开始开挖。

3）数据监测

相似模拟测试的任务是通过相似模型实验获得所需的有关参数，使之成为分析问题所依据的数据、曲线或图表等。因此，需要在实验过程中进行详细的测试。随着量测技术和仪器设备的日益完善，测试技术水平得到了不断的改进和提高。使用快速多点自动巡回检测方法为大型整体结构模型实验尤其是破坏实验提供了十分有利的条件。同时，极小尺寸的电阻应变片，对结构局部地方的应力分布甚至应力集中情况能够较为精确地量测。数字通信、无线传输、高速处理及海量存储设备的应用使测量系统更趋完善，为进行高难度的大规模模型实验提供了有效的监测手段。

研究相似模拟时，必须综合考虑分析岩体与相关结构各部分的应力、应变与破坏的状况，才能全面地认识其有关规律。因此，模型测试主要有以下内容：①模型变形（相对位移）的测量；②模型绝对位移的测量；③模型内应力的测量；④模型破坏现象的观测与描述；⑤支架应力及变形的测量等。

目前测试方法大体可分为三类：机械法、光测法、电测法。

机械法是一种早期广泛使用的较为直观的测量方法，从简单的千分表到精密的杠杆引伸仪等都属于这一类。机械法具有设备简单、无需电源、抗外界干扰能力强和稳定可靠等优点，到目前为止仍广泛应用于矿压模型实验的测量。但机械法测量精度差，灵敏度低，不能远距离观测和自动记录，所以越来越多的被电测法取代。

光测法是应用力学和光学原理相结合的测量方法，主要有水准仪测量法、激光测量法、光弹性应力分析法、激光全息干涉法、散斑干涉法以及云纹法等。用于脆性材料实验中模拟材料的不透光性。因此，光测法仅在某些用于表面涂层法或光弹贴片法的应力测量中应用，而激光全息摄像法是一种先进的测试技术，具有高精度、稳定可靠的特点，但由于设备系统复杂，使用时对环境条件要求较高等原因，目前除用作仪器的标定、试件或简单构件的高精度位移测量外，在一般实验条件下的整体复杂结构模型实验中应用较少。

电测法具有灵敏度高、变换部件尺寸小、容易多点自动测量和记录，易于与通用仪表及信号处理设备接口等优点。目前,它是测量应变和位移以及其他一些参数的主要方法,应用较为广泛。电测法主要不足之处是对模型内部应力的测量程序比较复杂,实施程序要求比较严格,在应力集中的区域测量精度较差。另外,电测法易受到室内其他用电电流的干扰。电测信号可以搭配转换器转换成数字信号直接显示或接入电脑存储,极大地方便了数据的后处理和分析工作。

光纤传感技术是近年来出现的一种新一代监测手段,由于其使用光信号作为监测和传输数据的介质,监测过程中不受其他电信号的干扰,并且可以实现对变形及应力的分布式的测量,目前已开始应用于相似模拟试验(柴敬等,2013)。

4.1.2　材料参数选择及材料配比

相似模型与原型物理性质的相似程度要依靠正确的选择模型材料。国内外曾对相似材料的组成、配比及性质进行过广泛研究,积累了相当丰富的资料。相似材料的选择要尽可能满足以下要求。

(1) 模型与原型材料的主要物理、力学性能相似,这样才能将模型上测得的数据换算成原型数据;

(2) 力学指标稳定,不因大气温度、湿度变化的影响而改变力学性能;

(3) 改变配合比后,能使材料力学指标有较大幅度变化,以便于选择使用;

(4) 制作方便、凝固时间短、成本低、来源丰富,最好能重复使用;

(5) 便于设置量测传感器,在制作过程中没有损伤工人健康的粉尘及毒性等。

1. 相似材料的种类

模拟岩层所用的相似材料,通常由几种材料配制而成,而组成相似材料的原材料可分为以下两类:骨料和胶结材料。

骨料主要有砂、尾砂、黏土、铁粉、铅丹、重晶石、铝粉、云母粉、软木屑、聚苯乙烯颗粒、硅藻土等。胶结材料主要有石膏、水泥、石灰、水玻璃、碳酸钙、石蜡、树脂、高岭土等。一般常用模拟岩石的相似材料以砂子或尾砂为骨料,以石膏为主要胶结材料,以水泥、石灰、水玻璃、高岭土为辅助胶结材料。

2. 配比方法

1) 纯石膏

纯石膏可以调节水膏比(W、P),使其弹性模量和抗压强度改变以模拟不同的原型材料。水膏比一般为 $0.6\sim 4$,弹性模量变化范围为 $0.7\sim 10\text{GPa}$,而弹性模量与强度比例一般接近 $\dfrac{E}{R_b} \approx 450$($R_b$ 为抗弯强度),如图 4-6 所示。

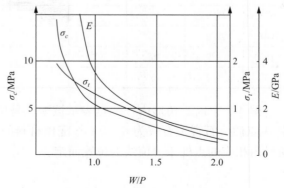

图 4-6　水膏比的影响曲线

纯石膏材料特点为脆性,凝固快,制作加工方便,线弹性好,容易在模型表面贴应变片,性能稳定,成型容易,力学指标范围大。缺点是压拉比不够,容重低,温度对强度变形性质有影响,当水量较多时可以使用添加硅藻土用以黏附水分且对强度无影响。

为改善石膏材料性能还可以加入必要添加剂,如提高弹性模量可以加入砂土,提高变形性能可加入醋酸乙烯液体或橡皮泥,增加容重可加入钡粉或铁粉及防锈剂等。

2) 石膏加填料

根据成型方法可分为浇注型及压实型,目前主要使用压实成型法。填料通常用砂,经试验认为相似材料的内摩擦角 ϕ 完全取决于砂粒结构,石膏胶结料对其不起作用。可通过单独改变石膏胶结料的密度和砂粒结构,独立地控制 C 和 ϕ 值。

在填料中可适量加入其他材料,如重晶石粉、滑石粉、粉煤灰、云母粉或黏土等,以改善其性能。在胶结料石膏中也可以加入其他胶结料,如碳酸钙、石灰、可赛银等,以调整其强度范围及性能。很多研究单位都做过系统的配比试验,总结出相应的配比表,见表 4-1、表 4-2 和图 4-7。

表 4-1　砂子、碳酸钙、石膏相似材料配比

配比号	水量	容重/ (N/cm^3)	σ_c/KPa	σ_t/KPa	σ_f/KPa	σ_t/σ_c	σ_f/σ_c	备注
337	1/7	15	283	56	124	1/5.05	1/2.3	
355	1/7	15	202	36	81	1/5.6	1/2.5	
373	1/7	15	119	17	43	1/7.0	1/2.8	
437	1/9	15	222	40	97	1/5.6	1/2.3	
455	1/9	15	158	27	67	1/5.9	1/2.4	试件干燥 8
473	1/9	15	90	14	37	1/6.4	1/2.4	天,进行试
537	1/9	15	197	30	75	1/6.6	1/2.6	验;砂子为河
555	1/9	15	141	22	54	1/6.4	1/2.6	沙;石膏为一
573	1/9	15	86	12	31	1/7.2	1/2.8	级建筑石膏;
637	1/9	15	164	22	55	1/7.5	1/3.0	缓凝剂为动
655	1/9	15	121	16	42	1/7.6	1/2.9	物胶;水中胶
673	1/9	15	78	11	32	1/7.1	1/24	浓度为2%
737	1/9	15	135	18	40	1/7.5	1/3.4	
755	1/9	15	103	14	35	1/7.5	1/2.9	
773	1/9	15	70	09	27	1/7.8	1/2.6	

图 4-7 中以三角形内任一点表示该配比是由此点至某成分对边垂线长度之比,如图中 A 点砂:石膏:石灰为 6:2:2,配比材料的抗压、抗拉、抗剪强度值可据 σ_c、σ_t、σ_f 三角形内相应的点处于等值线的位置而定。

表 4-2　砂子、水泥、石膏相似材料配比

配比号	σ_c/kPa	σ_t/kPa	σ_t/σ_c	弹性模量 E /$(10^3\mathrm{MPa})$	泊松比 μ	备注
551	3720	297	1/13	9.3	0.16	
555	3600	237	1/15	5.3	0.23	试件 $\gamma=17\mathrm{N/cm^3}$；试件干燥 9～11 天进行强度及变形试验；水量为试件重量的 1/10；水中硼砂的浓度为 1/10；500 号矿碴水泥，水泥石膏相似材料标号 286；骨料为石英细砂；级配中 0.5～1.0mm，1.5%；级配中 0.25～0.5mm，29.1%；级配中 0.1～0.25mm，67.0%；级配中 0.01mm，24%；石膏为乙级建筑石膏
573	2034	118	1/17	4.0	0.25	
637	2798	234	1/12	3.3	0.21	
655	2325	224	1/13	5.5	0.19	
673	1944	109	1/18	6.5	0.15	
737	2118	178	1/10	5.1	0.19	
755	1890	157	1/12	3.5	0.16	
773	1550	98	1/16	3.7	0.18	
837	2060	183	1/11	5.0	0.18	
855	1760	143	1/17	2.3	0.22	
873	1453	85	1/17	3.3	0.19	
937	1230	130	1/9.5			
955	610	117	1/5.2			
975	388	62	1/6.3			

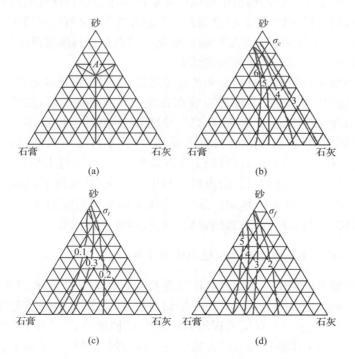

(a)　　　　　　　　(b)

(c)　　　　　　　　(d)

图 4-7　石膏、砂、石灰相似材料的等强度曲线

σ_c—抗压强度；σ_t—抗拉强度；σ_f—抗剪强度

3）水泥胶结料

以水泥作为主结料的相似材料,优点是强度高,可作 1:10 的大比例模型试验。填料是粉状,主要为石英粉及电过滤粉。每一分层可铺得很薄,最小 3mm 厚,故岩层分层厚度的相似程度好。缺点是硬化时间长,强度持续增长,一般要 6 周后才开始试验,为节省时间可使用速凝剂增加胶结时间。表 4-3 为水泥胶结料相似材料配比。

表 4-3　水泥胶结料相似材料配比

配比号	重量比				凝固时间 /min	物理参数			岩层种类
	矾土水泥	硅酸盐水泥	电过滤粉	水		σ_c/MPa	σ_f/MPa	E/ (10^3MPa)	
A	1	2	6.47	3.05	10	13	4	2	砂岩
B	1	2	9.00	4.10	15	6	2	1.2	砂页岩
C	1	2	14.50	6.15	20	4	1.2	1.0	砂页岩
D	1	2	17.50	7.18	25	3	1.0	0.8	泥页岩
E	1	2	25.00	11.00	30	1.6	0.5	0.6	硬煤
K	1	2	40.00	16.40	30	0.8	0.4	0.4	中硬煤
L	1	2	60.00	24.00	35	0.6	0.3	0.3	软煤

4）石腊胶结料

在小比例模型中可采用以低熔胶结的石腊作为胶结料,以细石英砂、云母粉和黏土作为填料,在 1:100 至 1:50 的模型中可以很近似地满足岩层物理性能的相似要求。

石腊胶结材料有以下优点:岩层沿模型全长制作均匀;模型各层易压平;模型成型快,材料可复用;材料力学性质不受湿度影响而变化。缺点是材料强度及压拉比较低,弹性模量偏低;塑性较高,不宜用于大比例模型试验。

为制作低熔胶结料的相似材料必须备有加热量,能保证将材料加热至 180℃ 左右,且能长时保温。其制作过程为:先将材料放在带电热源的混料器内加热和搅拌,转速约 32r/min,且使温度保持固定,最高为 132℃。过低或过高的温度都不宜,当温度为 75～80℃ 时,石腊凝固时黏度很快增加,材料不易均质,且不易碾压成型;如果过热至 150～160℃ 时会引起石腊混合物变色,材料的力学性质发生改变,而且不均匀,最为均质的标准温度为(132±2)℃。将拌好的材料由出料口卸出,装入模具或模型,先将材料弄碎耙平,可用带铁齿的刮板沿模板来回移动。最后,用抹子抹平后用滚筒碾平,滚筒重为 2.4～3.4kN/cm。通常,在材料凝固、拆卸模板后一昼夜即可进行试验。

3. 典型采场矿压及覆岩运动相似模拟试验案例

为研究山西某煤矿 15101 工作面矿压显现及覆岩裂隙发育规律,进行相似模拟试验研究。选用 4000mm×2500mm×300mm 平面应力模型架,工作面沿走向布置。模拟从 15♯煤层底板 K1 岩层到 4♯煤层顶板的 K8 岩层,模拟地层共 27 层,总厚度为 199.4m,其余上覆岩层的应力采用液压加载的方式实现。模型尺寸及相似系数见表 4-4。

根据相似模拟试验基本原理,结合矿方提供的煤岩物理力学参数测试结果与地质资料,确定选用砂子、碳酸钙、石膏和水作为相似材料,参照表 4-1 中的材料配比,选择合适的配比号进行配比以模拟煤岩层,采用云母粉模拟岩层的层面和节理裂隙等弱面,按照配比号计算各分层的材料用量,模型各层厚度及材料配比如表 4-5 所示。

表 4-4　模型尺寸及相似系数汇总表

模型尺寸/mm	模拟层数	几何比	时间比	容重比	强度比	外力比	弹模比
4000×2500×300	27	1/100	1/10	3/5	3/500	3/5000000	3/500

表 4-5　模型岩层各层厚度及材料配比表

编号	岩性	岩层参数			相似材料参数		
		厚度/m	抗压强度/MPa	天然容重/(g/cm³)	配比号	抗压强度/KPa	容重/(N/cm³)
1	砂岩	7	28.7	2.53	637	164	15
2	砂质泥岩	11.1	9.6	2.5	773	70	15
3	中粒砂岩	3.3	39.3	2.62	437	222	15
4	砂质泥岩	13	9.6	2.5	773	70	15
5	中粒砂岩	4.1	39.3	2.62	437	222	15
6	砂质泥岩	8.6	9.6	2.5	773	70	15
7	4#煤	1.3	17.3	1.32	755	103	15
8	砂质泥岩	7	9.6	2.5	773	70	15
9	细砂岩	2.9	30.0	2.59	637	164	15
10	砂质泥岩	5.7	9.6	2.5	773	70	15
11	细砂岩	2.0	30.0	2.59	637	164	15
12	砂质泥岩	53.1	9.6	2.5	773	70	15
13	细砂岩	1.5	30.0	2.59	637	164	15
14	砂质泥岩	4.8	9.6	2.5	773	70	15
15	中粒砂岩	1.8	39.3	2.62	437	222	15
16	砂质泥岩	5.1	9.6	2.5	773	70	15
17	K4 灰岩	2.9	44.6	2.9	337	283	15
18	砂质泥岩	14.5	9.6	2.5	773	70	15
19	K3 灰岩	3.4	44.6	2.9	337	283	15
20	砂质泥岩	7.2	9.6	2.5	773	70	15
21	K2 灰岩	7.7	44.6	2.9	337	283	15
22	砂质泥岩	5.5	9.6	2.5	773	70	15
23	细砂岩	4.4	30.0	2.59	637	164	15
24	砂纸泥岩	3.9	9.6	2.5	773	70	15
25	15#煤	6.0	17.3	1.32	755	103	15
26	砂质泥岩	9.7	9.6	2.5	773	70	15
27	粗砂岩	1.9	34.0	2.55	355	202	15

实验室铺设完成的相似模拟试验模型,如图 4-8 所示。

为了消除边界效应,在模型两边界各留 50cm,模拟开采长度为 300cm,相当于实际工

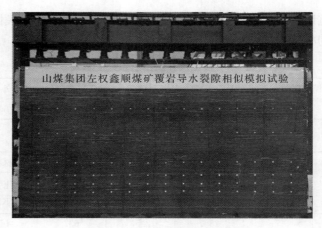

图 4-8　相似模拟试验开挖前模型

作面走向长度 300m,工作面自左向右推进,每一次回采之后,待上覆煤岩稳定后,对采场上方顶板内的裂隙演变及其垮落特征进行宏观描述并拍照,随后观察记录各测点的位移变化情况。

位移测点布置:拆去护板后在模型的正面、覆岩内部安设测点。在模型上布置测点 6 组,每组 15 个,共计 90 个观测点,测点间距为 25cm。各观测点采用大头针穿 $1cm^2$ 正方形反光纸片,通过全站仪观测大头针来计算上覆岩层的位移情况。岩层移动观测点布置如图 4-9 所示。

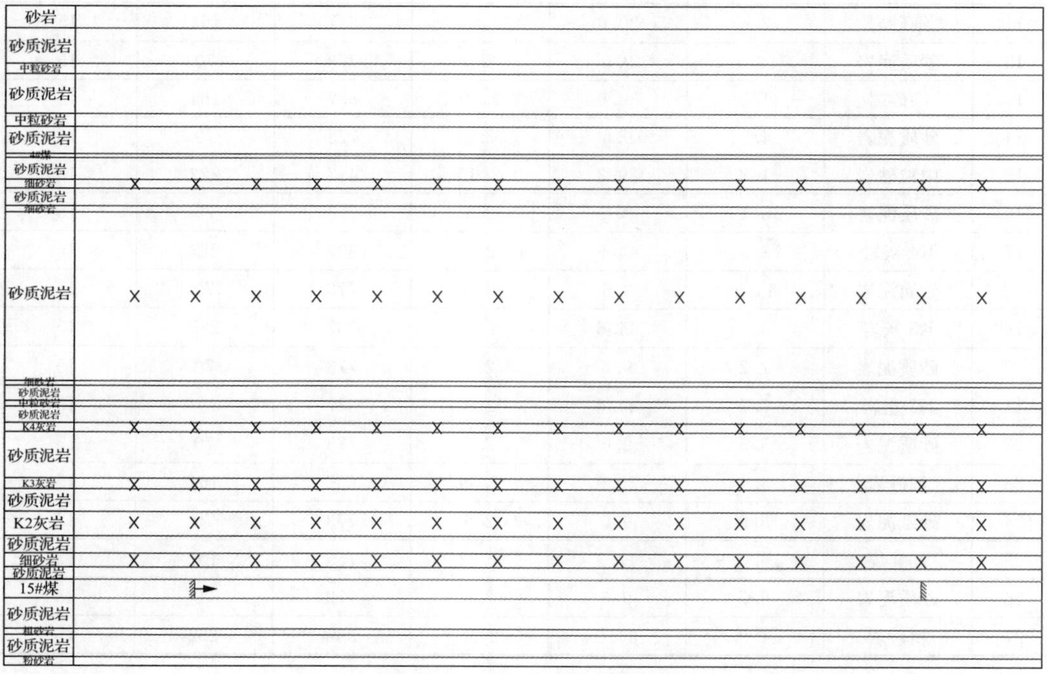

岩层	观测点布置
砂岩	
砂质泥岩	
中粒砂岩	
砂质泥岩	
中粒砂岩	
砂质泥岩	
11#煤	
砂质泥岩	
细砂岩	× × × × × × × × × × × × × × ×
砂质泥岩	
细砂岩	
砂质泥岩	× × × × × × × × × × × × × × ×
细砂岩	
砂质泥岩	
中粒砂岩	
砂质泥岩	
K4灰岩	× × × × × × × × × × × × × × ×
砂质泥岩	
K3灰岩	× × × × × × × × × × × × × × ×
砂质泥岩	
K2灰岩	× × × × × × × × × × × × × × ×
砂质泥岩	
细砂岩	× × × × × × × × × × × × × × ×
砂质泥岩	
15#煤	
砂质泥岩	
细砂岩	
砂质泥岩	
砂质泥岩	
粉砂岩	

× 位移测量测点　　▮开采边界

图 4-9　岩层移动观测点布置图

相似模拟试验在距模型架左侧 50m(原型值)处开挖,工作面由左向右依次推进。随着工作面的不断推进,采空区覆岩悬露长度不断增大,在重力作用下顶板发生弯曲下沉。当弯曲下沉量达到顶板岩层的最大下沉值时,位于煤壁上方的岩层端部开始裂开。工作面推进至 31.5m 时覆岩破坏,此时工作面上方发生初次垮落的岩层为直接顶砂质泥岩,顶板垮落高度为 5.5m,如图 4-10(a)所示。

随着工作面的继续推进,直接顶随采随冒,离层逐渐向上发展。当工作面推进至 52m 时,4.4m 厚的第一层老顶细砂岩发生垮落,垮落高度为 13.5m,采空区充填高度为

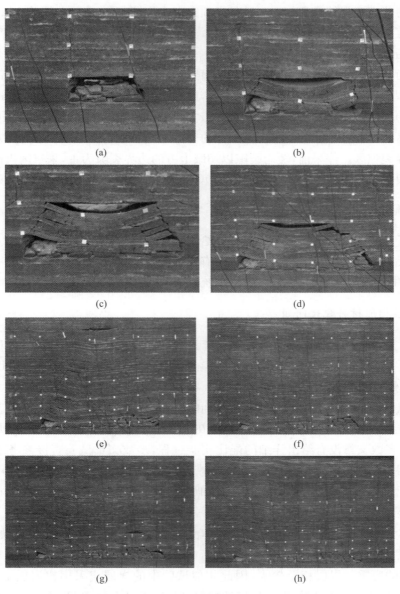

图 4-10　工作面推进过程中覆岩裂隙发育及运动情况

(a)～(h)分别为工作面推进 31.5m、52m、67m、93m、123m、165.5m、182m、192m

4.2m,垮落后上位悬梁长度为 37m;垮落部分出现贯穿岩层的张拉破断裂隙与层间离层裂隙,如图 4-10(b)所示。

工作面推进至 67m 时,覆岩垮落高度增加至 19.5m,顶板第二层老顶 K2 灰岩发生部分垮落,推进过程中顶板离层逐渐向上发展,顶板岩层垮落后外边界形态呈正"梯形"。此时冒落带下部垮落部分岩层堆积在采空区内,形成了不规则的冒落区域,如图 4-10(c)所示。

工作面推进至 93m 时,顶板 K2 灰岩老顶继续向前垮落,其上部部分顶板发生垮落,顶板岩层垮落高度保持在 29.5m。这是老顶第三次周期来压,来压步距为 14m,此时采空区垮落岩层破断位置形成明显"倒台阶"状,且工作面侧采空区上方裂隙发育明显,如图 4-10(d)所示。

工作面推进至 182m,顶板再一次来压,覆岩最大裂隙高度为 132m,裂隙带顶部出现离层,覆岩弯曲下沉并未发育至模型上边界,如图 4-10(g)所示。推进至 192m 时,顶板发生一次大的周期来压,来压强烈,覆岩裂隙最大发育高度保持在 132m。此时回采空间上方的裂隙区,主要包括切眼上方较为发育的"梯形"边界裂隙区,与工作面上方次发育的"梯形"边界裂隙区。停采前,覆岩裂隙以切眼上方的边界裂隙为主,采空区内前期回采形成的边界裂隙已基本被压实闭合,如图 4-10(h)所示。

4.1.3　相似材料试验中存在的问题

统计了利用相似材料模拟作为手段并给出较为详细配比参数的研究论文,其中主要为学位论文(学术论文限于篇幅,大多数没有详细的配比参数和过程),对试验中问题分煤层和岩层(主要为基本顶或关键层)进行了统计的分析,见表 4-6、表 4-7。

1. 煤层相似材料配比问题

表 4-6 是神东矿区煤层相似模拟配比统计表,共统计了 15 篇文章,分别对十几个工作面进行了研究,涉及煤层有 1-2 煤($\sigma_c = 10 \sim 20$MPa)、2-2 煤($\sigma_c = 10 \sim 20$MPa)、4-4 煤($\sigma_c = 21.5$MPa)和 5-2 煤($\sigma_c = 28.8$MPa)。

在相似模拟试验中,煤层一般为布置采面的被开挖层,煤层强度参数对上覆岩层的活动影响较小,但是对支承压力分布的影响较大,在煤层相似材料统计中,发现存在以下问题。

(1)大多数文章没有给出详细的配比实验过程,多数文章试验直接参考现有著作的配比号。相似材料的强度参数受材料种类、产地、温度等因素影响,因此即便可以选择相应强度的配比号材料,也应对主要岩层的相似材料强度进行测试,以确保相似材料与真实岩层参数能够达到相似要求。

(2)部分文章没有给出相似材料的具体配比,甚至有的文章对煤层的原始参数与模型参数都没有给出。

(3)煤的容重与岩层相差较大,因此相似试验中的煤层应采用比岩层更轻的材料。如果采用与岩层类似的材料,则会使煤的相似材料容重过大,从而以式(4-27)几何比乘以容重比去计算模型煤层强度,则会将煤层强度放大。因此可以采用直接用煤粉做煤层的

表 4-6 神东矿区煤层相似模拟配比统计表

序号	煤层	矿井	工作面	厚度/m	密度/(kg/m³)	强度 σc/MPa	几何比	强度比	容重比	配比号	配比(砂:碳酸钙:石膏)	水量	备注
1	1-2煤	补连塔煤矿	31401								5.3:0.5:0.23:0.75:0.05:0.05:(砂子:碳酸钙:石膏:水:煤粉:锯末)		无相似比,无配比实验,无原煤及模型煤强度参数
2	1-2煤	大柳塔矿	12305	3.95	1350	20.56	100	68.9	0.87			1:10	
3	1-2煤	大柳塔矿	12305	6	1300	13.4	200	312	1.56	928			无具体煤层试验及参数,有固液耦合材料配比实验
4	2-2煤	大柳塔矿		4			100			937			无具体实验配比和模型参数
5	1-2上煤	哈拉沟煤矿	2201	0.9		14.82	100	150	1.5		26:1:5:15(煤粉:河沙:石膏:大白粉)		无具体试验
6	1-2煤	哈拉沟煤矿	2201	0.7		14.82	100	150	1.5		26:1:5:15(煤粉:河沙:石膏:大白粉)		无具体试验
7	2-2煤	哈拉沟煤矿	2201	6		14.49	100	150	1.5		26:1:5:15(煤粉:河沙:石膏:大白粉)		无具体试验
8	1-2煤	活鸡兔井	21305	3.5	1350	11	100	150	1.5	773		1:9	无具体试验,无模型参数,无煤层配比
9		纳林庙二号井	6-2101	6	1370	14	100						无具体试验
10		纳林庙煤矿二号井		6.5	1370	14	100	167	1.67		138.1:19.3:8.3:20.7(砂:碳酸钙:石膏:水)		无具体试验
11	1-2煤	石圪台煤矿	KB7、KB95钻孔	4.3	1310	18.5	100(50)		1.5	973		1:9	无具体试验,模型煤以砂子为主,容重却只有0.86,而模型岩层为1.56

续表

序号	煤层	矿井	工作面	厚度/m	密度/(kg/m³)	强度 σ_c/MPa	几何比	强度比	容重比	配比号	配比（砂:碳酸钙:石膏）	水量	备注
12	2-2煤	石圪台煤矿	KB7、KB95钻孔	4.3	1310	18.5	100(50)		1.5	973		1:9	无具体试验，模型煤以砂子为主，容重却只有0.86，而模型岩层为1.56
13	1-2煤	乌兰木伦矿	61203	5.5			100		1.26		20:1:5:20（河沙:石膏:大白粉:煤粉）		无原煤和模型煤具体参数，无模型岩实验
14	2-2煤	榆树湾煤矿	20120	11.9	1300	17.3	200	312	1.56	928			无具体配比，无模型参数，928的配比适用于强度分别为17.3MPa，152.4MPa，74.6MPa的煤岩层
15	2-2煤	榆树湾煤矿	20102	11.89	1320	17.3	200	312	1.56	928			无具体试验
16	2-2煤	榆树湾煤矿	20102	11.9	1320	17.3	200	312	1.5				无具体试验，无模型参数，无煤层配比
17	2-2煤	榆树湾煤矿	20102	11.6	1300	17.3	200	312	1.56		河沙及煤灰作骨料，石膏和大白粉胶结料		无具体试验，无煤配比
18	5-2煤	张家峁煤矿	15201	6.1	1320	28.8	50	78.125	1.5625		20:20:1:5（煤:沙:石膏:大白粉）		无具体试验
19	4-4煤	张家峁煤矿	15201	0.65	1300	21.5	50	78.125	1.5625		20:20:1:5（煤:沙:石膏:大白粉）		无具体试验

表 4-7 神东矿区岩层（基本顶或关键层）相似模拟配比统计表

序号	煤层	矿井	工作面	厚度/m	密度/(kg/m³)	强度 σ_c/MPa	几何比	强度比	容重比	配比号	配比	水量	岩性	层位	直接顶跨落/m	基本顶跨落/m	备注
1	1-2煤	补连塔煤矿	31401	5	2500	90~130	100				15.8:2.8:1.36:2.5（沙子:碳酸钙:石膏:水）		粗砂岩	关键层			无模型参数测试。配比方案详细
2	1-2煤	大柳塔矿	12305	6	2500	30.11	100	166.7	1.67		4:0.5:0.5	1:10	粉砂岩	基本顶	53.63	60	无具体试验
3	1-2煤	大柳塔矿	12305	3.2	2410	38.04	100	166.7	1.67		4:0.3:0.7	1:10	细粒砂岩	基本顶	53.63	60	无具体试验
4	1-2煤	大柳塔矿	1203	2.0+2.2	2380	46.7~48.3	200	312	1.56				粉砂岩	基本顶	20	30	无具体配比
5	2-2煤	大柳塔矿		10.4	2370	38.77	100			837	2.18:0.08:0.19（沙子:石膏:碳酸钙）分为10层		中砂岩	基本顶	15	35	无具体试验
6	2-2煤	哈拉沟煤矿	2201	19		28.89	100	150	1.5	828	130.51:13.05:3.3（河沙:大白粉:石膏）		中砂岩	基本顶	34	56	无具体试验
7	1-2上煤	活鸡兔井	21305	5	2790	33	100	150	1.5	373		1:7	粗粒砂岩	主关键层			无具体试验
8	1-2煤	活鸡兔井	21305	4	2790	33	100	150	1.5	373		1:7	中粒砂岩	亚关键层		28~29	无具体配比
9		纳林庙煤矿二号井	6-2101	21	2600	34	100						细粒砂岩	基本顶	40	80	无具体配比和试验
10		纳林庙煤矿二号井		20	2600	35	100	167	1.67		356.7:59.4:59.4:67.9（沙子:碳酸钙:石膏:水）		细粒砂岩	关键层		60	无具体配比试验
11		纳林庙煤矿二号井		8	2600	35	100	167	1.67		153.0:25.5:25.5:29.1（沙子:碳酸钙:石膏:水）		细粒砂岩	基本顶		60	无具体配比试验

续表

序号	煤层	矿井	工作面	厚度/m	密度/(kg/m³)	强度 σc/MPa	几何比	强度比	容重比	配比号	配比(沙:碳酸钙:石膏)	水量	岩性	层位	直接顶跨落/m	基本顶跨落/m	备注
12	1-2煤	石圪台煤矿	KB7、KB95钻孔	8.6	2270	37.2	100	1.5	150	737	43.18:1.85:4.32:5.48 (沙:碳酸钙:石膏:水)		中砂岩	基本顶	20	35	无具体配比试验
13	2-2煤	石圪台煤矿	KB7、KB95钻孔	10.8	2310	40.6	100	1.5	150	746	55.30:3.16:4.74:7.02 (沙子:碳酸钙:石膏:水)		细砂岩	基本顶			无具体配比试验
14	1-2煤	乌兰木伦矿	61203	43.2	1900	21.26	100	1.29		746	8.4:0.36:0.576 (河沙:石膏:大白粉)		中粒砂岩	基本顶	24	42	无具体配比试验
15	2-2煤	榆树湾煤矿	20120	21.9	2510	74.6	200			928			中粒砂岩	基本顶	20	74	无配比试验
16	2-2煤	榆树湾煤矿	20102	21.9	2460	54.4	200			928			中粒砂岩	基本顶	19	75	无配比试验
17	2-2煤	榆树湾煤矿	20102	21.9	2500	54.4	200	1.56	312				中粒砂岩	基本顶		40	无配比号和试验
18	2-2煤	榆树湾煤矿	20102	21.9	2500	54.4	200	1.56					中粒砂岩	基本顶			无配比号和试验
19	2-2煤	榆树湾煤矿	20102	9.2	2600	65.5	200	1.56			14:1:1 (河沙:石膏:大白粉)		粉砂岩	基本顶			无配比和试验
20	5-2煤	张家峁煤矿	15201	12.39	2460	43.8	50	1.56	78.1	755			粉砂岩	基本顶		61~71	无具体配比试验

相似材料(展国伟,2007)。另外,因一般情况下煤层是被开挖层,容重本身对模型的影响较小,所以相似材料中煤层强度可直接取岩层强度的强度比,而不用几何比乘以容重比的方法去计算,也就是使煤层的强度相似而容重不相似。

(4) 不同文章的同一层煤配比参数差别较大,按配比号配比的相似材料煤层强度,与配比公式计算出的强度有较大差别,如有的文章同一配比的相似材料用于拉压强度分别为 17.3MPa、74.6MPa、152.4MPa 的煤岩层。

2. 岩层(基本顶或关键层)相似材料配比问题

表 4-7 统计了关于神东矿区的物理相似模拟中模拟岩层的材料配比及强度参数,共统计了 15 篇文章,分别对十几个工作面的覆岩运动进行了研究。统计岩层主要为基本顶或关键层,这些岩层多为细砂岩或中粒砂岩,厚度大,强度较高,一般为 30~70MPa。为分析岩层相似材料配比及模型岩层活动特征,对表 4-7 中的岩层按序号进行了简要分析。

序号 1(伊茂森,2008)的相似模拟试验分析了关键层不同位置对覆岩裂隙发育的影响。虽然没给出模型配比实验的具体过程,但各岩层配比参数详细,得到了关键岩层(强度高、厚度大的整体岩层)位置对覆岩裂隙发育的影响。如图 4-11、图 4-12 所示。

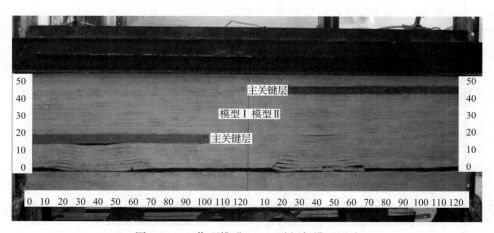

图 4-11　工作面推进 115m 时相似模型照片

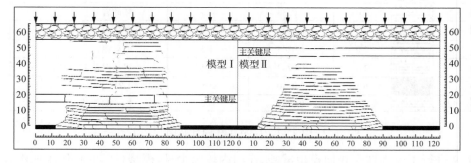

图 4-12　实验完成后裂隙发育素描效果图

此图为一个模型两个案例同时进行模拟

序号 2 和序号 3 岩层(李凤仪,2007)为同一工作面上覆岩层,覆岩强度分别为30MPa 和 38MPa,分别采用 755 和 737 配号,参考了李鸿昌著作(李鸿昌,1988),实验步骤和监测方案较为完整,如图 4-13 所示。

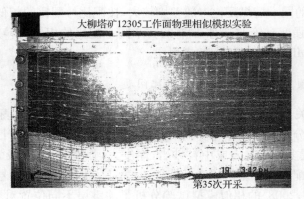

图 4-13   工作面推进到 60.55m 时老顶初次来压

相似试验的结果存在覆岩垮落距过大的问题。文中提到"当进行第二十七次开采,即工作面开采到 46.71m 时,顶板岩层自采空区 8m 处到 32m 处产生离层裂纹","当开采进行到第三十一次的时候,即工作面开采到 53.63m 时,顶板垮落一层,其上部岩层裂隙加大,预示顶板初次来压开始"。

序号 4 的岩层(张杰,2004)相似模拟为大柳塔矿 1203 工作面上覆岩层,覆岩中没有明显的厚层坚硬直接顶,如图 4-14 所示。

层序	柱状	厚度/m	容重/(MN/m³)	抗压强度/MPa	岩性
1		27.0	0.0170		风积沙,砾石
2		3.0	0.0233		风化砂岩
3		2.0	0.0233	21.4	粉砂岩,局部风化
4		2.4	0.0252	38.5	砂岩
5		3.9	0.0252	36.8	中粒砂岩,交错层理
6		2.9	0.0241	38.5	砂质泥岩
7		2.0	0.0238	48.3	粉砂岩
8		2.2	0.0238	46.7	粉砂岩
9		2.0	0.0243	38.3	碳质泥岩
10		2.6	0.0243	38.5	砂质泥岩或粉砂岩
11		6.3	0.0130	14.8	1-2煤层
12		4.0	0.0243	37.5	粉、细砂岩

图 4-14   1203 工作面柱状图

本文进行了流固耦合相似模拟试验,在国内较为少见,模型材料的具体配比作者没有给出。直接顶初次垮落步距为 20m,基本顶初次来压步距为 34m,并且导致上覆岩层整体全厚度切落。文中还叙述了上覆岩层中含水层渗水状况,如图 4-15 所示。

图 4-15　基本顶初次来压

　　序号 5(师本强,2012)模拟断层对导水裂隙带发育的影响,配比参数较为详细,直接顶垮落步距为 15m,基本顶垮落步距为 35m,由于受到断层影响同样开采范围,上盘覆岩垮落高度较大,如图 4-16、图 4-17 所示。

图 4-16　推进 50m 时裂隙到达基岩顶部

图 4-17　推进 55m 时裂隙到达基岩顶部

序号 6 的岩层(展国伟,2007),相似材料配比比较详细,直接顶初次垮落步距为 34m,推进到 46m 时,直接顶再次垮落,基本顶初次垮落步距为 56m。如图 4-18～图 4-20 所示。

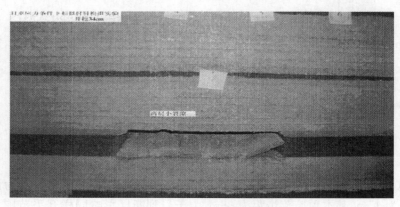

图 4-18　直接顶初次垮落

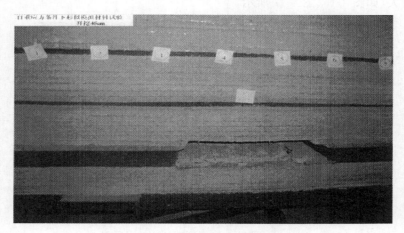

图 4-19　直接顶二次垮落

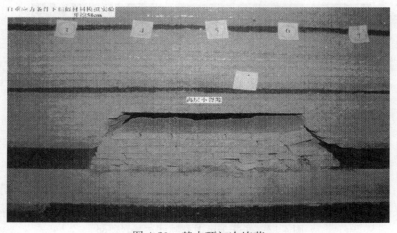

图 4-20　基本顶初次垮落

序号 7、序号 8 岩层(朱卫兵,2010)为边坡下采煤相似模拟,模拟了不同关键层情况下 2 层煤开采覆岩运动情况,文中用到了三个方案,前两个方案针对单一边坡,主关键层位置不同,亚关键层的初次来压步距为 28~29m。第三个方案为复合沟谷模型。具体结果如图 4-21~图 4-23 所示。

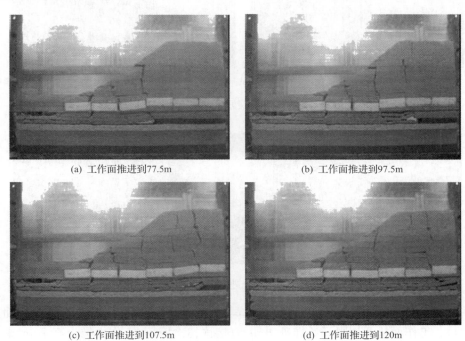

(a) 工作面推进到77.5m

(b) 工作面推进到97.5m

(c) 工作面推进到107.5m

(d) 工作面推进到120m

图 4-21　方案一上煤层开采期间覆岩变化情况

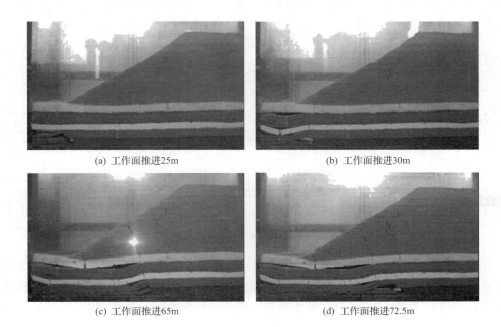

(a) 工作面推进25m

(b) 工作面推进30m

(c) 工作面推进65m

(d) 工作面推进72.5m

(e) 工作面推进97.5m　　　　　　　　　　　(f) 工作面推进110m

图 4-22　方案二下煤层开采期间覆岩变化情况

图 4-23　方案三工作面推进 205m 时的覆岩运动情况

序号为 9 的岩层(封金权,2008)模拟厚土层、不等厚基岩层条件下覆岩运动规律(图 4-24)。工作面从开切眼开始推进 40m,直接顶初次垮落,工作面推进至 70m,老顶下分层垮落,工作面推进到 80m 时,老顶全部垮落,岩层垮落高度为 21m,岩层破断角约60°,同时离层裂隙继续往上发展,工作面继续推进到 100m 时,出现第一次周期来压,周斯来压步距约为 20m。如图 4-25～图 4-27 所示。

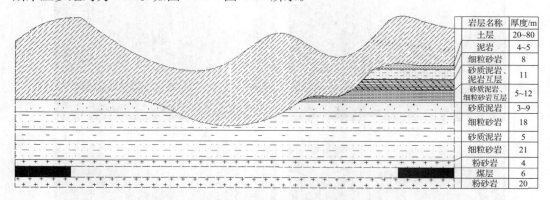

岩层名称	厚度/m
土层	20~80
泥岩	4~5
细粒砂岩	8
砂质泥岩、泥岩互层	11
砂质泥岩、细粒砂岩互层	5~12
砂质泥岩	3~9
细粒砂岩	18
砂质泥岩	5
细粒砂岩	21
粉砂岩	4
煤层	6
粉砂岩	20

图 4-24　模型设计图

序号 10、序号 11 的岩层(王旭锋,2009)相似模拟是专门研究坡体下采煤覆岩运动规律的文章,如图 4-28、图 4-29 所示,得到了向沟和北背沟开采时覆岩运动规律,并与数值模拟和现场监测进行了对比。直接顶、基本顶初次垮落步距为 60m。如图 4-30、图 4-31 所示。

图 4-25　工作面初次来压

图 4-26　工作面第一次周期来压

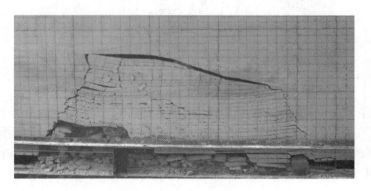

图 4-27　岩土层离层现象

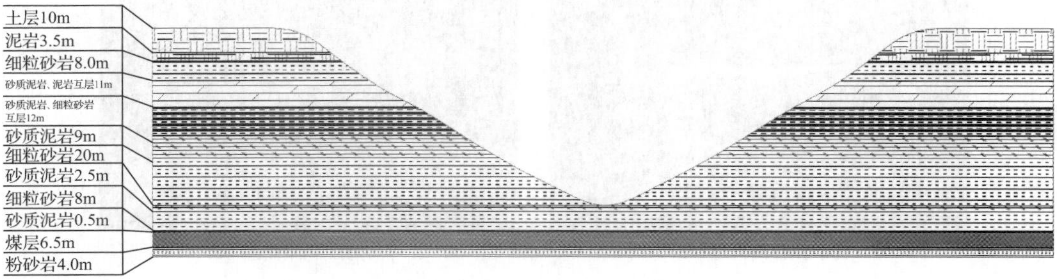

土层10m	
泥岩3.5m	
细粒砂岩8.0m	
砂质泥岩、泥岩互层11m	
砂质泥岩、细粒砂岩互层12m	
砂质泥岩9m	
细粒砂岩20m	
砂质泥岩2.5m	
细粒砂岩8m	
砂质泥岩0.5m	
煤层6.5m	
粉砂岩4.0m	

图 4-28　地层模型图

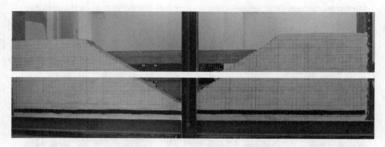

图 4-29　实验原始模型

图 4-30　向沟开采覆岩运动

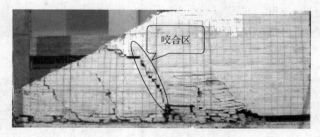

图 4-31　背沟开采覆岩运动

　　序号 12、序号 13(李青海,2009)模拟 1-2 煤层和 2-2 煤层两层煤开采的覆岩运动情况。相似模拟在开采 1-2 煤层,直接顶初次垮落步距为 20m,如图 4-32 所示,基本顶初次来压步距为 35m,如图 4-33 所示,周期来压步距为 15m,即工作面推进到 50m 时第一次周期来压,如图 4-34 所示。

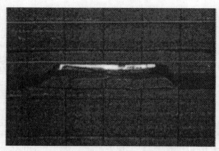

(a) 工作面推进20m

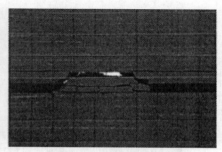

(b) 工作面推进23m

图 4-32　直接顶初次垮落

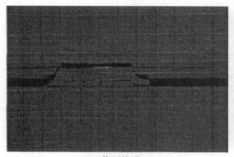
(a) 工作面推进28m

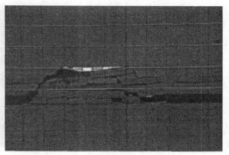
(b) 工作面推进35m

图 4-33　基本顶初次来压

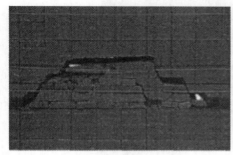
(a) 工作面推进40m

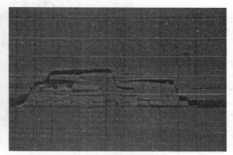
(b) 工作面推进50m

图 4-34　基本顶周期来压

序号 14(高登彦,2009)模拟乌兰木伦矿 1-2 煤层覆岩运动。

工作面从开切眼开始向前推进,当工作面推进到 24m,在移架时顶煤以及直接顶垮落,垮落厚度为 2.9m,垮落长度为 16.7m,如图 4-35 所示。

图 4-35　直接顶初次垮落

老顶初次来压步距为 42m,但垮落高度仅为 14.8m(图 4-36),仅下位基本顶垮落。图 4-37 是高登彦(2009)提到的基本顶第二次周期来压,此时垮落带高度为 36.7m,基本顶仍未完全垮落。图 4-38 为从工作面推进 93m 后覆岩垮落情况,可以看出,基本顶分成了几十个小分层。

图 4-36　基本顶初次来压

图 4-37　基本顶二次周期来压

(a) 开挖　　　　　　　　　　　　　　　　　(b) 移架

图 4-38　工作面接进到 93m 时岩层移动情况(基本顶分层垮落)

序号 15 的岩层(张小明,2007)为 2-2 煤层基本顶,直接顶垮落步距为 20m,此后随采随冒。工作面推进到 74m 时,老顶初次来压,来压步距为 70~74m,如图 4-39 所示。

图 4-39　基本顶初次垮落

　　工作面推进到 110m 时,老顶垮落才达到 10m,10m 以上岩层仍较完整(图 4-40),与基本顶以下的直接顶岩层(抗压强度分别达到 152.4MPa 和 67.4MPa)强度较大有关。

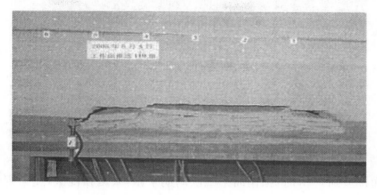

图 4-40　工作面接进 110m 时覆岩运动照片

　　序号 16 的岩层(杨晓科,2008)相似模型全景图如 4-41 所示。直接顶初次垮落步距为 19m,如图 4-42 所示,基本顶初次来压步距为 75m,如图 4-43 所示。

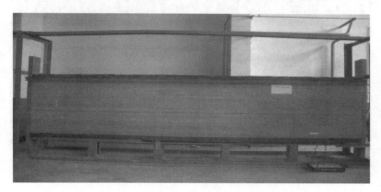

图 4-41　榆树湾煤矿 20102 工作面 5m 相似模拟试验全景

图 4-42　直接顶初次垮落

图 4-43　基本顶初次来压

当工作面推进到 99m 时,工作面第二次周期来压,来压强度大,支架阻力变化很大,如图 4-44 所示。

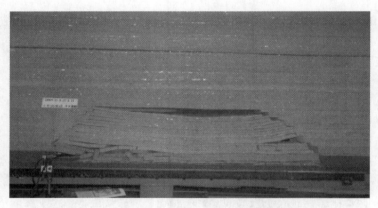

图 4-44　工作面推进到 99m 时覆岩垮落情况

序号 17 岩层相似材料模型如图 4-45 所示。

图 4-45　相似材料模型图

高杨(2010)提到顶板初次来压步距为 40m,垮落高度为 11m,如图 4-46 所示,顶板周期来压步距为 11~24m,如图 4-47 所示。老顶主关键层垮落步距为 88m,如图 4-48 所示。

图 4-46　顶板初次来压

(a) 第一次周期来压

(b) 第二次周期来压

图 4-47　顶板第一次和第二次周期来压

图 4-48　推进 88m 时老顶主关键层初来垮断

高杨(2010)还对相似模拟的三带进行了划分,如图 4-49 所示,此时工作面推进了250m,但对裂隙带与弯曲下沉带的划分依据叙述不够详细,尤其是从图中更是很难分辨。

序号 18、序号 19(曹明,2010)为对榆树湾的相似模拟,模拟结果与高杨(2010)的结果相似,如图 4-45~图 4-49 所示。

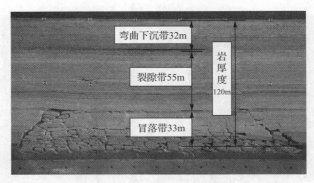

图 4-49　基岩三带划分

　　序号 20(马龙涛,2013)的岩层为 5-2 煤基本顶,马龙涛(2013)用相似模拟试验研究了不同采高时覆岩运动规律。用两架相似模拟模型,研究了 4m、5m、6m、7m 采高的来压及覆岩运动,由于采高大,垮落范围大,提出了"等效直接顶"的概念。基本顶初次来压步距为 61~71m,如图 4-50 所示。

(a) 正常回采期间　　　　　　　　　　　　　(b) 来压前

(c) 来压时　　　　　　　　　　　　　(d) 来压后

图 4-50　基本顶周期来压过程

　　通过上述对表 4-7 中各岩层相似模拟结果的简要分析,对岩层相似模拟结果及配比中的共性问题总结如下。

　　（1）大多数文章没有给出详细的配比实验过程，部分文章没有给出相似材料的具体配比，甚至有的文章对岩层的原始参数与模型参数都没有给出。

　　（2）绝大部分岩层配比时仅做抗压强度的相似对比（配比实验或选择相应配比号），而上覆岩层破坏主要是拉应力破坏，所以相似模拟试验与真实岩层活动存在较大差别，建议对重要岩层的相似材料不仅进行抗压强度对比，还要对比抗拉强度的相似比。

　　（3）相似材料试验中覆岩垮落步距过大，尤其是直接顶的垮落步距，如表 4-7 中的统计，直接顶垮落步距最小为 15m，最大达到 50m 以上。原因有以下几个方面：一是由于直接顶相似材料按抗压强度进行配比，没有考虑相似材料抗拉强度，造成相似材料抗拉强度过大；二是煤矿现场直接顶多数存在原生裂隙，支架的反复加卸载使裂隙增加，而相似材料则整体性很好，一般不存在较多裂隙，并且没有支架反复加载过程。

　　（4）多数相似模拟试验采用平面模型，需要对现场条件进行简化，覆岩结构也相对规整，因此，模拟结果的最主要价值是帮助理解覆岩运动形态、总结覆岩运动规律、探寻覆岩运动机理。如有的论文模拟多层煤重复开采的覆岩运动规律，首先首采煤层引发的覆岩垮落步距和范围与现场真实量化值就很难一致，再以此为基础研究下层煤开采时的覆岩运动，得到的结果与真实情况会相差更大，另外，相似模拟不能模拟现场地下水及上覆岩层压实作用下垮落岩层重新生成假顶的过程。因此，利用相似模拟试验研究重复采动的覆岩运动情况时，得到覆岩垮落宏观规律仅能作为参考，量化数据不能作为指导现场工程的依据。

　　（5）相似材料的力学参数与真实岩层的参数不符合相似理论，如有的文章中模拟的黄土层空顶距离达到近 100m，比基本顶来压步距还长，显然是模拟土层材料的配比有问题。

　　（6）对于厚度较大整层坚硬岩层，相似模拟试验往往会出现与现场相似度不符的情况。由于相似材料铺设工艺问题，对于厚层岩层要分多次进行铺设，这样造成了厚层岩层失去了原始岩层完整性，甚至为了追求垮落"形似"，而人为对厚层岩层各分层间铺设云母粉进行分层。厚层岩层是影响矿压显现的关键岩层，相似模拟应尽量模拟其原始性质和状态。如相似模拟对厚层岩层分多层铺设，分层间几乎没有抗拉强度，煤层开挖后，出现分层逐步垮落，如图 4-38 所示。

　　（7）为消除边界条件影响，许多文章中开挖时在边界留出 50m（真实尺寸）左右煤柱或岩柱，但根据 Peng（Peng，2008）的经验，留 50m 边界不足以消除边界影响。因相似模拟试验受模型架及实验条件限制，所以如何有效消除边界效应也值得更深入研究。

4.2　数值模拟方法

　　数值模拟是依靠电子计算机，依据工程实际建立相对简化的数值模型，通过数值计算和图像显示的方法，达到对自然界各类工程问题和物理问题研究的目的。数值模拟于 20 世纪 50 年代开始应用于解决一维一相问题的计算，然后随着计算机技术的发展而渐渐推广。到 60 年代，有限单元法开始应用于岩体力学问题的分析，如隧（巷）道压力、边坡稳定、采场地压等。随着计算机的大型化和高速化，数值模拟逐渐应用于岩土力学领域各个方面（表 4-8）。

表 4-8　我国煤矿矿压及岩层控制使用的数值模拟软件统计

数值模拟方法		软件名称	应用实例	参考文献
连续介质力学方法	有限元法	ABAQUS	岩爆机理	刘宇亭等,2010
			锚杆锚索支护	韩贵雷等,2008
		ANSYS	矿压及覆岩运动	朱蕾,2009;张沛,2012;马龙涛,2013
			覆岩运动及地下水耦合	张杰,2004
		ADINA	覆岩破坏及地下水耦合	杨伟峰,2009
		ALGOR	爆破放顶	杨相海等,2010
	有限差分法	FLAC2D	冲击地压	谢龙等,2013
		FLAC3D	覆岩运动及裂隙高度	张小明,2007
			巷道围岩控制	蔡来生,2009;杨友伟,2010;盛天宝,2011;肖亚宁,2011;周志利,2011 彭林军,2012;韩昌良,2013
			采场矿压及覆岩运动	柴肇云,2005;鹿志发,2007;师本强和侯忠杰,2007;展国伟,2007;李大勇,2008;刘玉德,2008;付二军,2009;李青海,2009;潘宏宇,2009;雷薪雍,2010;李振华,2010;刘毅等,2010;张学亮,2010;范钢伟,2011;邵太升,2011;陈新明,2012;李杨,2012;张沛,2012;朱衍利,2012;季文博,2013;谢广祥和王磊,2013;张蕊等,2013;李福胜,2014
			岩爆、冲击地压等动态矿压现象	闫长斌等,2005;杨金林等,2010;张志强等,2011;唐礼忠等,2012;庞绪峰,2013
			地表沉陷	夏艳华,2012;董守义,2014
	边界单元法		地下硐室稳定问题	曹留伟和孙伟,2009
			地表移动	范之望,2001,2004
非连续介质力学方法	离散单元法	UDEC	采场矿压及覆岩运动	张镇,2007;伊茂森,2008;朱卫兵,2010;李忠建,2011;徐乃忠,2011;张志强,2011;杜锋和白海波,2012;黄汉富,2012;鞠金峰和许家林,2012;轩大洋等,2012;马立强等,2013;王锐军,2013;温明明,2014
			支架围岩关系	封金权,2008
		3DEC	覆岩运动及控制	王旭锋,2009
		PFC2D/3D	巷道围岩控制	赵晨光等,2007
			放顶煤顶煤运动/放矿规律	王连庆等,2007;谢耀社等,2008;张西斌等,2013
	非连续变形分析方法	DDA	矿压及岩层变形	鞠杨等,2007

续表

数值模拟方法		软件名称	应用实例	参考文献
连续-离散耦合计算方法	基于有限元的岩石破裂分析方法	RFPA	巷道围岩控制	张哲等,2009
			采场矿压及覆岩运动	吴文湘,2006;李凤仪,2007;张杰,2007;杨晓科,2008;高登彦,2009;曹明,2010;高杨,2010;韩立军等,2010;苗彦平,2010;师本强,2012;张良库,2012
	基于连续介质力学的离散元方法	CDEM	边坡稳定	冯春等,2011,2012

数值模拟方法如有限元法在 20 世纪 70 年代末期开始引入我国岩石力学领域,由于受计算机计算能力和存储数据量的影响,只能进行一些简单的受力分析(王泳嘉,1978a,1978b)。进入 80 年代中期,王泳嘉教授将离散元和边界方法引入我国(王泳嘉,1986a,1986b),并利用离散元方法进行了放矿技术的模拟(王泳嘉等,1987)。1991 年出版的《离散单元法及其在岩土中的应用》,是最早系统地介绍离散单元法的中文出版物(王泳嘉和邢纪波,1991),1993 年王泳嘉教授在《煤矿开采》杂质"新技术讲座"专栏刊文,系统地介绍了离散元方法在煤矿开采中的应用方法(王泳嘉和邢纪波,1993a,1993b)。

90 年代中期以后,国内很多单位如东北大学、中国矿业大学、煤科院等单位开始将数值模拟方法应用于煤矿矿压方面的研究(王泳嘉和麻凤海,1997;麻凤海等,1996;古全忠等,1996;宋选民等,1993)。从最初的简单二维有限元分析巷道受力与变形到三维采场应力分析,以及用离散元方法分析覆岩破坏与垮落,并且发展了具有自主产权的岩体介质分析软件(唐春安和赵文,1997;石根华,1985;冯春等,2010)。进入 21 世纪以后,计算机技术飞速发展,个人计算机普遍应用,数值模拟方法已经成为煤矿矿压及岩层运动分析的一种通用工具。在知网上随机查找近几年与煤矿围岩控制相关的 100 多篇论文中(学术论文和学位论文各占约 50%),使用数值模拟作为研究手段之一的论文占 78%,其中学位论文更是达到了 90% 以上。表 4-8 列出了我国煤矿矿压及岩层控制研究常用到的模拟软件以及在矿山岩层控制及岩石力学方面的应用实例。

4.2.1　连续介质理论法

(1) 有限元法:有限元法也叫有限单元法(finite element method,FEM),是 20 世纪 60 年代出现的一种数值计算方法。最初用于固体力学问题的数值计算,20 世纪 70 年代在英国科学家 Zienkiewicz 等的努力下,将它推广到各类场问题的数值求解,如温度场、电磁场,也包括流场。有限元法基本的思想是把一个大的结构划分为有限个称为单元的小区域,在每一个小区域里,假定结构的变形和应力都是简单的,小区域内的变形和应力都容易通过计算机求解出来,进而可以获得整个结构的变形和应力。

有限元法网格可方便地表示复杂的形状,能与常用制图软件兼容,在处理材料各向异性、非线性和复杂边界条件等方面都有较强的灵活性。有限元方法应用广泛,根据计算机的运算能力、研究问题和对象的特点以及用户的方便性等,开发出了许多商业软件。有限元法作为一种发展完善的技术,可以提供进行静态、动态的二维和三维模型,对岩土工程或地下矿山工程的问题进行计算分析。有限元法在分析过程中可以直接包含地质信息,容易解决几何形状复杂、岩石各向异性,以及由于地表地形、断层、巷道开挖等有关的各种非连续结构。

但是,有限元法对于典型问题需要花费较长时间进行初期建模和数据输入工作,尤其是处理三维问题时,虽然现在有了许多复杂网格生成程序,但会导致有限元法计算工作量庞大,要进行大量的方程联合求解。当研究问题要考虑非线性时(通常煤矿围岩控制都需要考虑非线性),计算时间会大大增加。目前,大多数的有限元软件,只能在建模型时考虑到岩体工程裂隙等非连续性问题,而在计算过程中单元间不能断裂,因此在处理地下岩层垮落、移动、裂隙扩展等问题时计算结果往往与实际相差较大。

(2)有限差分法:有限差分法(finite difference method,FDM)是将求解域划分为差分网格,用有限个网格节点代替连续的求解域,然后将偏微分方程(控制方程)的导数用差商代替,推导出含有离散点上有限个未知数的差分方程组。求差分方程组(代数方程组)的解,就是微分方程定解问题的数值近似解,这是一种直接将微分问题变为代数问题的近似数值解法。

有限差分方法在计算和直观上都容易理解,并且由于引进了不规则的网格,有限差分法能够有效地处理不连续性、各向异性和复杂的几何形状,极大地推进了有限差分法的应用。

国内岩土领域使用最多的有限差分软件是快速拉格朗日差分分析方法(fast lagrangian analysis of continua,FLAC),在90多篇使用数值模拟的知网论文统计中,使用FLAC软件的占30%以上。能够快速计算材料的屈服和塑性流动等非线性问题是FLAC相比有限元的最大优点,丰富的弹塑性本构模型可以方便地进行岩土工程问题的求解,内嵌的FISH语言还可以满足用户的特殊需要。

(3)边界元法:边界元法(boundary element method)是继有限元法之后发展起来的一种数值方法,与有限元法在连续体域内划分单元的基本思想不同,边界元法是只在定义域的边界上划分单元,用满足控制方程的函数去逼近边界条件。边界元法仅需要对边界域的偏微分方程进行离散化,研究问题的维数相比有限元法或有限差分法要少一维,因此,具有单元个数少,数据准备简单等优点。但用边界元法解非线性问题时,遇到同非线性项相对应的区域积分,这种积分在奇异点附近有强烈的奇异性,往往使求解遇到困难。

4.2.2　离散介质理论法

(1)离散元法:离散单元法(discrete element method,DEM)也像有限单元法那样,将区域划分成单元,但是单元因受节理等不连续面控制,在以后的变形运动过程中,单元节点可以分离,即一个单元与其邻近单元可以接触,也可以分开。单元之间相互作用的力可以根据力和位移的关系求出,而个别单元的运动则完全根据单元所受的不平衡力和不平衡力矩的大小按牛顿运动定律确定。

离散元法是专门用来解决不连续介质问题的数值模拟方法。该方法把节理岩体视为由离散的岩块和岩块间的节理面所组成,允许岩块平移、转动和变形,而节理面可被压缩、分离或滑动。因此,将岩体看作一种不连续的离散介质,在岩体内部可存在大位移、旋转和滑动乃至块体的分离,从而可以较真实地模拟节理岩体中的非线性大变形特征。离散元法的单元从几何形状上分类可分为块体元和颗粒元两大类,计算软件分别以二维离散元 UDEC、三维离散元 3DEC 和颗粒流 PFC 为代表。

　　虽然离散元法是分析不连续岩体的一个有力工具,但是作为一个标准分析方法,它还存在缺陷,比较缺少接触面的材料特性确定方法,难以准确定义系统的阻尼特性,计算耗时较多等。

　　(2) 不连续变形分析方法:不连续变形分析方法(discontinuous displacement analysis,DDA)是美籍华裔科学家石根华于 1988 年提出来的用以模拟岩体非连续变形行为的全新数值方法。它基于岩体非连续性质,能够分析块体系统不连续面的滑动、开裂和旋转等大变形和大位移。DDA 法以被结构面自然分割的岩块为计算单元,并求解总体平衡方程。单元块体可以是任意凸凹的变形体,根据块体的初始条件和边界条件来计算块体系统中每个块体的位移、应变及应力,进而模拟块体的移动、转动、张开和闭合等全部过程,确定块体间的相对移动及滑动,判断块体系统的破坏。DDA 法严格满足经典力学法则,具有明确的物理和几何含义,可以解决有限元和离散元方法难以解算的问题。例如,有限元法很难分析离层和断裂等不连续位移问题,而离散元法又很难分析块体单元本身的大变形问题。目前 DDA 法已在滑坡、坝基稳定、地下开挖、爆破等岩体非线性破坏过程的分析问题中得到应用。

4.2.3　连续-非连续耦合法

　　(1) RFPA:RFPA(realistic failure process analysis)方法是 1995 年唐春安教授提出的基于有限元基本理论,充分考虑岩石破裂过程中伴随的非线性、非均匀性和各向异性等特点的数值模拟方法,即真实破坏过程分析方法,其主要特点如下:将材料的不均质性参数引入到计算单元,认为宏观破坏是单元破坏的积累过程;认为单元性质是线弹-脆性或脆-塑性的,单元的弹模和强度等其他参数服从某种分布,如正态分布、韦伯分布、均匀分布等;认为当单元应力达到破坏的准则发生破坏,并对破坏单元进行刚度退化处理,故可以以连续介质力学方法处理物理非连续介质问题;认为岩石的损伤量、声发射同破坏单元数成正比。在计算过程中首先把岩石离散成适当尺度的细观基元,对这些单元的力学性质进行赋值,这样就生成了非均匀岩土结构的数值模型,可以借助有限元法作为应力分析工具来计算其受载条件下的位移和应力。在此基础上,通过基元破坏分析,考察基元是否破坏,从而获得基元材料性质的新状态。

　　(2) CDEM:连续-非连续单元法(continuous-discontinuous element method,CDEM)是一种拉格朗日系统下的基于可断裂单元的动态显示求解算法。通过拉格朗日系统建立严格的控制方程,利用动态松弛法显示迭代求解,实现了连续-非连续的统一描述,可模拟材料从连续变形到断裂直至运动的全过程,结合连续和离散计算的优势,连续计算可采用有限元、有限体积及弹簧元等方法,离散计算则采用离散元法。

　　该方法在连续计算时,将块体单元离散为具有明确物理意义的弹簧系统,通过对弹簧系统的能量泛函求变分获得各弹簧的刚度系数,获得弹簧长度、面积等特征量,进而在局部坐标系下直接求解单元变形和应力,连续问题计算结果与有限元一致,继承有限元优势的同时提高计算效率。在此基础上,通过引入 Mohr-Coulomb 与最大拉应力的复合准则,确定单元的破裂状态及破裂方向,进而采用局部块体切割的方式实现单元内部和边界上的破裂,显示模拟裂纹的形成和扩展。该方法不用预先设置裂纹扩展的路径,且扩展过程中不受初始网格的限制,可有效解决拉伸、压剪等复杂应力状态下多条裂纹的扩展问题。单元破裂后,在破坏单元面上相应地建立接触边模型用于块体之间的接触检索,从而可以模拟连续-离散耦合介质向离散介质转化后的大运动和转动问题。

4.2.4　数值模拟研究中存在的问题

王泳嘉教授在其著作(王泳嘉和邢纪波,1995)中曾提到"岩石力学一直存在着所谓'声誉高,信誉低'的问题"。数值模拟虽然现在已成为煤矿矿压及岩层运动的重要研究手段,其发展至今,前、后处理功能越来越强大和快捷、理论模型越来越丰富、数值计算方法越来越多、计算机的计算能力和存储量也成几何式增加,但在大多数时候,数值模拟仍只能用于对比研究和定性分析,远远未达到定量独立解决工程问题的程度,所以在矿业工程领域数值模拟也一直是"声誉高,信誉低",甚至被有些学者认为只能在工程师经验分析和试验的基础上"锦上添花"。

出现上面的问题主要有两种原因,第一个原因是实际工程问题的数据有限以及对象复杂,岩石作为地质介质的复杂性早已共知,不必赘述。数据有限问题则在地下矿山中更为突出。地下煤层开始挖掘前,煤岩参数主要来自于地质勘探及参考相邻开采区域,缺少现场实测数据,更难以得到直观的视觉感受,真正揭露到未采区域岩层的主要为地质钻孔,然后再根据地质理论向未探测区域进行推断,而实际上很多时候即便是两个相邻的钻孔,其岩层赋存也有很大差别,这就造成了在建立模型时就不能与实际工程一致,如图 4-51 所示。同时,在实验室中得到的岩层力学参数数据往往很分散且与实际相差甚远。此种情况下,即使理论模型很精巧,计算速度很快,数据处理功能很强大,可能结果却是"南辕北辙"。

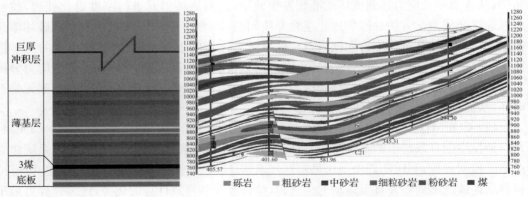

(a) UDEC建立的二维数值模型(马立强等, 2013)　　　　(b) 某矿勘查线剖面图

图 4-51　煤矿岩层数值模型与真实情况对比(文后附彩图)

　　第二个原因是研究者本身对工程问题的理解和对数值模拟软件使用的问题。即便是用大规模的三维建模来分析工程实际问题，也不可避免地要遇到设置边界条件、划分网格、对现场条件简化等问题，研究者本身的力学基础和对问题的理解就直接影响了数值建模和理论模型的准确性。在软件使用方面，首先重要的是选择合适的模拟软件，如研究巷道变形问题选用连续介质力学方法的有限元、有限差分方法就可以，而要研究覆岩破坏、裂隙发展则尽量选择非连续方法的离散元或连续-离散耦合方法。在本构关系方面，如研究问题只涉及坚硬岩体的受力分析而不发生破坏，选用弹性本构就能实现，如果要涉及岩体大变形及破坏问题，则要用到弹塑性模型，如果还要考虑岩体破坏后的力学行为，如采空区垮落的岩体，则要考虑用应变软化模型。另外，建立模型和后期分析中应尽量接近实际，减少个人主观因素的影响，如图 4-52 所示的 UDEC 建立的岩层模型，主关键层单元划分尺寸很大，单个单元尺寸达到长×宽＝40m×10m（UDEC 目前没有单元内部断裂功能），那么以此模型分析关键层的垮落和来压规律，则不可避免地会得出初次来压（垮步距）为 40m 的 n 倍，周期来压为 40m。这相当于预先设定了关键层垮落步距，而不是真实根据岩层物理力学参数和工程条件计算出的结果。

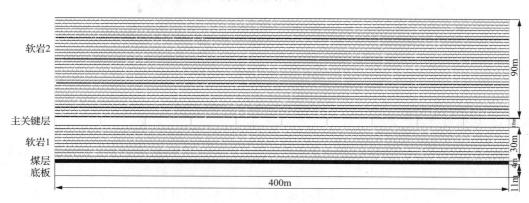

图 4-52　利用 UDEC 软件制作的岩层单元网格划分

　　数值模拟软件本身也需不断发展和完善以适应复杂的地质介质和工程条件，许多力学及岩土工程的研究者都在从事此方面的研究（祁长青等，2002；朱万成等，2003；李世海和汪远年 2004；魏怀鹏等，2006；田振农等，2008；曹留伟等，2009；张华等，2009；朱万成等，2009a,b；常晓林等，2011；江泊洧等，2012；张青波等，2012；王杰等，2013；朱万成等，2013）。近年来，越来越多的学者开始重视类比法和岩体参数的反分析法（蒋景彩等，2008；梁宁慧等，2008；王芝银等，2010；江泊洧等，2012；汤罗圣等，2012；夏开宗等，2013），这也是使输入数据更接近实际工程的有效方法。

　　另外，数值模拟与相似模拟试验和现场监测的对比分析和相互印证，是检验数值模拟效果的方法之一。表 4-11 为利用数值模拟方法研究神东矿区岩层移动问题的统计表。其中部分文献的数值模拟结果与相似模拟结果有一定的差别，文献（李凤仪，2007）的图片中岩层移动角偏向工作面外部，垮落范围空间比开采空间还大，如图 4-53 所示。

(a) 大柳塔矿12305工作面岩层垮落数值模拟和相似模拟图

(b) 大柳塔矿某工作面岩层垮落数值模拟和相似模拟图

图 4-53   RFPA 模拟的岩层移动与相似模拟结果对比

4.3   数值模拟中岩层参数的确定

4.3.1   现有资料对比分析

通过知网查找到 100 多篇近期煤矿围岩控制相关论文，统计了论文中的岩层参数，共涉及 1000 多个煤岩层，其中煤层 160 个。统计资料主要来自神东矿区和华北地区矿区。

表 4-9 为神东矿区部分矿井主采 1-2 煤、2-2 煤在数值计算中的参数统计，大部分论文给出了比较全面的煤层力学参数，包括内聚力、摩擦角、弹性模量等，但同一煤层在不同论文中的力学参数也有较大差别，由于煤层具有显著的非均质性，这种差别也符合客观实际。表 4-10 为主采煤层 1-2 煤、2-2 煤直接顶岩性在数值模拟中的力学参数，大部分 1-2 煤、2-2 煤工作面直接顶为泥岩或页岩，强度也有较大差别。表 4-11 为神东矿区岩层移动数值模拟统计表。

先看煤层统计，由于煤层种类众多且多数文章对煤层没有分类，因此对所有煤层进行统一对比。与岩层相比，煤层裂隙孔隙更为发育，所以力学参数也非常不均匀。图 4-54 为煤层力学参数统计图。可以看出，对煤层内部裂隙更为敏感的参数，如弹模、内聚力和抗拉强度变化很大，相差可以达到几十倍，煤层抗压强度值变化则较为均匀。整体来说，煤层力学参数大部分较低，在地层中属于软弱岩层，如 80% 左右的煤层弹模值小于 5000MPa，内聚力小于 4MPa，抗拉强度小于 1.5MPa。

表 4-9 神东矿区数值计算中 1-2 煤、2-2 煤力学参数统计

序号	煤层	厚度 /m	弹性模量 E/MPa	泊松比 ν	体积模量 K/GPa	剪切模量 G/GPa	密度 /(kg/m³)	摩擦角 f /(°)	黏聚力 /MPa	抗压强度 /MPa	抗拉强度 /MPa	拉压比 T/C	矿井
1	1-2 煤	2.3	3500	0.32			1310	32	0.32		0.76		石圪台煤矿 71301 工作面
2	1-2 煤	4.5			5	3.5	1350	24	1.7		0.7		大柳塔煤矿 活鸡兔井 21305 工作面
3	1-2 煤	4.5			5	3.5	1350	24	1.7		0.7		活鸡兔沟谷地形
4	1-2 煤	0.94	7410	0.18			1400	30.5	3.4	20.4	1.1		陕北南梁煤矿 20115 工作面
5	1-2 煤	6.3	2200	0.28			1330	40		14.8			大柳塔煤矿 某综采工作面
6	1-2 上煤	3.5			5	3.5	1350	24	1.7		0.7		大柳塔煤矿 活鸡兔井 21305 工作面
7	1-2 上煤	3.5			5	3.5	1350	24	1.7		0.7		神东矿区活鸡兔井
8	1-2 上煤	3.5			5	3.5	1350	24	1.7		0.7		活鸡兔沟谷地形
9	12 煤	5	2000	0.25				32		20			朴连塔煤矿 22303 工作面
10	1-2 煤	4.5			5	3.5	1350	24	1.7		0.7		神东矿区活鸡兔井
11	1-2 煤	4.5			5	3.5	1350	24	1.7		0.7		神东矿区大柳塔煤矿活鸡兔井 21305 工作面
12	1-2 煤	4.5			5	3.5	1350	24	1.7		0.7		神东活鸡兔矿区 1-2 煤 21304 面
13	1-2 煤	2.3	3500	0.32			1310	32	0.32		0.76		石圪台煤矿 71301 工作面
14	1-2 煤	2.3	3500	0.32			1310	32	1.25		0.76		石圪台矿 71301 综采工作面
15	1-2 煤	2.3	3500	0.32			1310	32	1.25		0.76		石圪台煤矿 71301 工作面
16	1-2 煤		1500	0.22			1300			14.8			大柳塔煤矿 1209 工作面
17	1-2 煤		830	0.36			1410	40		28.2			乌兰木伦矿 61203 工作面
18	1-2 煤	1.03	15000	0.35			1480			10.5			朴连塔煤矿 31401 工作面 S18 钻孔
19	1-2 煤	2.25	2196	0.27			1290	42	2.61	22.4			石圪台煤矿 1-2 煤层
20	1-2 煤		830	0.36			1410	40		28.2		15	乌兰木伦矿 61203 工作面
21	1-2 上煤	3.5			5	3.5	1350	24	1.7		0.7		大柳塔煤矿活鸡兔井 21305 工作面

续表

序号	煤层	厚度/m	弹性模量 E/MPa	泊松比 ν	体积模量 K/GPa	剪切模量 G/Gpa	密度 /(kg/m³)	摩擦角 f/(°)	黏聚力 /MPa	抗压强度 /MPa	抗拉强度 /MPa	拉压比 T/C	矿井
22	1-2 上煤	3.5			5	3.5	1350	24	1.7		0.7		活鸡兔区 1-2 煤 21304 面
23	2 号煤	3			3.48	0.78	1400	34.5	1.43				国投塔山煤矿 2 号煤层
24	2-2 煤	6	1500	0.33			1310	39.9	2.63	14.49	0.71		哈拉沟煤矿某个综采工作面
25	2-2 煤	2	7410	0.18			1400	30.5	3.4	20.4	1.1		陕北南梁煤矿 20115 工作面
26	2-2 煤		7410				1400			20.4	1.1		陕西南梁煤矿 20121 综采工作面
27	2-2 煤	4.70	15000	0.35			1450			10.5			补连塔煤矿 31401 工作面 S18 钻孔
28	2-2 煤		2500	0.3			1500			24.5		20	榆树湾井田 20102 工作面
29	2-2 煤		2500	0.3			1500			24.5		20	榆树湾煤矿
30	2-2 上煤		830	0.36			1300			17.3		20	海湾 3 号井 2-2 上近浅埋煤层工作面
31	2-2 上煤	2.2	15100	0.22			1300			17.51			补连塔煤矿 2211 工作面
32	2-2 中煤	5	15100	0.22			1300			17.51			补连塔煤矿 2211 工作面

表 4-10　神东矿区数值计算中 1-2 煤、2-2 煤直接顶力学参数统计

序号	岩性	煤层	厚度 H/m	弹性模量 E/MPa	泊松比 ν	体积模量 K/GPa	剪切模量 G/GPa	密度 /(kg/m³)	摩擦角 /(°)	黏聚力 /MPa	抗压强度 /MPa	抗拉强度 /MPa	矿井
1	泥岩	1-2 煤	4			8	4.5	2500	25	2.1		1	大柳塔煤矿活鸡兔井 21305 工作面
2	砂质泥岩	1-2 煤	2.6	4150	0.27			2440	35		38.3		大柳塔煤矿某综采工作面
3	泥岩	1-2 煤	0.20	20000	0.30			2110					补连塔煤矿 31401 工作面 S18 钻孔
4	粉砂岩	1-2 煤	3.3	33400	0.235			2350	42	3.2	20.7	3.5	石岩台煤矿 71301 工作面
5	上煤直接顶	1-2 煤	4			8	4.5	2500	25	2.1		1	神东矿区大柳塔煤矿活鸡兔井 21305 工作面
6	粉砂岩	1-2 煤	3.4	15093	0.15			2370	34.6	11.62	71.5		石岩台煤矿 1-2 煤层

续表

序号	岩性	煤层	厚度 H/m	弹性模量 E/MPa	泊松比 ν	体积模量 K/GPa	剪切模量 G/GPa	密度 /(kg/m³)	摩擦角 /(°)	黏聚力 /MPa	抗压强度 /MPa	抗拉强度 /MPa	矿井
7	砂质泥岩	1-2煤		7300	0.28			2440	34		28.44		乌兰木伦矿 61203 工作面
8	砂泥岩	2-2煤		4	0.25			2400			59.16		榆树井田 20102 工作面
9	粉砂岩	2-2煤		5600	0.2			2260			40		海湾3号井 2-2 上近浅埋煤层工作面
10	泥岩	2-2煤	1.90	20000	0.30			2160			20.7		补连塔煤矿 31401 工作面 S18 钻孔
11	砂泥岩	2-2煤		4000	0.25			2400			59.16		榆树湾煤矿

表 4-11　神东矿区岩层移动数值模拟统计表

序号	煤层	矿井	工作面	厚度 /m	软件	软件类型	本构模型	维数	研究内容	备注
1	3煤	太平庄煤矿		6	ADINA	有限元	摩尔-库仑模型	2D	岩层移动（位移）及应力分布	岩层不能破裂，岩层破坏及结构形成用 UDEC 进行了模拟
2		司马矿		6.5	UDEC	离散元	摩尔-库仑模型	2D	岩层移动、支架围岩相互作用	支架围岩相互作用及围岩结构形成的数值模拟结果与实际相符相差大
3	1-2煤	大柳塔矿	12305	3.95	RFPA	有限元		2D	岩层移动及应力分布	模拟煤层分步开采过程，岩层移动及破裂与现场常识相差较大差别
4					ABQUS	有限无		3D	支架围岩作用关系	
5					UDEC	离散元		2D	覆岩移动及应力分布	关键岩层单元块尺寸预先设定，仅用于理论分析
6	2-2煤	榆树湾煤矿	20102	5.5	FLAC/UDEC	有限元/离散元		2D	覆岩移动及应力分布	仅有结果，模型、参数，计算过程没有给出
7	5-2煤	张家峁煤矿	15201	6	UDEC	离散元		2D	覆岩运动及结构	关键岩层单元块尺寸预先设定

续表

序号	煤层	矿井	工作面	厚度/m	软件	软件类型	本构模型	维数	研究内容	备注
8		东胜矿区		6	UDEC	离散元	摩尔-库仑模型	2D	覆岩垮落和地表移动,建多个模型方案,进行对比研究	
9	1-2煤	石圪台煤矿	71301	2.3	FLAC	有限差分		3D	覆岩位移及应力分布	不同方案的对比分析
10	2-2煤	大柳塔煤矿		4	ANSYS	有限元		2D	煤柱稳定性	应力分析为主,无单元破坏分析
11	2-2煤	南梁煤矿	20115	2	FLAC	有限差分		3D	应力、位移分布、支架位移关系	没有给出支架与围岩关系如何实现
12		沟谷地形			3-Dec	离散元		3D	沟谷地形覆岩运动及结构	单元体积过大,单元间裂隙代表了宏观裂隙
13				5	FLAC	有限差分		3D	浅埋煤层覆岩运动应力分布	覆岩没有跨落,应力和位移分析有偏差
14	1-2煤	补连塔煤矿	31401	4	UDEC	离散元		2D	覆岩移动及裂隙发育分布	关键层单元块体加大
15	2-2煤	南梁煤矿	20115	2	RFPA	有限元		2D	覆岩运动及应力结构	单元消失,覆岩变形过大
16	2-2煤	连塔煤矿	31401	4	RFPA	有限元		2D	覆岩运动及结构	单元消失,岩层移动角外偏
17	1-2煤	大柳塔煤矿		6	FLAC	有限差分		3D	应力分布及破坏范围	岩层不能跨落
18	2-2煤	榆树湾煤矿	20102	5	FLAC	有限差分		2D	覆岩破坏及渗流	岩层跨落形态与相似模拟相差较大
19	2-2煤	海湾3号井		3.3	RPFA	有限元		2D	覆岩运动	模拟结果相对较好的文章
20	2-2煤	大柳塔煤矿			FLAC	有限差分		2D	煤柱稳定性	方案对比
21	2-2煤	大柳塔煤矿			RFPA	有限元		2D	覆岩运动	与相似模拟结果差别较大
22		冲沟地区			3-Dec	离散元		3D	覆岩运动和破坏	单元尺寸过大,人为设定破坏边界
23	5-2煤	张家峁煤矿	15201		ANSYS	有限元		2D	应力分布及覆岩跨落结构	单元没有破坏
24	2-2煤	榆树湾煤矿			RFPA	有限元		2D	覆岩跨落及应力分布	跨落形态与相似模拟差别较大
25	1-2煤	乌兰木伦矿	61203		RFPA	有限元		2D	不同采高覆岩运动对比	

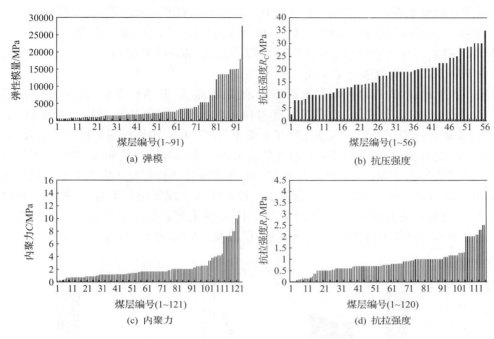

图 4-54　煤层力学参数统计图

由于岩层类别较多,不能一一统计对比,仅对煤系地层中最常见的三类砂岩的力学参数进行了对比,如图 4-55 所示。统计数据中粗砂岩数据较少,且大多集中在西北部矿井,细砂岩数据较多。

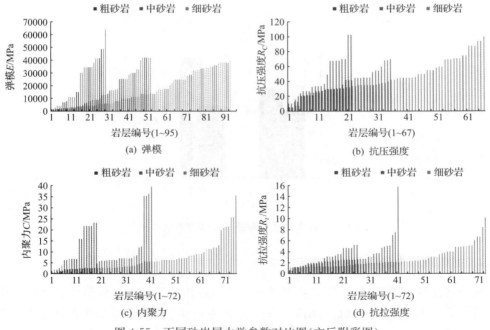

图 4-55　不同砂岩层力学参数对比图(文后附彩图)

　　从统计结果来看,即使是同一种岩层其力学参数也有非常大的差别,如粗砂岩统计数值中弹模最大值超过 60000MPa,最小值才只有 1500MPa,抗压强度范围为 10～100MPa。砂岩层在煤系地层中属于中硬岩层,无论是哪种砂岩层,有 50% 左右的内聚力集中在 5～15MPa,抗拉强度集中在 2～6MPa。

　　我国西北地区,尤其是神东及附近矿区,地层埋藏浅,胶结程度低,图 4-56 对比了神东矿区(8 个矿井)以及安徽、山东等东部省份矿井(5 个矿井)的砂岩层力学参数(平均值)。神东矿区砂岩层力学参数整体明显要低于东部矿区。弹性模量相比差别不大,表示岩层抗变形能力相差不大,而代表抗破坏能力的内聚力则有较大差别,如神东矿区细砂岩内聚力平均值为 2.85MPa,中砂岩为 2.3MPa,东部地区两种岩层的内聚力平均值分别为 10.7MPa 和 17.0MPa,相差达到 4 倍以上。神东矿区浅埋煤层开采时,工作面常遇到大面积来压、顶板切落等问题,与岩层内聚力较小,采场上覆岩层不易形成稳定结构有一定关系。由于岩石材料本身的抗拉强度较低,所以相对内聚力来说,岩层抗压强度的差距较小。

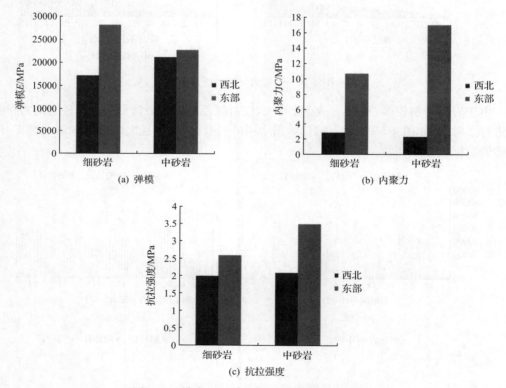

图 4-56　神东矿区与东部矿井砂岩参数对比图

4.3.2　数值模拟中岩层参数的确定

　　从上述统计结果可知,不同矿井岩层的力学参数相差非常大。数值计算之前在实验室内进行岩石力学参数测试是常用的方法。然而室内实验获得的参数离散性很大。如在前述统计中发现,在不同论文中出现的同一矿区同一煤层的最大抗拉强度为 3.4MPa,最小抗拉强度为 0.32MPa,相差达到 10 倍以上。所以室内参数测试应尽量采集较多的试样,对明显与平均数值有差别的试样要剔除,并与相邻区域同一岩层的测试结果进行对比。

　　煤矿现场煤岩体的性质,还要受节理、裂隙等结构面的影响,甚至结构面对煤岩体力学性质的影响程度还要大于材料本身,以至于一般情况下,煤岩体与室内煤岩样测试的结果相比又有较大差别。经过试验对比,一般都认为诸如弹性模量、黏聚力和抗拉强度等煤岩体力学性质的参数取值往往只有煤岩试样相应参数值的 $1/5 \sim 1/3$,有的甚至达到 $1/10 \sim 1/20$。数值模拟中一定要考虑煤岩体参数与室内测试参数之间的差别,最简单的是对试样参数按一定比例进行折减,如取 $1/5 \sim 1/3$,这样虽然考虑了现场煤岩体与室内试样力学参数的差别,但显然过于粗略。

　　文献(王永秀等,2003)将关键煤岩层的主要力学参数在一定取值范围内分别选定几个数值,然后用正交试验方法设计力学参数的组合,分别对不同组合进行数值计算,然后选取计算结果与已知结果,如地表位移、现场应力测试最接近的一组参数作为现场煤岩体真实参数。此种方法虽然增加了数值计算工作量,但由于计算机重复计算较为方便快速,不失为一种可取的方法。

　　李世海教授在研究边坡稳定问题中,提出了一种直接通过地表裂缝和位移信息反演滑坡内部状态及强度参数的方法,即地表位移反演法。该方法可直接利用现场的位移及裂缝监测数据,将其作为边界条件施加到计算模型上,从而反分析出内部破裂状态及强度参数。方法的核心是在保证和现场一致的边界条件和荷载条件下,在坡体自由面上施加与现场真实监测位移相同的位移荷载(包括裂缝),若强度参数接近真实的参数,则自由面上的力应接近零,即位移荷载所做的功应接近零。因此,自由表面上位移荷载做的功接近零是反演的终止判定条件。

　　该方法的实现需要考虑坡体内部裂缝的动态演化过程,因此借助动态的连续非连续全过程计算方法。具体步骤包括以下几个方面。

　　(1) 通过地质勘查建立滑坡数值分析模型;

　　(2) 通过现场监测获得滑坡地表裂缝或位移信息;

　　(3) 将地表位移或裂缝作为边界施加到计算模型;

　　(4) 遍历强度参数,获得边界力和位移所做的表面功随强度变化的曲线;

　　(5) 表面功改变符号区域对应真实强度参数。

　　因煤矿采场矿压数据中地表位移数据相对容易获得且数据较为可靠,可以借鉴此方法来反演地层参数。

参 考 文 献

蔡来生. 2009. 地下开采围岩稳定性及控制技术研究. 兰州:兰州大学博士学位论文.

曹留伟,孙伟. 2009. 应用边界元方法求解地下洞室三维开挖问题. 贵州大学学报(自然科学版),05:105-111.

曹明. 2010. 近浅埋煤层长壁工作面顶板来压机理研究. 西安:西安科技大学硕士学位论文.

柴敬,赵文华,李毅,等. 2013. 采场上覆岩层沉降变形的光纤检测实验. 煤炭学报,38(1):55-60.

柴肇云. 2005. 20m 特厚煤层综放开采基础研究. 太原:太原理工大学硕士学位论文.

常晓林,胡超,马刚,等. 2011. 模拟岩体失效全过程的连续-非连续变形体离散元方法及应用. 岩石力学与工程学报,30

(10):2004-2011.

陈军涛,郭惟嘉,常西坤.2011.深部条带开采覆岩形变三维模拟.煤矿安全,10:125-127.

陈新明.2012.大埋深复杂水文地质条件工作面防治水技术研究.北京:中国矿业大学博士学位论文.

董守义.2014.建筑物下急倾斜煤层群矸石充填开采研究.北京:中国矿业大学博士学位论文.

杜锋,白海波.2012.厚松散层薄基岩综放开采覆岩破断机理研究.煤炭学报,37(7):1105-1110.

范钢伟.2011.浅埋煤层开采与脆弱生态保护相互响应机理与工程实践.徐州:中国矿业大学博士学位论文.

范之望.2001.边界元法模拟岩层与地表移动时床场模型的研究.南方冶金学院学报,03:155-163.

范之望.2004.边界元法及层状介质岩体在地表及岩层移动计算中的应用.煤炭学报,02:150-154.

封金权.2008.不等厚土层薄基岩浅埋煤层覆岩移动规律及支护阻力确定.徐州:中国矿业大学硕士学位论文.

冯春,李世海,刘晓宇.2011.半弹簧接触模型及其在边坡破坏计算中的应用.力学学报,01:184-192.

冯春,李世海,王杰.2012.基于 CDEM 的顺层边坡地震稳定性分析方法研究.岩土工程学报,04:717-724.

冯春,李世海,姚再兴.2010.基于连续介质力学的块体单元离散弹簧法研究.岩石力学与工程学报,(S1):2690-2704.

付二军.2009.南梁煤矿长壁间隔式开采方法开采合理长度及煤柱参数研究.西安:西安科技大学硕士学位论文.

高登彦.2009.厚基岩浅埋煤层大采高长工作面矿压规律研究.西安:西安科技大学硕士学位论文.

高杨.2010.浅埋煤层关键层破断运动对覆岩移动的影响分析.西安:西安科技大学硕士学位论文.

弓培林,胡耀青,赵阳升,等.2005.带压开采底板变形破坏规律的三维相似模拟研究.岩石力学与工程学报,24(23):4396-4402.

古全忠,史元伟,齐庆新.1996.放顶煤采场顶板运动规律的研究.煤炭学报,01:45-50.

韩昌良.2013.沿空留巷围岩应力优化与结构稳定控制.徐州:中国矿业大学硕士学位论文.

韩贵雷,韩立军,蒋斌松.2008.软岩硐室锚杆锚索联合支护机理 ABAQUS 分析.金属矿山,03:75-79,102.

韩立军,蒋斌松,韩贵雷,等.2010.晋城矿区厚层脆韧性石灰岩顶板变形与控制特性研究.岩土力学,31(6):1841-1846.

黄汉富.2012.薄基岩综放采场覆岩结构运动与控制研究.徐州:中国矿业大学硕士学位论文.

季文博.2013.近距离煤层群采动煤岩渗透特性演化规律与实测方法研究.北京:中国矿业大学博士学位论文.

江泪洧,项伟,JOACHIM R,等.2012.基于三维形态空间分析和仿真试验的岩体结构面剪切强度参数研究.岩石力学与工程学报,10:2127-2138.

蒋景彩,能野一美,山上拓男.2008.滚石离散元数值模拟的参数反演(英文).岩石力学与工程学报,12:2418-2430.

鞠金峰,许家林.2012.倾向煤柱边界超前失稳对工作面出煤柱动载矿压的影响.煤炭学报,37(7):1080-1087.

鞠杨,左建平,宋振铎,等.2007.煤矿开采中的岩层应力分布与变形移动的 DDA 模拟.岩土工程学报,02:268-273.

雷薪雍.2010.韩家湾煤矿综采面矿压规律研究.西安:西安科技大学硕士学位论文.

李大勇.2008.浅埋煤层旺采工作面厚层坚硬顶板控制研究.青岛:山东科技大学硕士学位论文.

李凤仪.2007.浅埋煤层长壁开采矿压特点及其安全开采界限研究.阜新:辽宁工程技术大学博士学位论文.

李福胜.2014.浅埋薄基岩上下层同步开采技术研究.北京:中国矿业大学博士学位论文.

李鸿昌.1988.矿山压力的相似模拟试验.徐州:中国矿业大学出版社.

李青海.2009.石圪台煤矿浅埋较薄煤层开采覆岩运动规律研究.青岛:山东科技大学硕士学位论文.

李世海,汪远年.2004.三维离散元计算参数选取方法研究.岩石力学与工程学报,21:3642-3651.

李晓红,卢义玉,康勇,等.2007.岩石力学实验模拟技术.北京:科学出版社.

李杨.2012.浅埋煤层开采覆岩移动规律及对地下水影响研究.北京:中国矿业大学博士学位论文.

李振华.2010.薄基岩突水威胁煤层围岩破坏机理及应用研究.北京:中国矿业大学博士学位论文.

李忠建.2011.半胶结低强度围岩浅埋煤层开采覆岩运动及水害评价研究.青岛:山东科技大学博士学位论文.

梁宁慧,瞿万波,曹学山.2008.岩质边坡结构面参数反演的免疫遗传算法.煤炭学报,09:977-982.

刘长武,郭永峰,姚精明.2003.采矿相似模拟试验技术的发展与问题——论发展三维采矿物理模拟试验的意义.中国矿业,08:8-10.

刘长友,杨培举,丁斌.2011.两柱掩护式综放支架与围岩相互作用相似模拟研究.中国矿业大学学报,40(2):167-172.

刘毅,闫洁伦,杨启楠.2010.综放工作面围岩活动规律数值模拟.辽宁工程技术大学学报:自然科学版,29(3):

389-391.

刘宇亭,唐益群,王建秀,等. 2010. 基于 ABAQUS 的岩爆形成机理研究. 灾害学,S1:387.

刘玉德. 2008. 沙基型浅埋煤层保水开采技术及其适用条件分类. 徐州:中国矿业大学博士学位论文.

鹿志发. 2007. 浅埋深煤层顶板力学结构与支架适应性研究. 北京:煤炭科学研究总院博士学位论文.

麻凤海,范学理,王泳嘉. 1996. 岩层移动动态过程的离散单元法分析. 煤炭学报,04:54-58.

马立强,张东升,孙广京,等. 2013. 厚冲积层下大采高综放工作面顶板控制机理与实践. 煤炭学报,02:199-203.

马龙涛. 2013. 近浅埋煤层大采高工作面等效直接顶破断机理与支架载荷研究. 西安:西安科技大学硕士学位论文.

苗彦平. 2010. 浅埋煤层大采高综采面矿压规律与支护阻力研究. 西安:西安科技大学硕士学位论文.

潘宏宇. 2009. 复合关键层下采场压力与煤层瓦斯渗流耦合规律研究. 西安:西安科技大学博士学位论文.

潘一山,张永利,徐颖,等. 1998. 矿井冲击地压模拟试验研究及应用. 煤炭学报,06:32-37.

庞绪峰. 2013. 坚硬顶板孤岛工作面冲击地压机理及防治技术研究. 北京:中国矿业大学博士学位论文.

彭林军. 2012. 特厚煤层沿空掘巷围岩变形失稳机理及其控制对策. 北京:中国矿业大学博士学位论文.

祁长青,施斌,吴智深. 2002. M-S 法在非连续岩土体大变形数值模拟中的应用. 岩石力学与工程学报,21(z2):
    2443-2446.

邵太升. 2011. 黄沙矿上保护层开采卸压释放作用研究. 北京:中国矿业大学博士学位论文.

盛天宝. 2011. 特厚冲积层冻结法凿井关键技术研究与应用. 北京:中国矿业大学博士学位论文.

师本强,侯忠杰. 2007. 土层覆盖下浅埋煤层工作面支架选型研究. 采矿与安全工程学报,24(3):357-360.

师本强. 2012. 陕北浅埋煤层矿区保水开采影响因素研究. 西安:西安科技大学博士学位论文.

石根华. 1985. 不连续变形分析及其在隧道工程中的应用. 工程力学,02:161-170.

宋选民,靳钟铭,弓培林,等. 1993. 放顶煤采场老顶运动失稳规律研究. 矿山压力与顶板管理,Z1:76-82,240-241.

汤罗圣,殷坤龙,周丽,等. 2012. 基于数值模拟与位移监测的滑坡抗剪强度参数反演分析研究. 水文地质工程地质,04:
    32-37.

唐春安,赵文. 1997. 岩石破裂全过程分析软件系统 RFPA~(2D). 岩石力学与工程学报,05:109-110.

唐礼忠,周建雄,张君,等. 2012. 动力扰动下深部采空区围岩力学响应及充填作用效果. 成都理工大学学报:自然科学
    版,39(6):623-628.

田振农,李世海,刘晓宇,等. 2008. 三维块体离散元可变形计算方法研究. 岩石力学与工程学报,(S1):2832-2840.

王崇革,王莉莉,宋振骐,等. 2004. 浅埋煤层开采三维相似材料模拟试验研究. 岩石力学与工程学报,S2:4926-4929.

王杰,李世海,周东,等. 2013. 模拟岩石破裂过程的块体单元离散弹簧模型. 岩土力学,08:2355-2362.

王连庆,高谦,王建国,等. 2007. 自然崩落采矿法的颗粒流数值模拟. 北京科技大学学报,06:557-561.

王锐军. 2013. 浅埋煤层大采高综采工作面覆岩结构与来压机理研究. 西安:西安科技大学硕士学位论文.

王旭锋. 2009. 冲沟发育矿区浅埋煤层采动坡体活动机理及其控制研究. 徐州:中国矿业大学博士学位论文.

王永秀,毛德兵,齐庆新. 2003. 数值模拟中煤岩层物理力学参数确定的研究. 煤炭学报,06:593-597.

王泳嘉,刘国兴,邢纪波. 1987. 离散元法在崩落法放矿中应用的研究. 有色金属,02:20-26.

王泳嘉,麻凤海. 1997. 岩层移动的复合介质模型及其工程验证. 东北大学学报,03:3-7.

王泳嘉,邢纪波. 1991. 离散单元法及其在岩土力学中的应用. 东北工学院出版社.

王泳嘉,邢纪波. 1993a. 离散元法及其在煤矿开采中的应用(第 2 讲). 煤矿开采,04:56-58.

王泳嘉,邢纪波. 1993b. 离散元法及其在煤矿开采中的应用(第 1 讲). 煤矿开采,02:55-58.

王泳嘉,邢纪波. 1995. 离散单元法同拉格朗日元法及其在岩土力学中的应用. 岩土力学,02:1-14.

王泳嘉. 1978a. 有限元法及其在岩体力学中的应用(下). 有色金属(矿山部分),05:22-27,16.

王泳嘉. 1978b. 有限元法及其在岩体力学中的应用. 有色金属(矿山部分),04:22-27,46.

王泳嘉. 1986a. 离散法及其在岩石力学中的应用. 金属矿山,08:13-17,5.

王泳嘉. 1986b. 边界元法在岩石力学中的应用. 岩石力学与工程学报,02:205-222.

王芝银,袁鸿鹄,张琦伟,等. 2010. 十三陵大坝弹性参数反演与稳定性评价. 岩土力学,05:1592-1596.

韦四江. 2011. 预紧力对巷道围岩锚固体稳定的作用机理及工程应用. 焦作:河南理工大学博士学位论文.

魏怀鹏,易大可,李世海,等. 2006. 基于连续介质模型的离散元方法中弹簧性质研究. 岩石力学与工程学报,06:

1159-1169.

温明明.2014.大倾角煤层综采面围岩活动规律与支架适应性研究.北京:中国矿业大学博士学位论文.

吴文湘.2006.厚土层浅埋煤层综采覆岩破坏规律与支架阻力研究.西安:西安科技大学硕士学位论文.

夏开宗,陈从新,刘秀敏,等.2013.基于岩体波速的 Hoek-Brown 准则预测岩体力学参数方法及工程应用.岩石力学与工程学报,32(7):1458-1466.

夏艳华.2012.大采高长工作面地表移动变形规律研究.煤炭科学技术,40(11):35-37,49.

肖亚宁.2011.潞安矿区沿空巷道三维锚索支护机理及应用研究.北京:中国矿业大学博士学位论文.

谢广祥,王磊.2013.采场围岩应力壳力学特征的岩性效应.煤炭学报,1:44-49.

谢龙,窦林名,吕长国,等.2013.不同侧压系数对动载诱发巷道底板冲击的影响.采矿与安全工程学报,30(2):251-255.

谢耀社,宋晓波,胡艳峰,等.2008.缓倾斜厚煤层综放开采顶煤采出率数值模拟.煤炭科学技术,06:19-22.

徐乃忠.2011.低透气性富含瓦斯煤层群卸压开采机理及应用研究.北京:中国矿业大学博士学位论文.

轩大洋,许家林,朱卫兵,等.2012.注浆充填控制巨厚火成岩下动力灾害的试验研究.煤炭学报,37(12):1967-1974.

闫长斌,徐国元,李夕兵.2005.爆破震动对采空区稳定性影响的 FLAC～(3D)分析.岩石力学与工程学报,16:2894-2899.

杨金林,李夕兵,周子龙,等.2010.动力扰动对采空区稳定性影响的离散元分析.科技导报,28(24):48-52.

杨伟峰.2009.薄基岩采动破断及其诱发水砂混合流运移特性研究.徐州:中国矿业大学博士学位论文.

杨相海,张杰,余学义.2010.强制放顶爆破参数研究.西安科技大学学报,30(3):287-290.

杨晓科.2008.榆神矿区榆树湾煤矿覆岩破坏规律与支护阻力研究.西安:西安科技大学硕士学位论文.

杨友伟.2010.工作面侧向支承压力分布及保留巷道控制研究.青岛:山东科技大学硕士学位论文.

伊茂森.2008.神东矿区浅埋煤层关键层理论及其应用研究.徐州:中国矿业大学博士学位论文.

尹光志,赵洪宝,许江,等.2009.煤与瓦斯突出模拟试验研究.岩石力学与工程学报,08:1674-1680.

袁瑞甫.2011.含瓦斯煤动态破坏机理及模拟试验研究.焦作:河南理工大学博士学位论文.

展国伟.2007.松散层和基岩厚度与裂隙带高度关系的实验研究.西安:西安科技大学硕士学位论文.

张华,陆阳.2009.基于有限差分与离散元耦合的支挡结构数值计算方法.岩土工程学报,09:1402-1407.

张杰.2004.神府矿区荒漠化防治固液耦合实验分析.西安:西安科技大学硕士学位论文.

张杰.2007.榆神府矿区长壁间歇式推进保水开采技术基础研究.西安:西安科技大学博士学位论文.

张良库.2012.大采高采场覆岩运动规律及支护阻力研究.太原:太原理工大学硕士学位论文.

张沛.2012.浅埋煤层长壁开采顶板动态结构研究.西安:西安科技大学博士学位论文.

张青波,李世海,冯春.2012.四节点矩形弹簧元及其特性研究.岩土力学,11:3497-3502.

张蕊,姜振泉,李秀晗,等.2013.大采深厚煤层底板采动破坏深度.煤炭学报,1:67-72.

张西斌,周刚,刘志文.等.2013.特厚煤层分层综放开采工艺技术研究.煤炭科学技术,07:38-42.

张小明.2007.榆树湾煤矿 20102 工作面覆岩导水裂隙高度及其渗流规律研究.西安:西安科技大学硕士学位论文.

张学亮.2010.榆家梁煤矿浅理较薄煤层综采工作面矿压显现规律研究.北京:煤炭科学研究总院硕士学位论文.

张哲,唐春安,于庆磊,等.2009.侧压系数对圆孔周边松动区破坏模式影响的数值试验研究.岩土力学,2:413-418

张镇.2007.薄基岩浅埋采场上覆岩层运动规律研究与应用.青岛:山东科技大学硕士学位论文.

张志强,许家林,王露,等.2011.沟谷坡角对浅埋煤层工作面矿压影响的研究.采矿与安全工程学报,28(4):560-565.

张志强.2011.沟谷地形对浅埋煤层工作面动载矿压的影响规律研究.徐州:中国矿业大学博士学位论文.

赵晨光,谢文兵,郑百生,等.2007.巷道支架围岩关系的颗粒流数值分析.采矿与安全工程学报,03:374-378.

赵志刚,胡千庭,耿延辉.2009.煤与瓦斯突出模拟试验系统的设计.矿业安全与环保,05:9-11,97.

周志利.2011.厚煤层大断面巷道围岩稳定与掘锚一体化研究.北京:中国矿业大学博士学位论文.

朱蕾.2009.陕北煤层开采覆岩变形数值仿真模拟研究.西安:长安大学硕士学位论文.

朱万成,唐春安,杨天鸿,等.2003.岩石破裂过程分析用(RFPA～(2D))系统的细观单元本构关系及验证.岩石力学与工程学报,01:24-29.

朱万成,魏晨慧,田军,等.2009a.岩石损伤过程中的热-流-力耦合模型及其应用初探.岩土力学,12:3851-3857.

朱万成, 魏晨慧, 张福壮, 等. 2009b. 流固耦合模型用于陷落柱突水的数值模拟研究. 地下空间与工程学报, 05: 928-933.

朱万成, 张敏思, 张洪训, 等. 2013. 节理岩体表征单元体尺寸确定的数值模拟. 岩土工程学报, 06: 1121-1127.

朱卫兵. 2010. 浅埋近距离煤层重复采动关键层结构失稳机理研究. 徐州: 中国矿业大学博士学位论文.

朱衍利. 2012. 杜家村矿大倾角松软煤层综放开采矿压特征与围岩控制. 北京: 中国矿业大学博士学位论文.

Peng S. S. 2008. Coal Mine Ground Control. 北京: 科学出版社.

第5章 神东矿区开采沉陷及治理

神东矿区位于我国西部的鄂尔多斯盆地毛乌素沙漠和陕北黄土高原的接壤地带,该区赋存的侏罗纪煤层突出特点是埋藏浅、风积沙覆盖层厚、顶板基岩薄和工作面开采厚度大等特点,由于地质及生态环境脆弱,导致煤矿开采引起的地表沉陷和环境损害比较明显。

该区煤矿开采活动始于20世纪80年代,神华神东煤炭集团、陕煤陕北矿业等所属大型矿井主要采用长壁开采、综采一次采全高工艺和全部垮落法顶板管理进行回采,地方小煤矿主要采用房柱式采煤方法。目前,该区特大型矿井综采工作面长度为120~450m,推进长度为1000~6000m,采高4~7m。早期如大柳塔煤矿等大型煤矿浅埋开采时,工作面顶板来压后短时间内地表会形成切落式塌陷盆地,下沉盆地内部和边缘发育有正台阶状塌陷裂缝,且有少量倒锥形塌陷漏斗和塌陷槽,对土地、地表水和地下水破坏影响较大。小型煤矿采用房柱式采煤方法时,在工作面采空较长时间后多数地表会形成突发性大规模塌陷,塌陷区发育台阶状裂缝、塌陷槽、黄土崩滑和黄土崩塌,如图5-1所示。

(a) 台阶状裂缝　　　　　　　　　　　　(b) 塌陷槽

(c) 黄土崩滑　　　　　　　　　　　　(d) 黄土崩塌

图 5-1　神东矿区地表沉陷破坏形态

根据地面塌陷的形态特征,该矿区地面塌陷可以划分为塌陷坑、塌陷槽、裂缝、塌陷盆地、黄土崩塌和黄土崩滑6种类型(王双明等,2010)。采矿活动给生态环境造成了严重损害,带来水资源破坏以及土地沙漠化。例如,大柳塔井 1203 工作面是矿区正式投产的第一个综采工作面,1993 年 3 月 5 日开始回采,3 月 24 日工作面推进至 23.32m,14 个小时后地面发生了直达地表的一次性突然切冒(魏秉亮等,1999),顶板溃水量最大达 408m^3/h 并造成工作面停产。

浅埋薄基岩条件下开采导致的沉陷问题不论对井下安全生产还是对生态环境都构成严重威胁。首先,回采形成的塌陷沟道和裂缝区直接与采空区沟通成为沟谷上游洪水直接涌入井下的通道,严重威胁矿井井下生产的安全;其次,与井下采空区沟通的地表塌冒、裂缝区造成严重的漏风,使得井下通风极为困难,还可能引起采空区大范围煤层自燃发火灾害;最后,沟坡位置的裂缝破坏区,在遇水侵蚀冲刷作用下,将引起山体大范围滑移、滑坡和泥石流灾害,造成严重水土流失和环境破坏,给当地脆弱的生态环境造成更为严重的危害(余学义和邱有鑫,2012)。

开采沉陷直接威胁着矿区的安全生产,严重破坏着矿区地质生态环境且严重制约着矿区经济可持续发展。为了保护地表各种重要建(构)筑物,使它们不受或少受矿山开采损害的影响,有效减少地下煤炭资源损失,有必要对矿区地表移动规律进行系统研究,为开采沉陷和环境治理提供科学依据。本章对神东矿区已建立的各类地表移动观测站资料进行整理和分析,选取资料相对齐全、有一定代表性的观测站进行分析和总结,合计有 11 个矿井在 15 个长壁工作面建立了 17 个地表变形观测站,见表 5-1。这些观测站涵盖了矿区典型工作面、典型煤层的地质采矿条件,风积沙和松散层厚度为 0~65m,基岩厚度为 20.5~294.0m,采深为 35~327m,开采厚度为 2.2~6.9m,绝大多数观测工作面倾斜长度与平均埋深的比值都大于 1.2,这说明地表沉陷已经达到充分采动。

通过对矿区这些矿井观测站实测资料的全面整理和分析,掌握了矿区移动角、边界角、裂缝角和充分采动角的变化规律,掌握了地表移动变形预计的概率积分法参数,为下一步分析这些角值参数、预计参数与地质采矿条件的关系,为矿区地面建(构)筑物、铁路、水体和井巷煤柱留设等提供借鉴。

5.1　地表移动变形观测方法及数据处理

地表移动变形过程十分复杂,它是许多地质采矿因素综合影响的结果。目前,研究地表移动变形的主要方法是实地观测。通过建立地表移动变形观测站获得大量实测资料,综合分析可以找出各种地质采矿因素对地表移动变形的影响规律,为"三下"(建筑物下、铁路下、水体下)开采打下坚实可靠的基础。

5.1.1　观测方案

地表移动变形观测站是开采进行之前,在开采影响范围内地表或其他研究对象上按照一定要求设置的一系列互相联系的观测点,根据要求定期地对这些观测点进行监测,以确定它们的空间位置及其相对位置的变化,从而掌握地表移动和变形的规律。地表移动观测站的观测工作可分为观测站的连接测量、全面观测、单独进行的水准测量、地表破坏的测定和编录等。

表 5-1　神东矿区地表移动变形观测站汇总

	序号	工作面编号	煤层	工作面长度/m	工作面推进长度/m	煤层厚度/m	采厚/m	埋深(平均)/m	风积砂(平均)/m	基岩厚度(平均)/m	煤层倾角/(°)	充分采动程度	采煤工艺	平均工作面推进速度(最大)/(m/d)	观测时间
神东矿区	1	大柳塔1203工作面	1-2煤	150.0	938.0	4.6~7.21	4.03	50~60	23.5~29.3(26.5)	20.5~34.5(25.8)	1~3	充分	综采	2.4(4.11)	1993.3~1995.1
	2	补连塔12406工作面	1-2煤	300.5	3592.0	4.81	4.68	190~220	10.35	160~200(179.65)	1~3	充分	综采	12.0	2011.4~2011.12
	3	补连塔31401工作面	1-2煤	265.3	4629.0	4.29~6.45	4.2	241~255	5~30	235.5	1~3	非充分	综采	12(20)	2007.8.5~2007.9.17
	4	柳塔矿12106工作面	1-2煤	246.8	633.0	3.4~8.0	6.9	128~175(150)	30	120.6	1~3	充分	综放	5.0	2010.7~2012.9
	5	乌兰木伦2207工作面	1-2煤	158.0	892.0	3.20	2.2	97	31	66.5	1	充分	综采	2.8	1997.3~1997.10
	6	大柳塔活井12205工作面	2-2煤	230.0	2251.0	2.91~4.23	3.5	35~107	12~32	88	1	充分	综采	12(16)	1999.11~2000.12
	7	补连塔32301工作面	2-2煤	301.0	5220.0	7.17~8.05	6.1	183	6.6	177	1~3	充分	综采	9.2	2007~2008
	8	补连塔32301工作面(重复采动)	2-2煤	301.0	5220.0	7.17~8.05	6.1	183	6.6	177	1~3	充分	综采	9.2	2007~2008
	9	寸草塔22111工作面	2-2煤	224.0	2085.0	2.80	2.8	136~261	8	240.9	1~3	充分	综采	9.7	2010.7~2012.9
	10	寸草塔二矿22111工作面	2-2煤	300.0	3648.0	2.44~3.16	2.9	284~327(275)	5~25(16)	294	1~3	非充分	综采	8.5	2010.7~2012.9
	11	布尔台矿22103-1工作面	2-2煤	360.0	4250.0	0~5.85	2.9	157~324	3.2~34.82(22)	224~357(273)	1~3	充分	综采	8.3	2010.7~2012.9
	12	韩家湾2304工作面	2-2煤	268.0	1800.0	0.20~5.26	4.1	135	60~65(65)	70	2~4	充分	综采	8(10)	2009.5~1010.6
	13	柠条塔N1200工作面	2-2煤	300.0	1500.0	5.10~6.38	5.87	67~151	0~57	67~89	1	充分	综采	4.5	2011.9~2012.12
	14	柠条塔N1200工作面(重复采动)	2-2煤	300.0	1500.0	5.10~6.38	5.87	67~151	0~57	67~89	1	充分	综采	4.5	2011~2012
	15	昌双沟15106工作面	5-1煤	300.0	2800.0	5.20	5.2	94~136(112)	0.5~25	70~120	1~3	充分	综采	17.2	2007~2008
	16	大柳塔52304工作面	5-2煤	301.0	4547.6	6.6~7.3	6.45	136~281(225)	20	164.3	1~3	充分	综采	13.8	2011.9~2013.3
	17	冯家塔1201工作面	2号煤	250.0	1850.0	0~5.8	3.3	14~210(147)	10	137	0~5	充分	综采	8.3	2007.12~2009.9

1. 连接测量

连接测量需要独立进行两次,其测定方法可依据矿区控制网的分布及地形条件,分别采用精密导线测量、交会法和水准测量等方法进行。平面连接测量是从已知坐标的控制点,按点位误差小于 7cm 和 5″导线测量的精度要求进行,确定观测线工作测点的平面位置。高程连接测量是在矿区水准基点至观测站附近的水准点之间进行水准测量,再由水准点测定观测站控制点的高程。若矿区水准基点距观测站较近时,也可由水准基点直接和观测站连测,高程连测以不低于三等水准测量的精度要求进行。

2. 全面观测

当地表下沉达到 50～100mm 时进行采动后的第一次全面观测。全面观测包括各工作测点的平面位置测量和高程测量,同时记录地表原有的破坏状况,并做出素描。为了确定原始的观测数据,在采动前进行两次全面测量(两次间隔不超过 5d)。为了确定移动稳定后地表各点的空间位置,需要在地表移动稳定之后再进行一次全面测量。

全面观测的精度要求,在采动前两次全面观测的同一点高程差不得大于 10mm,两次测量同一边的长度差不大于 4mm,此次观测与上次观测的水平角之差不超过 $2\sqrt{2}m_\beta$(m_β 为导线的测角中误差)时,取其平均值作为观测的原始数据。同时按实测数据,将各点展绘到观测站设计平面图上。

在整个移动过程中,全面观测的次数取决于设站目的。如果设站只是为了研究稳定后(静态)的地表移动变形规律,只要进行首次和末次全面观测即可。当然,为了便于比较和分析,在移动过程中应适当增加 1～2 次全面观测。如果设站目的在于研究动态地表移动变形规律,就应在移动过程中特别是在移动的活跃阶段加密全面观测次数,并保证其观测质量。

3. 日常观测

日常观测工作是首次和末次全面观测之间适当增加的水准测量工作。为判定地表是否已开始移动,当回采工作面推进距离约达到开采深度的 $0.2～0.5H_0$ 后,在预计可能首先移动地区选择几个工作测点,每隔几天进行一次水准测量(又称预测或巡视测量),如果发现测点有下沉的趋势即说明地表已经开始移动。

在移动过程中要重复进行水准测量,它的时间间隔视地表下沉速度而定,一般是每隔 1～3 个月观测一次。在移动的活跃阶段还应在下沉较大的区段,增加水准观测次数。水准测量的精度要求采用单程的附和水准或水准支线进行往返测量,按四等水准测量的精度要求进行。

在采动过程中,不仅要及时地记录和描述地表出现的裂缝、塌陷坑等的形态和时间,还要记载每次观测时的相应工作面位置、实际采出厚度、工作面推进速度、顶板陷落情况、矿层产状、地质构造和水文条件等有关情况。

观测站的各项观测,一般情况下可参考表 5-2 的要求进行。为了保证所获得观测资料的准确性,每次观测应在尽量短的时间内完成,特别是在地表移动变形的活跃阶段,水准测量必须在一天内完成,并力争做到高程测量和平面测量同时进行。

表 5-2　地表移动变形观测站观测要求

观测时间	观测内容	观测时间	观测内容
设站后 10～15d	与矿区控制网连测	地表移动活跃期	全面观测、加密水准测量
采动影响前	全面测量、预测	地表移动衰退期	水准测量
地表移动初期	水准测量	地表移动稳定后	全面观测

5.1.2　观测资料预处理

为了确保观测成果的正确性,需要在进行内业整理计算之前对野外观测成果进行各种改正数的计算和平差计算。在进行移动和变形计算之前,应对观测数据加入各种改正,对水准测量数据进行平差,计算出各测点高程及相邻测点间的水平距离。每次观测之后应及时进行移动和变形计算,计算数字的取位参考表 5-3。

表 5-3　地表移动变形值计算时的取位

名称	下沉 W/mm	水平移动 U/mm	倾斜 i/(mm/m)	曲率 K/(10^{-3}/m)	水平变形 ε/(mm/m)	下沉速度 V/(mm/d)
取位	1	1	0.1	0.01	0.1	0.1

每次观测后需要及时绘制地表的移动和变形曲线,地表的移动和变形曲线横坐标表示测点位置,纵坐标表示各种移动与变形值。绘制移动和变形曲线图时要选取适当的竖直比例尺,以使绘制曲线图能清楚地反映移动和变形的分布规律且便于分析比较。

根据实测资料绘制的地表移动变形曲线图,求取地表沉陷移动角值、裂缝角值和边界角值及最大下沉速度数值,求取地表沉陷预计实测参数、分布函数的最终形式以及得到实测移动变形分布规律等。

5.1.3　地表移动变形参数计算

通常用角值参数描述地表下沉盆地与采空区的相对位置、大小、特征以及时间关系参数,主要包括以下几个方面。

(1) 边界角:δ_0、β_0、γ_0;

(2) 移动角:δ、β、γ;

(3) 裂缝角:δ''、β''、γ'';

(4) 超前影响角:ω;

(5) 最大下沉速度滞后角:ϕ。

1. 边界角

如图 5-2 所示,边界角是指在充分采动或接近充分采动的条件下,地表移动盆地主断面上盆地边界点至采空区边界的连线与水平线在煤柱一侧的夹角。求取边界角时是以下沉 10mm 的点作为移动盆地的边界,走向和上、下山边界角分别用 δ_0、β_0 和 γ_0 表示。

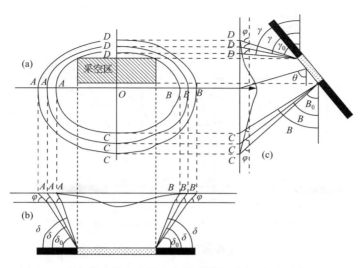

图 5-2   地表移动盆地边界和角量参数的确定(郭文兵等,2013)

2. 移动角

如图 5-2 所示,移动角是指在充分采动或接近充分采动的条件下,地表移动盆地主断面上三个临界变形值点中最外一个临界变形值点至采空区边界的连线与水平线在煤柱一侧的夹角。求取移动角时以倾斜 3mm/m、曲率 0.2mm/m² 和水平变形 2mm/m 的最外点至采空区边界的连线与水平线在煤柱一侧的夹角求得,上、下山和走向移动角分别用 γ、β 和 δ 表示。

移动角是确定地下开采对地表影响大小、影响范围和影响时间的关键参数,它是留设各类保护煤柱的基础数据,它的可靠程度对矿区生产有重要影响。

3. 裂缝角

如图 5-2 所示,裂缝角是指在充分采动或接近充分采动的条件下,在地表移动盆地主断面上,移动盆地最外侧的地表裂缝至采空区边界的连线与水平线在煤柱一侧的夹角。按不同断面,裂缝角可分为走向裂缝角、下山裂缝角、上山裂缝角、急倾斜煤层底板裂缝角,分别用 δ''、β''、γ''、λ'' 表示。

4. 超前影响角

如图 5-3 所示,超前影响角是指工作面推进前方地表下沉盆地主断面上下沉 10mm 的点至工作面位置的连线与水平线在煤柱一侧的夹角,其一般由超前影响距和采深计算后得到:

$$\omega = \arctan\frac{l}{H_0} \tag{5-1}$$

式中,l——超前影响距;

H_0——平均开采深度。

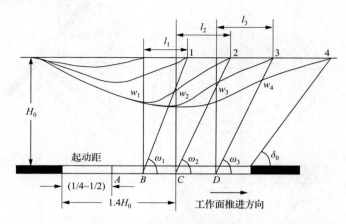

图 5-3　工作面推进过程中超前影响角

5. 最大下沉速度滞后角

如图 5-4 所示,最大下沉速度滞后角是指当地表已达到充分采动或接近充分采动时工作面后方地表移动盆地主断面上实测下沉速度最大点至工作面的连线与水平线在采空区一侧的夹角,其一般由最大下沉速度滞后距和采深计算后得到:

$$\phi = \arctan \frac{L}{H_0} \tag{5-2}$$

式中,L——最大下沉速度滞后距;

　　　H_0——平均开采深度。

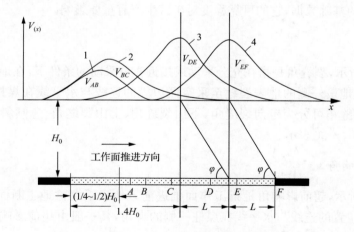

图 5-4　工作面推进过程中最大下沉速度滞后角

6. 地表移动持续时间

地表移动持续时间是指对处于充分采动区域的测点从开始下沉到移动稳定整个移动

过程的总时间。移动持续时间应根据地表最大下沉点求得,因为在地表移动盆地内各地表点中地表最大下沉点的下沉量最大、下沉的持续时间最长。

地表下沉速度的大小反映地表移动的剧烈程度。一般按照地表下沉速度对建筑物的影响程度不同将地表点的整个移动过程分为三个阶段,开始阶段是从移动开始到下沉速度刚达到 1.67mm/d,活跃阶段是下沉速度大于 1.67mm/d,衰退阶段是从下沉速度刚小于 1.67mm/d 时起至六个月内地表测点下沉累计不超过 30mm 时止。

5.2 大柳塔煤矿地表移动观测

大柳塔煤矿位于陕西省神木县境内,是神东煤炭集团所属年产 2000 万 t 的特大型现代化高产高效矿井,由大柳塔井和活鸡兔井组成。两井拥有井田面积 189.9km²,地质储量 23.2 亿 t,可采储量 15.3 亿 t。大柳塔井主采 1-2、2-2 和 5-2 煤层,活鸡兔井主采 1-2上、1-2、2-2 和 5-1 煤层。矿井采用平硐-斜井综合开拓布置方式、连续采煤机掘进,工作面沿大巷两侧条带式布置,在国内首家实现了主要运输系统皮带化、辅助运输无轨胶轮化、井巷支护锚喷化、生产系统远程自动化控制和安全监测监控系统自动化。2003 年建成了"双井双千万吨"矿井,产量和工效步入世界领先水平,成为世界上最大的井工煤矿,矿井安全、生产、经营等各项指标均创中国煤炭行业最高水平。

自 1993 年大柳塔煤矿采用正规的综采工艺以来,先后在大柳塔井建立了 1-2 煤层的1203 工作面地表移动变形观测站,5-2 煤层的 52304 工作面地表移动变形观测站;2000年活鸡兔井也在 2-2 煤层 12205 工作面建立地表移动变形观测站,取得了大量宝贵数据。大柳塔井地表移动变形观测站布置如图 5-5 所示。

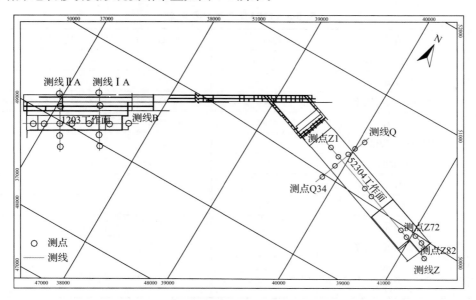

图 5-5 大柳塔矿地表移动变形观测站布置示意图

5.2.1　大柳塔井 1203 工作面

1. 1203 工作面地质采矿条件

大柳塔井 1203 工作面是该矿正式投产的第一个综采工作面,位于 1-2 煤层 102 盘区轨道巷以东,南北分别与 1201 和 1205 工作面为邻。地面位于双沟村以西、王家渠以东,地势较为平坦,海拔高度一般为 1220m,最高为 1225.5m,全区为风积沙所覆盖。根据陕西省一八五煤田地质勘探队提交的《大柳塔煤矿 1-2 煤层二盘区开采技术条件勘察报告》,1203 工作面走向主剖面有 Jb 浅 13、15、17、19 和 21 号 5 个钻孔,后又施工有标 1、标 2 两个钻孔。通过钻孔基本上查明 1203 工作面内基岩、松散层、地质和水文地质等情况,见表 5-4。

表 5-4　1203 工作面走向主剖面覆岩厚度

孔号	Jb 浅 13	Jb 浅 15	Jb 浅 17	Jb 浅 19	Jb 浅 21	平均/m	说明
孔距/m		200	300	300	170		
松散层厚度/m	23.5	25.8	29.3	26.9	26.8	26.5	
基岩/m	34.5	27.5	20.5	25.5	21.0	25.8	Jb 浅 19 孔东 70m 为切眼
覆岩厚/m	58	53.3	49.8	52.4	47.8	52.3	

1203 工作面地质构造简单,煤层平均倾角为 3°,煤层厚度为 4.6～7.21m,平均厚度为 6 m。工作面煤层埋藏深度为 47.8～58.0m,煤层顶板基岩厚度为 20.5～34.5m,上部为约 3m 厚风化基岩,风积沙松散层厚度为 23.5～29.3m,工作面典型柱状见表 5-5。

表 5-5　1203 工作面典型柱状

层序	岩性	厚度/m	容重/(kN/m³)	抗压强度/MPa
1	风积沙、砂石	27.0	17.0	1.27
2	风化砂岩	3.0	23.3	5.05
3	粉砂岩,局部风化	2.0	23.3	21.4
4	砂岩	2.4	25.2	38.5
5	中粒砂岩,交错层理	3.9	25.2	36.8
6	砂质泥岩	2.9	24.1	38.5
7	粉砂岩	2.0	23.8	48.3
8	粉砂岩	2.2	23.8	46.7
9	碳质泥岩	2.0	24.3	38.3
10	砂质泥岩或粉砂岩	2.6	24.3	38.5
11	1-2 煤	6.3	13.0	14.8
12	粉细砂岩	4.0	24.3	37.5

以《建筑物、水体、铁路及主要井巷煤柱留设与压煤开采规程》(以下简称"三下采煤规程"),经计算 1203 工作面整个上覆盖层的加权平均抗压强度为 15.3MPa,盖层覆岩类型

属于软弱；上覆基岩层的加权平均抗压强度为 38.3MPa，覆岩类型应属于中硬。

2. 1203 工作面地表变形观测站

大柳塔井 1203 工作面是大柳塔煤矿的第一个综采工作面，地表移动变形观测对地表移动规律的认识有指导意义，其设计方案由煤炭科学研究总院唐山分院完成，观测由陕西省一八五队西秦基础工程公司榆林分公司承担，得到了神东矿区地表沉陷观测的第一份报告。

1203 工作面为近水平煤层，设计方案中确定布置一条走向观测线 B 线，观测点 119 个；布置 I A 线和 II A 线等两条倾斜观测线，观测点各 30 个。1203 工作面共埋设观测点 179 个，测点间距 10m，控制点 10 个，观测站参数见表 5-6。观测点标石按照规格制作，中间预埋两根钢筋，高度为 2.0m，重 280kg。

表 5-6　1203 工作面观测站参数

观测线名称		移动角/(°)			修正值/(°)		测点间距/m	测点数	观测线长度/m
		β	γ	δ	$\triangle$				
R1、R2	走向 B 线			70	20		10	119	1180
R3、R4	倾向 I A 线	70	70		20		10	30	300
R5、R6	倾向 II A 线	70	70		20		10	30	300

1203 工作面地表变形观测工作建站始于 1992 年 9 月，原定工作面采煤一年完成，由于工作面停采数月，观测在 1995 年 7 月才结束，前后历时两年 10 个月。

1203 工作面观测站于 1992 年 9 月 17 日开始放线，走向 B 线设计方位角为 NE60°，倾向 I A 线和 II A 线设计方位角为 NE150°。测点 9 月 27 日埋设，10 月 2 日结束，由于钻探施工 B57 点遭到破坏。在工作面周围布设 5″控制点 10 个。1203 工作面地表移动观测站平面图如图 5-6 所示。

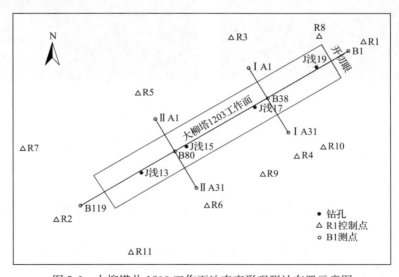

图 5-6　大柳塔井 1203 工作面地表变形观测站布置示意图

　　平面控制联测在矿区四等三角网的基础上,选用三个点在工作面地表布设了秒级导线网与观测线控制点连测。1992年12月1日连接测量和全面观测基本结束。1203工作面于1993年3月15日开始回采,1995年7月观测结束。日常测量工作B线累计测距15次,测高程51次;ⅠA、ⅡA线分别测距4次和3次,测高程分别为19次和13次。

　　地形图与地裂缝测量按大比例尺测图的精度要求施测了工作面地面地形图,以此图为基础实测了地表裂缝静态和动态变化,在重要部分还做了野外记录,为报告收集到大量裂缝资料,地表裂缝情况如图5-7所示。

(a)　　　　　　　　　　　　　　　　　(b)

(c)　　　　　　　　　　　　　　　　　(d)

图5-7　1203工作面地表裂缝和塌陷(杜善周,2010)

3. 1203工作面地表变形参数

1) 地表变形的最大值和角量参数值

　　根据1203工作面第一次和最后一次全面观测成果,进行各种移动变形计算,汇总见表5-7和表5-8。

　　由于1203工作面煤层倾角很小,局部地区很难区分走向和倾斜方向,为此将所求得的综合移动角按走向移动角取平均值。

表 5-7　1203 工作面移动变形最大值

观测线最大值	走向 B 线		倾向 I A 线		倾向 II A 线	
	切眼侧	停采线侧	轨道大巷	运输大巷	轨道大巷	运输大巷
最大下沉值 W_0/mm	2548	2548	2271	2271	2501	2501
最大倾斜值 i_0/(mm/m)	128.5	79.4	110.1	141	92.5	109.3
最大水平移动值 U_0/mm	1291	719	684	714	700	738
最大曲率值 K_0/(10^{-3}/m)	11.38 / −11.76	5.43 / −3.55	6.20 / −10.00	9.48 / −12.53	5.01 / −5.68	4.58 / −9.51
最大水平变形 ε_0/(mm/m)	61.5 / −72.7	51.2 / −54.8	27.9 / −19.1	38.3 / −35.6	43.2 / −25.1	35.9 / −49.6

表 5-8　1203 工作面地表变形角量参数

观测线最大值	走向线 B		倾向线 I A		倾向线 II A	
	切眼侧	停采线侧	轨道大巷	运输大巷	轨道大巷	运输大巷
综合边界角	63°40″	64°	64°	68°	63°	61°
综合移动角	67°20″	72°	67°	71°	71°	70°
裂缝角	74°	84°	74°	72°	75°	73°
充分采动角		51°	53°	56°	56°	55°

2）地表变形的持续时间

随着工作面不断向前推进，地表移动变形处于不断变化之中。1203 工作面开采深度仅 60m，平均采高 4.03m。在移动盆地内的观测点中下沉量最大点的移动持续时间最长，选择 B34、B53 号测点的实测数据计算下沉速度曲线。图 5-8 显示 1203 工作面地表测点的下沉速度曲线。

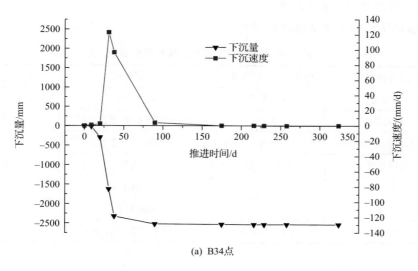

(a) B34点

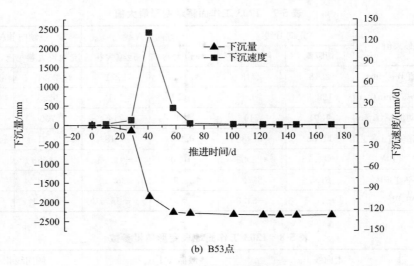

(b) B53点

图 5-8　测点下沉与下沉速度曲线

　　由于上覆风积沙层厚度大于基岩层厚度,下沉曲线呈现非连续变形的特点,冒落带和裂缝带发育达到地表。表 5-9 是工作面地表变形持续时间,下沉主要发生在活跃阶段。活跃期仅占总时间的 65％,但下沉量竟占总下沉量的 97％。

表 5-9　1203 工作面地表变形持续时间

最大下沉点	总下沉量 /mm	最大下沉速度 /(mm/d)	下沉持续 时间/d	初始阶段/d	活跃阶段/d	衰退阶段/d
B34	2529	123.01	100	5	69	26
B53	2335	131.38	112	7	69	36

3) 地表移动变形的主要参数

地表移动变形的主要参数值见表 5-10。

表 5-10　1203 工作面地表移动变形成果

	工作面编号	大柳塔井 1203 工作面	煤层倾角/(°)	1~3
地质采矿条件	煤层	1-2 煤层	观测时间	1993.3~1995.7
	工作面长度/m	150	走向测线长度/条数/m	1180/1
	工作面推进长度/m	938	倾向测线长度/条数/m	600/2
	煤层厚度/m	4.6~7.21	测点数	181
	采厚/m	4.03	测点间距/m	10
	埋深/m	47.8~58.0	观测次数	19
	风积沙/m	23.5~29.3	走向下沉最大值/mm	2548

续表

岩移参数和预计参数	下沉系数 q		0.59	走向裂缝角/(°)	74/84
	水平移动系数 b		0.29	最大下沉角回归公式	$\theta=90°\sim0.69\alpha$
	主要影响角正切		2.65	启动距/m	43.3
	拐点偏移距 s/m		20.4	超前影响距/m	14
	主要影响半径 r/m		23.7(0.395H_0)	走向超前影响角/(°)	82
	开采影响传播角 θ_0/(°)		$90\sim0.692\alpha$	最大下沉速度/(mm/d)	98.2
	边界角/(°)	β_0	63.3	下沉速度滞后距/m	35.9
		γ_0	64.3	最大下沉速度滞后角/(°)	71.7
		δ_0	64.2	起始期/d	4
	移动角/(°)	β	69.05/76.33	活跃期/d	75
		γ	78.94/77.25	衰退期/d	6
		δ	71.58/78.72	地表移动持续时间/d	85

4. 1203 工作面地表开裂和塌陷实测

1）地表初次塌陷特征

根据大柳塔井 1203 工作面地表沉陷观测，1993 年 3 月 24 日 15 时工作面推进到距开切眼约 27.1 m，顶板有三处淋水，16：30 顶板沿煤帮切落长度达 90m 以上，随后顶板垮落，顶板水顺煤帮飞泻而下。到当日晚 20 时煤机全部被淹，并有少量散沙溃入机尾。25 日早晨地表出现断裂塌陷，如图 5-9 所示。

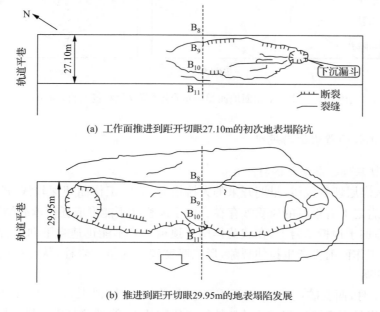

(a) 工作面推进到距开切眼27.10m的初次地表塌陷坑

(b) 推进到距开切眼29.95m的地表塌陷发展

图 5-9　1203 工作面初次地表塌陷实测（范立民和杨宏科，2000）

地表首次塌陷坑为枣核状,长轴 53m、短轴 22m,相对断裂高差 0.27m。坑内南端有 2.4m 深的沙漏斗,测点 B9 下沉量为 0.67m。当工作面推进到距开切眼 29.95m 时,塌陷范围变大呈纺锤形,长轴增加到 93m,断裂高差达 0.9m,在北端又出现深 6.4m、直径 15m 的沙漏斗。

2) 裂缝发育

如图 5-10 所示,1203 工作面地表塌陷出现后,随工作面推进在前后方出现裂缝并向两平巷发展,最后在开切边界处形成稳定裂缝。超前裂缝平行于工作面呈弧形发展,超前距离一般为 10m 左右。随着工作面的推进,不断产生超前裂缝,滞后裂缝不断扩展,裂缝间又出现新的裂缝。最终在地表形成间距为 0.5~1.0m、落差为 0.2~0.3m 和宽度为 0.1m 的裂缝。

工作面推进 46m 后,老顶第二次周期破断,塌陷坑长轴达 125m。推进到 74m 时,塌陷区长轴为 142m,接近工作面长度,地表裂缝到平巷两侧之外。由于地表松散层抗剪强度很小,故地表形态也一定程度上反映了基岩冒落带的上部特征。

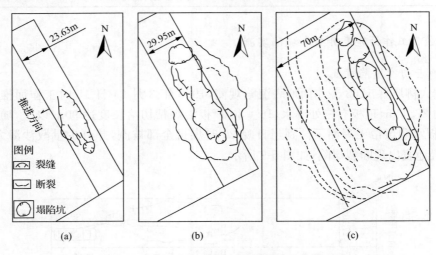

图 5-10　1203 工作面地面塌陷示意图(范立民和杨宏科,2000)

5. 1203 工作面覆岩运动规律

1) 浅埋薄基岩岩层运动的特殊性

神东矿区煤层埋藏较浅,早期开采的大柳塔井 1203 工作面埋深较浅,即典型浅埋薄基岩条件,基岩之上有很厚的风积沙存在。由于风积沙不能形成任何承载结构,其只能作为一种荷载施加于顶板基岩上,在载荷作用下顶板基岩不能迅速自下向上冒落至基岩表面,而首先在工作面前方产生拉伸裂隙,形成厚度较大的整体岩柱,从而造成煤层顶板沿架前或架后切落。

1993 年 1 月,西安矿业学院(现西安科技大学)通过模拟 1203 工作面开采后覆岩运动,预测到覆岩具有全厚切落式的破坏特征。研究认为,浅埋薄基岩厚松散层下煤层开采覆岩破坏至少具有如下规律(侯忠杰和黄庆享,1994)。

（1）过程迅速,顶板冒落无明显碎胀现象。当覆岩大面积悬空后,回采工作面中部应力集中,顶板首先沿煤壁剪切断裂,继而弯曲产生层间离析和断裂、连续下落或整体下塌;

（2）煤壁附近顶板初次发生全厚切落,此时是工作面涌水和溃沙最为严重的时刻;

（3）最大的涌水和溃沙发生在裂隙最发育且基岩下沉量最大处,水砂会沿工作面煤壁附近基线产生的切落裂缝直接涌入工作面;

（4）顶板初次全厚切落后,顶板周期性全厚破断,贯通基岩全厚的导水裂隙带宽度上部张开度大而下部小,并随采高的减小开裂度减小以至闭合,这有利于阻滞泥沙;

（5）浅埋薄基岩厚松散层条件下开采顶板全厚切落破坏方式比一般开采条件下的冒落带和裂缝带高度大,覆岩破断垮落呈现规则状,如图 5-11 所示。

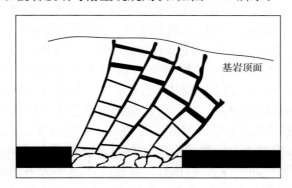

图 5-11　1203 工作面覆岩垮落破断形态示意

2）冒落带和裂缝带高度超过地表

一般规律是当工作面推进距开切眼（1/4～1/2）埋深 H 时,地表开始移动。1203 工作面的开切眼处煤层埋深为 52m,其中松散层厚 30m,开切眼除煤层采厚为 3.5m,采深采厚比仅有 14.8,冒落裂缝带已超过地表出现断裂塌陷。

如表 5-11 所示,以 1203 工作面上覆岩层是中硬为例,如果按照"两带"高度计算的经验公式中分层开采方式计算,冒落带（可分成不规则和较规则两部分）高度已接近基岩面;导水裂缝带已大大超过基岩厚度进入松散层,这两带均为非连续变形带。而实际是,对于 1203 工作面厚煤层一次采全厚的两带高度,远比表中分层开采的两带高度大,这与地表沉陷观测结果吻合。

表 5-11　不同采高条件下分层开采两带高度经验值

采高/m	冒落带高度/m	导水裂缝带的高度/m	
		公式一	公式二
3.5	12.1	42.7	47.4
4.0	12.8	44.5	50.0
4.3	13.2	45.5	51.5

由于大柳塔矿区松散层的特性,抗剪强度很低,趋近于零。故而地面变形状态基本上反映了基岩冒落带上部的面貌。在 1203 工作面采空区垂直方向上方,只出现冒落带而无

裂隙带和弯曲带,即"三带合一"现象(吕军和侯忠杰,2002)。浅埋薄基岩煤层顶板破断时没有明显的"三带"现象,不能形成稳定的"砌体梁"结构,顶板基岩呈整体运动,形成较大整体岩柱,从而导致基岩沿煤壁全厚切落,这是浅埋薄基岩厚风积沙条件下开采所独有的覆岩运动特点。

5.2.2　大柳塔井 52304 工作面

1. 52304 工作面地质采矿条件

52304 工作面是大柳塔煤矿 5-2 煤层三盘区第一个综采工作面,也是神东矿区第一个综采工作面,在 5-2 煤层开展地表移动变形观测很有意义。如图 5-5 所示,52304 工作面位于大柳塔井的东南区域,工作面北侧靠近 DF3 正断层,南侧为 52303 工作面,西侧靠近 5-2 煤辅运大巷,东侧靠近井田边界未开发实体煤。工作面上方对应 2-2 煤 22306 和 22307 工作面采空区及乔岔滩三不拉煤矿采空区。工作面地表为丘陵地区、地形复杂,海拔高度为 1154.8～1269.9m,地表观测站附近地表平均标高为 1214m。

52304 工作面区域煤层倾角小于 2°,煤层倾角近似于水平煤层,根据 64、269、293 号钻孔资料,地表大部被第四系松散沉积物覆盖,在三不拉沟有基岩出露。上覆基岩厚度为 110～210m,基岩厚度在切眼与回撤通道侧较厚,工作面中部较薄;沟谷主要被风积沙覆盖,第四系松散层厚度为 20m 左右,坡顶有少量残积土,基本无第四系沉积。

52304 工作面煤层厚度为 6.6～7.3m,平均为 6.94m,底板标高 988.7～1018.1m,埋深 136.7～281.2m,平均为 225m。工作面为刀把式,最窄 147.5m、最长 301m,工作面推进长度为 4547.6m,采用走向长壁式采煤法,一次采全厚综采工艺,全部垮落法管理顶板。

2. 52304 工作面地表变形观测站

大柳塔煤矿委托内蒙古自治区煤田地质局勘测队对 52304 工作面开采引起的地表移动与变形进行观测与研究,这是大柳塔井、神东矿区 5-2 煤层开采地表沉陷研究的首份报告。

2011 年 9 月,内蒙古自治区煤田地质局勘测队根据"三下采煤规程"、《煤矿测量规程》等有关规定和现场的实际情况、井下工作面开采计划,编制完成了《神东煤炭集团大柳塔矿井 5-2 煤首采面岩移观测项目》设计方案。

观测点的结构及埋设基本按设计要求施工,由于条件限制观测线未完全按照原设计布点,倾斜线点位(Q1～Q34)向切眼方向平移 140m,并在刀把式工作面最窄工作面上方增加一条观测线(Z72～Z82),走向观测线按原设计点位埋设(Z1～Z71),观测线参数见表 5-12。三条观测线总长度为 2451m,共埋设 116 个工作测点,6 个控制点。主要包括两个半条走向观测线,观测线 Z1～Z71,测线长度为 1400m,测点平均间距为 20m,观测线 Z72～Z82,测线长度为 200m,测点平均间距为 20m;倾向观测线 Q1～Q34,测线长度为 849m,测点平均间距为 25m。工作面布置如图 5-12 所示,剖面图如图 5-13 所示。

表 5-12　52304 工作面观测线参数

| 观测线名称 | | 点号 | 测点间距/m | 测点数 | 观测线长度/m |
控制点	测线				
GPS1～GPS2	Z 线（走向线长线）	Z1～Z71	20	71	1400
GPS1～GPS2	Z 线（走向线短线）	Z72～Z82	20	10	200
GPS3～GPS6	Q 线（倾向线）	Q1～Q34	25	34	849

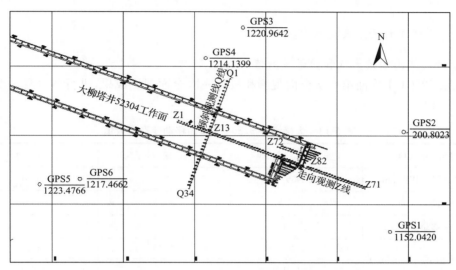

图 5-12　52304 工作面地表移动变形观测站布置示意图

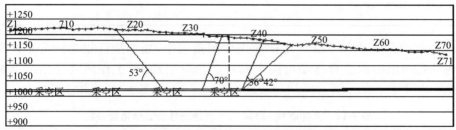

(a) 走向 Z 线剖面图

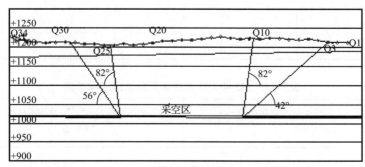

(b) 倾向 Q 线剖面图

图 5-13　52304 工作面地表移动变形观测站测线剖面图

52304 工作面地表移动观测站高程控制点连接测量按三等水准精度要求,其他按四等水准测量的精度要求进行,每次测量成果均提供了平差报告,观测精度满足规程要求。平面测量采用动态 RTK 测量,独立两次测量取平均值,能够满足资料分析的精度要求。2011 年 9 月底进行了平面、高程控制测量,从 2011 年 10 月 2 日开始进行观测站测量工作,截至 2013 年 3 月 28 日,历时 18 个月。本书共进行了 21 次观测,其中平面控制测量 3 次,走向高程控制测量 18 次,倾向高程控制测量 5 次,取得了大量观测资料。

3. 52304 工作面地表变形参数

1) 地表变形的最大值和角量参数值

根据 52304 工作面第一次全面观测和最后一次全面观测成果,进行各种移动变形计算见表 5-13。

表 5-13　大柳塔井 52304 工作面移动变形最大值

观测线最大值	走向线 Z1 线(长线)	走向线 Z2 线(短线)	倾向线 Q 线
最大下沉值 W_0/mm	3959	2233	3731
最大倾斜值 i_0/(mm/m)	55.7	35.5	−53.9
最大水平移动值 U_0/mm	1247.0	687.0	1577.0
最大曲率值 K_0/(mm/m²)	1.60	1.30	1.20
	−1.59	−0.75	−0.41
最大水平变形 ε_0/(mm/m)	19.0	25.2	28.1
	−28.5	−14.7	−21.3

如表 5-14 所示,由于 52304 工作面煤层倾角很小,局部地区很难区分走向和倾斜方向,为此将所求得的综合移动角按走向移动角取平均值,工作面动态角量参数等见表 5-15。

表 5-14　大柳塔井 52304 工作面地表移动变形角量参数

采煤工作面	边界角/(°)			移动角/(°)		
	β_0	γ_0	δ_0	β	γ	δ
52304 工作面	42.2	56.3	42.5	81.9	82	66.4

表 5-15　52304 工作面综采开采动态岩移参数

开采工作面	超前影响角 ω/(°)	最大下沉速度角 φ/(°)	地表最大下沉速度/(mm/d)
52304	53	70	430

2) 地表变形的持续时间

随着工作面不断向前推进,地表移动变形处于不断变化之中。在移动盆地内的观测点中,下沉量最大点的移动持续时间最长。由于观测密度不足,选择走向线上具有代表性的点 Z30 的观测资料,计算不同观测时段间的地表下沉速度,绘制了 Z30 点的下沉曲线,如图 5-14 所示。

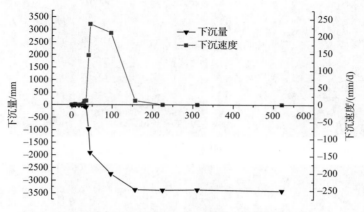

图 5-14　Z30 测点下沉曲线与下沉速度曲线

由图 5-14 可以看出,Z30 点受 52304 工作面回采影响期间,在浅埋深一次采全高条件下,地表移动初始期较短为 21d 左右,活跃期相对较长为 128d,其中剧烈活动期(下沉速度大于 12mm/d)持续时间仅为 66d,地表下沉速度较大。Z30 点最大下沉速度为 236mm/d,衰退期为 162d,地表移动持续总时间约 311d,见表 5-16。

表 5-16　地表移动变形持续时间统计

最大下沉点	总下沉量/mm	最大下沉速度/(mm/d)	下沉持续时间/d	初始阶段/d	活跃阶段/d	衰退阶段/d
Z30	3395	236	311	21	66	162

通过对地表移动持续时间的分析,发现在地质采矿条件相似情况下,地表移动的初始末期至地表下沉速度最大值的时间与工作面的推进速度呈正比关系,而活跃期和衰退期持续时间受工作面推进速度的影响相对较小。下沉曲线和下沉速度是突发性的、非连续变形,活跃期阶段仅占总时间的 21%,但下沉量竟占总下沉量的 98%,说明地表下沉量主要发生在活跃阶段。

3)地表变形和裂缝

52304 工作面初采期间,工作面对应地表一直有专人进行裂缝发育情况的观测,2011 年 11 月 8 日早班,工作面开采范围内对应地表已出现明显的开采裂缝,裂缝分布范围如图 5-15 所示。由图 5-15(a)可知,52304-1 面区域内对应地表存在 3 条较大的开采裂缝,其中 1# 大裂缝位于 52304-1 面中部,裂缝宽 80～200mm,台阶落差 80mm 左右,如图 5-15(a)所示,2#、3# 台阶裂缝长 20～30m,宽 30～80mm,台阶落差 50～80mm,如图 5-15(b)、图 5-15(c)所示。而 52304-2 面区域裂缝发育边界已蔓延至距离回风巷 49.1m 位置,但裂缝宽度普遍较小,处于 5～12mm,如图 5-16 所示。

(a) 1#大裂缝照片

(b) 2#台阶裂缝　　　　　　　　　　　(c) 3#台阶裂缝

图 5-15　52304-1 面区域对应地表 2♯、3♯台阶裂缝照片

(a)　　　　　　　　　　　　　　　(b)

图 5-16　52304-2 面区域地表开采裂缝

大柳塔井 52304 工作面的地表移动变形成果见表 5-17。

表 5-17　52304 工作面地表移动变形成果

<table>
<tr><td rowspan="9">地质采矿条件</td><td>工作面编号</td><td>大柳塔井 52304 工作面</td><td>煤层倾角/(°)</td><td>1～3</td></tr>
<tr><td>煤层</td><td>5-2 煤层</td><td>观测时间</td><td>2011.9～2013.3</td></tr>
<tr><td>工作面长度/m</td><td>301</td><td>走向测线长度/条数/m</td><td>1600/2</td></tr>
<tr><td>工作面推进长度/m</td><td>4547.6</td><td>倾向测线长度/条数/m</td><td>849/1</td></tr>
<tr><td>煤层厚度/m</td><td>6.6～7.3</td><td>测点数</td><td>115</td></tr>
<tr><td>采厚/m</td><td>6.45</td><td>测点间距/m</td><td>15</td></tr>
<tr><td>埋深/m</td><td>225</td><td>观测次数/mm</td><td>22</td></tr>
<tr><td>风积沙/m</td><td>20</td><td>走向下沉最大值/mm</td><td>3959</td></tr>
<tr><td colspan="4"></td></tr>
</table>

<table>
<tr><td rowspan="14">岩移参数预计参数</td><td>下沉系数 q</td><td>0.61</td><td>走向裂缝角/(°)</td><td></td></tr>
<tr><td>水平移动系数 b</td><td>0.32</td><td>最大下沉角回归公式</td><td>89</td></tr>
<tr><td>主要影响角正切</td><td>2.88</td><td>启动距/m</td><td></td></tr>
<tr><td>拐点偏移距 s/m</td><td>37.5</td><td>超前影响距/m</td><td>148</td></tr>
<tr><td>主要影响半径 r/m</td><td>71.1</td><td>走向超前影响角/(°)</td><td>53</td></tr>
<tr><td>开采影响传播角 θ_0/(°)</td><td></td><td>最大下沉速度/(mm/d)</td><td>430</td></tr>
<tr><td rowspan="3">边界角/(°)</td><td>β_0</td><td>42.2</td><td>下沉速度滞后距/m</td><td>64.4</td></tr>
<tr><td>γ_0</td><td>56.3</td><td>最大下沉速度滞后角/(°)</td><td>70</td></tr>
<tr><td>δ_0</td><td>42.5</td><td>起始期/d</td><td>21</td></tr>
<tr><td rowspan="3">移动角/(°)</td><td>β</td><td>81.9</td><td>活跃期/d</td><td>66</td></tr>
<tr><td>γ</td><td>82</td><td>衰退期/d</td><td>162</td></tr>
<tr><td>δ</td><td>66.4</td><td>地表移动持续时间/d</td><td>311</td></tr>
</table>

4. 沟壑地形对地表移动变形影响

大柳塔井为了进一步研究沟壑对地表移动变形的影响，在 52304 工作面停采线附近地表上方建立移动观测站，观测并分析研究了充分采动条件下沟壑地形对盆地中央的移动变形影响（王业显等，2014）。

1）地表变形观测站的建立

在 52304 工作面停采线附近上方有 2-2 煤层 22306 和 22307 工作面的采空区，停采线一侧的正上方还有一条与工作面走向线基本一致但略有相交的沟壑，可以认为是三不拉沟分支。

为研究该沟壑对地表移动变形的影响，考虑到工作面过长观测困难等实际问题，在停采线一侧布设半条走向观测线，设有 A1～A41 共 41 个观测点，点间水平距离为 20m。将 A1～A8 点布设在工作面之外，A9～A17 点布设在停采线至沟壑开始之间，A18～A41 点与沟壑相交，A26 及 A27 点位于沟谷，测点布置方案如图 5-17 所示。在研究区范围内沟壑平均宽 30m，深 6.3m。

2）52304 工作面采动程度判定

数据采集使用上海华测 GPS 接收机[标称水平精度（±10+1）mm/km，垂直精度

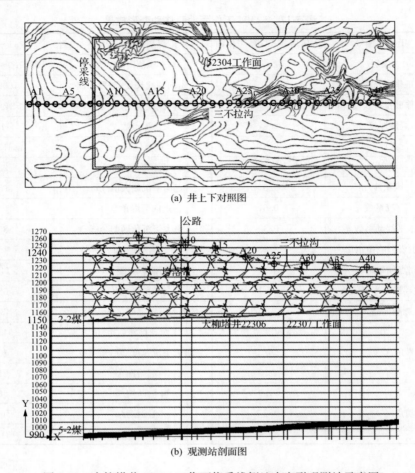

(a) 井上下对照图

(b) 观测站剖面图

图 5-17　大柳塔井 52304 工作面停采线侧地表变形观测站示意图

(±20＋1)mm /km]进行 RTK 实时动态观测,观测时间自 2012 年 11 月 10 日至 2013 年 7 月 13 日,共观测 17 期。

采区尺寸的大小可影响地表的充分采动程度,充分采动程度常用宽深比 D/H 来表示。大柳塔井 52304 工作面,倾斜长度 D_1 为 301m,推进长度 D_3 为 4547.6m,埋深 H_0 为 230m,则 $D_1/H_0＝1.31$、$D_3/H_0＝15.1$,接近和超过 $1.2\sim1.4$,这表明工作面回采后地表达到超充分采动,如图 5-18 所示。

对于平原地形条件下的水平煤层开采而言,地表为地表达到超充分采动时主断面内地表移动和变形分布规律具有以下特点。

(1) 下沉盆地出现了平底 $O_1\sim O_2$ 区,在该区域内,各点下沉值相等,并达到该地质采矿条件下的最大值;

(2) 在平底 $O_1\sim O_2$ 区内,倾斜、曲率和水平变形均为零或接近于零,各种变形主要分布在采空区边界上方附近;

(3) 最大倾斜和最大水平移动位于拐点处;最大正曲率、最大拉伸变形位于拐点和边界点之间;最大负曲率、最大压缩变形位于拐点和最大下沉点 O 之间;

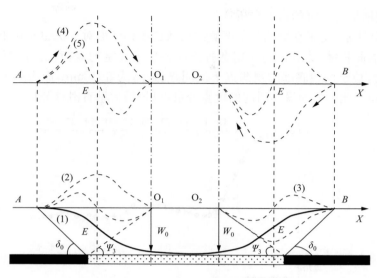

图 5-18　水平煤层超充分采动时主断面内地表移动和变形分布规律

(1)下沉；(2)倾斜；(3)曲率；(4)水平移动；(5)水平变形

（4）盆地平底 $O_1 \sim O_2$ 区内水平移动理论上为零，实际存在残余水平移动。

3）沟壑地形对地表变形的影响

（1）沟壑地形对水平移动的影响。

对于平坦地区，走向观测线上点在垂直于观测线方向上的移动即横向水平移动理论值应为零，实际上是在零左右波动且随机分布。

如图 5-19 所示，由于沟壑的影响，52304 工作面上观测点其横向水平移动表现出特殊的规律性：测点 A1～A6 受采动影响不大，其横向水平移动也很小；测点 A7～A15 属于移动变形活跃区，由于地形比较平缓（图 5-17A 线），其横向水平移动也不是很大，最大为95mm；点 A16～A41 属于超充分采动区，测点 A16 和 A17 两点在沟壑范围之外或沟壑刚刚开始形成位置，其地形相对比较平缓，横向水平移动在 100mm 左右；从点 A18 沟壑形成的位置开始，横向水平移动失去一般规律逐渐增大，向沟壑方向移动，最大达306mm，在沟壑和观测线相交处，即在谷底 A26～A27 点处，观测点的横向水平移动又趋于零，当观测线经过沟壑后，水平移动向相反的方向迅速变大，最大达 398mm，在点 A37～A38 处横向水平移动突然变小。

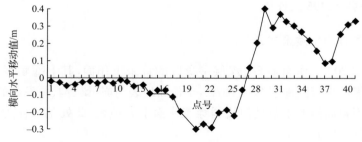

图 5-19　沟壑地形地表 A 线横向水平移动曲线

（2）沟壑地形对下沉的影响分析。

如图 5-20 所示，受采动影响沟壑两侧的松散层滑移变形对下沉也有影响。下沉曲线在盆地底部并非平缓，受滑移的影响有所波动表现出一定的规律性。沟壑约在 A26 和 A27 号点位置，位于沟壑底部的观测点下沉明显偏小，为 3547mm，而沟壑外的点最大下沉达到 4354mm，此差值为滑移引起的垂直分量，可知最大垂直滑移分量为 807mm。

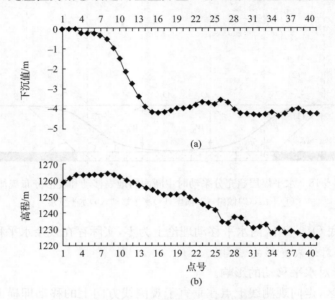

图 5-20　沟壑地形 A 线下地表下沉曲线

观测表明，52304 工作面受松散层滑移的影响，使得沟壑两侧的点向着沟壑的方向移动，产生了一个垂直移动分量，使得沟壑两侧点的下沉有所增大；沟壑底部受两侧滑移挤压，下沉反而相对减小，总体表现为沟壑底部下沉小、沟壑两侧下沉大。

另外，按上述规律在 A18～A25 点的下沉量值应与 A28～A33 点相差不大，在实际观测中发现 A18～A25 点除了有向沟壑方向的水平移动，还有向停采线方向的水平移动，即向着高程增大的方向水平移动优于向着沟壑方向的水平移动，虽然下沉有所减小，但总体比沟壑底部的略大。分析其产生原因，可能在基岩与松散层接触面上发生了滑移，使松散层产生压缩向停采线方向移动。

5.2.3　活鸡兔井 12205 工作面

1. 12205 工作面地质采矿条件

活鸡兔井 12205 工作面是 2-2 煤层一盘区的首采工作面，其上部赋存 1-2 煤已被火烧。该工作面煤层顶板距地表 35～107m，工作面地表为峁、梁、沟、壑发育的冲沟地貌，有一条名为脑高不拉庙沟的季节性河流斜穿工作面上方地表，此处基岩仅为 21m 厚，其他部位正常，基岩厚度为 88m。

活鸡兔井 12205 工作面位于一盘区大巷北翼，工作面长 230m，推进长度为 2251m。

工作面巷道布置采用盘区条带式双巷布置,工作面设计采高 3.5m,采用走向长壁采煤法、综采工艺和全部垮落法管理顶板。

12205 工作面煤层倾角为 0°~3°,煤厚 2.91~4.23m,平均为 3.57m。直接顶以粉砂岩为主,厚度 1m 左右,局部地段为泥岩或细砂岩,泥质胶结,底部富含植物化石及镜煤化石,属易冒落不稳Ⅱ类顶板。基本顶厚度为 28m,以粉砂岩为主,局部夹有碳质泥岩薄层,下部中、细粉砂岩岩层,银质、泥质胶结,砂粒划分以长石、石英为主,最下分层 6m 厚,硬度较大,属于来压明显的Ⅱ级基本顶,见表 5-18。

表 5-18 煤层顶底板岩石物理力学性质

岩性	初密度 /(kg/m³)	单向抗压 强度/MPa	单向抗拉 强度/MPa	抗剪强度 /MPa	弹性模量 /(10⁴MPa)	泊松比
粉砂岩	2430	52.05	4.76	11.26	1.402	0.15
细砂岩	2510	61.68	6.87	14.65	1.52	0.21
泥岩	2470	49.33	2.32	—	0.4925	0.2
煤	1320	18.77	—	—	0.3819	0.4

资料来源:王国立,2002

工作面范围内,煤层顶部广泛存在着煤层受冲蚀现象。其中距副一平硐 705~723m 的范围内存在一条煤层严重受冲蚀带,冲蚀带侵入煤层厚 1.2m。

2. 12205 工作面地表变形观测站

由于沿工作面推进方向地表地形相差很大,大体上可分为三段,第一段,从开切眼至脑高不拉庙沟,这一段地表相对高差变化较小,埋藏深度为 80~100m;第二段,脑高不拉庙沟地段,这段为脑高不拉庙沟斜穿工作面地表上方;第三段,从回风顺槽侧过脑高不拉庙沟后到工作面结束,此区段煤层埋深为 100~120m,地面相对高差变化较大,沟壑纵横发育。

12205 工作面为近水平煤层,设计方案中确定布置一条走向观测线,观测点 30 个,布置两条倾斜观测线Ⅰ线和Ⅱ线,观测点分别为 20 个和 14 个,一条斜穿脑高不拉庙沟的测线,测点 27 个,即 12205 工作面共埋设观测点 91 个,测点间距 10m。观测线设计见表 5-19 和图 5-21。

表 5-19 12205 工作面观测线参数

观测线名称		点号	测点间距/m	测点数	观测线长度/m
控制点	测线				
B1~B3	走向线长线	测点 1~测点 30	10	30	300
A1~A6	倾向Ⅱ线	测点 54~测点 67	10	14	140
C1~C4	倾向Ⅰ线	测点 31~测点 50	10	20	200
D1	脑高不拉庙沟线	测点 68~测点 94	10	27	260

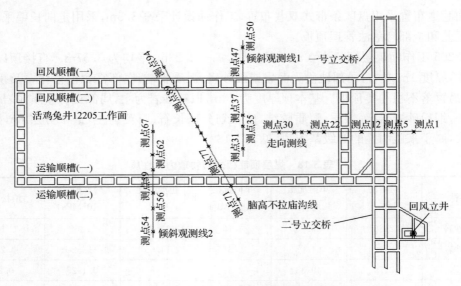

图 5-21 12205 工作面地表移动变形观测站布置图

2000 年 6 月 20 日～30 日观测站建立，2000 年 7 月 5 日～7 日进行连接测量和全面观测，2000 年 8 月 17 日～12 月 8 日进行日常观测和全面观测，每次观测间隔时间 7d，前后历时近半年。

12205 工作面控制点的埋设情况根据设计要求，共埋设控制点 13 个，由于受地形的限制，控制点间距、控制点与观测点间距没能完全按 50m 的要求埋设，其中 A3、A6、Cl、3C 和 C4 五点均改变设计间距埋设在观测线的延长线方向上。

3. 12205 工作面地表变形观测站资料分析

1）地表变形的最大值和角量参数值

根据工作面第一次全面观测和最后一次全面观测成果，进行各种移动变形计算，见表 5-20。

表 5-20 12205 工作面移动变形最大值

观测线最大值	走向线	倾向 I 线	倾向 II 线
最大下沉值 W_0/mm	2360	2515	2300
最大倾斜值 i_0/(mm/m)	42.8	31.0	52.2
最大水平移动值 U_0/mm	422	—	872
最大曲率值 K_0/(mm/m²)	1.33	0.73	1.38
	−1.18	−0.70	−2.14
最大水平变形 ε_0/(mm/m)	12.9		22.0

2）地表变形的持续时间

选择走向线上具有代表性测点 23 的观测资料,计算不同观测时段间地表下沉速度,绘制了测点 23 的下沉曲线,如图 5-22 所示。

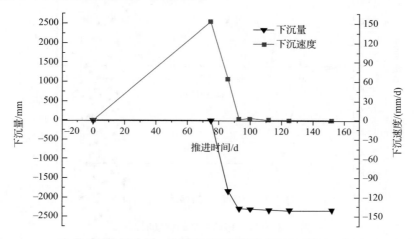

图 5-22　测点 23 的移动变形时间

选择倾向 I 线上具有代表性的测点 31 的观测资料,计算了不同观测时段间的地表下沉速度,绘制了测点 31 的下沉曲线,如图 5-23 所示。

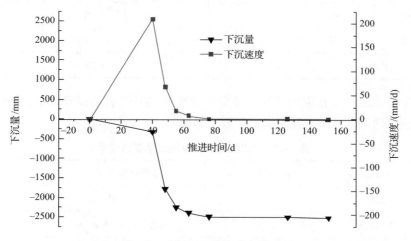

图 5-23　测点 31 的移动变形时间

选择倾向 II 线上具有代表性的测点 66 的观测资料,计算了不同观测时段间的地表下沉速度,绘制了测点 66 的下沉曲线,如图 5-24 所示。

由于测点 23、测点 31 和测点 66 都处于 12205 工作面中部且基本沿着推进方向,此三个点的移动变形持续时间可以反映地表移动变形规律,即活鸡兔井地表移动的初始期为 8d,活跃期为 35d,衰退期为 40d,地表移动总时间为 84d,见表 5-21。

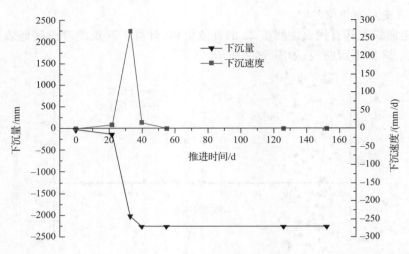

图 5-24　测点 66 的移动变形时间

表 5-21　移动变形的持续时间

观测线	测点	初始期 T_1/d	活跃期 T_2/d	衰退期 T_3/d	地表移动总时间 $T_总$/d
走向线	23	6	25	56	87
倾斜Ⅰ线	66	8	45	32	85
倾斜Ⅱ线	31	10	36	33	79
平均		8	35	40	84

活鸡兔井 12205 工作面地表移动及变形速度快，初始期、活跃期和衰退期相对都短，地表总的移动时间为 84d。其他地表变形成果见表 5-22。

表 5-22　12205 工作面地表移动变形成果

	工作面编号	活鸡兔井 12205	煤层倾角/(°)	1～3
地质采矿条件	煤层	2-2 煤层	观测时间	1999.11～2000.12
	工作面长度/m	230	走向测线长度/条数/m	300/1
	工作面推进长度/m	2251	倾向测线长度/条数/m	600/3
	煤层厚度/m	2.91～4.23	测点数	91
	采厚/m	3.5	测点间距/m	10
	埋深/m	35～107	观测次数	23
	风积沙/m	12～32	走向下沉最大值/mm	2360

续表

岩移参数和预计参数	下沉系数 q		0.51	走向裂缝角/(°)	72
	水平移动系数 b		0.33	最大下沉角回归公式	
	主要影响角正切		1.98	启动距/m	
	拐点偏移距 s/m		$0.23H_0$	超前影响距/m	47
	主要影响半径 r/m		70	走向超前影响角/(°)	64.5
	开采影响传播角 θ_0		89	最大下沉速度/(mm/d)	270
	边界角/(°)	β_0	45	下沉速度滞后距/m	38
		γ_0	52	最大下沉速度滞后角/(°)	63.7
		δ_0	50	起始期/d	8
	移动角/(°)	β	60	活跃期/d	35
		γ	61	衰退期/d	40
		δ	67	地表移动持续时间/d	84

4. 地表裂缝与矿压显现的关系

1) 初次来压结束阶段至脑高不拉庙沟期间

此段地表平缓,起伏变化较小,工作面埋藏深度为 80~100m,矿压显现规律比较稳定。工作面上方地表裂隙基本与工作面平行,裂隙宽度较小,为 100~300mm。每三条窄缝出现一条宽缝,宽缝间距为 10~15m,基本上是每一次周期来压出现一条宽缝。上下顺槽上方裂隙与顺槽方向平行,宽度较大,上下顺槽上方各对应 3 条宽达 100mm 的连续裂缝。地表下沉不明显,下沉量很小。

2) 过脑高不拉庙沟期间

脑高不拉庙沟斜穿工作面上方,从回顺侧最先遇到至运顺侧最终过沟,工作面长度达 250m。沟底距工作面 40m,沟底宽度 25~40m 位于沟底段周期来压步距为 5~7m,较其他地段稍有缩短,但不明显。地表裂缝宽度达 500mm,并且出现了较大下沉,顶板下沉量增加。过沟期间恰逢雨季,随着基本顶冒落,沟中流水大量流入工作面,最大涌水量达 150m³。

3) 过沟后至贯通前

此区段煤层埋深达 100~120m,地面坡度加大,沟壑纵横。周期来压步距增大至 18m,地表裂隙为 500~1000mm,出现较大的台阶,最大台阶达 1000mm。为防止地表水沿裂隙导入井下,防止漏风而引起采空区浮煤自燃,采用黄泥充填裂隙。

从地表的破坏情况上看,在地形变化不大的情况下,地表移动和变形产生的裂缝呈台阶状,裂缝均匀分布;在地形变化较大的情况下,倾斜观测线附近地表裂缝变化不均匀并且裂缝较大,有几处局部条带下沉,最大处深 1.5m,宽 2m,与地形和地下岩层构造有一定的关系。

5.3　补连塔煤矿地表移动观测

补连塔煤矿井田面积为 34.4474km²,可采储量 15.5 亿 t。矿井采用平峒、斜井开拓方式,生产布局为一井两面,装备了世界上最先进的大功率采煤机和高阻力液压支架,长壁后退式综合机械化开采,实现了主运输系统皮带化、辅助运输胶轮化、生产系统远程自动化控制和安全监测监控系统自动化。

如图 5-25 所示,2006 年补连塔煤矿在《补连塔煤矿四盘区 1-2 煤覆岩运动与突水机理及其控制研究》中建立了 1-2 煤层 31401 工作面地表移动变形观测站,2007 年在 1-2 煤层长壁工作面和旺采工作面下建立了 2-2 煤层开采的 32301 工作面地表变形观测站,2011 年补连塔煤矿在《风积沙区采煤沉陷地裂缝分布特征与发生发育规律研究》中建立了 1-2 煤层 12406 工作面地表变形观测站,上述研究取得了大量观测数据。

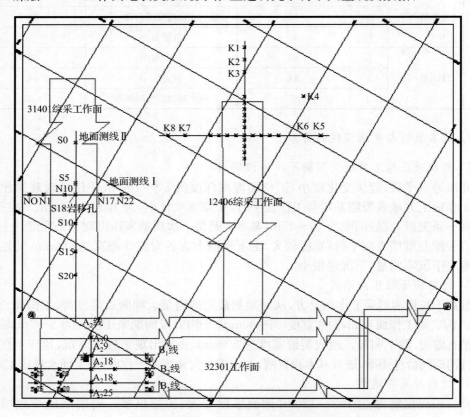

图 5-25　补连塔煤矿地表移动变形观测站示意图

5.3.1　补连塔煤矿 31401 工作面

1. 31401 工作面地质采矿条件

补连塔 31401 工作面位于井田西北区域的四盘区,是四盘区的首采工作面。区域煤层埋藏较深,上覆基岩厚度为 180～240m,地表大多被第四系松散层覆盖,松散层厚度为 5～25m。根据勘探情况,四盘区 1-2 煤属稳定煤层。在北部边界分叉,西部煤层较厚且稳定,煤厚 4.29～6.8m;北部边界区域煤层较薄,为 3.09～3.8m,B106 孔仅为 1.82m。其他区域煤厚均在 4.5m。煤层顶、底板状况参见表 5-23。

表 5-23 31401 综采面煤层顶底板特征

顶、底板	岩性	厚度/m	岩性特征
老顶	砂岩互层	>20	灰白色,坚硬—半坚硬,泥质胶结
直接顶	砂泥岩、细沙岩	3~7	砂泥岩、细砂岩互层,泥质胶结,局部以石英为主,波状层理
直接底	泥岩、粉砂岩	1~6	黑灰色,以泥质为主,遇水易软化
老底	砂岩互层	>5	深灰色,半坚硬,水平层理,植物化石碎片

31401 综采面走向长 4629m,距切眼 959m 开始跳采,跳采段长 387m,结束后距主通道尚余 3283m。正常采段倾斜长 265.25m,跳采段为 141.4m。采用走向长壁采煤法,单一厚煤层采用一次采全高综合机械采煤法,全部垮落法管理顶板。

2. 31401 工作面地表变形观测站

为了能够及时掌握地面沉陷特征,确定在 S18 内部岩移孔附近,即 31401 工作面回顺 30 联巷、运顺 29 联巷处建立一条倾向地面观测线Ⅰ,在工作面中部沿走向布置观测线Ⅱ,其具体位置如图 5-26 所示。

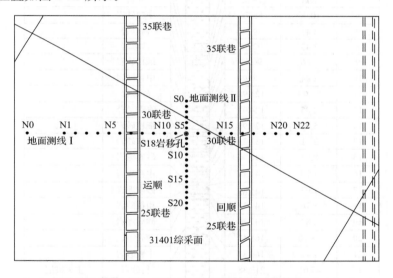

图 5-26 31401 工作面地面测线位置

地表观测线Ⅰ全长 730m,布设了 23 个测点,测点标号由 N0 至 N22,其中 N12 号测点恰好位于 S18 孔附近,代表 S18 孔附近地面沉降。测线Ⅰ中基点 N0 与测点 N1 的间距为 100m,其余各测点间距均为 30m。地表观测线Ⅱ全长 300m,布设了 21 个测点,测点标号由 S0 至 S21,其中 S6 测点与 N12 测点重合。测线Ⅱ中各测点间距均为 15m,观测站参数见表 5-24。

表 5-24 31401 地表观测站参数

观测线名称	点号	测点间距/m	测点数	观测线长度/m
走向观测线Ⅱ	S0~S21	15	21	300
倾向观测线Ⅰ	N0~N22	30	23	730

补连塔煤矿 31401 工作面上方地表以风积沙为主,考虑到埋设水泥预制桩在施工、操作上存在困难,同时水泥预制桩自身较重,而风积沙比较松软且采动后流动性强,使用后实际观测结果不一定可靠。因此,观测站采用木梢加钉子进行简易布置,要求木梢插入风积沙表面以下的深度至少达到 1.0m 以上,木梢本身外露至少有 0.4m,埋设时做好必要的标记。

在两条地面测线布设完后的第二天,进行一次全面观测,测定各测点的平面位置、高程和各测点的距离,并对地表原有的破坏状况作出素描。图 5-27 是钻孔 S18 岩层柱状图,当 31401 综采面推进至 S18 岩移观测孔前 100m 时,就开始进行连续观测,原则上每天均进行测站高程与坐标观测。当工作面采过 S18 岩移观测孔 200m 以外时,可以一周进行一次全面观测,直至 N12 号测点下沉量达到最大值并稳定以后,可以停止观测。

层号	层厚/m	埋深/m	柱状图	岩性	关键层位置
1	5.50	5.50	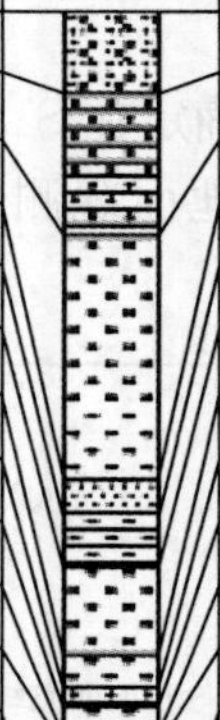	风积沙	
2	20.32	25.82		砂砾岩	
3	46.83	72.65		中粒砂岩	
4	0.46	73.11		粗粒砂岩	
5	1.71	74.82		泥岩	
6	10.96	85.78		中粒砂岩	
7	3.47	89.25		粉砂岩	
8	3.43	92.68		砂砾岩	
9	3.86	96.54		细粒砂岩	
10	2.44	98.98		中粒砂岩	
11	23.00	121.98		砂砾岩	
12	2.05	124.03		砂质泥岩	
13	5.93	129.96		细粒砂岩	
14	2.31	132.27		中粒砂岩	
15	8.03	140.30		砂质泥岩	
16	1.29	141.59		中粒砂岩	
17	1.03	142.62		砂质泥岩	
18	1.76	144.38		粗粒砂岩	
19	2.82	147.20		砂质泥岩	
20	18.20	165.40		粉砂岩	
21	1.47	166.87		中粒砂岩	
22	47.01	213.88		粉砂岩	主关键层
23	10.79	224.67		粗粒砂岩	亚关键层
24	5.30	229.97		中粒砂岩	
25	4.82	234.79		粉砂岩	
26	5.18	239.97		细粒砂岩	
27	8.72	248.69		粉砂岩	亚关键层
28	2.25	250.94		细粒砂岩	
29	5.20	256.14		1-2煤	

图 5-27 31401 工作面观测钻孔 S18 关键层判别位置

31401 工作面地表沉陷从 2007 年 8 月 5 日开始进行观测,截至 9 月 17 日历时 44 天,在 8 月 5 日至 9 月 1 日期间就累计观测了 27 次,满足了每天观测一次的要求。

3. 31401 工作面地表变形观测资料分析

31401 工作面测线 Ⅰ 与测线 Ⅱ 中地面最大下沉为 2320mm,倾向测线 Ⅰ 附近的工作面平均采高为 4.2m,则地面下沉系数为 0.55;水平位移最大值为 294mm,对应的水平移动系数为 0.127。地面移动变形值见表 5-25。

表 5-25　31401 工作面采后地面移动变形最大值

采深/m	采厚/m	下沉量/mm	下沉系数	水平位移/mm	水平移动系数	倾斜/(mm/m)	曲率/(mm/m²)	水平变形/(mm/m)
255.4	4.2	2320	0.55	294	0.127	−44.4	−1.738	−5.3

地面下沉速度达峰值时的间隔距离总体在 43～62m,这与地面显现的成组张开裂缝间距有一定程度的巧合,根据 S18 孔附近走向 300m 的地面裂缝持续观察可知,地面裂缝的出现具有成组性与间隔性,一般间距为 30～70m。31401 地面的张开裂隙延伸方向基本以平行于工作面为主。

4. 覆岩主关键层对地表动态变形的影响

地面测站观测时间间隔长短对测点的下沉速度曲线形态有较大影响。非浅埋煤层开采时,重复水准测量的时间间隔视地表下沉的速度而定,一般是每隔 1～3 个月观测一次,地表下沉曲线和下沉速度曲线如图 5-28 所示。在移动的活跃阶段,还应在下沉较大的区段,增加水准观测次数。但是在浅埋煤层开采中,为了准确反映地表下沉的动态过程,应该缩短观测时间间隔,只有如此才能正确掌握采动覆岩内部移动与地表沉陷的内在联系。

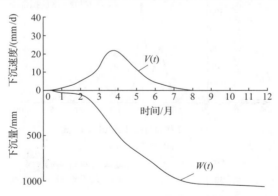

图 5-28　传统地表测点下沉速度变化曲线

补连塔 31401 工作面上覆 47.01m 的粉砂岩主关键层控制了上覆基岩直至地表的移动变形,上覆岩层的运动随主关键层破断出现周期性跳跃变化(朱卫兵等,2009),如图 5-29 所示。

受主关键层的控制作用,地表沉陷测站观测时间间隔长短显著影响了测点的下沉速度曲线,观测时间间隔越短,其对应的下沉速度曲线呈现的周期跳跃性变化越强,观测时间间隔越长,其对应的下沉速度曲线更为均化,如图 5-30 所示。

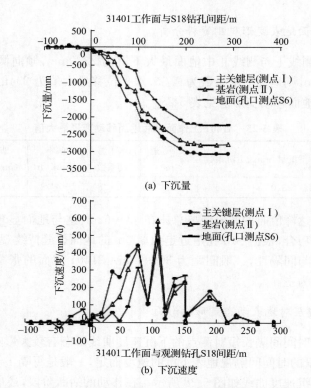

(a) 下沉量

(b) 下沉速度

图 5-29　覆岩内部测点的下沉和下沉速度曲线

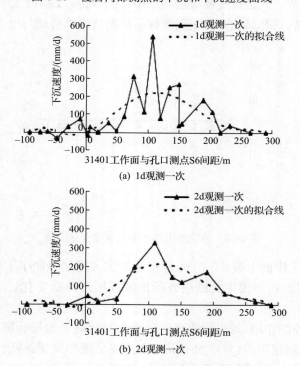

(a) 1d观测一次

(b) 2d观测一次

图 5-30　不同观测时间间隔时地表下沉速度曲线

5.3.2　补连塔煤矿 32301 工作面

1. 32301 工作面地质采矿条件

补连塔井田 2-2 煤三盘区位于补连塔井田西南区域,地面标高 1203～1245m,地表起伏不大,中部较高,全部被风积沙覆盖,松散层厚 5～20m,煤层厚度为 7.5～6.7 m,平均为 7.1 m,煤层结简单,煤层倾角 1°～3°,与上煤层间距为 30m。32301 工作面是补连塔井田三盘区 2-2 煤的首采面,工作面上覆岩层柱状图如图 5-31 所示。

层号	厚度/m	埋深/m	岩性	
1	14.41	14.41	风积沙	
2	4.48	18.89	粉砂岩	
3	7.92	26.81	砂质泥岩	
4	3.53	30.34	细粒砂岩	
5	8.56	38.9	砂质泥岩	
6	3.5	42.4	粉砂岩	
7	16.97	59.37	砂质泥岩	
8	2.5	61.87	粉砂岩	
9	23.63	85.5	砂质泥岩	
10	13.06	98.56	细粒砂岩	
11	31.86	130.42	粉砂岩	
12	9.85	140.27	砂质泥岩	
13	16.72	156.99	粉砂岩	
14	7.5	164.49	细粒砂岩	
15	13.53	178.02	中粒砂岩	
16	3.98	182	细粒砂岩	
17	0.7	182.7	泥岩	
18	0.84	183.54	无号1	
19	2.9	186.44	砂质泥岩	
20	4.14	190.58	细粒砂岩	
21	4.59	195.17	1-2煤	
22	3.95	199.12	细粒砂岩	
23	11.64	210.76	中粒砂岩	
24	0.7	211.64	无号2	
25	3.95	215.41	粉砂岩	
26	5.66	221.07	中粒砂岩	
27	16.22	237.29	细粒砂岩	
28	1.4	238.69	砂质泥岩	
29	6.18	244.87	2-2煤	

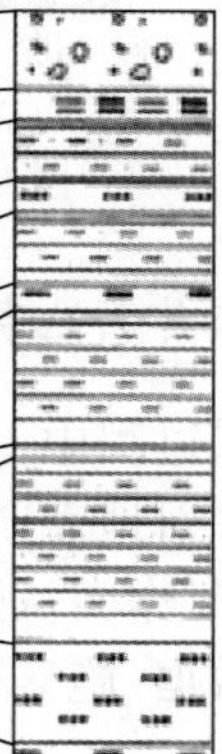

图 5-31　32301 工作面综合柱状图

32301 工作面采矿地质条件复杂,由于 32301 工作面的上部有旺采采空区又有保留煤柱。32301 工作面上方以第四系松散含水层为主,其中最主要的为黑炭沟上游的冲洪积层含水层。由于上部 1-2 煤 31301(西)、31301 和 31302 面已采空,导致上部含水层遭受破坏,含水层水大部下渗汇集到上述 3 个工作面的采空区内(汪腾蛟和陈湘源,2008)。

32301工作面长301m,走向推进距离5220m,设计采高6.1m,平均采深260m,工作面采用6.3m大采高支架,一次采全高综合机械化采煤,全部垮落法管理顶板。图5-32中32301工作面距回风巷道156m范围内处于上煤层31301长壁工作面的老采空区下,距运输巷道75m范围内则处于1-2煤层的旺采区下。

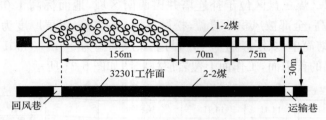

图5-32　32301工作面倾向剖面图

2. 32301工作面地表变形观测站

为研究开采过程中上部岩层移动规律,掌握在近距离煤层长壁工作面采空区、煤柱区和旺采面下开采对地表产生的影响,布置了32301工作面地表移动观测站,观测站布置如图5-33所示。工作面从开切眼推进至752m的开采过程中,对地表沉陷进行定期观测,获得大量观测数据(施喜书等,2008)。

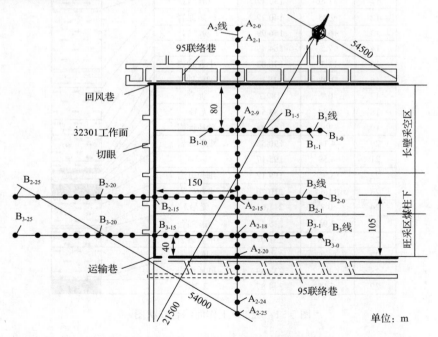

图5-33　32301工作面地表变形观测站布置

32301工作面地表移动观测站为剖面线观测站,主要考虑不同条件下开采对地表的影响程度,根据32301工作面的地质情况以及观测区域的地表地形分布,沿工作面走向和倾向布置了4条观测线,分别为AⅡ、BⅠ、BⅡ、BⅢ线,参数见表5-26。

表 5-26 32301 工作面地表观测站参数

观测线名称	测点名称	测点间距/m	测点数	观测线长度/m
倾向 AⅡ线	AⅡ0~AⅡ25	20	26	500
走向 BⅠ线	BⅠ0~BⅠ10	20	11	200
走向 BⅡ线	BⅡ0~BⅡ25	20	26	500
走向 BⅢ线	BⅢ0~BⅢ30	20	26	500

3. 32301 工作面地表变形分析

1) 下沉变形

32301 工作面地表下沉分区明显,长壁采空区地表下沉较大,最大下沉量为 4760mm,煤柱区和旺采区可为一个区域,地表最大下沉量为 3120mm。倾向测线 AⅡ上各点的下沉量如图 5-34 所示,根据倾向 AⅡ线实测数据,对长壁采空区下开采和全部实体煤下开采的地表下沉曲线进行拟合,如图 5-35 所示。走向 B 线的下沉曲线如图 5-35 所示,B 线沉陷变形值见表 5-27。

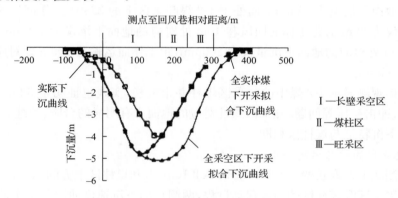

图 5-34 32301 工作面倾向 AⅡ线下沉曲线

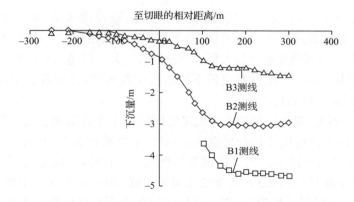

图 5-35 32301 工作面走向 B 线下沉曲线

表 5-27　　32301 工作面地表观测站走向测线变形值

测线	最大下沉量/mm	对应点号	水平位移/mm	水平变形/(mm/m)	倾斜/(mm/m)	曲率/(mm/m)	横向水平位移/mm	最大下沉速度/(mm/d)
走向BⅠ线	4624	BⅠ6	1140	18.42	44	1.4	1272	490
走向BⅡ线	3118	BⅡ10	1792	45.91	43.2	1.48	513	234
走向BⅢ线	1458	BⅢ1	743	8.67	12.3	0.43	704	95

由图 5-34 可知,倾向测线 AⅡ的下沉曲线呈非对称分布,地表的最大下沉出现在长壁采空区下距离回风巷 100m 的位置上,相对整个工作面来说是在 1/3 的位置上。从拟合的下沉曲线来看,如果工作面全部在长壁采空区下开采,地表形成的盆地会更深,预计地表的最大下沉值在 5100mm 左右,如果工作面全部在实体煤下开采,预计地表的最大下沉量为 4000mm。

从图 5-35 拟合的曲线来看,如果工作面在全长壁采空区下开采,旺采区对应位置的预计最大下沉量为 2900mm,旺采空区侧开采边界的下沉量为 1350mm,而旺采区的实际最大下沉量为 1460mm,旺采空区侧开采边界的实际下沉量仅为 560mm。由观测期间的数据可知,当工作面推过 AⅡ观测线 97m 时,处于 1-2 煤长壁采空区下的 32301 工作面回风巷对应的地面下沉量为 736mm,而处于 1-2 煤旺采区下的 32301 工作面运输巷对应的地面下沉量仅为 28mm;距工作面回风巷 40m 处对应的地面下沉量为 190mm,而距工作面运输巷 40m 处对应的地面下沉量仅为 200mm,距工作面运输巷 100m 处对应的地面下沉量则为 1163mm。

地表变形观测显示 1-2 煤中的旺采区煤柱并未失稳,实践也证明了 32301 工作面没有发生冒顶、冲击矿压等问题,旺采区煤柱对应的地面未有明显的台阶、裂缝。因此,旺采区对应地表下沉特征与煤柱区相同。

2) 地表变形的动态参数分析

在 AⅡ测线上选取长壁采空区上方的 AⅡ10 测点和煤柱区上方的 AⅡ14 测点,来对比分析长壁采空区和煤柱区的地表移动过程,两测点的下沉速度曲线与下沉曲线如图 5-36 所示。

由图 5-36(a)可见,长壁采空区地表下沉的剧烈程度很大,最大的下沉速度达 490mm/d。在工作面推过测点 AⅡ10 前后,下沉速度总共出现了 8 次峰值。当工作面推至 211m 时,测点的下沉速度达到最大值 490mm/d,最大下沉速度滞后距离为 61m,最大下沉速度滞后角为 76.80°。该点对应的下沉曲线比较规律,伴随着工作面的推进,下沉量逐渐增大,达到最大值后趋于稳定。

由图 5-36(b)可见,煤柱区的地表下沉速度同样存在着活跃和衰退阶段,但对应相同的推进距煤柱区的下沉速度比长壁采空区小,最大下沉速度为 234mm/d,煤柱区地表移动剧烈程度比长壁采空区小。当工作面推过测点 303m 时,下沉速度下降至 10mm/d。当工作面推至 230m 时,测点的下沉速度达到最大值 234mm/d,最大下沉速度滞后距离为 80m,最大下沉速度滞后角为 72.9°。煤柱区的最大下沉速度滞后距离比长壁采空区大 19m,伴随着工作面的推进,地表移动最剧烈的区域总是先出现在长壁采空区而后出现在煤柱区。32301 工作面岩移参数等见表 5-28。

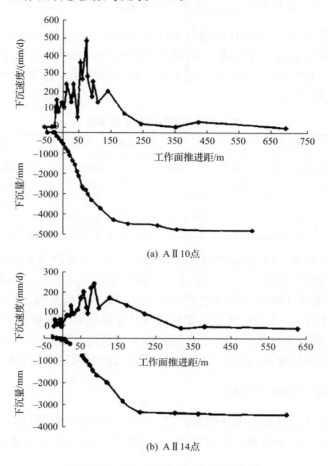

(a) A Ⅱ 10点

(b) A Ⅱ 14点

图 5-36　32301 工作面下沉速度曲线

表 5-28　32301 工作面岩移和预计参数

预计参数	长壁采空区	煤柱区
启动距/m	$0.25H$	$0.33H_0$
超前影响距/m	$0.58H_0$	$0.67H_0$
超前影响角/(°)	70	67
最大下沉速度滞后距/m	$0.23H_0$	$0.31H_0$
最大下沉速度滞后角/(°)	76.8	72.9
最大下沉速度/(mm/d)	490	234
下沉系数 q	0.78	0.51
水平移动系数 b	0.25	0.57
主要影响角正切($\tan\beta$)	2.6	2.1
拐点偏移距 S/m	$0.31H_0$	$0.19H_0$

4. 补连塔 32301 工作面煤柱区、旺采区对地表变形的影响

实测结果表明:旺采残留煤柱区域与实体残留煤柱区域呈现出同步的来压特征,因此考虑将其视为共同的走向煤柱区域。实测数据分析证明,长壁采空区下的初次来压步距小于走向煤柱下的初次来压步距,长壁采空区下的平均周期来压步距略小于走向煤柱下的周期来压步距,见表 5-29。

表 5-29　不同区域的矿压参数

研究区域	来压步距/m		支架平均载荷/kN		平均动载系数	
	初次来压期间	周期来压期间	初次来压期间	周期来压期间	初次来压期间	周期来压期间
走向煤柱区	39	19	11237	11371	1.56	1.5
长壁采空区	32	17	11046	11517	1.37	1.53

由长壁采空区到煤柱区方向,来压的步距逐步加大,两者的交叉区域可以看做是一个过渡区域。在走向煤柱区域,覆岩关键层未受到上煤层采动破坏,能很好地发挥支撑作用,其上部覆岩载荷并不能完全向下传递,使作用在 2-2 煤基本顶上的载荷减小,导致基本顶极限破断垮距较大。同时,旺采区煤柱区域对应的地面下沉量远小于该拟合曲线(王晓振等,2009),表明旺采区煤柱与其上方的岩体整体稳定运动,旺采区煤柱对应的地面未有明显的台阶变形和裂缝,这说明 32301 工作面采后的旺采区煤柱是稳定的。

5.3.3　补连塔煤矿 12406 工作面

地裂缝是煤炭开采后地表破坏的形式之一,也是风积沙区采煤沉陷对地表环境损伤最直观的表现形式。对于风积沙区地裂缝的分布特征以及发生发育动态变化规律的研究相对较少。

根据开采沉陷理论与方法,采煤地裂缝主要区分为边缘裂缝和动态裂缝。边缘裂缝一般在开采工作面的外边缘区,动态裂缝位于工作面上方地表,平行于工作面并随着工作面的推进不断产生和闭合。对于风积沙区,特别在高强度开采条件下,动态裂缝的发生发育规律以及与开采过程之间的关系和定量描述,边缘裂缝的发生发育特征以及裂缝深度与宽度的关系等科学问题尚没有得到解决。过去的研究大都是工作面终采后进行裂缝的调查,缺乏裂缝发生发育全过程的监测。补连塔煤矿通过建立井上下相结合的空间坐标控制体系,对 12406 综采工作面的地裂缝演变特征进行持续的动态监测,提出了地裂缝的分布特征与发生发育规律(胡振琪等,2014)。

1. 12406 工作面地质采矿条件

12406 综采工作面下山方向有老采空区分布,工作面长度为 300.5m,走向长度为3592m,平均开采速度约为 12m/d,采用长壁开采、全部垮落法管理顶板,2011 年 4 月开始回采,同年 12 月完成全部采出工作。工作面开采 1-2 煤,煤层平均厚度为 4.81m,煤层埋深为 190~220m,煤层倾角为 1°~3°,属近水平煤层,上覆基岩的厚度为 160~200m。其

中,伪顶平均厚度为4.8m,直接顶平均厚度为5m,水平层理中间夹薄层细砂岩,基本顶平均厚度为181m,以粉砂岩为主,夹有砂质泥岩薄层,近地表上覆松散层厚度为8～27m。由于覆岩较硬,地表下沉最大值约为2500mm,下沉系数约为0.55,数值偏小;地表塌陷程度较轻,地裂缝为主要破坏形式。

2. 12406 工作面地表变形观测站

12406 工作面为近水平煤层,设计方案中确定布置一条走向观测线,一条倾向观测线,长度分别为900m和1100m,点间距为20～30m,共99个地表移动观测点,另外在采动影响范围外加设了8个控制点,观测线参数见表5-30,观测点布置如图5-37所示。

表 5-30　12406 工作面观测线参数

观测线名称		点号	测点间距/m	测点数	观测线长度/m
控制点	测线				
K1～K3	走向长线	1～45	20	45	900
K4～K8	倾向线	46～99	20	55	1100

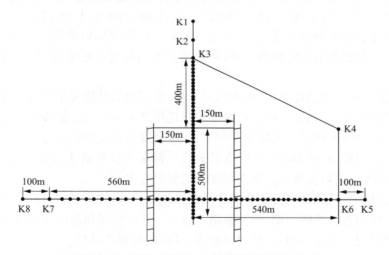

图 5-37　12406 工作面地表观测站布置示意图

裂缝监测采用动态监测法,即动态裂缝选择新发现的裂缝进行发育周期全过程的观测,边缘裂缝也是随工作面推进不断地观测,直至整个工作面结束后对边缘裂缝进行系统监测。具体观测方法如下。

1) 动态裂缝的监测

(1) 当工作面推进至监测区域的临界位置时,利用全站仪和邻近的地表移动观测站,测定工作面前方地表新出现的地裂缝,形成裂缝分布图件;

(2) 将其中距离工作面推进位置最远的裂缝视为最前端裂缝,并作为监测对象,在裂缝线上选择若干取样点,量取裂缝宽度的初始距离,并在裂缝两端布设若干成对的控制棒,用于进行裂缝宽度变化监测;

（3）每隔1～2d量取裂缝两端控制棒的距离，进而求得裂缝在采动过程中的演变特征，直至裂缝完全闭合裂缝结束量取工作。监测裂缝宽度的同时记录观测时间和采煤工作面推进的位置；

（4）重复上述步骤，在不同开采阶段，得到一系列新裂缝发生位置与开采的相对关系以及多条裂缝发育周期的数据；

（5）地表移动变形监测也与之同步进行，以获取裂缝变化与沉陷过程的关系。

2）边缘裂缝的监测

边缘裂缝的监测重点侧重于分布范围，记录包括最外侧、最内侧以及主裂缝（最大裂缝）的空间位置、宽度以及落差等相关属性，并形成边缘裂缝分布图件和属性表。选取相对稳定的边缘裂缝的若干点进行深度监测，监测点与工作面推进位置的距离应大于200m，量取监测点处裂缝的宽度，同时采用石膏浆进行灌注，待膏体固结后，进行开挖，量取裂缝的扩展深度。

3. 12406工作面地表变形观测站资料分析

补连塔12406工作面回采中，新出现的动态裂缝主要分布在工作面走向中心线附近且平行于工作面。在每个观测时段，裂缝以一定间距向前发生于上方地表，呈"带状"形态分布，中间分布若干断裂的裂缝，且表征相对较弱。随着工作面推进，前方地表不断产生新的地裂缝，先前出现的裂缝开始扩展，裂缝的宽度和长度不断增加，并在采动影响减弱后迅速闭合。

由于12406风积沙的存在，其抗剪能力很差，动态地裂缝的发生位置往往反映了覆岩变形以及裂隙的特征。以12406工作面平均日进尺量12m计，动态裂缝的发生位置平均超前工作面10.359m，则超前裂缝角$\delta = 87.035°$，呈近似垂直角的形态分布。裂缝的产生与覆岩破坏、应力分布密切相关，高强度综放开采使覆岩拉伸富集区位于煤壁的前后方，采动岩体裂隙场以高角度甚至垂直岩层层面的裂隙为主。

传统观点认为，动态地裂缝随着工作面推进先张开而后逐渐闭合，裂缝宽度一般呈现由小变大，最终闭合的单峰周期，但补连塔12406工作面在风积沙区高强度快速开采条件下，动态裂缝呈现出双峰周期，且发育周期很短（胡振琪等，2014）。

如图5-38所示，初始产生时间不同的5条动态裂缝，各个裂缝宽度值有所不同，存在一定的差异性。裂缝宽度的最大值变化范围为12.3～31.3mm，平均值为19.66mm，但其发育过程具有明显的相似性。在采动过程中，裂缝宽度值均呈现出由小变大然后迅速变小达到初次闭合，再次开裂变大最终完全闭合的趋势。5条裂缝宽度值均呈现"M"型，包含两个波峰，形成两个"开裂—闭合"的过程，且第一个"开裂—闭合"过程中裂缝宽度的峰值均明显高于第二个过程，峰值比为1.4～3.8，平均值约为2.5。对于12406工作面，动态裂缝的发育周期约为18d，且包含两个时长近似相等的"开裂—闭合"过程。

从整体上看，12406工作面动态裂缝的发育时间和扩展程度相对比较小，这应该是风积沙区高强度开采导致的，上覆较硬岩层以及工作面的快速推进对断裂带的发育起到了一定抑制作用，且在快速推进过程中断裂覆岩极易形成暂时稳定的"力学平衡结构"，这在一定程度上也阻止了地面下沉台阶的形成。相对较厚松散层的存在，也弱化了覆岩结构变化对地表影响、缩短了裂缝扩展的空间,进一步促使裂缝快速压实闭合。

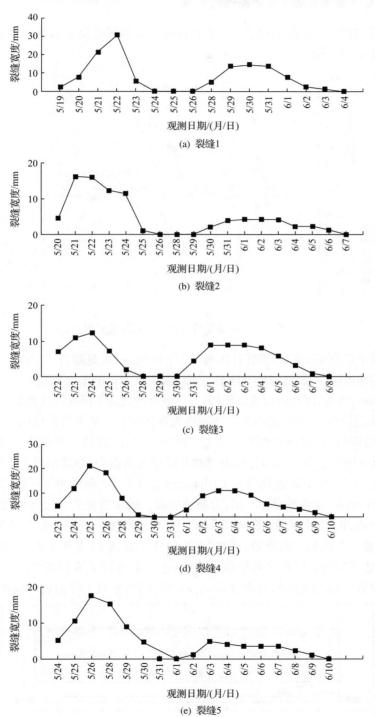

(a) 裂缝1

(b) 裂缝2

(c) 裂缝3

(d) 裂缝4

(e) 裂缝5

图 5-38 12406 工作面地表观测站布置示意图

4. 裂缝发育周期与地质采矿条件的关系

以距离开切眼 440m 的 B42 为例,地表移动点及其附近动态裂缝的发育特征与地表下沉关系如图 5-39 所示。

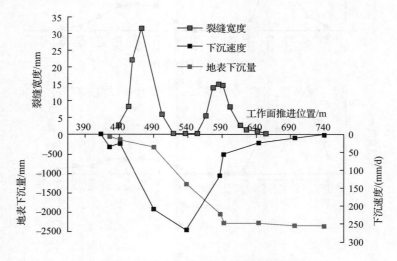

图 5-39　裂缝发育过程与地表沉陷规律

当工作面推进至 431m 时,裂缝首次出现在 B42 附近,裂缝超前工作面的距离约为 9m。在裂缝发育的初始阶段,裂缝宽度随地表下沉以及下沉速度的增大而增大,下沉速度急剧增加至 209.667mm/d 时,该处地裂缝呈现最大,当该点的地表下沉速度达到最大值 268.5mm/d 时(工作面推进位置 538m),此时该处地裂缝则首次闭合。从下沉速度曲线的分段斜率来看,地表下沉最剧烈时,地裂缝经历了首次"开裂—闭合"阶段。当地表下沉趋于最大值 2477mm,下沉速度小于 9mm/d 时,地表活动开始进入衰退期,裂缝出现再次闭合现象。裂缝从开裂到完全闭合整个周期为 17d,工作面推进长度为 209m,约为工作面的平均采深。

如图 5-40 所示,与动态裂缝不同,边缘裂缝发生的位置滞后于工作面推进位置,滞后距离约 50m。在开采的过程中,距离工作面走向中心线 90～100m 范围最先出现新的边缘裂缝,并随着工作面的不断推进,裂缝向前、向外扩展,最终在开采边界形成裂缝带。工作面终采后,边缘裂缝以"O"形圈分布于地表,进一步体现了覆岩裂缝的分布形态,开切眼与终采线位置处的裂缝近似对称分布,下山方向的裂缝向工作面内部收缩。

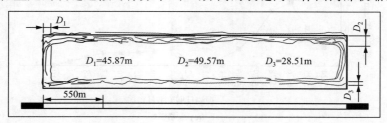

图 5-40　12406 工作面边缘裂缝形态

在没有邻近工作面开采的影响下,主裂缝分布在工作面内部距离边界 10m 左右的范围内,裂缝的宽度以及落差相对较大,除开切眼附近,地表均无明显的下沉台阶,裂缝的带宽为 46～50m。12406 工作面稳定边缘裂缝位置与属性见表 5-31。

表 5-31　12406 工作面稳定边缘裂缝位置与属性

裂缝区域	裂缝类别	距边界距离/m	裂缝最大宽度/cm	裂缝落差/cm	裂缝宽度/m	裂缝角/(°)
开切眼附近	最外侧裂缝	5.58	0.45	0.23	45.87	88.40
	主裂缝	−11.044～−8.890	21.34	6.52		
	最内侧裂缝	−39.99	0.77	0.12		
上山方向	最外侧裂缝	8.37	0.33	0.17	49.57	87.60
	主裂缝	−12.29	11.25	1.46		
	最内侧裂缝	−36.35	0.28	0.15		
下山方向	最外侧裂缝	−11.74	0.29	0.10	28.51	93.36
	主裂缝	−29.83	5.30	0.76		
	最内侧裂缝	−50.25	0.33	0		

注:"—"表示裂缝位于工作面边界内侧

5.4　柳塔煤矿地表移动变形观测

研究项目《万利矿区浅部煤层快速推进条件下地表移动规律》(中国神华能源股份公司和煤炭科学研究总院,2012),建立了柳塔矿 12106 观测站、寸草塔 22111 观测站、寸草塔二矿 22111 观测站和布尔台煤矿 22103-1 观测站 4 个观测站,合计 8 条观测线。观测线总长度为 6240m,测点总数 271 个,观测历时 2 年多,共观测 49 次。柳塔煤矿采用综采放顶煤开采,其他 3 个矿井采用综采方法。各煤矿深度一般为 100～300m,属浅埋煤层。工作面推进速度为 5.0～9.7m/d,推进速度相对较快,矿井位置关系图见图 5-41。

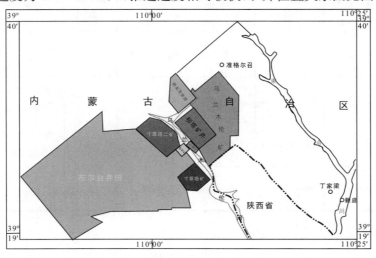

图 5-41　矿井位置关系图

各观测站情况见表 5-32(任永强和时代,2013)。

表 5-32　采矿要素及地表移动观测站情况表

观测站		布尔台煤矿 22103-1	寸草塔煤矿 22111	寸草塔二矿 22111	柳塔煤矿 12106
采矿要素	开采煤层	2-2 煤	2-2 煤	2-2 煤	1-2 煤
	采深 $H_1 - H_2$/m	157~324	136~261	284~327	128~175
	采厚/m	3.4	2.8	2.9	6.0~7.5,平均 6.9
	走向长/m	4250	2085	3648	633
	倾向长/m	360	224	300	246.8
	倾角/(°)	1~3	1~3	1~3	1~3
	表土厚度/m	22	8	16	30
	推进速度/(m/d)	8.3	9.7	7.2	5.0
	采煤方法	综采	综采	综采	综放
	顶板管理方法	全陷	全陷	全陷	全陷
观测站情况	走向观测线/m	1520	710	910	820
	走向测点/个	74	28	33	29
	倾向观测线/m	760	540	480	500
	倾向测点/个	33	25	21	28
	观测时间	2010.10.26~ 2012.9.14	2010.07.14~ 2011.10.18	2010.07.20~ 2011.10.18	2010.07.17~ 2011.10.20
	观测次数/次	12	13	12	12

地表变形观测站资料见表 5-33。

表 5-33　地表变形观测站统计

观测站	走向观测线长度(m)/个数	测点编号/间距	倾向观测线长度(m)/个数	倾向测点数(个)/间距	控制点个数/个	观测时间	观测次数/次
柳塔煤矿 12106	820/29	A1~A29/20	500/28	B1~B28/15	3	2010.07.17~ 2011.10.20	12
寸草塔煤矿 22111	710/28	A1~A28/25	540/25	B1~B25/20	4	2010.07.14~ 2011.10.18	13
寸草塔二矿 22111	910/33	B1~B20/20	480/33	A1~A33/15	3	2010.07.20~ 2011.10.18	12
布尔台煤矿 22103~1	760/33	b0~b33/15	1520/74	a1~a74/20	3	2010.10.26~ 2012.9.14	12

5.4.1 柳塔煤矿 12106 工作面

1. 12106 工作面地质采矿条件

柳塔煤矿地处伊金霍洛旗的东南方、乌兰木伦河之东,与乌兰木伦矿相邻,与寸草塔煤矿隔河相望。地形总体为北东高南西低,一般海拔标高为 1240~1280m。井田内主要可采煤层为根据钻孔揭露及煤层对比结果,井田共含可采煤层 15 层,可采煤层有 8 层,分别是 1-2 上、1-2、2-2、3-1 上、3-1、4-1、5-1、5-3 煤层。

12106 工作面位于柳塔煤矿的东北部,其东北方有乌兰木伦矿 31106 工作面、31108-1 工作面采空区,西北方是 31104 工作面采空区,西南方是 12107 工作面采空区。12106 工作面走向长度为 633m,倾向长 246.8m,开采煤层为 1-2 煤层,煤层采高 6.9m,倾角为 1°~3°。工作面对应的地面标高＋1223～＋1255m,煤层底板标高＋1080～＋1095m,平均采深 150m。采用走向长壁采煤法,综采放顶煤工艺、全部垮落法管理顶板,推进速度约为 5.0m/d。

2. 12106 工作面地表变形观测站

柳塔矿 12106 观测站共布设 2 条观测线,总长 1320m,58 个测点。其中,走向观测线长 820m,以 20m 间距布置 29 个测点,倾向观测线长 500m,以 15m 间距布置 28 个测点。观测站布设如图 5-42 所示。

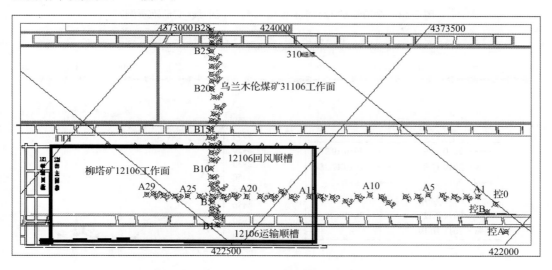

图 5-42　12106 工作面地表变形观测站

5.4.2 地表实测资料分析

1. 地表移动盆地分析

柳塔矿 12106 工作面观测过程中,由于个别测点被破坏和移动,导致少量观测成果含有粗差或者异常。对于明显的异常或粗差点的观测数据采取了剔除处理。

柳塔煤矿 12106 工作面开采后地表处于双向超充分采动状态,地表移动过程比较剧烈,地表移动和变形呈现出了连续渐变的特点。从图 5-43 可以看出,工作面开采形成的地表移动盆地的剖面形状类似盘形的,为超充分采动盆地特点。由于受地形的影响,地表移动平底部分下沉不完全相等,存在一定的差异。实测地表最大下沉达到 5706mm。图 5-43、图 5-44 是测线下沉曲线。

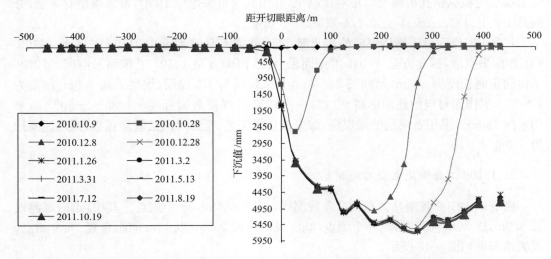

图 5-43 柳塔煤矿 12106 工作面 A 线下沉曲线(文后附彩图)

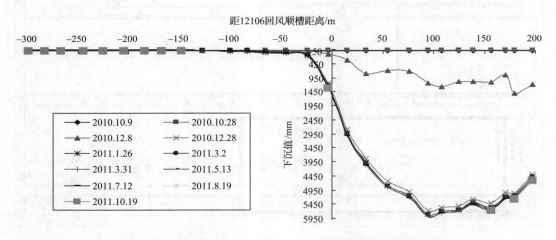

图 5-44 柳塔煤矿 12106 工作面 B 线下沉曲线(文后附彩图)

2. 地表最大下沉速度分析

根据观测站资料,选择观测线中最大下沉点作出最大下沉速度曲线,如图 5-45 所示。

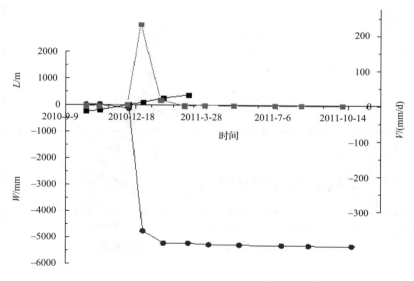

图 5-45　柳塔矿 12106 工作面地表移动持续时间

5.5　寸草塔煤矿地表移动变形观测

5.5.1　寸草塔煤矿 22111 工作面

1. 寸草塔煤矿 22111 工作面地质采矿条件

寸草塔煤矿井田西部为侵蚀性丘陵地貌,井田东部由于受毛乌素沙漠影响,地表多为流动性或半固定波状沙丘覆盖,湾兔沟自西北向东南纵贯全井田。地形总体为北高南低、西高东低,海拔标高为 +1180～+1250m。

全井田分三个水平,采用斜井平硐综合开拓方式。22111 工作面属于 2-2 煤一盘区回采的第六个工作面。其东北方是 22110 工作面,西南方是 22112 工作面。22111 工作面可采推进长度为 2085m,西部工作面倾向长度为 224m,东部工作面倾向长度为 143m;工作面内煤层总体平均厚度为 2.8m,倾角为 1°～3°,开采厚度为 2.8m。工作面对应的地面标高为 +1205～+1300m,开采标高 +1039～+1069m,采深 140～260m。采煤方法为走向长壁式采煤法,一次采全高综合机械化采煤工艺,全部垮落法管理顶板,工作面推进速度约 9.7m/d。

2. 22111 工作面观测站工作面地表变形观测站

寸草塔 22111 工作面上方地表沟壑分布,按矿区已有的地质采矿资料,再依据地形,考虑地物以及便于测点埋设和进行观测等条件,在该工作面上方地表建立了走向和倾斜地表移动观测站进行地表沉陷观测。其中,走向观测线长度约 710m,28 个测点,倾向观测线长 540m,25 个测点。

寸草塔一矿 22111 工作面地表移动观测站布设图如图 5-46 所示。

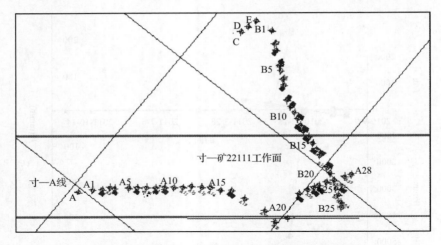

图 5-46　寸草塔一矿 22111 工作面地表变形观测站

5.5.2　地表实测资料分析

1. 地表移动盆地分析

测线下沉曲线如图 5-47、图 5-48 所示。

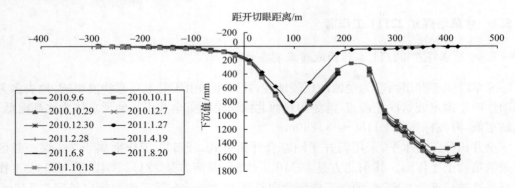

图 5-47　寸草塔 22111 走向下沉曲线（文后附彩图）

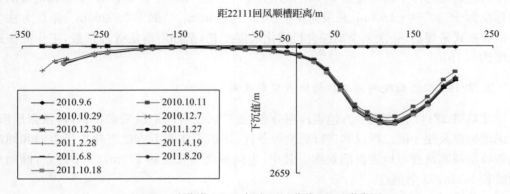

图 5-48　寸草塔 22111 倾向下沉曲线（文后附彩图）

2. 地表最大下沉速度分析

根据观测站资料,选择观测线中最大下沉点作出最大下沉速度曲线,如图 5-49 所示。

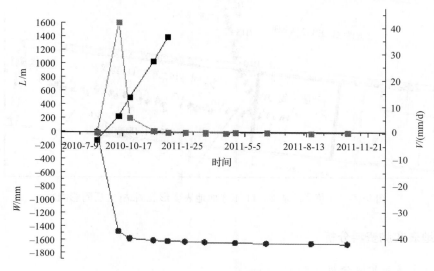

图 5-49　寸草塔 22111 工作面地表移动持续时间

5.6　寸草塔二矿地表移动变形观测

5.6.1　寸草塔二矿 22111 工作面

1. 22111 观测站工作面地质采矿条件

寸草塔二矿 1989 年开始筹建,原设计生产能力 60 万 t/a,2005 年金烽公司委托邯郸设计院对寸草塔二矿进行改扩建设计,矿井设计生产能力 270 万 t/a,实际年产量 300 万 t,矿井服务年限为 43 年。矿井采用斜井-平洞联合开拓布置方式,生产水平为一水平开采 2-2 煤层,水平标高为＋1055m。井田内的各煤组分别划分为一个盘区,全井田 2、3、4、5 和 6 煤组共划分 5 个盘区,大体上采用自上而下顺序分层开采。

寸草塔二矿 22111 回采工作面位于 2-2 煤层井田边界北西一侧。其东北方是 22113 工作面、22115 工作面,其西南方是布尔台 22101-1 工作面。22111 工作面沿煤层走向推进,其走向长度为 3648m,其中倾向布置长度为 300m,煤层平均厚度为 2.90m,倾角为 1°～3°,开采厚度为 2.90m。工作面对应的地面标高为 1305～1335m,煤层底板标高为 1008～1021m。采煤方法为走向长壁采煤法,综采工艺、全部垮落法管理顶板,平均推进速度为 8.47m/d。

2. 22111 工作面观测站

寸草塔二矿 22111 工作面上方地表布设了 1390m 长的观测线,57 个测点。其中,走向观测线长 910m,以 20m 间距布设 33 个测点;倾向观测线长 480m,以 15m 间距布设 21

个测点。寸草塔二矿22111工作面地表移动观测站布设示意图如图5-50所示。

图 5-50　寸草塔二矿 22111 工作面地表变形观测站(文后附彩图)

5.6.2　地表实测资料分析

1. 地表移动盆地分析

测线下沉曲线如图 5-51、图 5-52 所示。

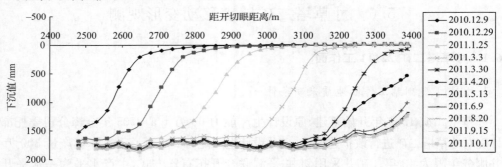

图 5-51　寸草塔二矿 22111 走向下沉曲线(文后附彩图)

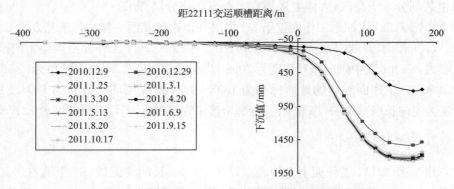

图 5-52　寸草塔二矿 22111 倾向下沉曲线(文后附彩图)

2. 地表最大下沉速度分析

根据观测站资料,选择观测线中最大下沉点作出最大下沉速度曲线,如图 5-53 所示。

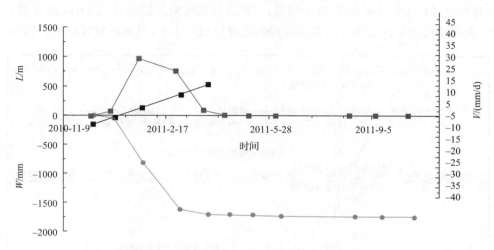

图 5-53　寸草塔二矿 22111 工作面地表移动持续时间

5.7　布尔台煤矿地表移动变形观测

5.7.1　布尔台煤矿 22103-1 工作面

1. 22103-1 工作面地质采矿条件

布尔台煤矿于 2006 年 5 月 1 日正式开工建设,2008 年年初正式投产,设计生产能力为 2000 万 t/a,服务年限 71.3 年。矿井采用主斜井、副平硐、立(斜)风井综合开拓方式,自上而下分为三个开采水平,第一水平包括 12 上煤、12 煤、22 煤层和 22 下煤层,大巷布置在 22 煤层,标高 +1050.0m。

井田内海拔标高一般在 1300m 左右,最高标高为 1421m,最低标高为 1163m,最大高差达 258m 左右。井田内地形复杂,沟谷纵横,为典型的梁峁地形。全井田为侵蚀性丘陵地貌特征。由于受毛乌素沙漠的影响,本井田东北部多被风积沙覆盖,风积沙呈新月形沙丘、垄岗状沙丘、沙堆等风成地貌。除此而外其他沟谷山梁上也分布有大小不等的沙丘。

22103-1 工作面回采工作面位于 22102 工作面以南,22104 工作面以北,2-2 煤辅运大巷北西侧。工作面长 4249.9m,宽 360m,平均煤厚 3.01m。其东北方是 22102 工作面采空区,西南方是 22104 工作面。开切眼附近煤层含有 0～0.32m 一层矸石,上部煤厚 2.31m 左右,下部煤厚 0.7m 左右,设计采高 2.9m;倾角为 1°～4°;地面标高 1260～1370m,煤层底板标高 1103～1046m,由切眼向回撤通道方向煤层低板等高线逐渐变高,煤厚变化不大。工作面于 2010 年 5 月开始回采,工作面推进速度约 8.3m/d。

2. 22103-1 工作面观测站

根据布尔台矿 22103-1 工作面地质采矿条件,在工作面上方地表布置了 760m 长的走向观测线,以 15m 间距布设 33 个测点;1520m 长的倾向观测线,以 20m 间距布设 74 个测点,观测线长度共计 2280m。在倾向观测线设控制点 3 个,观测站布置如图 5-54 所示。

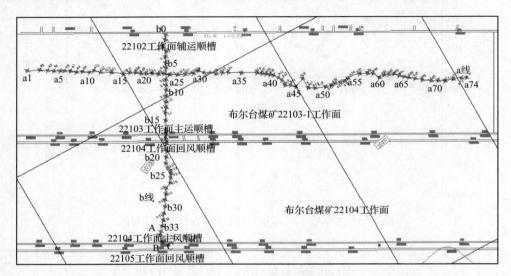

图 5-54 布尔台煤矿 22103-1 工作面地表变形观测站(文后附彩图)

5.7.2 地表实测资料分析

1. 地表移动盆地分析

测线下沉曲线如图 5-55、图 5-56 所示。

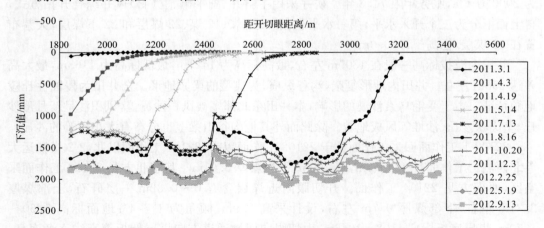

图 5-55 布尔台 22103-1 倾向下沉曲线(文后附彩图)

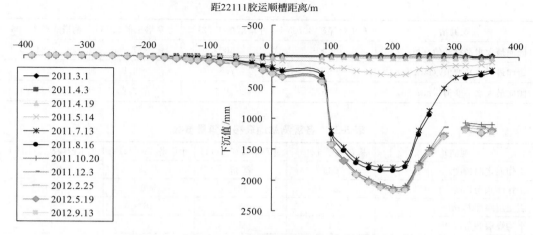

图 5-56　布尔台 22103-1 倾向下沉曲线（文后附彩图）

2. 地表最大下沉速度分析

根据观测站资料，选择观测线中最大下沉点作出最大下沉速度曲线，如图 5-57 所示。

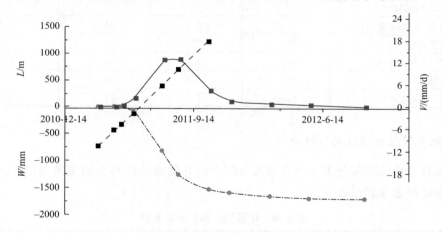

图 5-57　布尔台 22103-1 工作面地表移动持续时间

各矿的地表移动变形最大值见表 5-34，地表移动角量参数见表 5-35。

表 5-34　各观测站地表移动与变形最大值

观测站	布尔台煤矿 22103-1	寸草塔煤矿 22111	寸草塔二矿 22111	柳塔煤矿 12106
走向最大下沉值/mm	2093	1671	1866	5706
倾向最大下沉值/mm	2181	1648	1772	5887
走向最大倾斜值/(mm/m)	−17.4	20.0	−6.2	88.4
倾向最大倾斜值/(mm/m)	−63.0	22.2	∼19.6	−93.7
走向最大曲率值/(10^{-3}/m)	1.13	0.64	0.18	−2.68
倾向最大曲率值/(10^{-3}/m)	1.56	0.35	0.38	−2.49
走向最大水平移动值/mm	454	552	−694	−2382

观测站	布尔台煤矿 22103-1	寸草塔煤矿 22111	寸草塔二矿 22111	柳塔煤矿 12106
倾向最大水平移动值/mm	−405	630	−737	3284
走向最大水平变值/(mm/m)	5.4	7.8	−4.8	72.4
倾向最大水平变值/(mm/m)	−6.2	−8.7	−7.8	89.3

表 5-35　各观测站地表移动角量参数

观测站	柳塔煤矿 12106	寸草塔煤矿 22111	寸草塔二矿 22111	布尔台煤矿 22103-1
工作面走向长度/m	633	2085	3648	4250
工作面倾向长度/m	246.8	224	300	360
表土层厚度 h/m	30	8	16	22
平均煤层倾角/(°)	1	1	1	2
采厚/m	6.9	2.8	2.9	3.4
开采方法	综放	综采	综采	综采
最大下沉 W_{max}/mm	5417	1672	1865	2130
实测最大下沉角 θ/(°)	88.54	88.8	88.7	88.4
实测基岩走向边界角/(°)	48.3	48	—	—
实测基岩下(上)山边界角/(°)	66.2	52.1	54.2	49.1
实测走向移动角/(°)	66.5	76	—	—
实测上(下)山移动角/(°)	66.3	77.2	76.2	74
超前影响角/(°)	70.4	63.9	64.4	70.6
实测最大下沉速度滞后角/(°)	64.8	57.3	58.4	59.6

3. 地表移动持续时间特性分析

地表移动持续时间是表示地表最大下沉点从开始移动到移动结束的时间,上述各矿的地表移动动态参数见表 5-36。

表 5-36　矿区地表移动动态参数

观测站	布尔台煤矿 22103-1	寸草塔煤矿 22111	寸草塔二矿 22111	柳塔煤矿 12106
采深 H/m	295	250	310	150
推进速度 C/(m/d)	8.3	9.7	7.2	5.0
实测最大下沉速度/(mm/d)	12.9	42.2	28.3	231.2
起始期 $T_初$/d	25	18	20	27
占总时间比例/%	6	12	8	8
活跃期 $T_活$/d	204	73	101	120
占总时间比例/%	49	47	40	34
衰退期 T/d	191	65	132	207
占总时间比例/%	45	41	52	58
移动总时间/d	512	138	253	207

4. 柳塔等煤矿概率积分参数一般规律

根据观测站资料,柳塔煤矿等在综采与综放开采技术条件下,概率积分法参数见表 5-37,存在以下规律。

(1)柳塔煤矿综放开采初次采动条件下的下沉系数比综采开采初次采动条件下的下沉系数大 15% 左右;

(2)水平移动系数变化规律为采深小的煤层水平移动系数较大,采深大的煤层水平移动系数较小;

(3)综采开采条件下主要影响角正切 tanβ 变化规律为,走向的主要影响角小、倾向的主要影响角大,倾向时主要影响角值较走向的主要影响角大 40% 左右;

(4)拐点偏移距的变化规律为:初次采动时,综采开采拐点偏移距较综放开采大,这可能与采空区附近煤层的压缩有关。综放开采煤层厚度大,在采动支承压力作用下,煤层变形量大,使拐点偏向煤柱方向,拐点偏移距减小;相反,综采开采煤层由于开采厚度小,煤层压缩量小,使拐点偏向采空区方向,拐点偏移距增大。

表 5-37　矿区地表变形预计参数

观测站	柳塔矿 12106	寸草塔煤矿 22111 (走向)	寸草塔煤矿 22111 (倾向)	寸草塔二矿 22111 (走向)	寸草塔二矿 22111 (倾向)	布尔台 22103-1 (走向)	布尔台 22103-1 (倾向)
下沉系数 q	0.766	0.678	0.675	0.683	0.674	0.637	0.638
主要影响角正切 $\tan\beta$	2.37	1.86	2.47	1.78	2.47	1.92	2.07
水平移动系数 b	0.43	0.38		0.39		0.21	
拐点偏移距 S_1	6.12	34.6		3.5			
拐点偏移距 S_2				17.41			
拐点偏移距 S_3	8.91		39	19.74	17.75	38.21	37.57
拐点偏移距 S_4	7.26		43.05	11.63	11.26	16.33	17.28

5.8　其他煤矿地表移动观测

5.8.1　韩家湾煤矿 2304 工作面

韩家湾煤炭公司隶属陕西陕煤陕北矿业有限公司,井田位于神府煤田最北部的神木县大柳塔镇。韩家湾煤矿地处榆神府矿区,该煤矿的地质采矿条件有其特殊的地方,主要表现为松散覆盖层厚度大,为 60~65m,开采煤层上覆基岩厚度较薄,一般为 65~70m,煤层为近水平煤层,开采高度平均为 4.1m。

1. 2304 工作面地质采矿条件

韩家湾煤矿井田地表地貌单元大致分两类:风沙区位于煤矿东、北部,沙丘连绵,波状起伏,地形相对较平坦,相对高差较小,水系不发育。黄土丘陵沟壑区位于煤矿西、南部,梁峁相间分布,植被稀少,水土流失严重。地表大部分为第四系黄土和风积沙所覆盖,基岩主要出露于煤矿西南部沟谷和韩家湾村办小煤窑,煤矿四周零星出露。地势东高西低,最高处位于东边界风台梁,标高1340m,最低处位于西南部J41号孔处,标高1250.01m,最大高差89.99m。

三盘区2304工作面开采影响地表的观测区地表最大标高1306～1338m,地表为松散覆盖层,松散覆盖层厚度为60～65m。2304工作面主采煤层为2-2煤,煤层结构简单,煤层变化厚度为0.20～5.26m,平均厚度为4.10m,煤层倾角为2°～4°,为近水平煤层。厚度变化规律明显,由西向东逐渐变薄,故总体上属大部分可采煤层,矿区内厚度变化不大,只是到了东部边角处因沉积冲刷急剧尖灭。

2304工作面长度为268m,工作面沿走向推进长度约1800m,采用综合机械化长壁采煤法、全部垮落法顶板管理。

2. 2304工作面地表变形观测站

观测站布置了两条观测线,如图5-58所示。

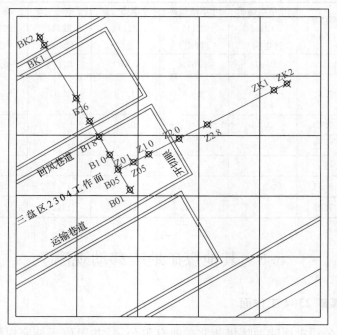

图5-58 2304工作面地表观测站布置

(1)在2304工作面沿走向布设一条观测线亦称Z线,走向观测线在开切眼位置分别向内和向外延伸,延伸长度分别约为250m和180m,总长度达430m。在走向观测线上设测点为Z01～Z28,共28个测点,同时在走向测线的东端布设两个控制点,其分别为ZK1和ZK2。走向观测线(Z线)可以控制2304工作面开采达到充分采动状态下的地表移动盆地,有利于进一步研究走向主断面的地表移动变形规律。

（2）在 2304 工作面内沿倾斜布置另外一条观测线亦称 B 线，倾斜测线是与走向观测线 Z01 相交且垂直于 2304 工作面走向观测线进行布设，倾斜观测线的长度自工作面下顺槽外延伸 180m 以上，同时在倾斜观测线的北端布设两个控制点，其分别为 BK1 和 BK2。观测线向内延伸部分，与走向观测线连接，长度大于 140m，在倾斜观测线上设测点为 B01～B26，共 26 个测点。倾斜观测线（B 线）是用以观测研究充分开采条件下沿倾斜主断面的地表移动变形规律，测线参数见表 5-38。

表 5-38　2304 工作面地表变形观测站参数

观测线名称		点号	测点间距/m	测点数	观测线长度/m
控制点	测线				
ZK1～ZK2	走向 Z 线	Z01～Z28	15	28	430
BK1～BK2	倾向 Q 线	B01～B26	15	26	390

在榆神韩家湾煤矿 2304 工作面开采地表移动观测中，从 2009 年 5 月至 2010 年 6 月进行了 4 次全面观测，7 次日常观测，共 11 次地表移动观测工作。同时在工作面开采期间，对地表裂缝破坏、裂缝特征参数及裂缝分布情况进行了量测和统计，完成了地表移动观测工作。

3. 2304 工作面地表移动参数

经过对两条测线 Z 线和 B 线的观测结果分析对比得到地表最大下沉、最大倾斜、最大水平移动、最大曲率等值，见表 5-39。

表 5-39　2304 工作面地表变形最大值

观测线最大值	走向 Z 线	倾向 B 线
最大下沉值 W_0/mm	2568	2409
最大倾斜值 i_0/(mm/m)	90.5	35.1
最大水平移动值 U_0/mm	799	600
最大曲率值 K_0/(10^{-6}/m)	301.00	103.00
最大水平变形 ε_0/(mm/m)	53.1	39.7

根据 Z 线的观测结果可知，在 Z13 与 Z14 点之间地表开始移动，此时工作面前方地表移动的平均超前影响距为 10m。

根据沿 2304 工作面中部布置的 Z 观测线所得结果可知 Z13 点位于最大下沉点，并取 Z13 特征点得到最大下沉速度滞后距约为 74m（图 5-59），图 5-59 中坐标原点是开切眼位置，工作面从右向左推进。表 5-40 是测点下沉持续时间统计。

4. 2304 工作面地表塌陷

韩家湾煤矿 2304 工作面自 2009 年 7 月 20 日开采，当工作面开采距离开切眼约 44m 时，地表开始产生下沉，当达到初次来压步距时，地表产生裂缝，随着工作面的不断推进，地表裂缝越来越大，且随着周期来压，地表周而复始地出现大小、长短不一的裂缝数条，裂缝最大宽度为182mm，平均约80mm，裂缝最大深度约940mm，最小深度为190mm，平均为450mm左右；裂缝长度最长为240m，最小为85m。

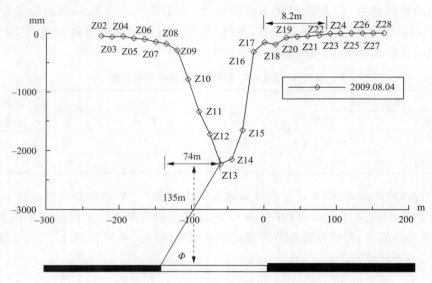

图 5-59　2304 工作面下沉曲线

表 5-40　2304 工作面测点下沉持续时间和下沉量统计表

观测点	下沉量/mm	下沉速度/(mm/d)	下沉持续时间	初始阶段		活跃阶段		衰退阶段	
				天数/d	下沉/mm	天数/d	下沉/mm	天数/d	下沉/mm
Z13	2568	185.3	147	5	4	65	2540	77	20
Z14	2416	177.8	147	5	17	65	2379	77	20

如图 5-60 所示，地表裂缝的分布情况主要有以下特征：地表裂缝多位于采空区中部，

(a) 观测点Z16地表拉伸裂缝与台阶下沉

(b) 观测点Z2山梁顶部拉伸裂缝与台阶下沉

图 5-60　工作面开采地表裂缝分布及特征(王鹏,2012)

部分裂缝贯穿工作面;地表裂缝基本与工作面倾斜方向平行;在工作面开切眼及山坡顶部裂缝较多且裂缝长度与宽度较大;坡底位置裂缝较少,且裂缝较小。证实地表沉陷虽产生台阶下沉,地表沉陷破坏形式为非连续台阶裂缝破坏,但其台阶下沉最大高度约 200mm,其破坏并不十分剧烈,在近沟壑边缘位置破坏较平地略严重些。

5.8.2　柠条塔煤矿 N1200 工作面

1. 柠条塔煤矿 N1200 工作面地质采矿条件

柠条塔煤矿位于陕西省神木县西北部,工业场地距神木县城约 36km,行政区划属神木县麻家塔乡及店塔乡管辖,该煤矿为新建工程设计生产能力为 12.0Mt/a。

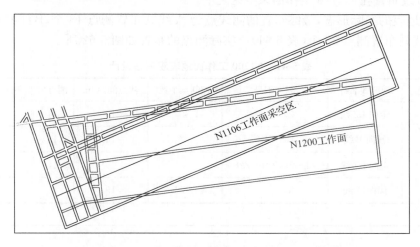

图 5-61　N1106 工作面和 N1200 工作面相对位置关系

矿井 N1106 工作面开采 1-2 煤(图 5-61),已于 2010 年年末完成回采,由工作面地表沉降观测数据可知 N1106 工作面上覆岩体运动已基本稳定。下煤层 N1200 工作面开采2-2 煤,该工作面大部分位于 N1106 工作面下方,上下工作面间岩层平均间距为 39m。根据 N1200 工作面周边钻孔资料、地形分析,观测区内地表松散层(黄土、黏土、粉砂、细砂)厚度较大,平均为 70m,岩层比较平坦。

1) N1106 工作面回采条件

N1106 工作面地表位于柠条塔村以北 2400m 处,开采 1-2 煤,为半暗型煤,丝绢光泽,结构简单,煤层厚 1.59~1.85m,平均采高约 1.72m,煤层埋藏深度为 45.0~114.0m,其中基岩厚度为 30~50m,土层厚度为 0~64m。工作面煤层平缓,总体倾角小于 1°,局部有一定的起伏,无断层,地质构造简单。

2) N1200 工作面回采条件

N1200 综采工作面地表位于考考乌素沟以北井田东部,开采 2-2 煤,厚度为 5.10~6.38m,平均厚度为 5.87m,埋藏深度为 67~151m,其中基岩厚度为 67~89m,土层厚度为 0~57m。两个工作面均采用走向长壁式采煤法,综合机械化采煤工艺、全部垮落法管理顶板。

2. 柠条塔煤矿 N1200 工作面地表变形观测站

根据设计,N1106 与 N1200 工作面布置六条地表变形观测线,根据相关规范,各测点间距取 15m(图 5-62)。根据计算得知,走向观测线长度 LZ 应不小于 316.54m,由于地形影响,观测线长度取 420m。这条走向线分成四段共 28 个测点,分布在不同的四个区段。这四条观测线已经控制了下沉盆地的最大下沉区,同时也控制了 N1200 工作面开采时下沉盆地的特征区,即受 N1106 影响区域。沿倾斜布置两条观测线(A 线、B 线),两条观测线均垂直于走向观测线(Z 线),且与走向观测线相交。根据设计,倾斜观测线应能够控制沿倾斜的全盆地,其长度由计算可知应不小于 435m,A 线布置在不受 N1106 工作面影响区域内,B 线布置在 N1106 工作面采空区之上。

根据地表的实际形态,最终布置的测线点为 A 线共布置测点 18 个,B 线共布置测点 13 个,Z 线共布置测点 28 个(表 5-41)。实际测点的布置如图 5-62 所示。

表 5-41　N1200 工作面地表观测站设计

测点位置	观测线名称	测点编号	控制点个数	测点间距/m	测点数	观测线长度/m
采空区上方	走向 LZ 线	Z7～Z20	2	15	14	210
	倾向 B 线	B1～B13	3	15	13	200
实体煤上方	走向 LZ 线	Z1～Z6,Z21～Z28	3	15	14	210
	倾向 A 线	A1～A18	3	15	18	270

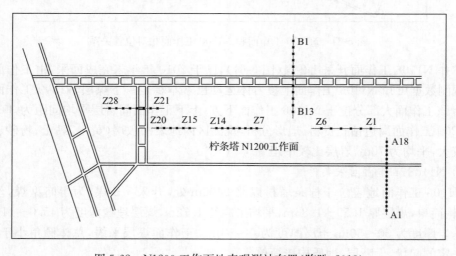

图 5-62　N1200 工作面地表观测站布置(陈盼,2013)

3. 柠条塔煤矿 N1200 工作面地表变形分析

柠条塔 N1200 工作面观测区地表布设了 2 条倾向观测线、1 条走向观测线(共 4 段),共埋设控制点 11 个,观测点 59 个。截至 2012 年 9 月共进行了 4 次全面观测,22 次日常观测,共取得了 3700 多组观测数据。根据地表沉降稳定的判定标准,即连续 6 个月观测地表各点的累积下沉值小于 30mm,最后几次的观测数据表明,地表沉降已趋于稳定(表 5-42)。

表 5-42　N1200 工作面地表变形最大值

观测线最大值	实体煤下	采空区下
最大下沉值 W_0/mm	5012	5150
最大倾斜值 i_0/(mm/m)	61.89	139.00
最大水平移动值 U_0/mm	715	827
最大曲率值 K_0/(10^{-3}/m)	1.95	60.10
最大水平变形 ε_0/(mm/m)	47.4	22.0
最大下沉速度/(mm/d)	357.2	422.0

5.8.3　冯家塔矿 1201 工作面

冯家塔煤矿位于榆林市府谷县城东北方向 25km 处,1201 工作面是该矿首采面,开采后冒落带直达地表、沟道严重崩塌堵塞,地表变形治理工程量大且实施非常困难,致使沟道洪水涌入井下发生严重的淹井灾害。而地表的治理工程需要掌握地表裂缝发育规律。

1. 1201 工作面地质采矿条件

1) 地貌地质条件

冯家塔煤矿地处黄土高原北部,属典型黄土高原地貌,地表大部为第四系黄土和松散沉积物所覆盖,仅在沟谷下游底部和谷坡地带有基岩出露。井田内沟壑纵横、梁峁发育。地形支离破碎,切割十分强烈,沟谷狭长,谷坡陡峻,多呈"V"形谷。谷内危岩林立,陡坎遍布,沟床多为厚度不大的冲洪积物覆盖,局部可见基岩出露,谷坡上基岩大面积裸露,局部为残坡积物覆盖,厚度不大。

区内地质年代为石炭-二叠纪,可采煤层 12 层,可采煤层平均总厚度为 18.33m。井田内部构造简单,整体为一向北西倾斜的单斜层,地层产状总体较平缓,一般倾角为 $2°\sim9°$。

2) 工作面采矿条件

冯家塔煤矿 1201 工作面采用综采长壁采煤法,全部冒落法管理顶板,该工作面开采 2 号煤层,沿走向长度 1850m,工作面斜长 250m,平均采高 4m。1201 工作面埋深 14～210m,平均为 125m。其中距切眼 690～710m 处埋深最浅,地表为一走向南北的冲沟(简称"西沟"),冲沟支沟多,延续范围大,汇水域广,在雨季及暴雨期间极易形成山洪,工作面和地表沟壑的相对位置如图 5-63 所示。

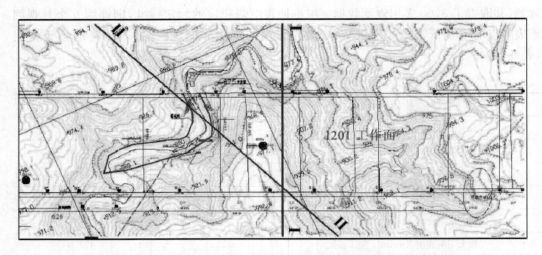

图 5-63　1201～1202 工作面与地表支沟的相对位置示意图（文后附彩图）

2. 1201 工作面地表变形观测站

工作面上方观测点间距一般为 15m，受地形限制个别达 20 ～30m。走向观测线总长度为 486 m，工作点 22 个，控制点 2 个（表 5-43）。倾斜观测线 346m，工作点 19 个，控制点 2 个（陈铜宪，2012；赵俊峰，2013）。

表 5-43　1201 工作面地表变形观测站

观测线名称	控制点个数	测点间距/m	测点数	观测线长度/m
走向线	2	15	22	486
倾向线	2	15	19	346

1201 工作面于 2007 年 12 月 26 日开始回采，2008 年 3 月 4 日进行了采动后第一次全面观测，工作面推进 84m，测得最大下沉值达 762mm；至 7 月 16 日进行第五次全面观测，作面推进 424m，最大下沉值已达 2458mm，基本达到了该地质采矿条件下的最大下沉值。此后至 2009 年 10 月最大下沉点累计下沉 12mm，据此确定地表沉陷已停止。

3. 1201 工作面地表变形观测资料分析

地表移动稳定后实测移动变形最大值列于表 5-44。

表 5-44　1201 工作面地表变形最大值

移动变形值	下沉 W/mm	倾斜 i/(mm/m)	曲率 K/(10^{-3}/m)	水平移动 U/mm	水平变形/(mm/m)
走向线	2473	36.8	0.79	1457	42.9
		−7.1	−1.62		−28.3
倾向线	2428	28.4	0.56	−626	19.7
		−35.2	−0.92		−16.5

观测站建站后全面观测较晚,2008 年 4 月 18 日之后日常观测的时间较长,故仅仅分析 C11 点的下沉过程从而提出类似条件下地表最大下沉点下沉速度及移动持续时间(表 5-45)。

表 5-45　1201 工作面地表变形持续时间

点号	下沉量 /mm	下沉速度 /(mm/d)	初始阶段		活跃阶段		衰退阶段	
			天数/d	下沉/mm	天数/d	下沉/mm	天数/d	下沉/mm
C11	2369	74.1	—	16	119	2336	105	17

移动盆地的最大下沉角、移动角、边界角和裂缝角列于表 5-46。

表 5-46　1201 工作面地表地表变形角量参数

剖面		边界角/(°)	裂缝角/(°)	移动角/(°)	松散层移动角/(°)	最大下沉角/(°)	充分采动角/(°)
走向线		66	70		50		59
倾向线	上山	79			50	88	50.5
	下山						51

相似材料模拟显示:①1201 工作面开采工作面达到充分开采后,地表出现不同程度的裂缝破坏,开采工作面超前影响角约为 73°,岩层裂缝角约为 78°。②工作面覆岩冒落带高度为 2~23m,为开采高度的 4.6 倍,导水裂缝带高度约为 76m,为开采高度的 19 倍(陈盼,2013)。

4. 1201 工作面采动地表塌陷破坏现状

1201 工作面开采煤层厚度大、埋深浅、西沟及其支沟沟坡陡峭、地形变化大、沟坡两侧岩层风化严重,整体性差,节理裂缝发育,煤层开采后形成的地表塌冒灾害非常严重(邱有鑫,2012),如图 5-64 所示,其特点主要表现在以下几个方面。

(a)　　　　　　　　　　　　　　　　　　　(b)

图 5-64　冯家塔煤矿地表沟道塌冒区

(1) 开采沉陷破坏区范围。在沟壑范围的开采沉陷塌冒、裂缝、坍塌、崩塌破坏范围取决于开采范围的煤层埋藏深度和地形条件。一般开采引起地表塌冒区位于沟道对应采空区位置,裂缝、坍塌、崩塌灾害区位于采空区和采空区边界影响范围,通常介于对应开采深度的 0.6～0.8 倍范围,斜坡位置的影响范围相对大,平坦地貌区的影响范围较小。

(2)沟道塌冒破坏区。开采工作面对应沟道位置出现严重的塌陷坑及塌冒断裂裂缝破坏,这些位置的塌冒破坏与采空区直接沟通,尤其在地表塌冒区位置,地表与采空区以岩层冒落岩块堆积形式充填采空区,构成较为畅通的水、气通道,对井下的生产构成严重的威胁。

(3)沟坡崩塌、坍塌破坏区。工作面对应支沟的陡峭山坡位置,受到开采沉陷的剧烈移动变形的影响,边坡失稳、形成严重的崩塌、坍塌灾害,并伴随陡坡位置的大裂缝出现。随时间的延续,这种崩塌、坍塌灾害规模会进一步扩大。由于沟道的局部,尤其在陡峭山坡位置,沟道一般非常狭窄,崩塌、坍塌的巨型岩块杂乱堆积,堵塞沟道,如图 5-65 所示,使得沟道塌冒区的充填治理难以实施。

(a)　　　　　　　　　　　　　　　　(b)

图 5-65　冯家塔煤矿地表沟道坍塌、崩塌堵塞区

(4)沟坡滑动错落台阶裂缝破坏区。在开采影响范围较缓的沟坡位置,由于开采引起覆岩断裂破坏发展与风化严重的岩层节理裂隙沟通,形成与地表沟通的裂缝。这种裂缝在山体重力作用下,形成平行于山坡走向的条状块体向下滑动,进而引起坡体裂缝逐渐扩大,裂缝呈明显的台阶状。这种山坡台阶裂缝宽度最大达到 1.5～2.0m,台阶高差 0.5～1.0m,深不见底,直接或间接与地下采空区沟通,如图 5-66 所示。这种地表沉陷灾害不但会引起井下采空区的严重的漏风,造成矿井井下通风困难,引起采空区煤炭自燃火灾发生,而且在遇到雨水浸蚀冲刷作用后,会引起沟坡大面积滑塌和严重的水土流失。

(a)　　　　　　　　　　　　　　　　(b)

图 5-66　沟坡滑动裂缝破坏区

5.8.4　昌汉沟煤矿

1. 昌汉沟 3-1 上煤层 201 工作面

1) 201 工作面地质采矿条件

昌汉沟煤矿地处鄂尔多斯市以北约 7km 处的万利镇,3-1 上 201 工作面位于井田中部偏东,工作面回采范围地形沟谷纵横、地表基岩裸露,第四系薄层风积沙、残堆积层、冲洪积层等零星分布于山梁、山坡及沟谷地带,显示侵蚀性丘陵地貌特征。201 工作面内上覆基岩厚度为 25~50m,最薄处为切眼附近,上覆基岩厚度为 25m 左右。埋深为 35~90m,属于典型的浅埋深煤层。煤层厚度为 1.7~2.4m,平均厚度为 1.75m,倾角为 1°~3°,综合柱状图如图 5-67 所示。

岩石名称	标尺/m	柱状1:200	标尺/m	深度/m	层厚/m	岩性描述
松散层				0.80	0.80	松散层:第四系冲、洪积层
含砾粗粒砂岩				8.80	8.00	灰绿色,紫红色,砾石成分以石英岩、花岗岩为主,砾石分选差,磨圆中等,砾径2~10cm。
粗粒砂岩				13.00	4.20	浅灰绿色,矿物成分以石英、长石为主,含少量云母,暗色矿物,棱角-次棱角状,分选差,块状。
泥岩				16.60	3.60	灰绿色,块状,断口平坦。
细粒砂岩				20.00	3.40	灰色,块状,含植物化石。
2-1煤				20.95	0.95	黑色,弱沥青光泽,断口较平坦,细条带、细理状结构,块状,内外生裂隙发育,暗煤为主。
粉砂岩				26.30	5.35	灰色,块状,含植物化石,断口较平坦。
2-1下煤				27.30	1.00	黑色,弱沥青光泽,断口阶梯状,参差状,细条带状结构,块状,以暗煤为主,半暗型煤。
细粒砂岩				31.50	4.20	灰白色,块状,含植物化石碎片,中夹薄煤线。
中粒砂岩				37.30	5.80	灰色,块状,断口平坦,含植物化石,中夹3mm厚镜煤条带。
细粒砂岩				42.40	5.10	浅灰色,成分以石英、长石为主,少量云母及暗色矿物,块状。
泥岩				43.20	0.80	浅绿色,块状,断口平坦。
3-1上煤				45.20	2.00	黑色,沥青光泽,以暗煤为主,含镜煤条带、细条带状结构,块状,断口阶梯状。

图 5-67　昌汉沟 3-1 上煤层综合柱状图

201工作面推进长度为1068.3m,工作面长度为241.5m,综合机械化采煤,全部垮落法管理顶板,设计日推进12个循环,循环进尺0.865m,上下顺槽超前支护30m。

2)201工作面地表移动变形观测站

如图5-68,由于地表观测只针对地裂缝的观测,只在工作面推进方向布置一条测线,倾向观测线布置是从开切眼中部开始,沿工作面推进方向布置130m,共布置26个测点,每个测点间距5m。

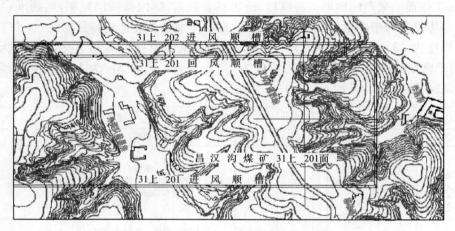

图5-68　昌汉沟煤矿201工作面图(文后附彩图)

在工作面回采前进行两次地表全面观测,分别在2009年10月5日和10月9日进行地表全面观测。采动后在10月16日初次来压后的10月18日进行了第一次观测,并在10月21日、10月23日、10月26日、10月30日、11月2日分别进行了5次地表下沉观测。

3)201工作面地表移动变形观测站特征

201工作面发生初次来压时,地表并不是缓慢的下沉达到最大值,而是出现急剧下沉,由此可以说明工作面上覆岩层出现整体全厚度切落。地表下沉最大值位置与工作面初次来压推进时位置相对应,最大下沉为1824mm,如图5-69所示。由于初次来压工作面位置是处于山坡上,当地表断裂下沉时,由于松散覆岩自重作用会向山谷侧下滑,导致观测的垂直方向位移变大(图5-70、图5-71)。

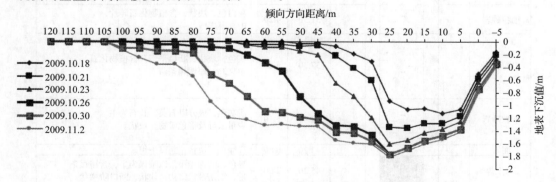

图5-69　201工作面倾向地表下沉曲线(陈轶,2010)

图 5-70　201 工作面初次来压时地表破坏情况

图 5-71　201 工作面周期来压时地表破坏情况

　　201 工作面 10 月 16 日工作面上方地表出现了急剧下沉,形成了张开性裂隙和落差较大的地堑。周期来压期间地表也出现了相应的变化,根据地表观测结果显示,周期来压时地表开始产生裂隙,然后逐渐缓慢开始下沉,到来压后第三天地表会出现急剧下沉,出现张开性裂缝和地堑。

　　2. 昌汉沟 15106 工作面地表变形观测

　　1）15106 工作面地质采矿条件

　　昌汉沟煤矿目前主采 5-1 煤层,15106 工作面地面是第四系残积坡、冲洪积层、砂质黏土和黄土覆盖,沟壑交错,地形切割强,地形复杂,大沟断面呈"U"形,小沟断面呈"V"

形。煤矿工作面开采引起顶板大面积垮落灾变,冒落带直达地表,地表黄土沟壑区会发生大面积滑坡坍塌灾害,沟道严重崩塌堵塞,治理工程量大且实施非常困难,可能致使沟道洪水涌入井下发生严重的淹井灾害

　　15106 综采工作面位于昌汉沟井田东南部,条带布置,工作面宽度为 300m,推进长度为 2800m。地表起伏较大,基岩厚度为 70～120m,松散层厚度为 0.5～25m,变化较大,煤层埋藏深度为 94～136m。

　　2) 15106 工作面观测站

　　为了地表岩土工程施工的技术需要,在昌汉沟煤矿 15106 工作面开切眼附近布置一条不完全走向 I 线,共设 27 个测点,在工作面开切眼前方 520m 处布置一条倾向观测 II 线,共设 40 个测点。2 条测线各测点的间距为 15m,15106 工作面测点总数 67 个,如图 5-72 和表 5-47 所示(张聚国和栗献中,2010)。

　　对走向线 I 进行了 22 次高程和平面位置测量,对倾向线 II 进行了 18 次高程和平面位置的测量。

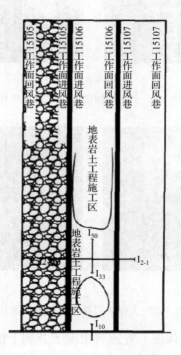

图 5-72　15106 工作面地表观测站布置

表 5-47　15106 工作面地表观测站参数

观测线名称	点号	测点间距/m	测点数	观测线长度/m
走向 I 线	I 1～I 27	15	27	390
倾向 II 线	II 1～II 40	15	40	600

　　3) 地表裂缝的产生机理

　　在地表移动盆地外边缘区,地表可能出现裂缝。裂缝的深度和宽度与有无第四纪松

散层及其厚度、性质和变形值大小密切相关。若第四纪松散层为塑性大的黏土,一般拉伸变形值超过 6～10mm/m 时地表才出现裂缝,塑性小的砂质黏土、黏土质砂和岩石,地表拉伸变形达到 2～3mm/m 即可产生裂缝。开采后 15106 工作面地表产生开裂变形,分别沿平行工作面推进方向和垂直工作面巷道方向,为张开形裂缝,地表裂缝宽度最大约 800mm,裂缝深度达 4000mm 以上,但无明显的台阶下沉。

考虑到 15106 相邻工作面的重复采动影响及实际地质情况为松软围岩,所以在一定程度上减小了下沉系数的数值,实际求得的下沉系数一般是小于初次采动时的下沉系数,15106 工作面实际下沉系数为 0.612。

5.8.5　乌兰木伦煤矿 2207 工作面

1. 2207 工作面地质采矿条件

2207 工作面位于乌兰木伦煤矿一盘区西翼三区段,开采 1-2 煤层,煤层厚度为 3.2m,煤层倾角为 0°～1°,上部覆盖 17.89～50.35m 厚的第四纪风积沙层。根据钻孔资料在本区内厚度为 17.80～50.35m,平均厚度为 28.7m,风积沙层岩性以细砂为主,底部局部含烁石层,因基岩顶界面凸凹不平,且地表地形高差较大,风积沙真实厚度受基岩顶界面和地形的制约。地貌主要是起伏不平的沙丘,沙丘最大高差为 15.5m,地表标高 ＋1218～＋1234m。

2207 工作面于 1997 年 3 月回采,走向长 892m,倾斜长 158m,开采煤层在此区域内煤层赋存比较稳定,构造简单,煤层厚度为 3.2m,开采厚度为 2.1～2.3m,平均深度为 101.1m,在距离开切眼 170m 位置,开采深度为 97.5m。

2. 2207 工作面地表移动变形站

2207 工作面开采地表移动观测站建于 1997 年 3 月,该地表移动观测站布设了两条观测线,一条在 2207 工作面的中部沿走向方向,另一条是距开切眼 170m 位置沿倾斜方向布设,两条观测线共布设地表移动测点 55 个,其中控制点 4 个,测点 52 个,工作测点间距一般为 10m,工作点和控制点间距为 22～48m,走向观测线长度为 393m,倾斜控制点测线及总长度为 265m,工作点测点由 40mm 的钢筋制成,人工凿入风积沙深度为 2m,露出地面 0.1m。工作面地表变形观测站资料见表 5-48。

表 5-48　2207 工作面地表变形观测站

观测线名称	控制点个数	测点间距/m	测点数	观测线长度/m
走向线	—	10	39	393
倾向线	4	10	13	265

(1) 观测站的联测工作。联测工作是根据乌兰木伦矿井田范围内的地面控制点 5″ 和四等三角点,使用全站仪器,用极坐标方法联测,精度按 5″ 导线测量的精度进行,联测结果满足 5″ 导线的精度要求。高程测量的联测工作是用普通工程水准按三等水准测量的精度要求进行,连接测量后采用测量的成果绘制出 2207 工作面开采的地表移动观测站平

面图。

（2）采动前的全面观测。采动前由于观测站地区正是解冻区，所以本观测站在采动前共进行了 5 次水准测量，两次量边测量。最后取 3 月 21 日和 3 月 25 日观测结果作为采动前各测点的高程。两次测得的高差小于 10mm，同一边长度小于 4mm，并取其平均值作为采动地表移动的原始观测数据。

（3）日常观测工作包括巡视测量和日常水准测量，共进行了三次巡视测量，主要是观测 2207 工作面开切眼上方地表部分的高程变化，如发现地表部分点下沉超过 10mm，说明地表开始下沉，日常测量工作观测站共进行了 6 次，每次观测间隔时间为 3～4d，日常测量工作也就是工作面开采过程中的地表动态移动和变化观测。

（4）地表移动稳定后进行最后一次全面测量工作，全面测量工作包括水准测量和量边测量，通过稳定后的全面测量工作确定地表移动和地表各测点的空间位置。

3. 2207 工作面地表变形观测参数

乌兰木伦煤矿 2207 工作面的观测成果见表 5-49。

表 5-49　乌兰木伦 2207 工作面地表变形观测成果

	工作面编号	乌兰木伦 2207 工作面	煤层倾角/(°)	1°
地质采矿条件	煤层	1-2 煤层	观测时间	1997.3～1997.10
	工作面长度/m	158	走向测线长度/条数/m	393/1
	工作面推进长度/m	892	倾向测线长度/条数/m	265/1
	煤层厚度/m	3.2	测点/控制数	4
	采厚/m	2.2	测点间距/m	10
	埋深/m	101.1	观测次数	15
	风积沙/m	28.7	走向下沉最大值/mm	1680
岩移参数预计参数	下沉系数 q	0.78	启动距/m	43.3
	水平移动系数 b	0.443	超前影响距/m	14
	主要影响角正切	1.87	走向超前影响角/(°)	82
	拐点偏移距 s/m	21.5	最大下沉速度/(mm/d)	98.2
	主要影响半径 r/m	54.7	下沉速度滞后距/m	35.9
	开采影响传播角 θ_0/(°)	90	最大下沉速度滞后角/(°)	71.7
	上山边界角/(°)	60.5	起始期/d	4
	上山移动角/(°)	72	活跃期/d	75
	走向裂缝角/(°)	77.5	衰退期/d	6
			地表移动持续时间/d	85

5.9　神东矿区地表沉陷

神东矿区煤层赋存的特点是浅埋深、薄基岩和厚风积沙地层，生态环境和承载力非常脆弱。目前该区开采方法的趋势是采用"三超"方法,即超长工作面、超大采高和超长推进距离,这种高强度、大开采空间开采已经暴露出浪费煤炭资源、水资源流失严重和生态环境恶化等问题。神东矿区针对浅埋深厚煤层和特厚煤层的高强度开采带来的地下水运移、地表生态变化进行研究,将保护含水层结构转变为保护地下水资源,将地表沉降治理转变为开采工艺减损与生态引导修复并重。同时,针对开采引起的矿区地裂缝、沟壑水蚀和土壤贫瘠等典型环境问题,研究提出了临时性裂缝与永久性地裂缝差异化治理技术等关键技术,取得了非常好的效果。神东矿区地表变形观测成果见表 5-50。

通过神东矿区地表移动变形观测资料的统计,今后本区的地表沉陷观测研究还需要在以下方面做更多工作。

5.9.1 神东矿区地表移动规律

神东矿区各矿井"三超"开采强度很大,上述 15 个工作面地表移动变形观测站中工作面 1-2 煤层开采的平均深度为 150m 左右,2-2 煤层开采的深度为 170m,5-1、5-2 煤层开采的平均深度已达到 200m 以上,这也基本符合各煤层赋存深度规律。

基于浅部薄基岩厚松散层下开采条件,随着开采强度和开采深度的增大,矿井开采的地质力学环境与浅部开采相比发生了明显改变,目前的岩层控制理论与技术不能适应今后开采需要。因此,需要对神东矿区浅埋薄基岩厚松散层地表移动规律进行总结,今后继续对不同开采条件下地表移动变形规律进行理论和现场试验研究,形成适用于神东矿区的地表移动和变形规律,为矿区沉陷预计、地裂缝治理和水土保护提供科学依据,对《建筑物、水体、铁路及主要井巷煤柱留设与压煤开采规程》也是补充完善。今后需要在以下方面获得进展。

1. 移动参数的主要影响因素

实践表明,开采沉陷的分布规律取决于地质和采矿因素的综合影响。在这些地质、采矿因素中,一类是人们无法对其产生影响和改变的自然地质因素,另一类是人为的采矿技术因素。在浅埋薄基岩厚松散层"三超"开采时,只有正确地认识和掌握这些因素对上覆岩层破坏及地表移动的影响作用关系,才能掌握神东矿区开采上覆岩层运动破坏的机理及地表移动规律,才能建立相应的预测理论模型和预测参数体系,进一步地改进移动变形预计方法,为生产实践提供理论基础。

1) 覆岩力学性质、岩层层位的影响

以大柳塔井 1203 工作面为例,整个上覆盖层的加权平均抗压强度为 15.3MPa,覆岩类型应属于软弱,而上覆基岩层加权平均抗压强度为 38.3MPa,覆岩类型应属于中硬。在神东矿区侏罗纪煤系地层中,浅部开采时覆岩为中硬偏软类型,其上为极软弱岩层或第四纪松散层。

当松散层厚度特别是风积沙厚度较大其作为载荷作用在覆岩上,在煤壁之处的剪切力变大,顶板基岩在煤壁处切落的可能性变大。以 1203 工作面为例,开采时在局部地方沿直线向上发生冒落,并可直达地表,覆岩产生抽冒型变形,地表出现漏斗型塌陷坑。

表 5-50　神东矿区地表变形观测站观测成果

矿区名称	神东矿区																
序号	1	2	3	4	5	6	7	8	9	10	11	12	13	14	15	16	17
工作面编号	大柳塔 1203 工作面	朴连塔 12406 工作面	朴连塔 31401 工作面	柳塔矿 12106 工作面	乌兰木伦 2207 工作面	大柳塔活井 12205 工作面	朴连塔 32301 工作面	朴连塔 32301 工作面（重复采动）	寸草塔矿 22111 工作面	寸草塔二矿 22111 工作面	布尔台矿 22103-1 工作面	昌汉沟 15106 工作面	大柳塔 52304 工作面	韩家湾 2304 工作面	柠条塔 N1200 工作面	柠条塔 N1200 工作面（重复采动）	冯家塔 1201 工作面
煤层	1-2煤	1-2煤	1-2煤	1-2煤	1-2煤	2-2煤	2-2煤	2-2煤	2-2煤	2-2煤	2-2煤	5-1煤	5-2煤	2-2煤	2-2煤	2-2煤	2号煤
工作面长度/m	150.0	300.5	265.3	246.8	158.0	230.0	301.0	301.0	224.0	300.0	360.0	300.0	301.0	268.0	8.0	300.0	250.0
工作面推进长度/m	938.0	3592.0	4629.0	633.0	892.0	2251.0	5220.0	5220.0	2085.0	3648.0	4250.0	2800.0	4547.6	1800.0	1500.0	1500.0	1850.0
煤层厚度/m	4.6~7.21	4.81	4.29~6.45	3.4~8.0	3.20	2.91~4.23	7.17~8.05	7.17~8.05	2.80	2.44~3.16	0~5.85	5.20	6.6~7.3	0.20~5.26	5.10~6.38	5.10~6.38	0~5.8
采厚/m	4.03	4.68	4.2	6.9	2.2	3.5	6.1	6.1	2.8	2.9	2.9	5.2	6.45	4.1	5.87	5.87	3.3
埋深/m	50~60	190~220	241	128~175	97.5	35~107	183.6	183.6	136~261	284~327	157~324	94~136	136.7~281.2	135	67~151	67~151	14~210
风积沙/松散层厚度/m	23.5~29.3	10.35	5~30	30	31	12~32	6.6	6.6	8	5~25	3.2~34.82	0.5~25	20	60~65	0~57	0~57	10
基岩厚度/平均/m	20.5~34.5	160~200	235.5	120.6	66.5	88	177	177	240.9	294	224~357	70~120	164.3	70	67~89	67~89	137
煤层倾角/(°)	1~3	1~3	1~3	1~3	1	1	1~3	1~3	1~3	1~3	1~3	1~3	1~3	2~4	1	1	0~5
采煤工艺	综采	综采	综采	综放	综采	综采	综采	综采	综采	综采	综采	综采	综采	综采	综采	综采	综采
工作面推进速度/(m/d)	2.4~4.11	12.0	12~20	5.0	2.8	12~16	9.2	9.2	9.7	8.5	8.3	17.2	13.8	8~10	4.5	4.5	8.3
观测时间	1993.3 1995.1	2011.4 2011.12	2007.8.5 2007.9.17	2010.7 2012.9	1997.3 1997.10	1999.11 2000.12	2007 2008	2007 2008	2010.7 2012.9	2010.7 2012.9	2010.7 2012.9	2007 2008	2011.9 2013.3	2009.5 1010.6	2011.9 2012.12	2011 2012	2007.12 2009.9

续表

矿区名称	神东矿区																
序号	1	2	3	4	5	6	7	8	9	10	11	12	13	14	15	16	17
工作面编号	大柳塔 1203 工作面	补连塔 12406 工作面	补连塔 31401 工作面	柳塔矿 12106 工作面	乌兰木伦矿 2207 工作面	大柳塔活鸡兔井 12205 工作面	朴连塔 32301 工作面	朴连塔 32301 工作面(重复采动)	寸草塔矿 22111 工作面	寸草塔二矿 22111 工作面	布尔台矿 22103-1 工作面	昌汉沟 15106 工作面	大柳塔 52304 工作面	韩家湾 2304 工作面	柠条塔 N1200 工作面	柠条塔 N1200 工作面(重复采动)	冯家湾 1201 工作面
走向测线长度/m	1180	900	300	820	393	300	1200	1200	710	910	1520	390	1600	430	420	420	486
倾向测线长度/m	600	1100	730	500	265	600/3	500	500	540	480	760	600	849	276	410	410	346
测点数	181	99		57	4	14			53	54	103		6	4	11	11	4
测点间距/m	10	20	15,30	15,20	10	10	89	89	25	15,20	15,20	15	20,25	10	15	15	15
观测次数	51		27	12	15	23			13	12	12	22	21	11	26	26	
走向下沉最大值/mm	2548	2477	2320	5706	1680	2360	3120	4760	1671	1866	2093	3182	3959	2568	5012	5150	2470
倾向下沉最大值/mm	2501			5887		2515			1648	1772	2118		3731	2409			
下沉系数 q	0.59	0.55	0.55	0.766	0.78	0.73	0.51	0.78	0.677	0.679	0.637	0.612	0.61	0.563	0.85	0.877	0.75
水平移动系数 b	0.29		0.127	0.43	0.443	0.33	0.57	0.25	0.38	0.39	0.21		0.32	0.28	0.143	0.16	0.59
主要影响角正切 tanβ 走向	2.65			2.37	1.87	1.98	2.10	2.60	1.86	1.78	1.92			1.966			
主要影响角正切 tanβ 倾向									2.47	2.47	2.07		2.88	2.02			
拐点偏移距 S/m	20.4				21.5	$0.23H_0$	$0.19H_0$	$0.31H_0$					37.5	19.78			39(0.265 H走) 30(0.240 H倾)
主要影响半径 r/m	23.7				54.7	70							71.1	28.3	80.9	37($r=$)	
开采影响传播角 θ_0/(°)	0.692~90				90	89							75				

续表

矿区名称	神东矿区																
序号	1	2	3	4	5	6	7	8	9	10	11	12	13	14	15	16	17
工作面名称 工作面编号	大柳塔 1203 工作面	补连塔 12406 工作面	补连塔 31401 工作面	柳塔矿 12106 工作面	乌兰木伦 2207 工作面	大柳塔活鸡兔井 12205 工作面	补连塔 32301 工作面	补连塔 32301 工作面 (重复采动)	寸草塔矿 22111 工作面	寸草塔二矿 22111 工作面	布尔台矿 22103-1 工作面	昌汉沟 15106 工作面	大柳塔 52304 工作面	韩家塔 2304 工作面	柠条塔 N1200 工作面	柠条塔 N1200 工作面 (重复采动)	冯家塔 1201 工作面
启动距/m	10~13.2				43.3		$0.33H_0$	$0.25H_0$					42.2	42	65	55	
边界角/(°) β_0	63.3			47.55	60.5	45			52.1	54.2	49.1		56.3	58	60.7	56.3	79
γ_0	64.3					52							42.5	59	60.7	60.3	66
δ_0	64.2					50								72	60.3		
移动角/(°) β	69.05~76.33			66.3		50							81.9	62.5	60.3		
γ	78.94~77.25				72	61			77.2	76.2	74		82	62.5	60.3	45	
δ	左71.58~78.72			66.5		67						64	66.4	62.5	60.3	60	70
走向裂缝角/(°)	开74~停84	87.035			77.5	72							86	81.3	84.3	59	
上山、下山裂缝角/(°)		87.6				75								86~87			
松散层移动角/(°)	62.29					89								43	74.1	81.9	50
最大下沉角/(°)	90			88.54					88.8	88.7	88.4		89	45~57.3			88
最大下沉角回归公式	$\theta=90°\sim$ 0.69α			$\theta=90°\sim$ 0.34α													

续表

矿区名称	神东矿区																
序号	1	2	3	4	5	6	7	8	9	10	11	12	13	14	15	16	17
工作面编号	大柳塔 1203 工作面	补连塔 12406 工作面	补连塔 31401 工作面	柳塔矿 12106 工作面	乌兰木伦矿 2207 工作面	大柳塔活井 12205 工作面	补连塔 32301 工作面	补连塔 32301 工作面（重复采动）	寸草塔矿 22111 工作面	寸草塔二矿 22111 工作面	布尔台矿 22103-1 工作面	昌汉沟 15106 工作面	大柳塔 52304 工作面	韩家湾 2304 工作面	柳条塔 N1200 工作面	柳条塔 N1200 工作面（重复采动）	冯家塔 1201 工作面
超前影响距/m	26.25 (0.49H_0)			0.357H	14	47	0.67H_0	0.58H_0	0.49H	0.479H	0.485H		148	10			36.6
走向超前影响角/(°)	64			70.4	82	64.5	67	70	63.9	64.4	64.1		53	85.8	52.6	49.4	76~79
倾斜超前影响角/(°)						62									49.4	47.2	
最大下沉速度/(mm/d)	131.38	2688.5	580	231.2	98.2	270		490	42.2	28.3	12.9		430	185.3	357.2	422	93
下沉速度滞后距/m	27.375				35.9	38	80	61					64.4	74			39.2
倾斜最大下沉速度滞后角/(°)						63.7	72.9	72.9					70				
走向最大下沉速度滞后角/(°)	62.28				71.7	63.7	72.9	76.8					50		28.9	22.4	74~77
走向充分采动角/(°)					57	54							77.5				59
上山充分采动角/(°)					57	56							77.5				50.5
下山充分采动角/(°)						45							77.5				51
地表移动持续时间/d	112			354	85	84			156	253	420		311	147			
起始阶段/d	7			27	4	8			18	20	25			5			
活跃阶段/d	69			120	75	35			73	101	204			65	61.4	65.7	119
衰退阶段/d	36			207	6	40			65	132	191			77			105

2）松散层、风积沙的影响

由于风积沙等松散层不能形成任何承载结构，其只能作为一种荷载施加于顶板基岩上，在松散层载荷作用下顶板基岩不能迅速地自下向上冒落至基岩表面，而首先在工作面前方产生拉伸裂隙，形成厚度较大的整体岩柱，从而造成煤层顶板沿架前或架后切落。以1203 工作面为例，地表下沉量主要发生在活跃阶段，活跃期仅占总时间的 65%，但下沉量竟占总下沉量的 97%。类似在大柳塔井 52304 工作面，下沉曲线和下沉速度曲线是突发性的、非连续变形，活跃期阶段仅占总时间的 21%，但下沉量竟占总下沉量的 98%，这说明受厚风积沙影响地表下沉量主要发生在活跃阶段。

3）沟壑地形的影响

以大柳塔井 52304 工作面为例，地表下沉和水平移动受沟壑影响显著。由于松散层滑移作用，沟壑两侧测点的下沉增大，沟壑底部受滑移挤压下沉反而相对减小，总体表现为沟壑底部下沉小、沟壑两侧下沉大。由于基岩与松散层接触面上发生了滑移，地表的水平移动向着高程增大的方向水平移动优于向着沟壑方向的水平移动，沟壑两侧水平移动比沟壑底部的略大。

浅埋薄基岩厚松散层条件下开采后，在沟壑附近会引起地表的裂缝、坍塌和崩塌灾害区，这一影响区域介于对应开采深度的 0.6～0.8 倍范围。斜坡位置的影响范围相对较大，平坦地貌区的影响范围较小。沟壑地形带来的裂缝、塌冒等地表沉陷灾害不但会引起井下采空区的严重漏风，还会造成矿井井下通风困难，引起采空区煤炭自燃火灾发生，而且在遇到雨水浸蚀冲刷作用后，会引起沟坡大面积滑塌和严重的水土流失，这些是神东矿区当前和今后安全生产关注的重点。

2. 地表移动参数的特性分析

实践经验表明，地表移动参数主要受地质和采煤技术因素的综合影响。这些因素主要包括：覆岩力学性质及岩层层位、松散层、煤层倾角、开采厚度与开采深度、采空区的尺寸大小、重复采动、采煤方法及顶板控制方法等。在浅埋薄基岩厚松散层开采条件下，地表移动角量参数大小及变化规律与基岩厚度及松散层厚度与开采深度的比值等因素关系密切，这部分工作还需要下一步的深入研究。

因此，今后需要根据神东矿区浅埋薄基岩厚松散层地表移动观测站的实测资料，分析研究地表移动参数特点及其变化规律，给出这些规律和特点的定量关系，为本区"三下"压煤开采、环境治理起到指导和推动作用，同时也为类似条件矿区的"三下"采煤等工作提供可靠的技术数据。

5.9.2　神东矿区地表预计方法和参数研究

开采沉陷预计是"三下"采煤工程设计和研究的基础，国内外专家对于地表移动预测方法提出了多种模型，目前我国比较常用的地表移动变形计算方法有概率积分法、负指数函数法、威布尔函数法和典型曲线法等，其中概率积分法具有参数容易确定、实用性强等优点，在各矿区得到比较广泛使用。概率积分法是从统计观点出发，把整个开采区域分解为无限个微小单元的开采，整个开采对岩层及地表的影响等于各单元开采对岩层及地表影响之和。按随机介质理论,单元开采引起的地表单元下沉盆地呈正态分布,且与概率密度的分布一致。因此,整个开采引起的下沉剖面方程可以表示为概率密度函数的积分公式。

但是神东矿区这种浅埋薄基岩厚松散层条件下地表沉陷预计模型是否适用概率积分法还需要讨论和研究。今后需要开发出适用矿区地表沉陷预计的计算机程序,其要求具备如下几点:①坐标系统可以任意假设,即可以使用绝对坐标系统,也可以使用相对坐标系统;②可以预计煤层走向不同的多个工作面开采的综合影响;③可以预计多种采动条件下的综合影响;④可以进行任意指定时刻的动态移动变形预计。

在一个地表观测站的观测工作结束并完成了观测成果的整理与分析之后,应进一步求取这个观测站的实测参数。求取实测参数的方法已有许多种。一种理想的方法应该是能够利用最少的实测数据求得较好的实测参数。这一点可以分如下两个方面来理解:一方面要能够充分利用已有的实测成果资源,求得高精度的实测参数,用此参数对本矿区的开采沉陷作出准确的预计;另一方面在保证参数具有较好精度的情况下,放宽对观测站设站形式要求,适当减少一些测点,以降低设站成本,提高经济效益。

对于预计方法使用的求参方法,主要有利用特征点求参、曲线拟合求参、空间问题求参、正交试验设计法求参和模式法求参等。各种方法各有优缺点。

1. 利用特征点求参

利用特征点求参是一种根据参数定义和特征点的实测资料直接求取的方法。这种方法一般适用于神东矿区这种“三超”条件下开采地表达到充分或超充分采动的情况,但它有以下两个缺点。

(1) 在确定参数时,往往只用到几个具有误差的实测值,而且这些观测值的误差对参数的影响很大,所以求得的参数常常有较大的误差。

(2) 只用几个测点的实测值求得的参数,对其他测点的观测值而言,不一定是合适的。

2. 曲线拟合法求参

这是一种根据所有剖面上的实测下沉和水平移动值求取参数的估计值方法。这一种方法中,拟合函数 $f(x; B)$ 的形式必须是已知的,而且能够求得对各个参数的偏导数,一般适用于矩形工作面上方布设的观测站。拟合函数一般选择主断面上的表达式,在主断面上进行拟合,拟合时假设垂直于该断面方向的开采为无限开采。采用这种方法编制计算机程序时,常常将观测站划分成几种类型,规定每种类型的阶数(即参数个数)。一旦实际观测站的形式不符合类型规定,就无法求取参数了。

3. 空间问题求参方法

这是一种将曲线拟合法求参的基本原理推广应用到整个下沉盆地上的求参方法。空间问题求参法比曲线拟合法具有明显的优势,放宽了对地表移动观测站设置的要求。但是存在如下问题。

（1）对于任意现状工作面开采的求参时，由于其预计公式的复杂性，使得上述方法无法实施，故此法也仅适用于矩形工作面求参。

（2）该法对参数初值的选取要求较高，若初值选取不当，很容易使求参失败。

此外，当由于观测站设置的原因，从实测数据中只能求取部分参数时，使用该求参方法也十分不方便。

4. 正交试验设计法求参

正交试验设计方法，就是利用数理统计学与正交性原理，从大量的试验点中挑选适量的具有代表性、典型的点，应用"正交表"合理安排试验的一种科学的试验设计方法。这一方法可以较好地解决任意形状工作面开采时根据任意点实测值求取参数的问题。不会由于参数初值不合适而导致求参失败。这一方法的缺点是预计工作量大，求取参数的速度缓慢。

因此，对于神东矿区而言地表沉陷预计方法和预计参数研究还不够深入，下一步需要基于神东矿区浅埋薄基岩厚松散层条件下"三超"开采，结合现有地表移动观测站资料，分析上覆岩层及地表的移动变形特征、岩层内部下沉及地表移动盆地形态，总结分析角量参数与预计方法、预计参数的变化规律。

5.9.3 神东矿区地表移动变形观测技术

神东矿区浅埋薄基岩厚风积沙及沟壑纵横的地形对地表沉陷观测提出了很多新的要求，这体现在观测站设计方案选择、工作测点测桩材料与布设方法、观测仪器和观测时间间隔、地表踏勘和地裂缝的观测等方面。

1. 观测站设计方案

观测线的长度应保证两端（半条观测线时为一端）超出采动影响范围，以便建立观测线控制点和测定采动影响边缘。采动影响范围内的测点为工作测点，工作测点应有适当的密度且与表土层牢固地固结在一起，在采动过程中与地表一起移动，能够反映地表移动变形的状态。

正常地层条件下，观测站的控制点和工作测点一般用混凝土灌注，或用预制的测点埋设。当地表至冻结线下 0.5m 内含有水层时，也可采用钢管式测点。如果使用期限较短，或测点在柏油马路上或水泥地面上，也可用钢筋或旧钢轨等作为测点标志。但是在风积沙地表条件下，工作测点如果是钢筋等，其人工凿入风积沙深度至少需要 2m，露出地面 0.1m。

2. 观测间隔

补连塔 31041 工作面观测站实践表明，观测期间推进速度普遍为 12～20m/d，显然如果观测时间间隔超过 1d 以上，就很难捕捉到每一次主关键层周期破断时对应于地表的急剧下沉。在主关键层两次周期破断期间，地面的下沉速度较小，只有在观测时间间隔短时才能准确地捕捉到主关键层破断时对应于地表的最大下沉速度。由于埋藏深度浅，全面观测和日常观测的间隔以日为单位间隔,只有如此才能捕捉住顶板、关键层、松散层和裂缝发育的时间节点。重复水准测量的时间间隔,视地表下沉的速度而定,在移动的活跃阶段还应在下沉较大的区段增加水准观测次数。

3. 地表变形观测新技术的应用

全球卫星导航系统(GNSS)、遥感(RS)、地理信息系统(GIS)("3S")及相关空间信息科学集成的系统科学成熟和发展,使得地表移动和变形监测的技术及方法正在由传统的单一监测模式向点、线、面立体交叉的空间信息模式发展。

由于在矿区地表移动观测站观测的数据处理时,只关心各观测站监测点之间的位置变化。所以,在地表移动和变形观测时,如果GPS接收机天线保持固定不动,则天线的对中误差、整平误差、定向误差、天线高测定误差等并不会影响变形监测的结果。同样,GPS数据处理时起始坐标的误差,解算软件本身的不完善以及卫星信号的传播误差(电离层延迟、对流层延迟、多路径误差)中的公共部分的影响也可以得到消除或减弱。数据采集以使用上海华测GPS接收机进行RTK实时动态观测为例,虽然标称水平精度为(±10+1)mm/km,垂直精度为(±20+1)mm/km,但是在山区沟壑等复杂地形条件下要考虑到卫星信号的传播误差等影响,在连接测量、全面观测的关键环节最好将GPS和高精度水准仪测量配合使用。

4. 地表沉陷观测地裂缝踏勘

浅埋薄基岩厚松散层下开采时,每次工作测点观测后,还要及时地记录和描述地表出现的裂缝、塌陷坑等的形态和时间,记载每次观测时的相应工作面位置、实际采出厚度、工作面推进速度、顶板陷落情况、矿层产状、地质构造和水文条件等有关情况。

对于神东矿区典型的风积沙地貌,在高强度开采条件时动态裂缝的发生发育规律以及与开采过程之间的关系和定量描述,边缘裂缝的发生发育特征以及裂缝深度与宽度的关系等科学问题尚没有得到解决。以补连塔煤矿12406综采工作面地裂缝的分布特征与发生发育规律研究为例,通过建立井上下相结合的空间坐标控制体系,对地裂缝演变特征进行持续地动态监测,取得了很多有益成果。

对于地裂缝宽度和深度的观测研究,采用常规方法是将石膏浆进行地裂缝灌注然后待膏体固结后进行开挖从而量取裂缝的扩展深度。今后,还可以深入思考开发一型地裂缝深度、宽度发育的记录仪,提高研究工作的效率。

参 考 文 献

陈盼. 2013. 近距离煤层采空区下工作面矿压显现与覆岩移动规律研究. 西安:西安科技大学硕士学位论文.

陈铜宪. 2012. 府谷矿区开采沉陷规律探讨. 陕西煤炭,(1): 8-10.

陈轶. 2010. 浅埋深弱黏结薄基岩采面覆岩层移动规律及支架阻力研究. 焦作:河南理工大学硕士学位论文.

杜善周. 2010. 神东矿区大规模开采的地表移动及环境修复技术研究. 北京:中国矿业大学博士学位论文.

范立民,杨宏科. 2000. 神府矿区地面塌陷现状及成因研究. 陕西煤炭技术,(1): 7-9.

郭文兵,谭志祥,柴华彬,等. 2013. 煤矿开采损害与保护. 北京:煤炭工业出版社.

侯忠杰,黄庆享. 1994. 松散层下浅埋薄基岩煤层开采的模拟. 陕西煤炭技术,(2): 38-42.

胡振琪,王新静,贺安民.2014.风积沙区采煤沉陷地裂缝分布特征与发生发育规律.煤炭学报,39(1):11-18.

吕军,侯忠杰.2002.影响浅埋煤层矿压显现的因素.矿山压力与顶板管理,(2):39-42.

邱有鑫.2012.沟壑切割浅埋区开采塌陷灾害形成机理研究.西安:西安科技大学硕士学位论文.

任永强,时代.2013.万利矿区浅部煤层开采地表移动规律研究.矿山测量,(1):59-62.

施喜书,许家林,朱卫兵.2008.补连塔矿复杂条件下大采高开采地表沉陷实测.煤炭科学技术,36(9):80-83.

汪腾蛟,陈湘源.2008.千万吨大采高综采工作面安全管理及实践.煤炭工程,(6):11-12.

王国立.2002.活鸡兔首采工作面矿压及其上覆岩层移动研究.阜新:辽宁工程技术大学硕士学位论文.

王鹏.2012.韩家湾煤矿大采高开采地表移动变形规律研究.西安:西安科技大学硕士学位论文.

王双明,黄庆享,范立民,等.2010.生态脆弱区煤炭开发与生态水位保护.北京:科学出版社.

王晓振,许家林,朱卫兵,等.2009.走向煤柱对近距离煤层大采高综采面矿压影响.煤炭科学技术,37(2):1-5.

王业显,谭志祥,邓喀中,等.2014.黄土沟壑地形对地表移动变形影响分析.煤矿开采,19(1):80-83.

魏秉亮,范立民,杨宏科.1999.浅埋近水平煤层采动地面变形规律研究.中国煤田地质,11(3):44-48.

余学义,邱有鑫.2012.沟壑切割浅埋区塌陷灾害形成机理分析.西安科技大学学报,32(3):269-274.

张聚国,栗献中.2010.昌汉沟煤矿浅埋深煤层开采地表移动变形规律研究.煤炭工程,(11):74-76.

赵俊峰.2013.冯家塔煤矿地表观测站设置技术研究.陕西煤炭,(3):33-35.

中国神华能源股份公司,煤炭科学研究总院.2012.万利矿区浅部煤层快速推进条件下地表移动规律.鄂尔多斯.

朱卫兵,许家林,施喜书,等.2009.覆岩主关键层运动对地表沉陷影响的钻孔原位测试研究.岩石力学与工程学报,28(2):403-409.

第6章 神东矿区突水溃沙灾害及防治

突水溃沙灾害是指近含沙含水层采掘时含沙量较高的水沙混合流体溃入井下工作面,并造成财产损失或人员伤亡的一种矿井地质灾害(隋旺华等,2011)。神东矿区煤层在开采初期具有埋藏浅、顶板基岩薄、上覆松散含水层厚的典型地质特征,当松散层底部为第四系萨拉乌苏组松散含水层或烧变岩含水层时,煤层采动裂隙可能会与含水层沟通,引发突水溃沙灾害。

6.1 浅埋煤层开采突水溃沙灾害实例

6.1.1 回采工作面

1. 哈拉沟煤矿 22402 工作面突水溃沙灾害

哈拉沟煤矿 22402 工作面为该矿四盘区首采工作面,工作面距切眼 100m 范围内松散层厚度为 15～40m;含水层厚度为 25～30m;上覆基岩厚度为 29.5～64.7m。该工作面所采 2-2 煤,厚 4.9～5.9m,平均 5.54m,煤层倾角为 1°～3°。工作面长 300m,推进长度 2144.5m。

根据工作面初采期突水溃沙位置附近钻孔柱状图,直接顶为粉砂岩,厚度为 0.3m;老顶为砂质泥岩,厚度为 13.2m。工作面切眼距哈拉沟沟底 80m,初采期哈拉沟水源对开采的影响不大。由于工作面初采期覆岩含水层为第四系含水层,其距离煤层 25m,开采期间存在突水溃沙危险。

截至 2010 年 7 月 28 日 8 点半,22402 工作面共推进 38m(包括切眼 8.5m),采高 4.2～4.5m,工作面未出现顶板压力增大及涌水量异常等现象。

2010 年 7 月 28 日 16:00,22402 工作面 92♯ 支架处顶板出现溃沙现象(宋亚新,2012)。19:00 左右,工作面 150♯～160♯ 支架间顶板淋水量增加,溃沙范围很快增大至工作面机尾段。21:00 左右,工作面 150♯～160♯ 支架溃沙量较多,在此段溃沙高度已达到了工作面运输机电缆槽高度,导致支架推移油缸无法伸缩,造成支架及刮板运输机无法正常移动,工作面机尾段无法正常推进,如图 6-1 所示。7 月 30 日 21:00 左右,由于工作面机头段顶板来压,在工作面 20♯～47♯ 支架处出现了溃沙现象,在及时对工作面突水溃沙进行处理的同时,陆续进行生产(此时间段工作面推进距离不明)。7 月 31 日 8:00 左右,工作面溃沙现象基本停止。

2. 大柳塔煤矿 1203 工作面突水溃沙灾害

大柳塔煤矿 1203 工作面是神东矿区第一个投产的综采面,工作面埋深 50～60m,其中切眼地带基岩厚度为 20.5m,含水层为砂砾石含水层,其厚度平均为 6.78m,富水性中

图 6-1　工作面突水溃沙实例图

等。工作面主采 1-2 煤层,煤层平均厚度为 6.3m,采高 4m,工作面长度为 150m。

　　1993 年 3 月 24 日,1203 工作面推进 26.5m 处,顶板压力急剧增大,煤帮侧顶板有三处掉矸,出现三次淋水,随后中部支架回缩下陷,老顶初次来压,工作面顶板中部约 90m 的范围沿煤壁全厚度切断,出现整体台阶下沉,其来压非常强烈,造成工作面支架被压死。同时,大水顺煤帮及采空区飞泻而下,工作面被淹,并有大量松散沙溃入采空区及工作面机尾,冒裂瞬时涌水量达 40.8m³/h,并带有少量泥沙,次日地面南端出现倒锥形漏斗,深 2.4m,地表台阶沉陷,呈椭球状(杨鹏和冯武林,2002);当工作面推进距切眼 36.45m 时,在北端又出现深 6.49m,直径为 15m 的沙漏斗,此时工作面正是第一次周期来压,工作面涌水量由 76m³/h 增加到 183m³/h;当第四次周期来压时,沉陷区扩展长达 142m,趋于稳定。在地表沉陷区内出现倒锥形漏斗 4 个,最大下沉量为 2.591m,其他地方没有发现沙漏斗。

6.1.2　掘进工作面

　　瓷窑湾煤矿是一个设计能力 45 万 t/a 的地方煤矿,在建井期间发生两次突水溃沙事故(杨鹏和冯武林,2002)。1990 年 4 月 20 日,一采区运输巷掘进过程中发生了一起特大冒顶突水溃沙事故,最大涌水量为 200m³/h,一采区 306m 运输巷全部被水沙淹没,副井、风井的大部分巷道也被淹没,地表塌陷,呈一直径约 28m,深 13m 左右的倒锥形沙漏斗。事故发生地点,基岩厚度约 1.4m,强烈风化,松散覆盖层为萨拉乌苏组,其厚度为 67m,含水层厚度为 16m,为中等富水区。同年 12 月 28 日,在大巷北侧残采区二号切眼处又发生了一起恶性冒顶突水溃沙事故,溃沙 600m³,报废巷道 100m,同时地表也出现小漏斗。事故发生地点的水文、工程地质情况与一采区皮带巷相似。

　　2001 年 5 月 31 日,上湾矿 2-2 煤辅运掘进工作面发生了一起特大冒顶突水溃沙事故,淹没巷道 420m,地表塌陷,呈一直径约 26m、深 16m 左右的倒锥形沙漏斗,塌方 4000m³。事故发生地点,基岩厚度约 3m,强烈风化,松散覆盖层为萨拉乌苏组,其厚度为 58m,含水层厚度为 1m,为中等富水区。

　　通过以上突水灾害实例,可以得到以下结论。

　　(1)在神东矿区由于古冲沟的发育,顶板基岩变薄,强烈风化,岩体破碎,属于软弱岩

类,强度非常小,在掘进工作面也能形成冒落"天窗",导致灾害发生;

（2）在顶板基岩冲蚀变薄的同时,往往会导致含水层的厚度增大,静水压力增加,这种强度的水势能的潜伏,必然给采掘带来严重的危害;

（3）在中等富水区的情况下,当含水层为萨拉乌苏组的沙层时,水沙组合性好,一旦形成冒落天窗,上覆潜水转化为直接充水水源就会造成水沙俱下的严重涌水溃沙事故。

6.2　突水溃沙发生机理

神东矿区这种在浅埋深、薄基岩、富含潜水的厚松散层的条件下,一方面,由于开采顶板基岩的破断必然波及上覆潜水含水层,顶板基岩全厚度切落形成的裂缝以及冒落形成的"天窗"为涌水溃沙、突水溃沙提供了必要的通道和场所;另一方面,基岩顶面松散层赋存着水势能较高的潜水为涌水溃沙、突水溃沙灾害提供了充分条件。

6.2.1　饱和含水层或含沙量大的含水岩层

含水层的分布与物理特性及其富水性是突水溃沙灾害产生的先决条件（刘兴海,2005）。矿井涌水强度与含水层的空隙性及富水程度有关。神东煤田的地表虽沟壑纵横,部分煤层裸露,但绝大部分被风积沙、半固定沙、固定沙和黄土层覆盖,属掩盖式煤田。其上覆松散沙层、砂砾层的充水性、含水性、渗透性等水文地质条件以及它们与煤层、煤层顶板基岩裂隙、风化裂隙、烧变岩裂隙之间的水力联系、特点及规律对矿井生产安全的影响,就必然成为研究的对象和重点。根据松散层结构、岩性及颗粒度大小可分为砂砾层潜水含水层和粗砂潜水含水层、细（粉）砂潜水含水层。

1. 细、粉砂潜水含水层

岩石经风化并以风为主要动力,使其直接堆积覆盖在煤层基岩表面,经大气降水长期补给,又没有排泄途径,形成含水层。此种沙层结构简单,主要由颗粒很小的细砂、粉砂组成。乌兰木伦、石圪台、前石畔井田上覆松散层大部分属此种类型。其他矿井区域也有不同的分布。主要特点是孔隙率、渗透系数小,含水层厚度往往很大,但富水性较低,不易形成富水区或强富水区。通常像人们所说的"海绵体"一样,在无外力作用下,一般很难释放。

当煤层上覆基岩厚度大,超过导水裂隙带高度时,此类含水层对煤矿安全构不成大的威胁。但当基岩厚度小,特别是基岩厚度小于冒落带高度或更小时,在工作面开采过程中,顶板垮落所形成的裂隙带迅速与含水层沟通,打破了含水层原有的平衡,使沙层在水动力作用下很快沿裂隙涌入采空区或工作面,发生"溃水溃沙",可能造成机毁人亡等重大安全事故。

细、粉砂层潜水的主要特点是由于孔隙率小、渗透系数小,很难用超前疏放、抽排办法将其泄出,给矿井防水防沙带来一定难度。当其与古河床、古冲沟、低凹基岩表面、强风化岩等几种不利的储水构造因素相结合时,对煤矿安全生产的影响会更大。前石畔井田瓷窑湾煤矿溃水溃沙淹没主要巷道就是典型例子。

2. 粗砂潜水含水层

孔隙率、渗透系数比细、粉砂层大,有时与细粉砂层、砂砾层或其他含(隔)水层在垂向上呈互层状、透镜状,在平面上呈不规则状、条带状分布,也可直接覆盖在基岩面上或烧变岩之上。当其直接覆盖在基岩面之上且下伏无较强风化层和烧变岩裂隙等有利含水条件时,就形成粗沙潜水含水层。粗沙含水层可形成弱—中等富水区,如与强风化层、薄基岩、古冲沟、基岩面低凹地带等不利条件相结合,将对煤矿生产安全带来大的影响,但若其覆盖于烧变岩之上,就成为透水不含水或弱含水层。此类含水层因其孔隙率、渗透系数相对较大,可以超前采取钻孔疏放水进行疏放。

3. 砂砾层含水层

由粗砂、河卵石、砾石等大颗粒物质组成,孔隙率高,渗透系数大,如其直接覆盖在基岩表面或其上覆松散层有透水性质,即形成矿区常见的砂砾层潜水含水层,当其与强风化带裂隙、古冲沟、古河床、基岩面低凹处、薄基岩等不利条件相结合时,则会对井下安全带来严重威胁,是防范和采取措施的重点。因其孔隙率、渗透系数较大,地下水可流动性较高,故采取提前疏放、疏排是行之有效的方法。

6.2.2　水沙流动通道

水沙要进入矿井,必须通过通道才能实现。由于矿区基岩薄,顶板破断后,容易造成采动裂隙与含水层沟通,成为突水溃沙的通道和场所。覆岩较厚,且直接顶较厚时,采空区的矸石碎胀后,可以有效地支承基本顶断裂、垮落,产生的裂隙宽度越小,发生溃沙的可能性就越小。神东矿区突水溃沙实例表明,由于基岩较薄,工作面回采后,严重裂隙带或者冒落带已经进入了上覆含水层,形成水沙流动通道,如图 6-2、图 6-3 所示。

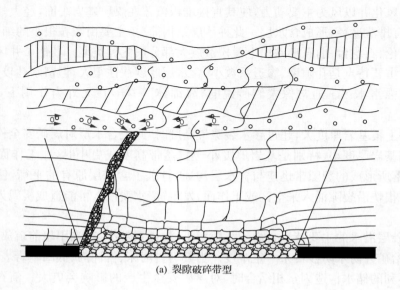

(a) 裂隙破碎带型

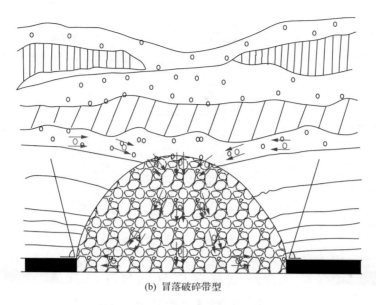

(b) 冒落破碎带型

图 6-2　工作面突水溃沙示意图

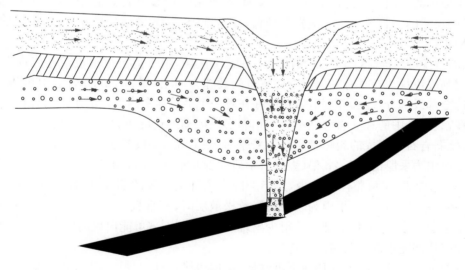

图 6-3　巷道掘进突水溃沙示意图

1. 覆岩破坏形式

煤层采出后,在采空区周围的岩层中发生了较为复杂的移动和变形。经过长期的观测证实,覆岩移动和破坏具有明显的分带性,它的特征与采矿地质因素有关。在采用走向长壁全部冒落法开采缓倾斜煤层的条件下,覆岩破坏和移动一般会出现三个代表性的部分,自下而上分别称为冒落带、裂隙带和弯曲带,如图 6-4 所示。

(1) 冒落带:是指全部垮落法管理顶板时,回采工作面放顶后引起的煤层直接顶板岩

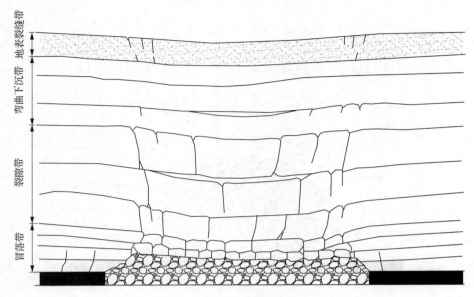

图 6-4　长壁工作面开采上覆岩层运动(Peng,1992)

层产生破坏的范围。在此区域顶板岩层垮落到煤层底板,在此过程中,顶板破碎成不规则、不同尺寸的岩石碎块。冒落岩石具有一定的碎胀性,冒落后的破碎岩层体积大于原来的体积。

（2）裂隙带:冒落带上方是裂隙带。在这个区域,由于离层被垂直或近似垂直、水平裂隙切割成块状。在垂直方向或近似垂直的裂隙方向上,每一个破坏岩层中相邻岩块仍然保持全部或部分接触。因此,岩层中存在着一个沿着岩层内传递的水平力,由于水平力的存在,裂隙带中的独立岩块在不影响相邻岩块运动的情况下是不能自由移动的。一般来说,软弱岩石中形成的裂隙带高度为采厚的 9～12 倍,中硬岩石中为采厚的 12～18 倍,坚硬岩石中为采厚的 18～28 倍(煤炭科学研究院北京开采所,1981)。

（3）弯曲带:又称整体移动带,是指裂隙带顶部到地表的那部分岩层,弯曲带岩层基本上是整体移动,特别是带内为软弱岩层及松散层时,在垂直剖面上,弯曲带上下各部分下沉量差值很小,弯曲带上部一般很少出现离层,但其下部可能出现离层。弯曲带中的离层裂隙仅局部充水而不与裂隙带连通。

弯曲带上方地表一般要形成下沉盆地,盆地边缘往往出现张裂隙,其深度为 3～5m,一般不超过 10m,其宽度向下渐窄,直至一定深度便闭合消失。

2. 冒落带、裂隙带高度确定的经验公式

1) 一般经验公式

我国对煤层顶板水害的防治过程中认识到煤层回采会造成一定范围内的上覆岩层采动裂隙普遍发育,并形成垂向导水通道,即为导水裂隙带。对于导水裂隙带的认识使得我国东部煤田水体下、建筑下及铁路下积压的煤炭资源在一定程度上得以解放,并最终形成了《建筑物、水体、铁路及主要井巷煤柱留设与压煤开采规程》(以下简称"规程")和《矿井水文地质工程地质勘探规范》有关导水裂隙带发育高度预测的半经验公式,见表 6-1。

表 6-1 倾斜煤层覆岩分带高度经验公式

顶板岩性	冒落带高度	导水裂隙带高度	
		计算公式之一	计算公式之二
坚硬	$H_m = \dfrac{100\sum M}{2.1\sum M + 16} \pm 2.5$	$H_{li} = \dfrac{100\sum M}{1.2\sum M + 2.0} \pm 8.9$	$H_{li} = \dfrac{100\sum M}{2.4n + 2.1} \pm 11.2$
中硬	$H_m = \dfrac{100\sum M}{4.7\sum M + 19} \pm 2.2$	$H_{li} = \dfrac{100\sum M}{1.6\sum M + 3.6} \pm 5.6$	$H_{li} = \dfrac{100\sum M}{3.3n + 3.8} \pm 5.1$
软弱	$H_m = \dfrac{100\sum M}{6.2\sum M + 32} \pm 1.5$	$H_{li} = \dfrac{100\sum M}{3.1\sum M + 5.0} \pm 4.0$	$H_{li} = \dfrac{100\sum M}{5.0n + 5.2} \pm 3.5$
极软弱	$H_m = \dfrac{100\sum M}{7.0\sum M + 63} \pm 1.2$	$H_{li} = \dfrac{100\sum M}{5.0\sum M + 8.0} \pm 3.0$	$H_{li} = \dfrac{100\sum M}{7.0n + 7.5} \pm 4.0$

注:$\sum M$ 为累计采厚;n 为分层层数

2)神东矿区经验公式

神东公司具有十几年的开采经验,总结出了适合神东大部分矿井的经验公式,对裂隙带高度进行预测,为现场实测提供理论依据。其中裂隙带高度 H_{li} 公式(杨荣明等,2013)为

$$H_{li} = \frac{100\sum M}{1.6\sum M + 2.2} \pm 5.6 \tag{6-1}$$

通过对比表 6-1,可以发现,神东矿区导水裂隙带高度经验公式适用于中硬—坚硬岩层情形。与《建筑物、水体、铁路及主要井巷煤柱留设与压煤开采规程》中的中硬岩层公式相比,导水裂隙带发育高度计算结果略微偏大。

3. 神东矿区"三带"高度发育规律

随着国家能源战略向西部转移,西部的煤炭资源得到了大规模的开发,但西部矿区浅埋深、薄基岩、厚松散潜水含水层的地质特点,使其在开发初期,经常发生突水溃沙灾害,给矿井安全生产带来极大的隐患。神东矿区是西部较早开发的现代化矿区,在十几年的生产实践中,对西部矿区"三带"发育规律进行了深入的研究,见表 6-2。

表 6-2 神东矿区工作面覆岩破坏高度实测数据

矿名	工作面	采厚/m	埋深/m	基岩/m	导水裂隙带高度/m	冒落带高度/m
大柳塔(范立民和蒋泽泉,2000)	1203	3.79	61	27	61(切落至地表)	8.1
大柳塔(范立民和蒋泽泉,2000)	201	3.95	88	55	42.78	13.49
大柳塔(展国伟,2007)	C202	2.2	65	40	65(切落至地表)	—
大柳塔(王连国等,2012)	12610	5.00	—	—	50	—
补连塔(伊茂森等,2008)	31401	4.40	247	122.5	153.95	17.08

矿名	工作面	采厚/m	埋深/m	基岩/m	导水裂隙带高度/m	冒落带高度/m
布尔台(杨振等,2010)	22101	3.00	—	—	140	13.16
布尔台(初艳鹏,2011)	23101	3.00	327	292.27	146	9.5
寸草塔(初艳鹏,2011)	43115	2.30	101.6	90.3	25.21	8.8
上湾(范钢伟,2011)	51201	5.80	70	59.95	53	35.35

将表 6-2 中神东矿区各矿井冒裂带发育高度数据绘制成图,如图 6-5 所示。

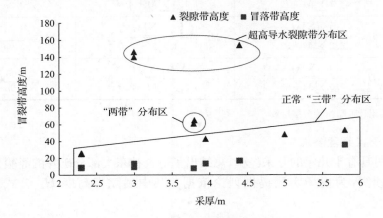

图 6-5　神东矿区冒裂带发育规律

从图 6-5 可以看出,由于煤层采高、基岩厚度、覆岩结构形式等开采因素的不同,神东矿区"三带"高度可以分为三种类型:覆岩破坏正常"三带"分布区、覆岩破坏"两带"分布区、超高导水裂隙带分布区。矿区早期开采时,由于基岩厚度较薄,煤层开采过后,顶板基岩全厚切落,所以只存在垮落带和导水裂隙带。随着开采规模加大,煤层上覆基岩厚度不断增加,覆岩破坏也呈现出正常的"三带"分布。但由于布尔台和补连塔矿区基岩段原生裂隙发育,加之主关键层与开采煤层距离小于 7～10 倍采高(许家林等,2009),导致导水裂隙带高度明显大于规程中的顶板导水裂隙带高度计算结果。具体规律如下。

1) 覆岩破坏正常"三带"分布区

大柳塔煤矿 201 工作面和 12610 工作面、寸草塔煤矿 43115 工作面、上湾煤矿 51201 工作面表现为"三带"分布规律,其冒裂带高度与采厚之间的关系如图 6-6 所示。由图可见,导水裂隙带发育高度 $H_{li}=12.02M-7.65$,导水裂隙带高度 H_{li} 约为采厚 M 的 12.02 倍;冒落带发育高度 $H_m=6.63M-7.80$,冒落带高度 H_m 约为采厚 M 的 6.63 倍。同时,从表 6-2 也可以发现,当埋深 70m<h<200m 时,覆岩破坏存在"三带"分布区。

2) 覆岩破坏"两带"分布区

大柳塔煤矿 1203 工作面和 C202 工作面覆岩破坏表现为"两带"分布规律,工作面在初次来压期间,顶板基岩全厚切落至地表,这可能与当时的开采技术水平和开采装备水平有一定关系,这两个工作面都属于神东矿区早期开采的工作面,当时推进速度低下,C202 工作面推进速度为 1.2m/d,1203 工作面推进速度为 2.4m/d,推进速度慢的情况下,基岩

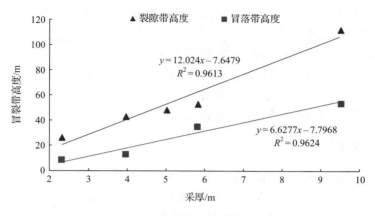

图 6-6 神东矿区正常冒裂带发育规律

向上充分发育,支架承载能力弱,无法控制上覆岩层和松散沙层的重量,最终切落至地表。同时,从表 6-2 也可以发现,当埋深 $h<70\mathrm{m}$ 时,覆岩破坏存在"两带"分布区。

3)超高导水裂隙带分布区

布尔台煤矿 22101 工作面和 23101 工作面、补连塔煤矿 31401 工作面覆岩破坏表现为超高裂隙带分布规律,其导水裂隙带发育高度较大,达到 $140\sim150\mathrm{m}$,是正常导水裂隙带发育的 3 倍以上,超高导水裂隙带的存在,可能沟通上部含水层,引发工作面突水溃沙等重大灾害,如补连塔煤矿 31401 首采面开采期间就曾发生过工作面突水事故,给矿井安全生产带来安全隐患。同时,从表 6-2 也可以发现,当埋深 $h>200\mathrm{m}$ 时,覆岩破坏存在超高导水裂隙带分布区。

值得关注的是,寸草塔煤矿、布尔台煤矿、补连塔煤矿同为神东公司矿区的 3 个相邻矿井,3 个矿井工作面属于同一煤层,布尔台煤矿和寸草塔煤矿属同一煤层同一盘区,地表构造情况极为相似,但上覆岩层破坏特征却相差甚远,表 6-3 为已有公式预计的覆岩破坏高度与现场实测对比情况。

表 6-3 回采工作面覆岩破坏高度对比

项目		寸草塔煤矿 43115 工作面			布尔台煤矿 23101 工作面			补连塔煤矿 31401 工作面		
岩性		坚硬	中硬	软弱	坚硬	中硬	软弱	坚硬	中硬	软弱
冒落带高度/m		11.04±2.5	7.72±2.2	4.97±1.5	13.45±2.5	9.06±2.2	5.93±1.5	19.3±2.5	11.97±2.2	8.09±1.5
裂隙带高度	三下采煤规程	48.31±8.9	31.59±5.6	18.96±4.0	53.57±8.9	35.71±5.6	20.98±4.0	63.10±8.9	43.62±5.6	24.62±4.0
	地质勘探规范	51.11±11.2	32.39±5.1	22.54±3.5	66.67±11.2	42.25±5.1	29.41±3.5	115.56±11.2	73.24±5.1	50.98±3.5
	神东经验	39.11±5.6			42.86±5.6			49.43±5.6		
	现场测试	25.21			146			153.95		

从表 6-3 可以看出,寸草塔煤矿 43115 工作面导水裂隙带高度现场测试数据与神东

经验公式预测值相差不大,但布尔台煤矿 23101 工作面和补连塔煤矿 31401 工作面导水裂隙带高度现场测试数据远大于神东经验公式预测值,主要原因在于神东经验公式由正常基岩的导水裂隙带高度统计结果得到,适用于正常基岩状态。而出现超高裂隙带的两个工作面由于基岩原生裂隙发育,基岩下部岩层结构相对破碎,取心率低,加之主关键层与开采煤层距离小于 7~10 倍采高(许家林等,2009),造成工作面回采后裂隙带发育高度超出常规预测结果,故用神东经验无法进行预测。

6.2.3　突水溃沙的动力源

突水溃沙的直接及主要动力源为上部自由水体(李建文,2013)。由于采动裂隙贯穿波及到上覆松散含水层,改变了松散含水层中的水体流动状态,水流迅速向采空区流动,局部水力梯度达到最大值,超过沙土液化的临界水力梯度,对裂隙通道附近沙层产生较大的动水压力和渗透破坏力,在较大范围内形成液化状态,沿裂缝或通道溃入采空区,从而造成突水溃沙灾害。

煤层开采后导水裂隙带沟通潜水层,基岩破断后形成全厚切落或切落后发生回转,就会形成水沙流动通道。如此势能较高的潜水会顺通道而下,不仅为松散沙运动提供动力,而且与覆盖的沙土混合液化成二相流介质,进入工作面或巷道,发生突水溃沙灾害。严重的突水溃沙灾害发生时,含水层常常具有较高的超静水压力和动水压力,其值越大,发生突水溃沙的强度就越大,溃沙量就越大。

1. 静水压力

静水压力是指静止水对其接触面上所作用的压力,隐含有势能。它是一种表面力,具有大小、方向和作用点三要素,静水压力是指向作用面的法向应力,仅仅是空间位置和时间的标量函数,而与所取作用面的方向无关,其大小可表示为

$$P_{静} = \gamma(H - Z) \tag{6-2}$$

式中,$P_{静}$——静水压力;

　　　γ——地下水的容重;

　　　H——地下水水头;

　　　Z——位置高程。

由此可见,静水压力大,潜伏有强大的初始水势能,为涌水溃沙提供了充分条件。

2. 动水压力

动水压力是指在地下水水头差的作用下,地下水沿岩体空隙运动产生阻力,为克服阻力而产生的对孔隙壁或孔隙内充填物质的作用力,其在岩体空隙及突水通道中运动和突水时由势能转变为动能,这是一种体积力,是空间位置和时间的矢量函数,动水压力的方向与地下水的流动方向一致,动水压力的大小取决于地下水水头差的大小,岩体单位体积上所承受的动水压力 $P_{动}$ 的大小可描述为

$$P_{动} = -\frac{\partial p}{\partial l} = -\gamma \frac{\partial (H-Z)}{\partial l} \qquad (6\text{-}3)$$

式中，l——地下水的渗流途径。

地下水的动水压力是由于岩体对地下水在岩体空隙中运动所显示阻力的结果，但它和这种阻力相反，与渗流方向相同。动水压力的大小主要取决于地下水的水力梯度，在数值上等于这个水力梯度。

6.2.4　容纳水沙充填的空间

当开采形成的垮落带波及到上覆含水层时，突水溃沙发生。在地下水动力作用下，含水层中的沙粒随着水流向突水口运移。如果垮落岩层下存在较大的空间，那么溃沙颗粒、岩块在足够大的水流作用下沿采空区或巷道流动，从而充填、淹没采空区，溃沙程度进一步加剧。如果临空面的空间较小，即使有较大的水流作用，溃沙体液只能堆积在溃沙口的下方，从而阻止溃沙的进一步发展。因而，临空面空间的大小决定溃沙危害性的大小及发展程度。

6.3　神东矿区突水溃沙灾害综合评价

6.3.1　中等—强富水区

根据前面对神东矿区导水裂隙带高度的分类结果，可以分为三种情况来评价此条件下的突水溃沙灾害发生情况（杨鹏和冯武林，2002）。

1）基岩厚度小于 15m

基岩处于强风化带中，岩体完整性差，岩体强度大大降低，开采后必然形成冒落"天窗"。由于上覆潜水势能较大，发生突水溃沙事故，但随着含水层性质的不同其灾害程度也会不同。

当基岩顶面含水层为萨拉乌苏组含水层时，极易造成水沙俱下的严重溃沙灾害，特别是当基岩厚度小于 5m 时，在掘进工作面就会发生此类灾害。

当基岩顶面的含水层为砂砾石层，工作面会发生突水和少量的溃沙，溃沙的沙源主要是砂砾层中的中细砂，溃沙量与砂砾石层有很大的关系。

当基岩顶面黄土层厚度大于 5m 时，水沙进入工作面受阻，一般情况下不可能发生涌水溃沙或突水溃沙。如果黄土层厚度小于 5m 时，一般情况下会发生涌水溃沙，特别在基岩厚度很薄，且含水层为松散沙层时，则会发生突水溃沙。

2）基岩厚度大于 15m 小于 25m

基岩破断运动规律类似大柳塔 1203 工作面，整体台阶切落。当基岩顶面含水层为萨拉乌苏组的沙层时，一般情况下也会发生水沙俱下的突水溃沙灾害。如果顶板薄基岩强烈风化，强度降低，松散载荷层的厚度就会增加，会发生严重地突水溃沙灾害。

当基岩顶面的含水层为砂砾石层，工作面会发生突水和极少量的溃沙，溃沙的沙源主要是砂砾层中的中细砂，其中砾石具有过滤的作用可以防止沙子进一步溃入。

当基岩顶面为黄土层,其上部为松散沙层或砂砾石含水层,如果黄土层厚度大于5m,水沙进入工作面受阻,一般情况下不可能发生涌水,更不可能溃沙,如果黄土层厚度小于5m时,一般情况下不会发生涌水溃沙。

3) 基岩厚度大于25m小于50m

顶板基岩仍发生整体切落,但不同于前面两种情况,在垂直方向上出现类似于20601工作面的冒落带和岩柱错动带,不会出现一般开采条件下的三带。基岩切落的裂隙较小,一般情况会发生突水,不会溃沙。在基岩相对较薄,上覆松散含水层为萨拉乌苏组时,则会发生突水和少量的溃沙。

4) 基岩厚度大于50m

覆岩垂直方向上有可能出现一般开采条件下的"三带"或"两带"。裂隙带波及到上覆含水层时,工作面会发生涌水,甚至会突水,但不可能发生溃沙。

6.3.2　弱富水区

由于弱富水,静水压力小,则会发生涌水,一般不会发生突水。与此同时,溃沙失去载体,会随之减少。但当基岩厚度小于50m时,一旦发生基岩整体切落,或者冒落带直接进入含水层,也会发生涌水溃沙灾害。基岩厚度大于50m时,一般不会发生溃沙,只能发生涌水。

6.3.3　不富水区

此条件下一般不会发生涌水溃沙灾害。但当基岩厚度小于50m时,一旦发生基岩整体切落,或者冒落带直接进入含水层,也可能会发生涌水溃沙灾害,但由于富水性差,沙粒缺乏丰富的载体,强度一般不会太大,可能会出现干沙流入矿井的情况,流动性差,危害范围有限。基岩厚度大于50m时,一般不会发生突水溃沙灾害。

6.4　突水溃沙防治技术体系

神东矿区突水溃沙防治技术体系主要包含三个组成部分:地质预报技术、开采技术、人工治理技术。具体如下所述。

6.4.1　地质预报技术

1. 准确、及时掌握区域水文地质及工程地质资料

认真分析松散层,煤层顶板基岩结构、厚度;断层及裂隙发育规律规模;各类含水层的含水性和富水性;煤层上覆基岩中有无隔水层及隔水层厚度、性质、分布规律;基岩顶面起伏变化形态;古河床发育特征,地表起伏变化与古河床、古冲沟有无继承性;各含水层与开采煤层间距,相互间水力联系;现代河床是否具有迁移性;各类含水层水文地质参数及变化规律。

2. 建立矿区地质数据系统，构建突水溃沙灾害防治地质预报体系

通过建立相关数据库，将一切有用信息进行归纳整理；充分利用计算机等现代化工具，绘制各类含水层厚度等值线图，基岩顶面等高线图，基岩（风化岩）厚度等值线图，古河床和古冲沟分布规律、流向图，各类松散层、烧变岩、基岩潜水面等高线图，水力梯度图，反映地下水补给、径流方向以及各含水层水文地质类型、富水区域划分、流量、储量等内容的水文地质图以及含水层间的水力联系方式与相关性分析、有关剖面等图表。

由于松散层、岩层的不均匀性，各矿井水文地质类型不尽相同，在对整理好的有关资料分析后，找准对矿井有影响的含水层，采取针对性措施加以解决。

6.4.2　开采技术

（1）选择合理的开采方法。由于长壁式采煤高产高效、资源采出率高，目前我国大部分煤矿在条件允许的情况下采用长壁式采煤方法。薄基岩、浅埋煤层开采易引发突水溃沙灾害，为了安全生产，在一定条件下可考虑改变采煤方法，采用房柱式采煤方法（李建文，2013）。

（2）选择合理的开采顺序。薄基岩顶板承载能力低，在矿井工作面开采顺序安排上，应避免形成孤岛型工作面，减少开采形成的高应力。

（3）降低采高。过薄基岩区域时可适当降低采高，增加直接顶厚度，以减轻支架载荷，同时能增加采空区矸石层冒落高度。

（4）加快推进速度。进入薄基岩区域后在保证设备完好的情况下，可通过缩短或临时取消检修时间，以加快工作面推进速度。设法缩短工作面支架的循环承载时间和减小支架末阻力，以保证支架安全运行。工作面的推进速度对覆岩移动特征和裂隙发育程度有显著影响。工作面推进速度越快，覆岩下沉越平缓，其整体性越强，导水裂隙发育程度越小，越有利于防止突水溃沙。

（5）加强支架初撑力管理。薄基岩区域开采期间，增加支架初撑力的供液时间，支架初撑力至少达到泵站压力的 80%，保证每个工作面的支架具有足够的初撑力，防止顶板切落。

（6）移架到位。薄基岩区域顶板承载能力低，应尽量减小顶板暴露面积和时间，移架实行追击移架，移架滞后采煤机前滚筒 2～3 架。及时超前移架，顶板破碎时可"擦顶移架"或"带压移架"。

6.4.3　人工治理技术

（1）选择合理的采空区处理方法。目前我国大部分长壁工作面采用全部垮落法处理采空区，如煤层基岩厚度很薄，顶板来压大，易发生突水溃沙，可考虑采用充填法处理采空区。

（2）提前打孔放水、疏水降压。根据地质预报，工作面过薄基岩区域前打孔放水，确保水沙分离，防止发生突水溃沙灾害。

（3）薄基岩区域顶板注浆加固。在基岩厚度超薄区域可采取注浆加固技术，向顶板

上覆砂砾层打孔灌注固结材料,凝固砂砾层,提高顶板基岩厚度与强度,同时能够起到防水的作用。

6.5　神东矿区突水溃沙防治实例

6.5.1　上湾煤矿 51208 工作面

1. 工作面概况

上湾煤矿位于内蒙古鄂尔多斯市伊金霍洛旗乌兰木伦镇境内。该矿 51208 工作面开采 1-2 煤。51208 工作面切眼相对地表为黑炭沟西岸坡顶,与黑炭沟沟底相距 280m,黑炭沟内无地表流水。工作面中部距切眼 258～314m 范围内地表由白家渠西北向东南斜穿而过,雨季地面沟流一般只有 1～2m³/h,旱季断流。工作面走向长 98m,倾斜长 943.7m,煤层采高平均约 5m(韩克勇,2012)。

2. 工作面地质特征

该工作面地质条件变化大,存在突水溃沙危险的地段为 51208 工作面切眼至白家渠段,具有以下特征。

(1)含水层厚。根据白家渠沟底 sb27 观测孔资料显示,含水层厚度为 20.3m。

(2)基岩薄。切眼处基岩厚 16～42m,白家渠段基岩厚度为 11～33m。按照《建筑物、水体、铁路及主要井巷煤柱留设与压煤开采规程》中硬岩层进行计算,可知煤层开采后导水裂隙带高度为 48.7m,冒落带高度为 13.96m。51208 工作面基岩厚度在导水裂隙带发育高度范围内,白家渠甚至在冒落带高度内。

(3)顶板松软。煤层顶板为Ⅰ类易冒落松软顶板。

(4)松散层厚度较大。切眼处为 17～33m,白家渠为 8～13m,岩性为风积沙或泥质砂土。

如下所述,工作面在切眼处和白家渠段附近开采后,导水裂隙可能沟通上覆含水层,造成流沙随水一起溃入井下,给矿井带来灾害。

3. 突水溃沙防治工程

51208 工作面突水溃沙防治工程主要分为探放水工程和冒落带注浆加固工程两部分。

1)探放水工程

针对 51208 工作面开采过程中的突水溃沙潜在危险段,采用"上抽下放"的原则对松散层水进行处理,包括地表钻探工程和井下钻探工程两部分。

(1)地表钻探工程。

自 2007 年年初,地表钻探工程共施工抽水井、长期水文观测孔、直通式泄孔、松散层调查孔等各类钻孔 11 个。

施工抽水井 2 个,主要是为了将井内松散层水向外抽排,并通过抽水试验获取水文地质参数。在对井 1 及井 2 进行抽水试验时,2 个水井在地面抽水时水量不到 1m³/h,说明松散层中泥、砂质含量高,渗透性差。故没有进行地表疏放水,而改为井下打钻泄水。

施工长期水文观测孔 5 个。主要是为了观测含水层内水位随时间和开采的变化规律。

施工直通式泄孔 1 个。主要是因为切眼处淋水较大,为了将该处的松散层水泄入井下。

施工松散层调查孔 3 个。主要是为了查明松散层厚度。

（2）井下钻探工程。

施工疏放水钻孔,对含水层水进行提前疏放。2007 年 3 月 12 日至 11 月 3 日,在 51208 工作面井下累计施工泄水孔 66 个,单日最大涌水量为 95m³/h,单孔最大涌水量为 49.7m³/h。从 7 月初以来,泄水孔水量稳定保持在 15m³/h 左右,截至 2008 年 2 月 21 日,泄水孔涌水量为 11m³/h,超过 0.5m³/h 的钻孔仅有 4 个,多数钻孔已无水或淋水。表明松散层中地下水静储量已基本被疏干,现在各孔的水量应该是来自补给量。累计泄水量约为 16.3 万 m³。

（3）疏放水效果。

根据地面水文孔观测孔显示,未疏放水前,井 1 孔含水层厚度为 11.23m,井 2 孔含水层厚度为 9.7m,观 1 孔含水层厚度为 7.1m,观 2 孔含水层厚度为 6.15m,观 3 孔含水层厚度为 6m,观 4 孔含水层厚度为 2.6m。根据 11 月 2 日观测数据,白家渠沟内井 1、井 2、观 1、观 4 和切眼处观 6 现含水层厚度均为 0m。据 12 月 8 日井下胶运 9# 调车硐室补 2 孔压力计观测压力计算,该孔上方现松散含水层厚度为 0。从井下涌水量及观测孔含水层厚度变化看,疏放水效果较明显。

2）注浆加固工程

采用"探灌结合、注浆固结"的方法进行。从地下水径、补、排的规律和松散层室内试验资料来分析,空隙率为 0.5%。根据《三下采煤规程》中硬岩石冒落带高度经验公式计算防沙煤岩柱高度最大为 24.87m。依据 51208 工作面基岩厚度等值线图圈定加固范围为 51208 工作面 1-2 煤上覆基岩厚度小于 16m 的含水区。基岩面标高低于 1135m 的区域可能含水为本次工作的主要区域。处理高度为防沙煤岩柱高度再加 1A(A 为煤层采高,按 5m 考虑),单孔平均处理高度约 10m。

注浆钻孔间距采用 6m×6m,扩散半径大于 3m。注浆管选用 50mm 袖阀管,灌浆材料由水泥及水拌和而成。水泥与水体积比为 1∶0.3～1∶0.4,先稀后稠。如空隙较小时加入素水泥浆 1‰～5‰ 的三乙醇胺及聚丙稀酰胺。以泵压 4.50～5.0MPa 为注浆结束标准。注浆方式采用袖阀管压力劈裂注浆方法,跳孔间隔及全孔一次性注浆。

工程共完成钻孔 75 个,钻探累计进尺 1763.71m,注浆管累计长度为 1786.21m。注浆 75 个钻孔,注浆体积为 1185m³,共用水泥 353.55t,聚丙稀酰胺 260.5kg,三乙醇胺 59kg。

工程结束后又随机在注浆区域内施工两个钻孔进行注浆效果验证。从取心效果分析,注浆高度范围内水泥浆已渗入松散层的孔隙、裂隙中,其颜色与沙土颜色差别明显,呈灰白色。水泥浆与沙土已形成固结体,难以用手直接掰碎,固结体硬度大于原松散层沙土的硬度。

4. 实施效果

经过 51208 工作面井下疏放水、地面注浆加固安全措施,同时通过对顶板的补强支护措施,使得工作面在回采薄基岩段期间,未发生突水溃沙和较大的漏顶事故,实现了安全回采。

在回采过程中发生过两次少量漏沙现象,均为干沙,未对生产造成影响。相对应的地表出现大坑,此两处正是白家渠地表注浆边缘,如再增加注浆范围会更加可靠。

从采后效果分析,提前进行探放水工程和薄基岩注浆加固工程对于薄基岩下安全回采是可行的,对于神东矿区类似的地质及水文地质条件下实现安全生产,有较好的参考价值和指导意义。

6.5.2 哈拉沟矿 22404 工作面

1. 工作面概况

哈拉沟 22404 综采工作面宽 260m,过沟期间采高为 4.2m,松散层厚度为 20~40m,上覆基岩厚度为 20~40m,其中沟谷段基岩最薄,该处基岩厚度仅为 20m,松散层厚度为 22m。因此,基岩厚度仅为采高的 4.8 倍,采动裂隙将直接沟通地表。工作面直接顶厚 5.51m,基本顶厚 6.2m,即基本顶进入垮落带之内;基岩最薄处基载比为 0.9,略小于 0.8;覆岩中不存在黏土隔水层。这些因素大大增加了突水溃沙通道形成的概率(李建文, 2013)。

22404 工作面初采期间当工作面推进 66m 时,地表出现裂缝塌陷呈 O 形,中间呈整体下沉,裂缝很小。四周出现较大的裂缝,裂缝宽度为 100~300mm,可见深度为 1~3m。基本顶来压时地面塌陷情况如图 6-7 所示。

(a) 地面塌陷照片一　　　　　　　　　　(b) 地面塌陷照片二

图 6-7　地面塌陷照片

2. 防治工程设计

1）设计目的

由于威胁 22404 工作面安全回采的主要充水含水层为基岩上覆第四系松散孔隙潜水层，本次防治技术应用主要目的体现在以下几个方面。

（1）通过疏放钻孔对松散沙层中的潜水进行疏降，使钻孔布设范围内形成稳定的水位降落漏斗，将含水层的水位降至设计安全水头高度以下，降低矿井涌水量，减轻或消除含水层在水压力作用下携带泥沙通过顶板垮落裂隙溃入工作面。

（2）利用疏降孔兼做注浆孔，对腰巷 2-2 煤顶板上覆可注的 0.6m 松散砾石层进行注浆固结封堵，使砾石层与上覆厚约 2.9m 的黄土和下面的基岩层胶结成一体，增加顶板厚度，提高顶板抗压能力与抗渗透能力，防止降落漏斗内剩余水头压力携带泥沙通过顶板垮落裂隙溃入工作面；同时对松散沙层进行劈裂注浆，使浆包状的浆脉互相胶结，能对顶板垮落形成的大裂隙起到封堵和过滤泥沙作用，防止突水溃沙事故的发生，实现 22404 工作面安全过沟回采的目的。

2）工程范围确定

由前述统计得到的神东矿区冒裂带发育高度规律可知，神东矿区冒落带高度为 $h_m =$ 6.63m，因 22404 工作面过沟采高为 4.2m，故得到过沟区域冒落带高度为 27.846m。由于对 22404 综采工作面安全生产构成最大水害隐患是顶板突水溃沙，根据冒落带高度的计算结果，选取 2-2 煤顶板基岩厚度小于 30m 区域范围为本次哈拉沟矿 22404 工作面过沟开采疏水注浆工程疏降孔布设范围，并据此在井下施工腰巷，以便施工，腰巷长 280m，宽 4.4m，高 4m，如图 6-8、图 6-9 所示。

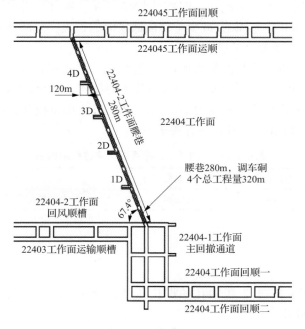

图 6-8　腰巷布置图

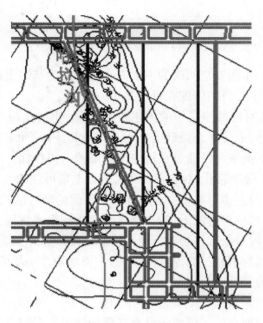

图 6-9　腰巷基岩等厚线图

根据该区域相关采掘工程经验,该区域属于典型的浅埋煤层,顶板破坏方式是整体式台阶下沉切冒破坏。顶板基岩厚度大于 30m 时,冒落带高度波及不到基岩顶面,顶板涌水溃沙的概率较小,表明本次 22404 工作面过沟开采疏水注浆工程疏降孔布设范围选择合理。即选择哈拉沟沟底基岩厚度小于 30m 的区域为疏水降压和注浆固结封堵区域范围。通过采取疏水降压工程措施和注浆固结封堵工程措施对基岩厚度小于 30m 的上覆松散层进行疏水降压和注浆固结,减少工作面回采时的顶板突水溃沙量。

3）疏水降压及注浆加固工程设计

本次设计疏水降压钻孔与注浆钻孔,并一孔两用。钻孔布置:区域内部钻孔终孔间距 8m,布设呈梅花形,边界钻孔终孔间距 6m,设计疏降钻孔 330 个,实际施工时根据现场实际情况可适当增减钻孔数量。根据地层情况,从腰巷 2-2 煤顶板开孔,穿过砾石层和黄土层进入松散砂层 7m 终孔。钻孔结构详见表 6-4。

表 6-4　哈拉沟矿 2-2 煤顶板疏降钻孔结构表

开孔孔径	终孔孔径	孔口管尺寸	钻孔参数
130mm	94mm	108mm×6m	上仰斜孔,偏角,仰角,孔深不等

3. 防治工程实施

1）施工工艺

根据相关规程要求,本工程钻孔的裸孔孔径设计为 110mm,孔口管径 ϕ127mm,长 6m,孔口管以下为裸孔。

本工程钻探施工工艺参数如下。

（1）钻机设置及角度调整：按设计的方位角及仰角给定。采取坡度规调整仰角，三角函数计算距离法调整方位角并用木制量角器或罗盘校验；根据设计要求，钻孔开孔方位及仰角偏差应≤1°。

（2）孔口管固管工艺：下入孔口管后，接上同径压盖及连接注浆管路，用注浆泵压入一定体积的速凝浆液，注浆压力达到 3MPa 后，关闭注浆阀门，等凝 12h；进行压水试验，试验持续时间为 30min，达到要求后继续钻进。孔口管固结注浆工艺如图 6-10 所示。

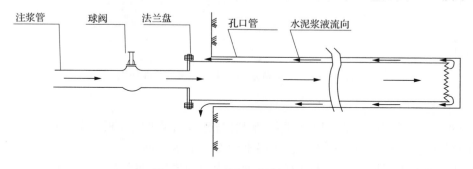

图 6-10　孔口管固结注浆接头图

（3）钻孔施工时开孔口 ϕ130mm 至孔深 6m，下入长 6m、ϕ127mm 孔口管，用于钻探导向和控水阀门安装，疏放孔孔口管用 ϕ127mm、δ6 无缝钢管焊接法兰盘加工而成。

（4）钻进施工过程中随时做好简易的水文地质观察，记录水压、水量、水质的变化和冲洗液的消耗情况。

（5）每次注浆前向孔内压水，压水量为管路和钻孔体积的 2～3 倍。

注浆时浆液浓度控制、先后顺序的原则是先稀后浓，逐级变化。首先，采用 P.O42.5 硅酸盐水泥，配置水灰比依次 2∶1～0.8∶1 的浆液进行注浆，必要时可添加相应配比的速凝剂，终止注浆时采用 0.5∶1 的浆液封孔。

对于第一个注浆目的地层砾石层，疏降后浆液渗透扩散效果较好，不需太大注浆压力，注意控制浆液浓度先稀后浓的注浆顺序即可达到注浆固结封堵目的。对于第二个注浆目的层松散沙层，因浆液渗透扩散效果差，故需较大的注浆压力，设计注浆压力 3.0MPa，可根据注浆时的实际情况临时作出调整；注浆终孔标准为持续 5min 钻孔进浆量小于 30L/min 即可结束注浆。

2）疏水降压

沟底段基岩薄，上覆松散含水层水易通过采动裂隙通道携带泥沙溃入工作面，造成涌水溃沙事故。为降低突水溃沙危险，降低上覆水头高度，通过钻孔以疏放上覆松散含水层水。

2011 年 2 月在 22404 工作面腰巷和回风巷顶板分别施工了 46 个和 36 个探放水钻孔。钻孔初始涌水量为 366.6m³/h，截至 11 月初钻孔涌水量为 78.3m³/h，累计泄水量为 31.7m³，提前疏放水实施效果明显。

根据观测水位观测结果，如图 6-11 所示，顶板沙层水源净储量疏放明显，但水位只下降 4.5m，仍有 14.02m 的残余水头，高于安全水头高度，突水溃沙危险依然存在。

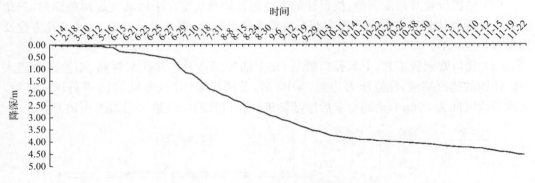

图 6-11　22404 疏水降压水位埋深变化曲线图

3）注浆加固

沟底区域基岩薄,松散沙层厚度大,基载比较小,回采期间顶板易全厚切落,形成直通地表的裂缝,其沟通地表水和松散含水层水而发生涌水溃沙事故。薄基岩段注浆固结了松散沙层,使其由载荷层转化为具有一定承载能力的岩层,避免顶板全厚切落,预防涌水溃沙事故发生。根据 22404 工作面过沟期间突水溃沙预测,结合腰巷及回风顺槽施工的 82 个钻孔涌水量分析,工作面在过沟开采期间依然可能发生涌水溃沙事故。因此,实施了腰巷井下注浆措施,在基岩厚度小于 30m 的区域注浆,进一步预防溃水溃沙事故发生。22404 综采工作面腰巷注浆工程设计注浆孔 170 个,注浆 900t。截至 11 月中旬,169 个注浆孔完成注浆,每个孔注浆量为 3~50t。

4）地面导流

22404 工作面过沟开采时,导水裂隙带高度将发育至地表,贯通沟谷水源,存在涌水溃沙危险。因此,必须对哈拉沟水进行疏导,以确保工作面安全开采。2011 年 9 月,22404 工作面地面哈拉沟导流工程开始施工,该工程从工作面对应地表哈拉沟铺设 DN200 管路到哈拉沟净水厂,管路总长 1600m,有效导流地表水 $50m^3/h$ 以上,彻底切断了 22404 工作面地面补给水源。

5）开采措施

（1）工作面来压预测预报。利用前阶段已经掌握的工作面来压规律,按平均来压步距较大时的初预报,在此基础上,结合支架实时阻力作临时的精确预报。工作面在推进至预测的来压位置附近时,应及时采取防范措施。

（2）保障工作面工程质量。严格落实支护"五到位",完善支护工程质量管理。确保支架初撑力满足要求,以主动支撑顶板,减小顶板下沉量;保证好梁端距,护帮板打出到位,以防止来压期间顶板冒高过大,支架接顶不良好,影响支护效果。生产期间保证腰巷顶板不被破坏,局部区段需割底时必须割底,保证采高使采煤机能够通过支架,工作面来压时应做到及时跟机拉架,保证支护到位。

（3）控制煤层采高。工作面采高控制在 4.2m。若采高过小,难以保证来压期间采煤机顺利通过支架,可能导致压架事故;若采高过大,来压期间矿压显现剧烈,漏顶严重时,难以保证支架接顶良好。

（4）控制工作面推采速度。在保证工程质量的前提下,应加快工作面推进速度,使工作面快速推过危险区域,减小单位循环内顶板下沉量和压力作用时间。具体推进速度需根据现场实际条件而定。

　4. 工程效果评价

（1）通过疏水降压工程和地下水动态观测,对基岩上覆第四系松散孔隙潜水层的净储量进行了疏放,降低了水头高度,为安全过沟推采打下基础。并通过疏放水工程对第四系松散层的水文地质特征和蓄水条件有了进一步的了解。

（2）对井下和巷道进行的非采动和采动截流疏放,改善了采掘工作面的生产环境和工作条件,消除了可能构成水沙流灾害的动力源。

（3）通过注浆加固工程,固结了砂卵石层,间接增加了顶板厚度与强度,提高了顶板的抗渗性能,并对含水沙层进行了切割包裹,有效地降低了溃沙的可能性。

（4）22404 工作面过沟期间观测表明,过沟下坡段和上坡段来压期间工作面淋水较大,淋水区域主要集中在中部 50～100m 支架范围,而沟底段工作面只有架间淋水,且淋水量大大减小。说明腰巷和回风顺槽中探放水孔有效地疏放了松散含水层水;地面导流措施很好地切断了地表补给水源。

（5）在 22404 工作面过哈拉沟开采过程中,未发现透水和突沙事故,保证了工作面的顺利安全生产。

参 考 文 献

初艳鹏. 2011. 神东矿区超高导水裂隙带研究. 青岛:山东科技大学硕士学位论文.

范钢伟. 2011. 浅埋煤层开采与脆弱生态保护相互相应机理与工程实践. 徐州:中国矿业大学博士学位论文.

范立民,蒋泽泉. 2000. 厚煤层综采区冒落(裂)带高度的确定. 中国煤田地质,12(3):31-33.

韩克勇. 2012. 上湾煤矿 51208 面防止突水溃沙技术方案探讨. 科学技术,(3):44-45.

李建文. 2013. 薄基岩浅埋煤层开采突水溃沙致灾机理及防治技术研究. 西安:西安科技大学硕士学位论文.

刘兴海. 2005. 神东矿区含水层含水特征分析. 中国煤炭,31(11):44-46.

煤炭科学研究院北京开采所. 1981. 煤矿地表移动与覆岩破坏规律及其应用. 北京:煤炭工业出版社.

宋亚新. 2012. 哈拉沟煤矿 22402 工作面初采期溃水溃沙机理及防治技术. 煤矿安全,43(12):91-93.

隋旺华,梁艳坤,张改玲,等. 2011. 采掘中突水溃砂机理研究现状及展望. 煤炭科学技术,39(11):5-9.

王连国,王占盛,黄继辉,等. 2012. 薄基岩厚风积沙浅埋煤层导水裂隙带高度预计. 采矿与安全工程学报,29(5):607-612.

许家林,王晓振,刘文涛,等. 2009. 覆岩主关键层位置对导水裂隙带高度的影响. 岩石力学与工程学报,28(2):380-385.

杨鹏,冯武林. 2002. 神府东胜矿区浅埋煤层涌水溃沙灾害研究. 煤炭科学技术,30(增):65-69.

杨荣明,陈长华,宋佳林,等. 2013. 神东矿区覆岩破坏类型的探测研究. 煤矿安全,44(1):25-27.

杨振,杨友伟,初艳鹏. 2010. 浅埋煤层开采覆岩"三带"分布规律研究. 山西煤炭,30(9):36-38.

伊茂森,朱卫兵,李林,等. 2008. 补连塔煤矿四盘区顶板突水机理及防治. 煤炭学报,33(3):241-245.

展国伟. 2007. 松散层和基岩厚度与裂隙带高度关系的实验研究. 西安:西安科技大学硕士学位论文.

Peng. 1992. Surface Subsidence Engineering. New York:SME.

彩　　图

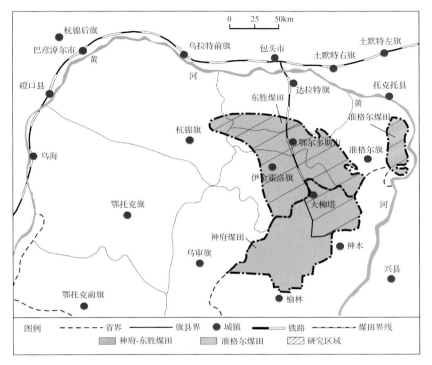

图 1-1　研究区位置

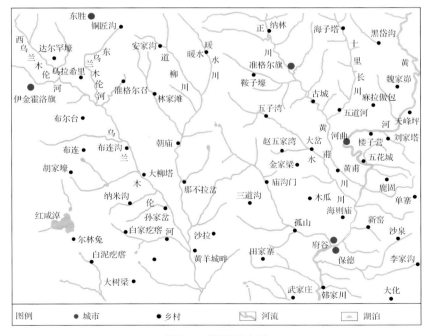

图 1-4　研究区水系

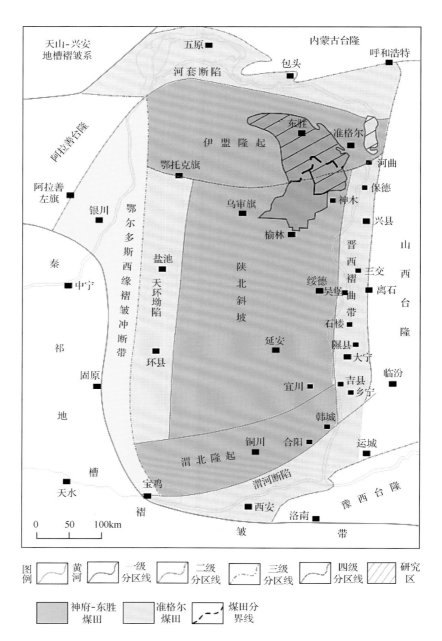

图 1-5 鄂尔多斯盆地构造区划（鲁静等，2012，略作修改）

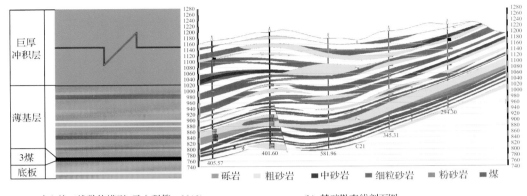

巨厚冲积层		
薄基层		
3煤		
底板		

(a) UDEC建立的二维数值模型 (马立强等，2013)　　(b) 某矿勘查线剖面图

砾岩　粗砂岩　中砂岩　细粒砂岩　粉砂岩　煤

图 4-51　煤矿岩层数值模型与真实情况对比

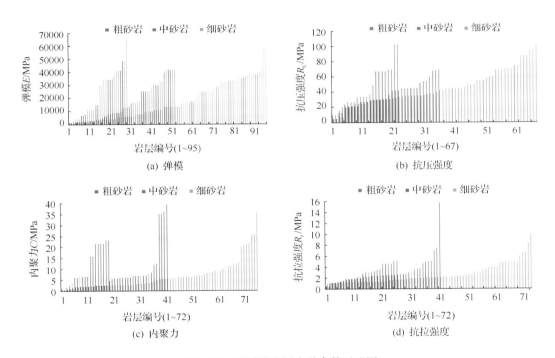

(a) 弹模

(b) 抗压强度

(c) 内聚力

(d) 抗拉强度

图 4-55　不同砂岩层力学参数对比图

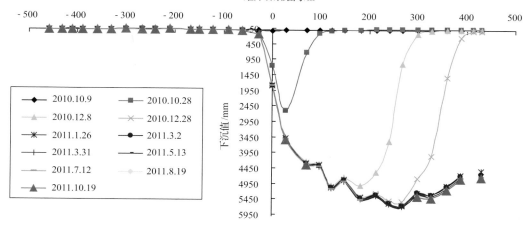

图 5-43　柳塔煤矿 12106 工作面 A 线下沉曲线

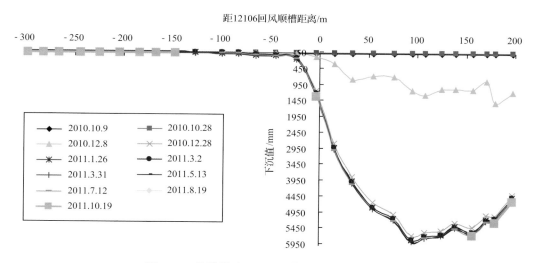

图 5-44　柳塔煤矿 12106 工作面 B 线下沉曲线

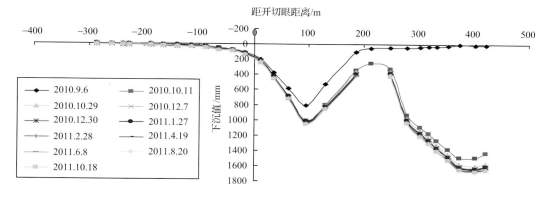

图 5-47　寸草塔 22111 走向下沉曲线

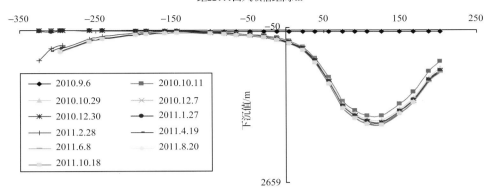

图 5-48 寸草塔 22111 倾向下沉曲线

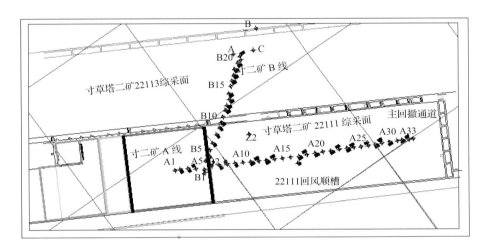

图 5-50 寸草塔二矿 22111 工作面地表变形观测站

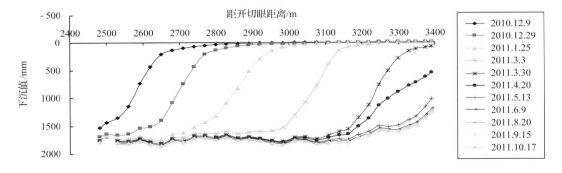

图 5-51 寸草塔二矿 22111 走向下沉曲线

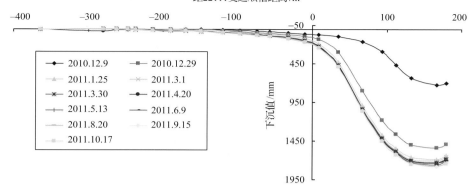

图 5-52　寸草塔二矿 22111 倾向下沉曲线

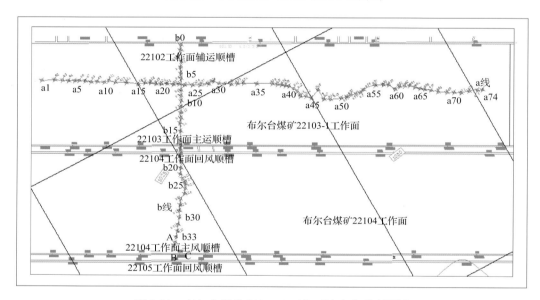

图 5-54　布尔台煤矿 22103-1 工作面地表变形观测站

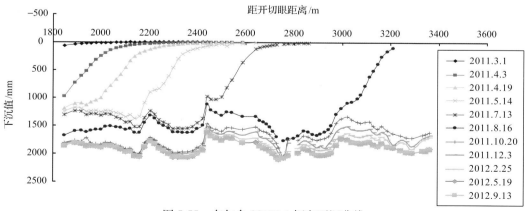

图 5-55　布尔台 22103-1 倾向下沉曲线

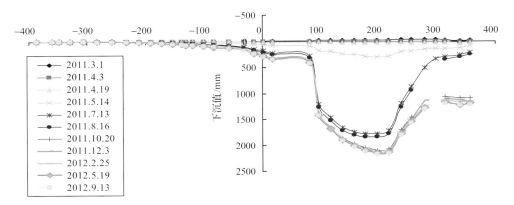

图 5-56 布尔台 22103-1 倾向下沉曲线

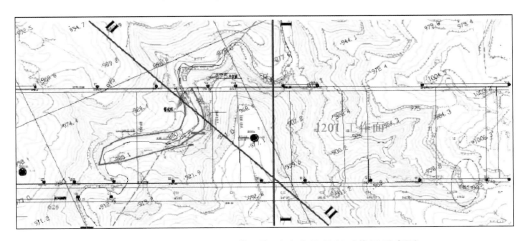

图 5-63 1201～1202 工作面与地表支沟的相对位置示意图

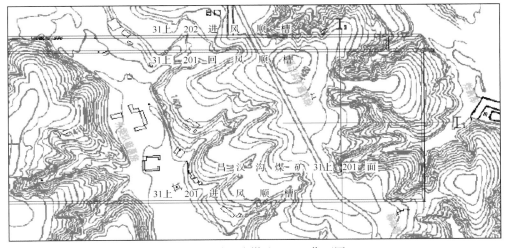

图 5-68 昌汉沟煤矿 201 工作面图